"2014年度民办教育发展促进项目—重点特点专业建设、北京邮电大学世纪学院数学课程改革与实践"资助项目

高等数学(下)

(第2版)

北京邮电大学世纪学院数理教研室　编

本册主编　杨硕

北京邮电大学出版社
www.buptpress.com

内 容 简 介

本书是普通高等学校基础课程类应用型规划教材，体现了高等数学课程的特色及应用型高校的教学特点，以教育部非数学专业数学基础课教学指导分委员会制定的新的“工科类本科数学基础课程教学基本要求”为依据，按照既要继承优秀传统，又要改革创新、适应新形势的精神，突出高等数学严谨的知识体系，保持经典教材的优点，又考虑到学生的学习状况和接受程度。在力求保持数学体系完整与严谨的基础上，优化内容，论述深入浅出，通俗易懂。

本书共十二章，分上、下两册，下册包括：空间解析几何与向量代数、多元函数的微分法及其应用、重积分、曲线积分和曲面积分、无穷级数。书末附有习题和综合练习题及参考答案。

本书具有结构严谨、逻辑清晰、重视问题的引入、强调理论的应用、文字流畅、叙述详尽、例题和习题丰富、便于自学等优点，可供普通高等学校和独立学院工科各专业的学生选用。

图书在版编目（CIP）数据

高等数学．下 / 北京邮电大学世纪学院数理教研室编．--2 版．-- 北京 ：北京邮电大学出版社，2015.5（2017.8重印）
ISBN 978-7-5635-4313-7

Ⅰ．①高…　Ⅱ．①北…　Ⅲ．①高等数学－高等学校－教材　Ⅳ．①O13

中国版本图书馆 CIP 数据核字（2015）第 071291 号

书　　名：高等数学（下）
著作责任者：北京邮电大学世纪学院数理教研室　编
责 任 编 辑：满志文
出 版 发 行：北京邮电大学出版社
社　　址：北京市海淀区西土城路 10 号（邮编：100876）
发　行　部：电话：010-62282185　传真：010-62283578
E-mail：publish@bupt.edu.cn
经　　销：各地新华书店
印　　刷：北京鑫丰华彩印有限公司
开　　本：787 mm×1 092 mm　1/16
印　　张：18
字　　数：443 千字
版　　次：2015 年 5 月第 1 版　2017 年 8 月第 2 次印刷

ISBN 978-7-5635-4313-7　　定　价：36.00 元

第 2 版前言

本书是在《高等数学（上）》（ISBN 978-7-5635-2018-3 北京邮电大学出版社，2009 年出版）的基础上，参照新修订的工科类本科数学基础课程教学基本要求，结合应用型教学的改革实践修订而成的.

本次修订的主要指导思想是：在满足工科类本科数学基础课程教学基本要求的前提下，降低对理论推导的要求，注重基本知识的掌握和基本能力的培养. 主要的修订工作包括：

1. 修订了第 1 版中的错误；

2. 删减了部分烦琐的例题和习题；

3. 加工润色了部分文字，使内容更容易阅读和理解.

参加本次修订工作的有：杨硕、汪彩云、向文、蒋卫等. 衷心感谢北京邮电大学世纪学院基础部的领导和同仁，感谢数理教研室的其他老师提出了宝贵的意见.

由于编者水平有限，书中难免存在不妥之处，敬请广大专家、同行和读者不吝赐教.

作　者

目　录

第8章　空间解析几何与向量代数

解析几何的基本思想是用代数的方法来研究几何. 在平面解析几何中,通过坐标法把平面上的点与一对有次序的数对应起来,把平面上的图形和方程对应起来,从而可以用代数方法来研究几何问题. 空间解析几何也是按照类似的方法建立起来的.

正如平面解析几何的知识对学习一元函数微积分是不可缺少的一样,空间解析几何的知识对学习多元函数微积分也是必要的.

为了把代数运算引到几何中来,最根本的做法就是设法把空间的几何结构有系统地代数化、数量化. 因此在这里我们首先在空间引进向量以及它的线性运算,并通过向量来建立空间坐标系,然后利用坐标讨论向量的运算,并介绍空间解析几何的有关内容.

8.1　向量及其线性运算

8.1.1　向量概念

在力学、物理学以及日常生活中,我们经常遇到许多的量,例如温度、时间、质量、密度、功、长度、面积与体积等,这些量在规定的单位下,都可以由一个数来完全确定,这种**只有大小的量称作数量**. 另外还有一些量,例如位移、力、速度、加速度等,它们不但有大小,而且还有方向,称这种**既有大小又有方向的量为向量**(又称**矢量**).

我们用有向线段来表示向量,有向线段的起点与终点分别称作向量的起点与终点,有向线段的方向表示向量的方向,而有向线段的长度代表向量的大小. 起点是A,终点是B的向量记作$\boldsymbol{AB}$,有时用黑体字母表示,如$\boldsymbol{a}$.(图8.1)

向量的大小称作向量的模,也称向量的长度. 向量$\boldsymbol{AB}$或$\boldsymbol{a}$的模分别记作$|\boldsymbol{AB}|$或$|\boldsymbol{a}|$.

模等于1的向量称作单位向量. 与向量$\boldsymbol{a}$具有同一方向的单位向量称作向量$\boldsymbol{a}$的单位向量,常用$\boldsymbol{e}_a$来表示.

模等于$\boldsymbol{0}$的向量称作零向量,记作$\boldsymbol{0}$. 它是起点和终点重合的向量,零向量的方向可以看作是任意的.

如果两个向量$\boldsymbol{a}$与$\boldsymbol{b}$的模相等且方向相同,那么称向量$\boldsymbol{a}$与$\boldsymbol{b}$相等. 记作$\boldsymbol{a}=\boldsymbol{b}$.

需要注意的是,两个向量是否相等与它们的起点无关,只由它们的模和方向决定,我们以后运用的正是这种起点可以任意选取,而只由模和方向决定的向量,这样的向量通常称作**自由向量**. 也就是说,向量可以任意平行移动,移动后的向量仍然代表原来的向量.

与向量 $\boldsymbol{a}$ 的模相等,方向相反的向量为 $\boldsymbol{a}$ 的负向量,记作 $-\boldsymbol{a}$.

如图8.2所示,作 $\boldsymbol{OA}=\boldsymbol{a}$, $\boldsymbol{OB}=\boldsymbol{b}$,规定不超过 π 的 $\angle AOB$ 称为向量 $\boldsymbol{a}$ 与 $\boldsymbol{b}$ 的夹角,记为 $(\widehat{\boldsymbol{a},\boldsymbol{b}})$ 或 $(\widehat{\boldsymbol{b},\boldsymbol{a}})$,即

$$(\widehat{\boldsymbol{a},\boldsymbol{b}})=\varphi(0\leqslant\varphi\leqslant\pi)$$

当 $(\widehat{\boldsymbol{a},\boldsymbol{b}})=0$ 或 π 时,则称向量 $\boldsymbol{a}$ 与 $\boldsymbol{b}$ 平行,记作 $\boldsymbol{a}/\!/\boldsymbol{b}$.

当 $(\widehat{\boldsymbol{a},\boldsymbol{b}})=\frac{\pi}{2}$ 时,则称向量 $\boldsymbol{a}$ 与 $\boldsymbol{b}$ 垂直,记作 $\boldsymbol{a}\perp\boldsymbol{b}$.

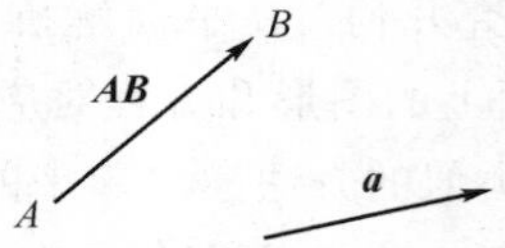

图8.1

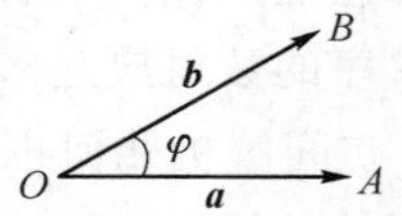

图8.2

8.1.2 向量的线性运算

1. 向量的加法

物理学中的力与位移都是向量.作用于一点的两个不共线的力的合力,可以用"平行四边形法则"求出.如图8.3所示的两个力 $\boldsymbol{AB}$, $\boldsymbol{AD}$ 的合力,就是以 AB, AD 为邻边的平行四边形 $ABCD$ 的对角线向量 $\boldsymbol{AC}$.两个位移的合成也可以用"三角形法则"求出,如图8.4所示,连续两次位移 $\boldsymbol{AB}$ 与 $\boldsymbol{BC}$ 的结果,相当于位移 $\boldsymbol{AC}$.

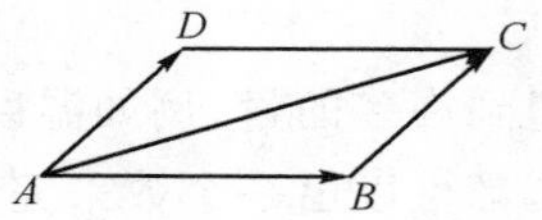

图8.3

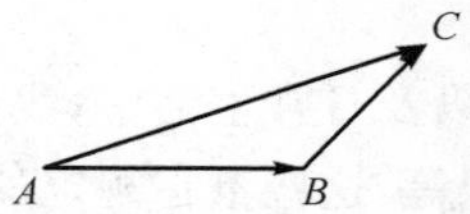

图8.4

抽出物理意义,我们规定向量的加法运算如下:

设有两个向量 $\boldsymbol{a}$ 与 $\boldsymbol{b}$,任取一点 A 为起点作向量 $\boldsymbol{AB}=\boldsymbol{a}$,再以 B 为起点作向量 $\boldsymbol{BC}=\boldsymbol{b}$,连接 AC(图8.5),那么向量 $\boldsymbol{AC}=\boldsymbol{c}$ 称为向量 $\boldsymbol{a}$ 与 $\boldsymbol{b}$ 的和,记作 $\boldsymbol{a}+\boldsymbol{b}$,即 $\boldsymbol{c}=\boldsymbol{a}+\boldsymbol{b}$.这种作出两向量之和的方法称作向量相加的**三角形法则**.

我们也有向量相加的**平行四边形法则**:

当向量 $\boldsymbol{a}$ 与 $\boldsymbol{b}$ 不平行时,作向量 $\boldsymbol{AB}=\boldsymbol{a}$, $\boldsymbol{AD}=\boldsymbol{b}$,以 AB, AD 为边作平行四边形 $ABCD$,连接对角线 AC(图8.6),向量 $\boldsymbol{AC}$ 即为向量 $\boldsymbol{a}$ 与 $\boldsymbol{b}$ 的和,记作 $\boldsymbol{a}+\boldsymbol{b}$.

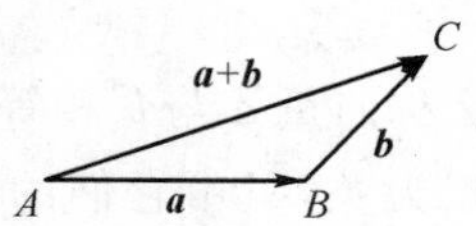

图8.5

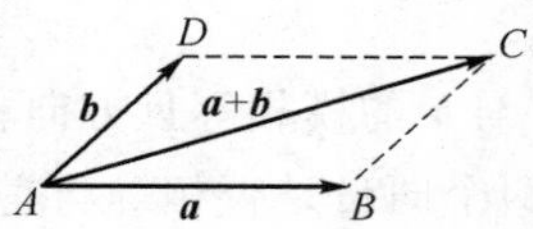

图8.6

不难证明,向量的加法符合下列运算规律:

(1) 交换律　　　　　　　　$\boldsymbol{a}+\boldsymbol{b}=\boldsymbol{b}+\boldsymbol{a}$

(2) 结合律　　　　　$(\boldsymbol{a}+\boldsymbol{b})+\boldsymbol{c}=\boldsymbol{a}+(\boldsymbol{b}+\boldsymbol{c})=\boldsymbol{a}+\boldsymbol{b}+\boldsymbol{c}$

由于向量的加法满足交换律与结合律,所以三向量 $\boldsymbol{a},\boldsymbol{b},\boldsymbol{c}$ 相加,不论它们的先后顺序与结合顺序如何,它们的和总是相同的,因此都可以简单地写成

$$\boldsymbol{a}+\boldsymbol{b}+\boldsymbol{c}$$

推广到任意有限个向量 $\boldsymbol{a}_1,\boldsymbol{a}_2,\cdots,\boldsymbol{a}_n$ 的和,就可以写成

$$\boldsymbol{a}_1+\boldsymbol{a}_2+\cdots+\boldsymbol{a}_n$$

有限个向量 $\boldsymbol{a}_1,\boldsymbol{a}_2,\cdots,\boldsymbol{a}_n$ 相加的作图法,可以由向量的三角形求和法则推广如下:第一个向量的终点作为第二个向量的起点,相继作向量 $\boldsymbol{a}_1,\boldsymbol{a}_2,\cdots,\boldsymbol{a}_n$,再以第一个向量的起点为起点,最后一个向量的终点为终点作向量,这个向量即为所求的和.以 5 个向量 $\boldsymbol{a}_1,\boldsymbol{a}_2,\boldsymbol{a}_3,\boldsymbol{a}_4,\boldsymbol{a}_5$ 相加为例作图(图 8.7):作向量 $\boldsymbol{OA}_1=\boldsymbol{a}_1,\boldsymbol{A}_1\boldsymbol{A}_2=\boldsymbol{a}_2,\boldsymbol{A}_2\boldsymbol{A}_3=\boldsymbol{a}_3,\boldsymbol{A}_3\boldsymbol{A}_4=\boldsymbol{a}_4,\boldsymbol{A}_4\boldsymbol{A}_5=\boldsymbol{a}_5$,则有

$$\boldsymbol{OA}_5=\boldsymbol{s}=\boldsymbol{a}_1+\boldsymbol{a}_2+\boldsymbol{a}_3+\boldsymbol{a}_4+\boldsymbol{a}_5$$

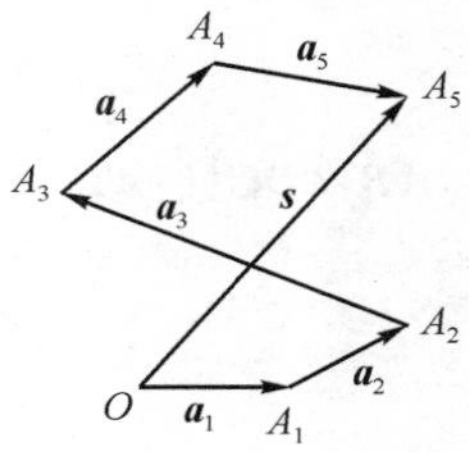

图 8.7

特别地,当 A_5 与 O 重合时,它们的和为零向量 $\boldsymbol{0}$.

这种求和的方法称作**多边形法则**.

2. 向量的减法

前面我们已经定义了向量 $\boldsymbol{a}$ 的负向量 $-\boldsymbol{a}$,由此我们给出向量减法的规定.

设有向量 $\boldsymbol{a}$ 和 $\boldsymbol{b}$,规定向量 $\boldsymbol{b}$ 与 $-\boldsymbol{a}$ 的和为向量 $\boldsymbol{b}$ 与 $\boldsymbol{a}$ 的差,记为 $\boldsymbol{b}-\boldsymbol{a}$,即

$$\boldsymbol{b}-\boldsymbol{a}=\boldsymbol{b}+(-\boldsymbol{a})$$

特别地,当 $\boldsymbol{b}=\boldsymbol{a}$ 时,有

$$\boldsymbol{a}-\boldsymbol{a}=\boldsymbol{a}+(-\boldsymbol{a})=\boldsymbol{0}$$

根据向量加法的三角形法则,如图 8.8 所示,作向量 $\boldsymbol{OA}=\boldsymbol{a},\boldsymbol{OB}=\boldsymbol{b},\boldsymbol{BC}=-\boldsymbol{a}$,则

$$\boldsymbol{b}-\boldsymbol{a}=\boldsymbol{b}+(-\boldsymbol{a})=\boldsymbol{OC}=\boldsymbol{AB}$$

由此得到向量减法的三角形法则,如图 8.9 所示,作向量 $\boldsymbol{OA}=\boldsymbol{a},\boldsymbol{OB}=\boldsymbol{b}$,则 $\boldsymbol{AB}=\boldsymbol{b}-\boldsymbol{a}$.

如果以 OA,OB 为一对邻边构成平行四边形 $OACB$,那么显然它的一条对角线向量 $\boldsymbol{OC}=\boldsymbol{a}+\boldsymbol{b}$,而另一条对角线向量 $\boldsymbol{AB}=\boldsymbol{b}-\boldsymbol{a}$(图 8.10).

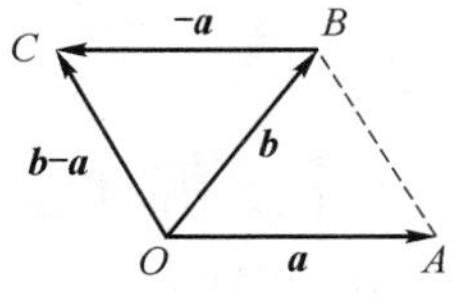

图 8.8

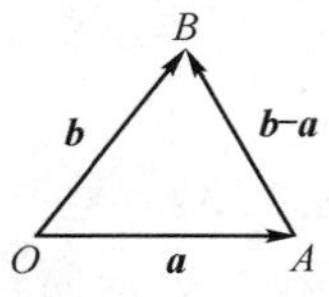

图 8.9

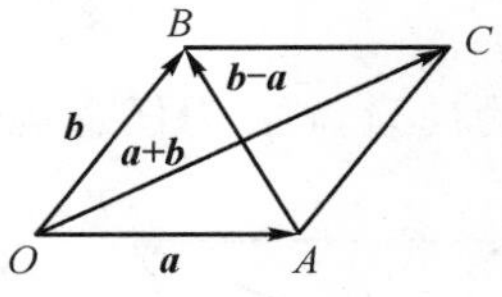

图 8.10

由三角形两边之和大于第三边的原理,对于任何两个向量 $\boldsymbol{a}$ 与 $\boldsymbol{b}$,有下列不等式

$$|\boldsymbol{a}+\boldsymbol{b}|\leqslant|\boldsymbol{a}|+|\boldsymbol{b}| \quad \text{和} \quad |\boldsymbol{a}-\boldsymbol{b}|\leqslant|\boldsymbol{a}|+|\boldsymbol{b}|$$

其中等号分别在 $\boldsymbol{a}$ 与 $\boldsymbol{b}$ 同向和反向时成立.

【例 8.1.1】 在平行六面体中(图 8.11),设$\boldsymbol{AB}=\boldsymbol{a}$,$\boldsymbol{AD}=\boldsymbol{b}$,$\boldsymbol{AA_1}=\boldsymbol{c}$,试用向量 $\boldsymbol{a},\boldsymbol{b},\boldsymbol{c}$ 来表示对角线向量$\boldsymbol{AC_1}$,$\boldsymbol{A_1C}$.

解:

$$\boldsymbol{AC_1}=\boldsymbol{AB}+\boldsymbol{BC}+\boldsymbol{CC_1}=\boldsymbol{AB}+\boldsymbol{AD}+\boldsymbol{AA_1}$$
$$=\boldsymbol{a}+\boldsymbol{b}+\boldsymbol{c}$$
$$\boldsymbol{A_1C}=\boldsymbol{A_1A}+\boldsymbol{AB}+\boldsymbol{BC}=-\boldsymbol{AA_1}+\boldsymbol{AB}+\boldsymbol{AD}=-\boldsymbol{c}+\boldsymbol{a}+\boldsymbol{b}=\boldsymbol{a}+\boldsymbol{b}-\boldsymbol{c}$$

或者

$$\boldsymbol{A_1C}=\boldsymbol{AC}-\boldsymbol{AA_1}=(\boldsymbol{AB}+\boldsymbol{AD})-\boldsymbol{AA_1}=\boldsymbol{a}+\boldsymbol{b}-\boldsymbol{c}$$

【例 8.1.2】 用向量方法证明:对角线互相平分的四边形是平行四边形.

证明:设四边形 $ABCD$ 的对角线 AC,BD 交于 O 点且互相平分(图 8.12),由图可以看出

$$\boldsymbol{AB}=\boldsymbol{AO}+\boldsymbol{OB}=\boldsymbol{OB}+\boldsymbol{AO}=\boldsymbol{DO}+\boldsymbol{OC}=\boldsymbol{DC}$$

因此,$\boldsymbol{AB}/\!/\boldsymbol{DC}$且$|\boldsymbol{AB}|=|\boldsymbol{DC}|$,即四边形 $ABCD$ 为平行四边形.

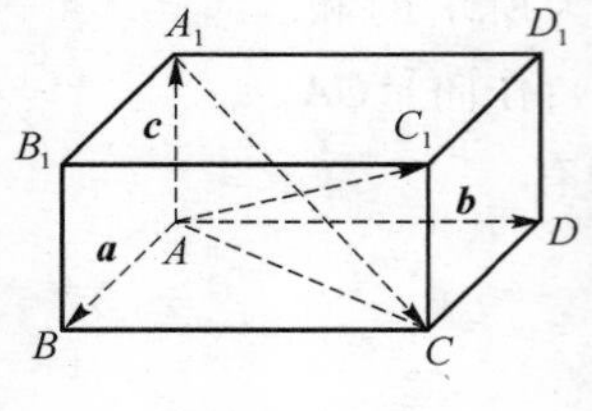

图 8.11

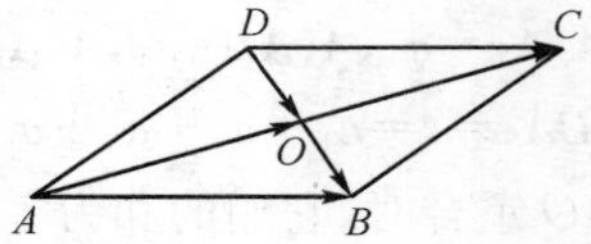

图 8.12

3. 向量与数的乘法

我们规定:实数 λ 与向量 $\boldsymbol{a}$ 的乘积是一个向量,记作 $\lambda\boldsymbol{a}$,它的模

$$|\lambda\boldsymbol{a}|=|\lambda||\boldsymbol{a}|$$

当 $\lambda>0$ 时,$\lambda\boldsymbol{a}$ 与 $\boldsymbol{a}$ 同向;当 $\lambda<0$ 时,$\lambda\boldsymbol{a}$ 与 $\boldsymbol{a}$ 反向;当 $\lambda=0$ 时,$|\lambda\boldsymbol{a}|=0$,即 $\lambda\boldsymbol{a}$ 为零向量.

对于非零向量 $\boldsymbol{a}$ 与其单位向量 $\boldsymbol{e}_a$,显然下面的等式成立

$$\boldsymbol{a}=|\boldsymbol{a}|\boldsymbol{e}_a \quad 或 \quad \boldsymbol{e}_a=\frac{\boldsymbol{a}}{|\boldsymbol{a}|}$$

由此可知,一个非零向量除以它的模便是它的单位向量.

不难证明,向量与数的乘积符合下列运算规律:

(1) 结合律 $\qquad \lambda(\mu\boldsymbol{a})=\mu(\lambda\boldsymbol{a})=(\lambda\mu)\boldsymbol{a}$

(2) 分配律 $\qquad (\lambda+\mu)\boldsymbol{a}=\lambda\boldsymbol{a}+\mu\boldsymbol{a}$

$$\lambda(\boldsymbol{a}+\boldsymbol{b})=\lambda\boldsymbol{a}+\lambda\boldsymbol{b}$$

这里 $\boldsymbol{a},\boldsymbol{b}$ 为向量,λ,μ 为任意实数.

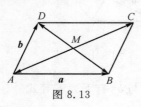

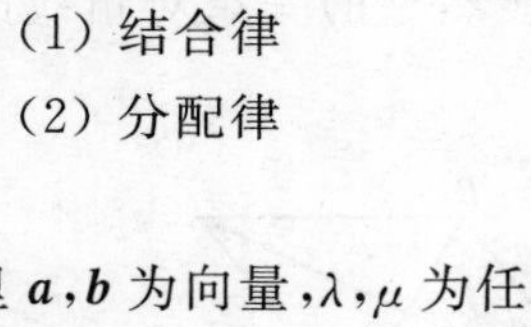

图 8.13

【例 8.1.3】 在平行四边形 $ABCD$ 中,设$\boldsymbol{AB}=\boldsymbol{a}$,$\boldsymbol{AD}=\boldsymbol{b}$.试用 $\boldsymbol{a}$ 和 $\boldsymbol{b}$ 表示向量$\boldsymbol{MA}$,$\boldsymbol{MB}$,$\boldsymbol{MC}$和$\boldsymbol{MD}$,这里 M 是平行四边形对角线的交点(图 8.13).

解:由于平行四边形的对角线互相平分,所以

$$\boldsymbol{a}+\boldsymbol{b}=\boldsymbol{AC}=2\,\boldsymbol{AM}$$

即

$$-(\boldsymbol{a}+\boldsymbol{b})=2\,\boldsymbol{MA}$$

于是
$$\boldsymbol{MA}=-\frac{1}{2}(\boldsymbol{a}+\boldsymbol{b})$$

因为$\boldsymbol{MC}=-\boldsymbol{MA}$,所以 $\boldsymbol{MC}=\frac{1}{2}(\boldsymbol{a}+\boldsymbol{b})$. 又因$-\boldsymbol{a}+\boldsymbol{b}=\boldsymbol{BD}=2\boldsymbol{MD}$,所以 $\boldsymbol{MD}=\frac{1}{2}(\boldsymbol{b}-\boldsymbol{a})$. 由于$\boldsymbol{MB}=-\boldsymbol{MD}$,所以 $\boldsymbol{MB}=\frac{1}{2}(\boldsymbol{a}-\boldsymbol{b})$.

由于向量 $\lambda\boldsymbol{a}$ 与 $\boldsymbol{a}$ 平行,因此我们常用向量与数的乘积来说明两个向量的平行关系. 即有

定理 8.1.1　设向量 $\boldsymbol{a}\neq\boldsymbol{0}$,那么,向量 $\boldsymbol{b}$ 平行于向量 $\boldsymbol{a}$ 的充分必要条件是:存在唯一的实数 λ,使 $\boldsymbol{b}=\lambda\boldsymbol{a}$. 即

$$\boldsymbol{a}/\!/\boldsymbol{b}\Leftrightarrow\boldsymbol{b}=\lambda\boldsymbol{a}\ (\lambda\text{ 为唯一实数})$$

证明:先证必要性. 设 $\boldsymbol{a}/\!/\boldsymbol{b}$,取 $\lambda=\pm\left|\frac{\boldsymbol{b}}{\boldsymbol{a}}\right|$,则有 $|\lambda|=\left|\frac{\boldsymbol{b}}{\boldsymbol{a}}\right|$,$\boldsymbol{a}$ 与 $\boldsymbol{b}$ 同向时 λ 取正号,反向时 λ 取负号,则 $\boldsymbol{b}$ 与 $\lambda\boldsymbol{a}$ 同向,且 $|\lambda\boldsymbol{a}|=|\lambda||\boldsymbol{a}|=\left|\frac{\boldsymbol{b}}{\boldsymbol{a}}\right||\boldsymbol{a}|=|\boldsymbol{b}|$,故

$$\boldsymbol{b}=\lambda\boldsymbol{a}$$

数 λ 的唯一性:假设又有 $\boldsymbol{b}=\mu\boldsymbol{a}$,则$(\lambda-\mu)\boldsymbol{a}=\boldsymbol{0}$,从而有 $|\lambda-\mu||\boldsymbol{a}|=0$,而 $|\boldsymbol{a}|\neq0$,故 $|\lambda-\mu|=0$,即 $\lambda=\mu$.

再证充分性:已知 $\boldsymbol{b}=\lambda\boldsymbol{a}$,则

$$\left.\begin{array}{l}\text{当 }\lambda=0\text{ 时},\boldsymbol{b}=\boldsymbol{0}\\ \text{当 }\lambda>0\text{ 时},\boldsymbol{a},\boldsymbol{b}\text{ 同向}\\ \text{当 }\lambda<0\text{ 时},\boldsymbol{a},\boldsymbol{b}\text{ 反向}\end{array}\right\}\Rightarrow\boldsymbol{a}/\!/\boldsymbol{b}$$

习题 8.1

1. 设 $\boldsymbol{u}=\boldsymbol{a}-\boldsymbol{b}+2\boldsymbol{c}$,$\boldsymbol{v}=-\boldsymbol{a}+3\boldsymbol{b}-\boldsymbol{c}$. 试用 $\boldsymbol{a},\boldsymbol{b},\boldsymbol{c}$ 表示 $2\boldsymbol{u}-3\boldsymbol{v}$.
2. 把三角形 ABC 的 BC 边五等分,并把分点 D_1,D_2,D_3,D_4 各与点 A 连接. 试以$\boldsymbol{AB}=\boldsymbol{c}$,$\boldsymbol{BC}=\boldsymbol{a}$ 表示向量$\boldsymbol{D_1A}$,$\boldsymbol{D_2A}$,$\boldsymbol{D_3A}$和$\boldsymbol{D_4A}$.
3. 证明三角形两边中点的连线平行且等于第三边的一半.

8.2　空间直角坐标系及向量的坐标

8.2.1　空间直角坐标系的建立

在空间取定一点 O,过点 O 作三条互相垂直的直线 Ox,Oy,Oz,并按右手规则规定 Ox,Oy,Oz 的正方向,即将右手伸直,拇指朝上为 Oz 的正方向,其余四指的指向为 Ox 的正方向,四指弯曲90°后的指向为 Oy 的正方向,如图 8.14 所示. O 称为坐标原点,Ox,Oy,Oz 依

次称为 x 轴(横轴)、y 轴(纵轴)、z 轴(竖轴),它们构成一个空间直角坐标系. x 轴、y 轴、z 轴上的单位向量分别用 $\boldsymbol{i},\boldsymbol{j},\boldsymbol{k}$ 来表示(图 8.15).

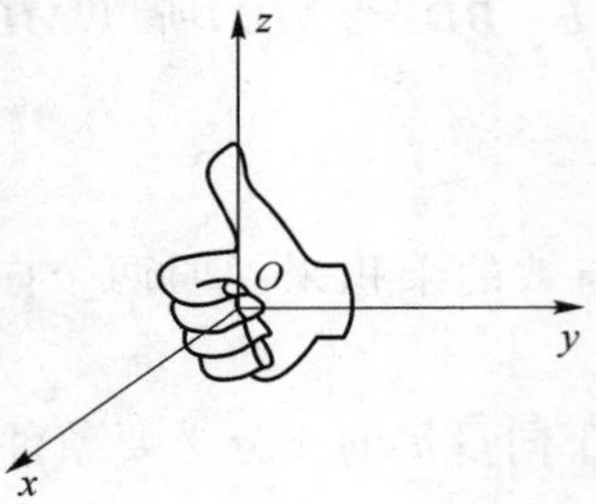

图 8.14

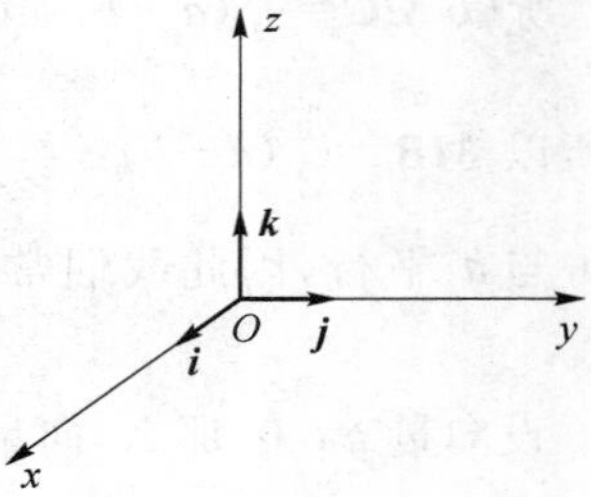

图 8.15

每两条坐标轴所决定的平面称作坐标面,按照坐标面所包含的坐标轴,分别称作 xOy 面,yOz 面,zOx 面. 三个坐标面把空间分成八个部分,称为八个卦限. 含有 x 轴、y 轴与 z 轴正半轴的那个卦限称作第一卦限,在 xOy 面上方,从第一卦限开始按逆时针方向分别是第二、第三、第四卦限. 在 xOy 面下方,第一卦限之下是第五卦限,从第五卦限开始同样按逆时针方向分别是第六、第七、第八卦限,这八个卦限分别用序号Ⅰ、Ⅱ、Ⅲ、Ⅳ、Ⅴ、Ⅵ、Ⅶ、Ⅷ表示(图 8.16).

在空间直角坐标系下,空间任意一点 M 与有序数组 (x,y,z) 一一对应,(x,y,z) 称为点 M 的坐标,记为 $M(x,y,z)$. 显然在坐标面上的点的坐标有一个为零. 例如 xOy 面上的点的坐标中 $z=0$. 在坐标轴上的点的坐标中有两个为零,例如 x 轴上的点的坐标中 $y=z=0$. 原点的坐标为 $(0,0,0)$,如图 8.17 所示.

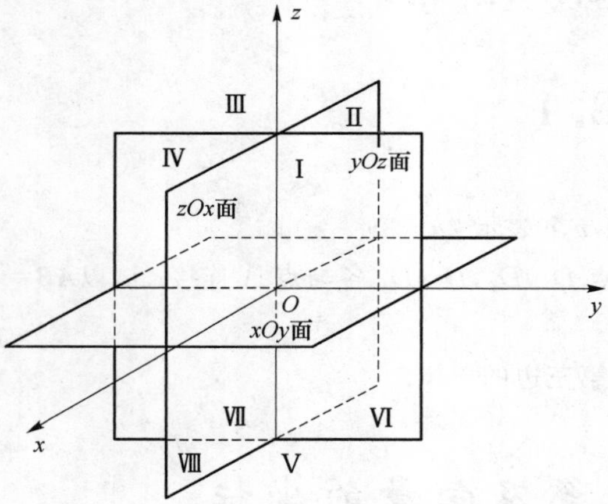

图 8.16

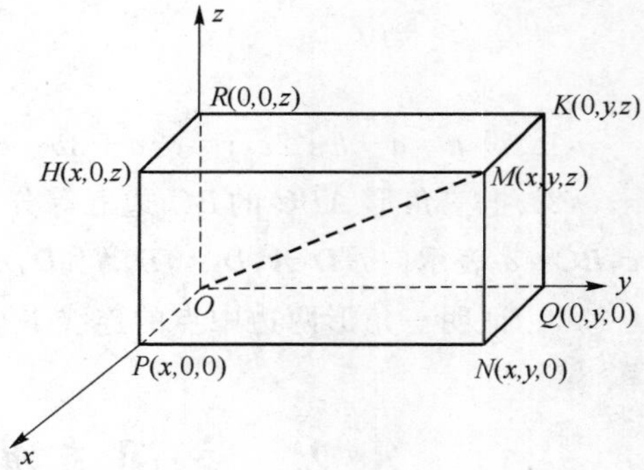

图 8.17

8.2.2 向量的坐标

任给向量 $\boldsymbol{r}$,对应有点 M,使 $\boldsymbol{OM}=\boldsymbol{r}$. 这里向量 $\boldsymbol{OM}=\boldsymbol{r}$ 称为点 M 关于原点 O 的向径.

在空间直角坐标系中,以 $\boldsymbol{i},\boldsymbol{j},\boldsymbol{k}$ 分别表示 x,y,z 轴上的单位向量,设点 M 的坐标为 $M(x,y,z)$,如图 8.18 所示,则有

$$\boldsymbol{r}=\boldsymbol{OM}=\boldsymbol{OP}+\boldsymbol{PN}+\boldsymbol{NM}=\boldsymbol{OP}+\boldsymbol{OQ}+\boldsymbol{OR}$$

又由
$$\boldsymbol{OP}=x\boldsymbol{i},\boldsymbol{OQ}=y\boldsymbol{j},\boldsymbol{OR}=z\boldsymbol{k}$$

因此
$$\boldsymbol{r}=\boldsymbol{OM}=x\boldsymbol{i}+y\boldsymbol{j}+z\boldsymbol{k}$$

此式称为向量 $\boldsymbol{r}$ 的坐标分解式，$x\boldsymbol{i},y\boldsymbol{j},z\boldsymbol{k}$ 称为向量 $\boldsymbol{r}$ 沿三个坐标轴方向的分向量. 向量 $\boldsymbol{r}$ 也可表示成 $\boldsymbol{r}=x\boldsymbol{i}+y\boldsymbol{j}+z\boldsymbol{k}=\{x,y,z\}$，这里 $\boldsymbol{r}=\{x,y,z\}$ 称为向量 $\boldsymbol{r}$ 的坐标表示式. x,y,z 分别称为向量 $\boldsymbol{r}$ 在 x 轴，y 轴，z 轴上的投影，也称 x,y,z 为向量 $\boldsymbol{r}$ 的坐标.

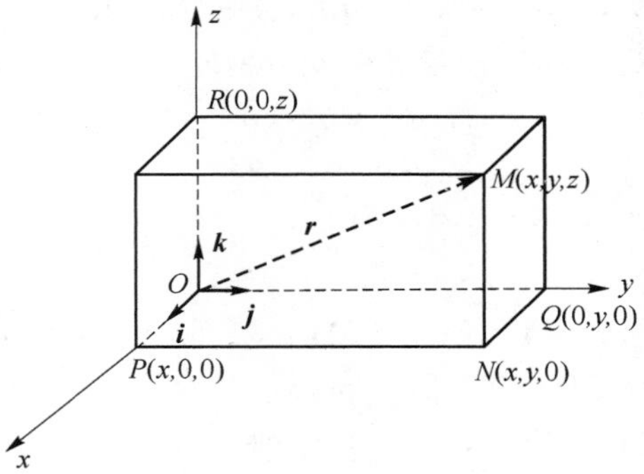

图 8.18

8.2.3　用向量起点和终点的坐标表示向量

1. 用向量起点和终点的坐标表示向量

设 $M_1(x_1,y_1,z_1)$ 和 $M_2(x_2,y_2,z_2)$，则向量

$$\boldsymbol{M_1M_2}=\{x_2-x_1,y_2-y_1,z_2-z_1\}$$

证明：由图 8.19 知，

$$\boldsymbol{OM_1}=x_1\boldsymbol{i}+y_1\boldsymbol{j}+z_1\boldsymbol{k}$$
$$\boldsymbol{OM_2}=x_2\boldsymbol{i}+y_2\boldsymbol{j}+z_2\boldsymbol{k}$$

由向量的减法运算得

$$\begin{aligned}\boldsymbol{M_1M_2}&=\boldsymbol{OM_2}-\boldsymbol{OM_1}\\&=(x_2\boldsymbol{i}+y_2\boldsymbol{j}+z_2\boldsymbol{k})-(x_1\boldsymbol{i}+y_1\boldsymbol{j}+z_1\boldsymbol{k})\\&=(x_2-x_1)\boldsymbol{i}+(y_2-y_1)\boldsymbol{j}+(z_2-z_1)\boldsymbol{k}\\&=\{x_2-x_1,y_2-y_1,z_2-z_1\}\end{aligned}$$

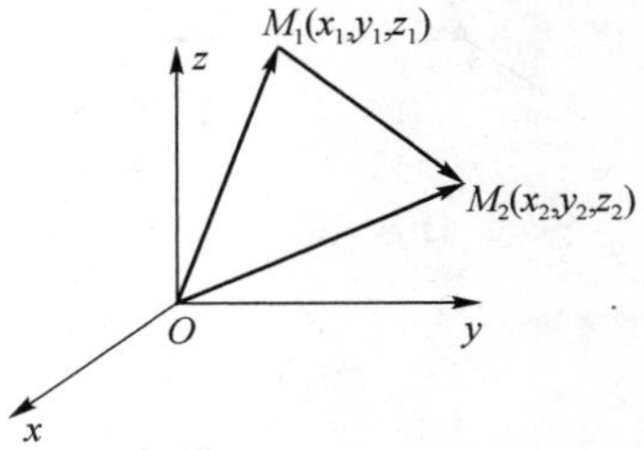

图 8.19

2. 利用坐标作向量的线性运算

两向量和的分量等于两向量对应分量的和.

设 $\boldsymbol{a}=\{a_x,a_y,a_z\},\boldsymbol{b}=\{b_x,b_y,b_z\}$，则有

$$\boldsymbol{a}+\boldsymbol{b}=\{a_x+b_x,a_y+b_y,a_z+b_z\}$$

证明：因为
$$\boldsymbol{a}=a_x\boldsymbol{i}+a_y\boldsymbol{j}+a_z\boldsymbol{k},\boldsymbol{b}=b_x\boldsymbol{i}+b_y\boldsymbol{j}+b_z\boldsymbol{k}$$

那么
$$\begin{aligned}\boldsymbol{a}+\boldsymbol{b}&=(a_x\boldsymbol{i}+a_y\boldsymbol{j}+a_z\boldsymbol{k})+(b_x\boldsymbol{i}+b_y\boldsymbol{j}+b_z\boldsymbol{k})\\&=(a_x+b_x)\boldsymbol{i}+(a_y+b_y)\boldsymbol{j}+(a_z+b_z)\boldsymbol{k}\end{aligned}$$

所以
$$\boldsymbol{a}+\boldsymbol{b}=\{a_x+b_x,a_y+b_y,a_z+b_z\}$$

同理,两向量差的分量等于两向量对应分量的差,即

$$\boldsymbol{a}-\boldsymbol{b}=\{a_x-b_x,a_y-b_y,a_z-b_z\}$$

数乘向量等于这个数与向量的每个分量相乘,即

$$\lambda\boldsymbol{a}=\{\lambda a_x,\lambda a_y,\lambda a_z\}(\lambda \text{ 为实数})$$

平行向量对应坐标成比例.

当 $\boldsymbol{a}\neq\boldsymbol{0}$ 时,$\boldsymbol{b}/\!/\boldsymbol{a}\Leftrightarrow\boldsymbol{b}=\lambda\boldsymbol{a}$,坐标表示式为

$$\{b_x,b_y,b_z\}=\lambda\{a_x,a_y,a_z\}=\{\lambda a_x,\lambda a_y,\lambda a_z\}$$

从而有 $b_x=\lambda a_x,b_y=\lambda a_y,b_z=\lambda a$,即向量 $\boldsymbol{b}=\{b_x,b_y,b_z\}$ 与 $\boldsymbol{a}=\{a_x,a_y,a_z\}$ 平行等价于

$$\frac{b_x}{a_x}=\frac{b_y}{a_y}=\frac{b_z}{a_z}$$

【例 8.2.1】 已知四点 $A(1,-2,3),B(4,-4,-3),C(2,4,3)$ 和 $D(8,6,6)$,求 $2\,\boldsymbol{AB}-3\,\boldsymbol{CD}+4\,\boldsymbol{CA}$.

解:因为

$$\boldsymbol{AB}=\{4-1,-4-(-2),-3-3\}=\{3,-2,-6\}$$

$$\boldsymbol{CD}=\{8-2,6-4,6-3\}=\{6,2,3\}$$

$$\boldsymbol{CA}=\{1-2,-2-4,3-3\}=\{-1,-6,0\}$$

所以

$$\begin{aligned}2\,\boldsymbol{AB}-3\,\boldsymbol{CD}+4\,\boldsymbol{CA}&=2\{3,-2,-6\}-3\{6,2,3\}+4\{-1,-6,0\}\\&=\{6,-4,-12\}-\{18,6,9\}+\{-4,-24,0\}\\&=\{-16,-34,-21\}\end{aligned}$$

【例 8.2.2】 已知两点 $A(x_1,y_1,z_1)$ 和 $B(x_2,y_2,z_2)$ 以及实数 $\lambda\neq-1$,在直线 AB 上求点 M,使 $\boldsymbol{AM}=\lambda\,\boldsymbol{MB}$.

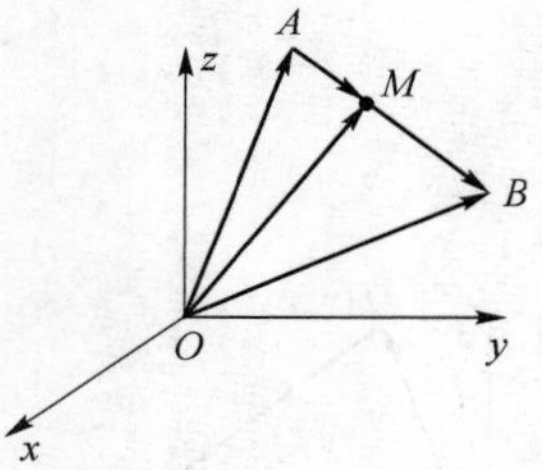

图 8.20

解:设 M 的坐标为 (x,y,z),如图 8.20 所示.

由于

$$\left.\begin{aligned}\boldsymbol{AM}&=\lambda\,\boldsymbol{MB}\\\boldsymbol{AM}&=\boldsymbol{OM}-\boldsymbol{OA}\\\boldsymbol{MB}&=\boldsymbol{OB}-\boldsymbol{OM}\end{aligned}\right\}$$

因此

$$\boldsymbol{OM}-\boldsymbol{OA}=\lambda(\boldsymbol{OB}-\boldsymbol{OM})$$

从而

$$\boldsymbol{OM}=\frac{1}{1+\lambda}(\boldsymbol{OA}+\lambda\,\boldsymbol{OB})$$

即

$$\{x,y,z\}=\frac{1}{1+\lambda}\{x_1+\lambda x_2,y_1+\lambda y_2,z_1+\lambda z_2\}$$

所以 M 点的坐标为 $(x,y,z)=\left(\frac{x_1+\lambda x_2}{1+\lambda},\frac{y_1+\lambda y_2}{1+\lambda},\frac{z_1+\lambda z_2}{1+\lambda}\right)$.

说明:由例 8.2.2 求得的 M 点的坐标 $(x,y,z)=\left(\frac{x_1+\lambda x_2}{1+\lambda},\frac{y_1+\lambda y_2}{1+\lambda},\frac{z_1+\lambda z_2}{1+\lambda}\right)$ 可得线段的定比分点坐标公式.

设线段 AB 两个端点的坐标分别为 $A(x_1,y_1,z_1),B(x_2,y_2,z_2)$,那么分线段 AB 成定比 $\lambda(\lambda\neq-1)$ 的分点 M 的坐标是

$$x=\frac{x_1+\lambda x_2}{1+\lambda},\quad y=\frac{y_1+\lambda y_2}{1+\lambda},\quad z=\frac{z_1+\lambda z_2}{1+\lambda}$$

当 $\lambda=1$ 时,点 M 为 AB 的中点,于是得中点公式:

$$x=\frac{x_1+x_2}{2},\quad y=\frac{y_1+y_2}{2},\quad z=\frac{z_1+z_2}{2}$$

8.2.4　向量的模、方向余弦的坐标表示

1. 向量的模与两点间的距离公式

设向量 $\boldsymbol{r}=\{x,y,z\}$，则 $\boldsymbol{r}$ 的模为

$$|\boldsymbol{r}|=\sqrt{x^2+y^2+z^2}$$

证明：作$\boldsymbol{OM}=\boldsymbol{r}$，如图 8.21 所示，则有 $\boldsymbol{r}=\boldsymbol{OM}=\boldsymbol{OP}+\boldsymbol{OQ}+\boldsymbol{OR}$，由勾股定理得

$$|\boldsymbol{r}|=|OM|=\sqrt{|OP|^2+|OQ|^2+|OR|^2}=\sqrt{x^2+y^2+z^2}.$$

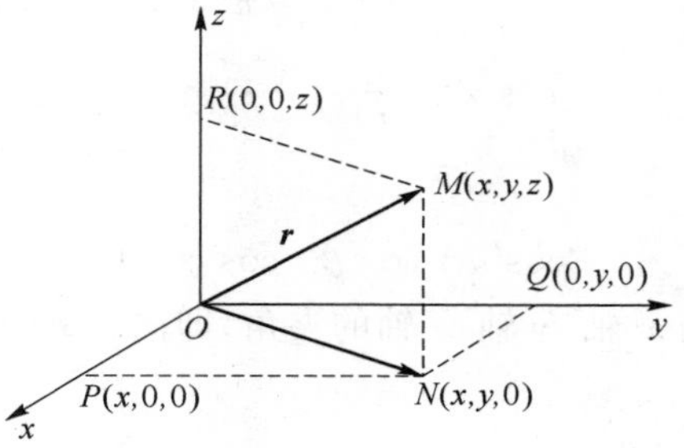

图 8.21

【例 8.2.3】　已知两点 $A(4,0,5)$和 $B(7,1,3)$，求与$\boldsymbol{AB}$方向相同的单位向量 $\boldsymbol{e}$.

解：因为

$$\boldsymbol{AB}=\{7-4,1-0,3-5\}=\{3,1,-2\}$$

$$|\boldsymbol{AB}|=\sqrt{3^2+1^2+(-2)^2}=\sqrt{14}$$

所以

$$\boldsymbol{e}=\frac{\boldsymbol{AB}}{|\boldsymbol{AB}|}=\frac{1}{\sqrt{14}}\{3,1,-2\}=\left\{\frac{3}{\sqrt{14}},\frac{1}{\sqrt{14}},\frac{-2}{\sqrt{14}}\right\}$$

由向量模的坐标表示以及向量的加减运算，我们可以得到空间任意两点间的距离公式.

设有两点 $A(x_1,y_1,z_1)$和 $B(x_2,y_2,z_2)$，则 A 与 B 的距离为

$$|AB|=\sqrt{(x_2-x_1)^2+(y_2-y_1)^2+(z_2-z_1)^2}$$

证明：如图 8.22 所示，有

$$\boldsymbol{AB}=\boldsymbol{OB}-\boldsymbol{OA}=\{x_2,y_2,z_2\}-\{x_1,y_1,z_1\}$$
$$=\{x_2-x_1,y_2-y_1,z_2-z_1\}$$

得

$$|AB|=|\boldsymbol{AB}|=\sqrt{(x_2-x_1)^2+(y_2-y_1)^2+(z_2-z_1)^2}$$

【例 8.2.4】　求证以 $M_1(4,3,1)$，$M_2(7,1,2)$，$M_3(5,2,3)$为顶点的三角形是等腰三角形.

证明：因为

$$|M_1M_2|=\sqrt{(7-4)^2+(1-3)^2+(2-1)^2}=\sqrt{14}$$

$$|M_2M_3|=\sqrt{(5-7)^2+(2-1)^2+(3-2)^2}=\sqrt{6}$$

$$|M_3M_1|=\sqrt{(4-5)^2+(3-2)^2+(1-3)^2}=\sqrt{6}$$

所以

$$|M_2M_3|=|M_3M_1|，即\triangle M_1M_2M_3 为等腰三角形.$$

【例 8.2.5】　在 z 轴上求与两点 $A(-4,1,7)$和 $B(3,5,-2)$等距离的点.

解：设该点为 $M(0,0,z)$，因为$|MA|=|MB|$，从而有

$$\sqrt{(0+4)^2+(0-1)^2+(z-7)^2}=\sqrt{(3-0)^2+(5-0)^2+(-2-z)^2}$$

解得 $z=\frac{14}{9}$,故所求点为 $M\left(0,0,\frac{14}{9}\right)$.

2. 方向角与方向余弦

向量与坐标轴所成的角称作向量的方向角,方向角的余弦称作向量的方向余弦.

设非零向量 $\boldsymbol{r}=\{x,y,z\}$,则 $\boldsymbol{r}$ 的方向余弦是

$$\cos\alpha=\frac{x}{|\boldsymbol{r}|}=\frac{x}{\sqrt{x^2+y^2+z^2}}$$

$$\cos\beta=\frac{y}{|\boldsymbol{r}|}=\frac{y}{\sqrt{x^2+y^2+z^2}}$$

$$\cos\gamma=\frac{z}{|\boldsymbol{r}|}=\frac{z}{\sqrt{x^2+y^2+z^2}}$$

且有

$$\cos^2\alpha+\cos^2\beta+\cos^2\gamma=1$$

式中,α,β,γ 分别是向量 $\boldsymbol{r}$ 与 x 轴,y 轴,z 轴的夹角,即向量 $\boldsymbol{r}$ 的三个方向角.

证明:由图 8.23,可知

$$x=|\boldsymbol{r}|\cos\alpha,\quad y=|\boldsymbol{r}|\cos\beta,\quad z=|\boldsymbol{r}|\cos\gamma$$

从而可得方向余弦的坐标表示.

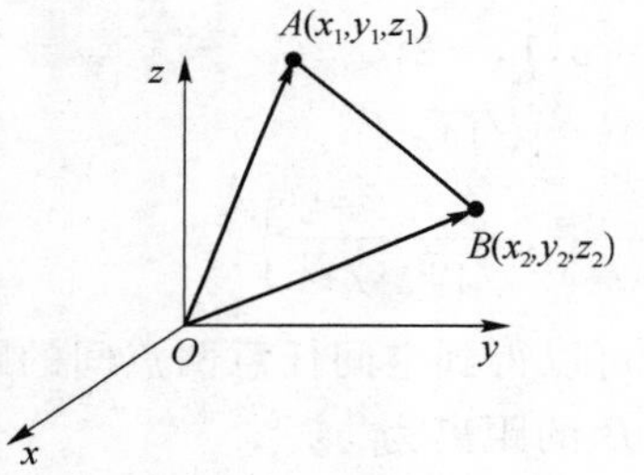

图 8.22

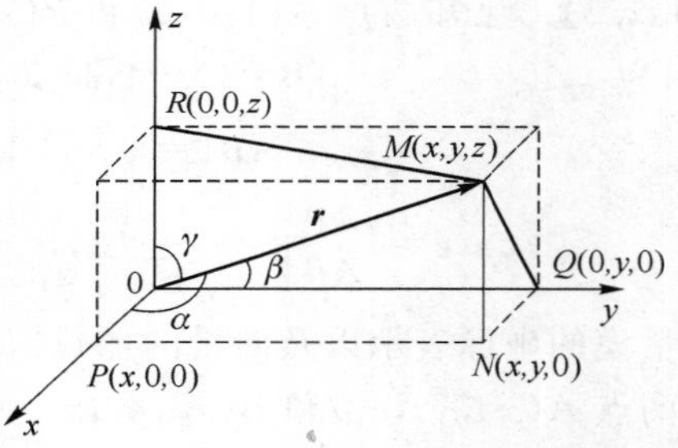

图 8.23

从上面的结果可以看出,空间的每一个向量都可以由它的模与方向余弦决定,特别地,向量 $\boldsymbol{r}$ 的单位向量 $\boldsymbol{e}_r=\frac{\boldsymbol{r}}{|\boldsymbol{r}|}=\left\{\frac{x}{|\boldsymbol{r}|},\frac{y}{|\boldsymbol{r}|},\frac{z}{|\boldsymbol{r}|}\right\}=\{\cos\alpha,\cos\beta,\cos\gamma\}$.

【例 8.2.6】 求向量 $\boldsymbol{a}=\boldsymbol{i}+\sqrt{2}\boldsymbol{j}+\boldsymbol{k}$ 与三个坐标轴间的夹角.

解:$\boldsymbol{a}=\boldsymbol{i}+\sqrt{2}\boldsymbol{j}+\boldsymbol{k}=\{1,\sqrt{2},1\}$,$|\boldsymbol{a}|=\sqrt{1^2+(\sqrt{2})^2+1^2}=2$,所以 $\boldsymbol{a}$ 的方向余弦是

$$\cos\alpha=\frac{1}{|\boldsymbol{a}|}=\frac{1}{2},\quad \cos\beta=\frac{\sqrt{2}}{|\boldsymbol{a}|}=\frac{\sqrt{2}}{2},\quad \cos\gamma=\frac{1}{|\boldsymbol{a}|}=\frac{1}{2}$$

从而得 $\alpha=\frac{\pi}{3},\beta=\frac{\pi}{4},\gamma=\frac{\pi}{3}$.

【例 8.2.7】 设某一向量与 x 轴,y 轴,z 轴的夹角分别为 α,β,γ,已知 $\alpha=\frac{\pi}{3},\beta=\frac{2\pi}{3}$,求 γ.

解:因为

$$\cos^2\alpha+\cos^2\beta+\cos^2\gamma=1$$

且
$$\cos\alpha=\cos\frac{\pi}{3}=\frac{1}{2},\quad \cos\beta=\cos\frac{2\pi}{3}=-\frac{1}{2}$$
所以
$$\cos^2\gamma=1-\cos^2\alpha-\cos^2\beta=1-\frac{1}{4}-\frac{1}{4}=\frac{1}{2}$$
得 $\cos\gamma=\frac{\sqrt{2}}{2}$或 $\cos\gamma=-\frac{\sqrt{2}}{2}$，于是
$$\gamma=\frac{\pi}{4}\quad 或\quad \gamma=\frac{3\pi}{4}$$

【例 8.2.8】 设点 A 位于第一卦限，向径$\boldsymbol{OA}$与 x 轴、y 轴的夹角依次为$\frac{\pi}{3}$和$\frac{\pi}{4}$，且 $|\boldsymbol{OA}|=6$，求点 A 的坐标．

解：已知 $\alpha=\frac{\pi}{3}$，$\beta=\frac{\pi}{4}$，则
$$\cos^2\gamma=1-\cos^2\alpha-\cos^2\beta=1-\left(\frac{1}{2}\right)^2-\left(\frac{\sqrt{2}}{2}\right)^2=\frac{1}{4}$$
因点 A 在第一卦限，故 $\cos\gamma=\frac{1}{2}$，于是
$$\boldsymbol{OA}=|\boldsymbol{OA}|\boldsymbol{e}_{\boldsymbol{OA}}=6\left\{\frac{1}{2},\frac{\sqrt{2}}{2},\frac{1}{2}\right\}=\{3,3\sqrt{2},3\}$$
故点 A 的坐标为 $(3,3\sqrt{2},3)$.

8.2.5　向量在轴上的投影

如图 8.24 所示，设 O 是原点，$\boldsymbol{e}$ 是 u 轴上的单位向量. 任给向量 $\boldsymbol{r}$，作$\boldsymbol{OM}=\boldsymbol{r}$，再过点 M 作与 u 轴垂直的平面交 u 轴于点 M'，称点 M'为点 M 在 u 轴上的投影，称向量$\boldsymbol{OM'}$为向量 $\boldsymbol{r}$ 在 u 轴上的分向量. 设$\boldsymbol{OM'}=\lambda\boldsymbol{e}$，则称数 λ 为向量 $\boldsymbol{r}$ 在 u 轴上的投影，记为 $\mathrm{Prj}_u\boldsymbol{r}$ 或$(\boldsymbol{r})_u$.

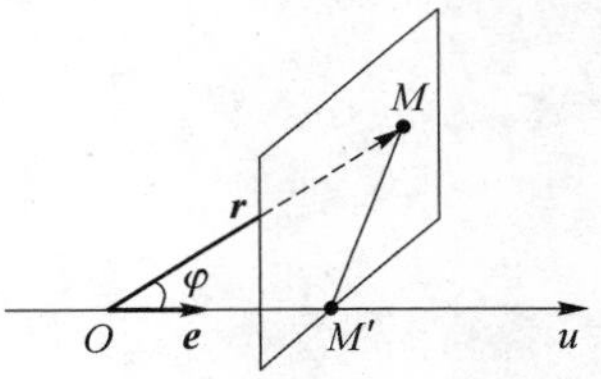

图 8.24

从图 8.24 可看出，$|\boldsymbol{OM'}|=|\boldsymbol{OM}|\cos\varphi=|\boldsymbol{r}|\cos\varphi$，即
$$\mathrm{Prj}_u\boldsymbol{r}=\lambda=|\boldsymbol{OM'}|=|\boldsymbol{r}|\cos\varphi$$

注意：投影是一个数(可正，可负，可为零).

由以上定义，向量 $\boldsymbol{a}=\{a_x,a_y,a_z\}$在直角坐标系 $Oxyz$ 中的坐标 a_x,a_y,a_z 就是向量$\boldsymbol{a}$ 在三个坐标轴上的投影，即
$$a_x=\mathrm{Prj}_x\boldsymbol{a},\quad a_y=\mathrm{Prj}_y\boldsymbol{a},\quad a_z=\mathrm{Prj}_z\boldsymbol{a}$$
或
$$a_x=(\boldsymbol{a})_x,a_y=(\boldsymbol{a})_y,a_z=(\boldsymbol{a})_z$$

【例 8.2.9】 设有向量 $\boldsymbol{m}=3\boldsymbol{i}+5\boldsymbol{j}+8\boldsymbol{k}$，$\boldsymbol{n}=2\boldsymbol{i}-4\boldsymbol{j}-7\boldsymbol{k}$ 和 $\boldsymbol{p}=5\boldsymbol{i}+\boldsymbol{j}-4\boldsymbol{k}$，求向量 $\boldsymbol{\alpha}=4\boldsymbol{m}+3\boldsymbol{n}-\boldsymbol{p}$ 在 x 轴上的投影及在 y 轴上的分向量.

解：因为
$$\begin{aligned}\boldsymbol{\alpha}&=4\boldsymbol{m}+3\boldsymbol{n}-\boldsymbol{p}\\&=4(3\boldsymbol{i}+5\boldsymbol{j}+8\boldsymbol{k})+3(2\boldsymbol{i}-4\boldsymbol{j}-7\boldsymbol{k})-(5\boldsymbol{i}+\boldsymbol{j}-4\boldsymbol{k})\\&=13\boldsymbol{i}+7\boldsymbol{j}+15\boldsymbol{k}\end{aligned}$$
所以 $\boldsymbol{\alpha}$ 在 x 轴上的投影为 13，在 y 轴上的分向量为 $7\boldsymbol{j}$.

向量在轴上的投影有如下性质：

性质1（投影定理） 向量 $\boldsymbol{a}$ 在 u 轴上的投影等于 $\boldsymbol{a}$ 的模乘以 $\boldsymbol{a}$ 与 u 轴夹角的余弦，即

$$\mathrm{Prj}_u\boldsymbol{a}=|\boldsymbol{a}|\cos\varphi$$

其中 φ 为向量 $\boldsymbol{a}$ 与 u 轴的夹角.

性质2 对于任意向量 $\boldsymbol{a},\boldsymbol{b}$，有

$$\mathrm{Prj}_u(\boldsymbol{a}+\boldsymbol{b})=\mathrm{Prj}_u\boldsymbol{a}+\mathrm{Prj}_u\boldsymbol{b}$$

性质3 对于任意向量 $\boldsymbol{a}$ 与任意实数 λ，有

$$\mathrm{Prj}_u(\lambda\boldsymbol{a})=\lambda\mathrm{Prj}_u\boldsymbol{a}$$

【例8.2.10】 设一向量 $\boldsymbol{r}$ 的模是4，它与投影轴的交角是60°，求这向量在该轴上的投影.

解：设投影轴是 u 轴，由投影定理得

$$\mathrm{Prj}_u\boldsymbol{r}=|\boldsymbol{r}|\cos 60°=4\times\frac{1}{2}=2$$

【例8.2.11】 设立方体的一条对角线为 OM，一条棱为 OA，且 $|OA|=a$，求 $\boldsymbol{OA}$ 在 $\boldsymbol{OM}$ 方向上的投影 $\mathrm{Prj}_{OM}\boldsymbol{OA}$.

解：如图8.25所示，记 $\angle MOA=\varphi$，有

$$\cos\varphi=\frac{|OA|}{|OM|}=\frac{1}{\sqrt{3}}$$

于是

$$\mathrm{Prj}_{OM}\boldsymbol{OA}=|\boldsymbol{OA}|\cos\varphi=\frac{a}{\sqrt{3}}$$

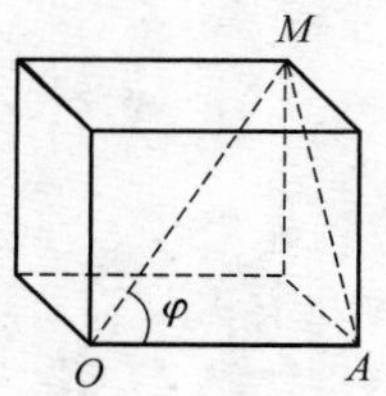

图8.25

习题8.2

1. 分别指出下列各点在空间直角坐标系中的哪个卦限、轴或坐标面：
$A(4,3,5)$；$B(1,2,-1)$；$C(-4,4,4)$；$D(4,-4,-4)$；
$E(4,0,0)$；$F(0,-7,0)$；$G(0,-7,2)$；$H(5,0,3)$

2. 求点 (a,b,c) 分别关于
(1) x 轴、y 轴、z 轴的对称点的坐标；
(2) xOy 面、yOz 面、zOx 面的对称点的坐标；
(3) 坐标原点的对称点的坐标.

3. 求点 $M(4,-3,5)$ 与原点及各坐标轴间的距离.

4. 求顶点为 $A(2,1,4)$，$B(3,-1,2)$，$C(5,0,6)$ 的三角形各边的长.

5. 在 x 轴上求与点 $A(-4,1,7)$ 和点 $B(3,5,-2)$ 等距离的点.

6. 给定点 $M_1(-1,4,1)$ 和 $M_2(1,0,-3)$. 求线段 $\boldsymbol{M_1M_2}$ 的中点，以及分线段 $\boldsymbol{M_1M_2}$ 成比值 $\lambda=2$ 和 $\lambda=-\frac{1}{2}$ 的点的坐标.

7. 已知两点 $M_1(0,1,2)$ 和 $M_2(1,-1,0)$，试用坐标表示式表示向量 $\boldsymbol{M_1M_2}$ 及 $-2\boldsymbol{M_1M_2}$.

8. 已知向量 $\boldsymbol{a}=2\boldsymbol{i}-3\boldsymbol{j}+\boldsymbol{k}$ 与 $\boldsymbol{b}=-3\boldsymbol{i}+2\boldsymbol{j}-\boldsymbol{k}$，试求向量 $\boldsymbol{a},\boldsymbol{b}$ 及 $\boldsymbol{a}-\boldsymbol{b}$ 的模，并分别求出

与它们同方向的单位向量.

9. 已知两点 $M_1(2,2,\sqrt{2})$ 和 $M_2(1,3,0)$，计算向量 $\boldsymbol{M_1M_2}$ 的模 、方向余弦和方向角.

10. 设某一向量与 x 轴，y 轴，z 轴的夹角分别为 α,β,γ，已知 $\alpha=\frac{3\pi}{4},\beta=\frac{\pi}{3}$，求 γ.

11. 从点 $A(2,-1,7)$ 沿向量 $\boldsymbol{a}=8\boldsymbol{i}+9\boldsymbol{j}-12\boldsymbol{k}$ 的方向取线段长 $|AB|=34$，求点 B 的坐标.

12. 一向量的终点在点 $B(2,-1,7)$，它在 x 轴，y 轴和 z 轴上的投影依次为 $4,-4,7$，求这向量的起点 A 的坐标.

8.3　数量积与向量积

8.3.1　两向量的数量积

1. 定义

在物理学中，我们知道一个物体在常力 $\boldsymbol{F}$ 作用下(图 8.26)，经过位移 $\boldsymbol{M_1M_2}=\boldsymbol{s}$，那么这个力所做的功为

$$W=|\boldsymbol{F}||\boldsymbol{s}|\cos\theta$$

其中 θ 为 $\boldsymbol{F}$ 和 $\boldsymbol{s}$ 的夹角，这里的功 W 是由向量 $\boldsymbol{F}$ 和 $\boldsymbol{s}$ 按上式确定的一个数量. 类似的情况在其他问题中也常遇到.

定义 8.3.1　两个向量 $\boldsymbol{a}$ 和 $\boldsymbol{b}$ 的模和它们夹角的余弦的乘积称作向量 $\boldsymbol{a}$ 和 $\boldsymbol{b}$ 的数量积(也称点积或内积)，记作 $\boldsymbol{a}\cdot\boldsymbol{b}$，即

$$\boldsymbol{a}\cdot\boldsymbol{b}=|\boldsymbol{a}||\boldsymbol{b}|\cos\theta \tag{8.3.1}$$

这里 θ 为向量 $\boldsymbol{a}$ 和 $\boldsymbol{b}$ 的夹角.

根据这个定义，上述问题中力所做的功 W 是力 $\boldsymbol{F}$ 与位移 $\boldsymbol{s}$ 数量积，即

$$W=\boldsymbol{F}\cdot\boldsymbol{s}$$

两向量的数量积是一个数量而不是向量，特别地当两向量中有一个为零向量时，例如 $\boldsymbol{b}=\boldsymbol{0}$，那么 $|\boldsymbol{b}|=0$，从而有 $\boldsymbol{a}\cdot\boldsymbol{b}=0$.

当 $\boldsymbol{a},\boldsymbol{b}$ 为两非零向量时，根据投影定理有(图 8.27)

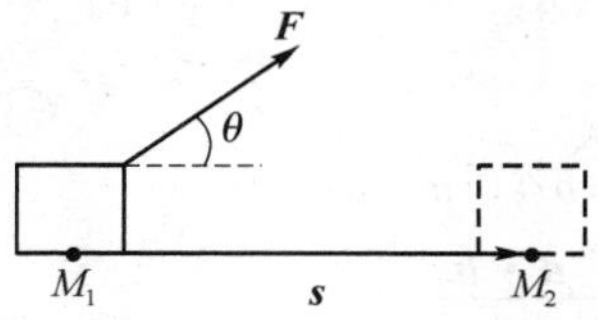

图 8.26

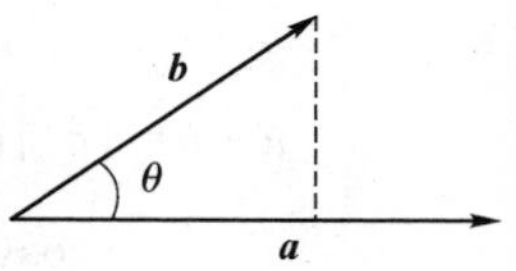

图 8.27

$$\boldsymbol{a}\cdot\boldsymbol{b}=|\boldsymbol{a}||\boldsymbol{b}|\cos\theta=|\boldsymbol{a}||\boldsymbol{b}|\cos(\widehat{\boldsymbol{a},\boldsymbol{b}})=|\boldsymbol{a}|\mathrm{Prj}_{\boldsymbol{a}}\boldsymbol{b}$$

$$\boldsymbol{a}\cdot\boldsymbol{b}=|\boldsymbol{a}||\boldsymbol{b}|\cos\theta=|\boldsymbol{b}||\boldsymbol{a}|\cos(\widehat{\boldsymbol{a},\boldsymbol{b}})=|\boldsymbol{b}|\mathrm{Prj}_{\boldsymbol{b}}\boldsymbol{a}$$

2. 性质

(1) $\boldsymbol{a}\cdot\boldsymbol{a}=|\boldsymbol{a}|^2$;

(2) 两向量 $\boldsymbol{a}$ 与 $\boldsymbol{b}$ 相互垂直的充要条件是 $\boldsymbol{a}\cdot\boldsymbol{b}=0$.

证明:(1) 如果式(8.3.1)中 $\boldsymbol{b}=\boldsymbol{a}$,则有 $\boldsymbol{a}\cdot\boldsymbol{a}=|\boldsymbol{a}|^2$.

(2) 当 $\boldsymbol{a}\perp\boldsymbol{b}$ 时,$\cos(\widehat{\boldsymbol{a},\boldsymbol{b}})=0$,由式(8.3.1)知,$\boldsymbol{a}\cdot\boldsymbol{b}=0$;反过来,当 $\boldsymbol{a}\cdot\boldsymbol{b}=0$ 时,如果 $\boldsymbol{a},\boldsymbol{b}$ 均为非零向量,同样由式(8.3.1)有

$$\cos(\widehat{\boldsymbol{a},\boldsymbol{b}})=0$$

从而 $\boldsymbol{a}\perp\boldsymbol{b}$,如果 $\boldsymbol{a},\boldsymbol{b}$ 中有零向量,由于零向量的方向不定,可以把它看成与任意向量垂直,所以也有 $\boldsymbol{a}\perp\boldsymbol{b}$.

3. 运算律

向量的数量积满足下面的运算律:

(1) 交换律 $$\boldsymbol{a}\cdot\boldsymbol{b}=\boldsymbol{b}\cdot\boldsymbol{a}\tag{8.3.2}$$

(2) 分配律 $$(\boldsymbol{a}+\boldsymbol{b})\cdot\boldsymbol{c}=\boldsymbol{a}\cdot\boldsymbol{c}+\boldsymbol{b}\cdot\boldsymbol{c}\tag{8.3.3}$$

(3) 结合律 $$(\lambda\boldsymbol{a})\cdot\boldsymbol{b}=\lambda(\boldsymbol{a}\cdot\boldsymbol{b})=\boldsymbol{a}\cdot(\lambda\boldsymbol{b})\tag{8.3.4}$$

4. 数量积的坐标表示

设 $\boldsymbol{a}=\{a_x,a_y,a_z\},\boldsymbol{b}=\{b_x,b_y,b_z\}$,那么

$$\boldsymbol{a}\cdot\boldsymbol{b}=a_xb_x+a_yb_y+a_zb_z$$

证明:
$$\begin{aligned}\boldsymbol{a}\cdot\boldsymbol{b}&=(a_x\boldsymbol{i}+a_y\boldsymbol{j}+a_z\boldsymbol{k})\cdot(b_x\boldsymbol{i}+b_y\boldsymbol{j}+b_z\boldsymbol{k})\\&=a_x\boldsymbol{i}\cdot(b_x\boldsymbol{i}+b_y\boldsymbol{j}+b_z\boldsymbol{k})+a_y\boldsymbol{j}\cdot(b_x\boldsymbol{i}+b_y\boldsymbol{j}+b_z\boldsymbol{k})+a_z\boldsymbol{k}\cdot(b_x\boldsymbol{i}+b_y\boldsymbol{j}+b_z\boldsymbol{k})\\&=a_xb_x\boldsymbol{i}\cdot\boldsymbol{i}+a_xb_y\boldsymbol{i}\cdot\boldsymbol{j}+a_xb_z\boldsymbol{i}\cdot\boldsymbol{k}+a_yb_x\boldsymbol{j}\cdot\boldsymbol{i}+a_yb_y\boldsymbol{j}\cdot\boldsymbol{j}+a_yb_z\boldsymbol{j}\cdot\boldsymbol{k}+\\&\quad a_zb_x\boldsymbol{k}\cdot\boldsymbol{i}+a_zb_y\boldsymbol{k}\cdot\boldsymbol{j}+a_zb_z\boldsymbol{k}\cdot\boldsymbol{k}\end{aligned}$$

因为 $\boldsymbol{i},\boldsymbol{j},\boldsymbol{k}$ 是两两相互垂直的单位向量,所以

$$\boldsymbol{i}\cdot\boldsymbol{j}=\boldsymbol{j}\cdot\boldsymbol{i}=0,\boldsymbol{j}\cdot\boldsymbol{k}=\boldsymbol{k}\cdot\boldsymbol{j}=0,\boldsymbol{k}\cdot\boldsymbol{i}=\boldsymbol{i}\cdot\boldsymbol{k}=0$$

且
$$\boldsymbol{i}\cdot\boldsymbol{i}=\boldsymbol{j}\cdot\boldsymbol{j}=\boldsymbol{k}\cdot\boldsymbol{k}=1$$

因而
$$\boldsymbol{a}\cdot\boldsymbol{b}=a_xb_x+a_yb_y+a_zb_z$$

两向量的夹角 设两个非零向量为 $\boldsymbol{a}=\{a_x,a_y,a_z\},\boldsymbol{b}=\{b_x,b_y,b_z\}$,那么它们夹角的余弦是

$$\cos(\widehat{\boldsymbol{a},\boldsymbol{b}})=\frac{\boldsymbol{a}\cdot\boldsymbol{b}}{|\boldsymbol{a}||\boldsymbol{b}|}=\frac{a_xb_x+a_yb_y+a_zb_z}{\sqrt{a_x^2+a_y^2+a_z^2}\sqrt{b_x^2+b_y^2+b_z^2}}\tag{8.3.5}$$

证明:因为

$$\boldsymbol{a}\cdot\boldsymbol{b}=|\boldsymbol{a}||\boldsymbol{b}|\cos(\widehat{\boldsymbol{a},\boldsymbol{b}}),|\boldsymbol{a}||\boldsymbol{b}|\neq0$$

所以
$$\cos(\widehat{\boldsymbol{a},\boldsymbol{b}})=\frac{\boldsymbol{a}\cdot\boldsymbol{b}}{|\boldsymbol{a}||\boldsymbol{b}|}$$

又有
$$\boldsymbol{a}\cdot\boldsymbol{b}=a_xb_x+a_yb_y+a_zb_z$$

和
$$|\boldsymbol{a}|=\sqrt{a_x^2+a_y^2+a_z^2},\quad |\boldsymbol{b}|=\sqrt{b_x^2+b_y^2+b_z^2}$$

所以式(8.3.5)成立.

由式(8.3.5)可知,两向量 $\boldsymbol{a}=\{a_x,a_y,a_z\},\boldsymbol{b}=\{b_x,b_y,b_z\}$ 相互垂直的充要条件是

$$a_x b_x + a_y b_y + a_z b_z = 0$$

即

$$\boldsymbol{a} \perp \boldsymbol{b} \Leftrightarrow a_x b_x + a_y b_y + a_z b_z = 0$$

【例 8.3.1】 已知 $\boldsymbol{a}=\{1,1,-4\}$，$\boldsymbol{b}=\{1,-2,2\}$，求(1) $\boldsymbol{a}\cdot\boldsymbol{b}$，(2) $\boldsymbol{a}$ 与 $\boldsymbol{b}$ 的夹角，(3) $\boldsymbol{a}$ 在 $\boldsymbol{b}$ 上的投影.

解：(1) $\boldsymbol{a}\cdot\boldsymbol{b}=1\times1+1\times(-2)+(-4)\times2=-9$；

(2) 因为 $\cos(\widehat{\boldsymbol{a},\boldsymbol{b}})=\dfrac{\boldsymbol{a}\cdot\boldsymbol{b}}{|\boldsymbol{a}||\boldsymbol{b}|}=\dfrac{-9}{\sqrt{1+1+16}\sqrt{1+4+4}}=\dfrac{-9}{\sqrt{18}\sqrt{9}}=-\dfrac{\sqrt{2}}{2}$

所以

$$(\widehat{\boldsymbol{a},\boldsymbol{b}})=\frac{3\pi}{4}$$

(3) 因为 $\boldsymbol{a}\cdot\boldsymbol{b}=|\boldsymbol{b}||\boldsymbol{a}|\cos(\widehat{\boldsymbol{a},\boldsymbol{b}})=|\boldsymbol{b}|\mathrm{Prj}_b\boldsymbol{a}$，所以 $\mathrm{Prj}_b\boldsymbol{a}=\dfrac{\boldsymbol{a}\cdot\boldsymbol{b}}{|\boldsymbol{b}|}=\dfrac{-9}{\sqrt{9}}=-3$.

【例 8.3.2】 已知 $|\boldsymbol{a}|=2\sqrt{2}$，$|\boldsymbol{b}|=3$，$(\widehat{\boldsymbol{a},\boldsymbol{b}})=\dfrac{\pi}{4}$，$ABCD$ 为平行四边形(图 8.28)，且 $\boldsymbol{AB}=5\boldsymbol{a}+2\boldsymbol{b}$，$\boldsymbol{AD}=\boldsymbol{a}-3\boldsymbol{b}$，求$\boldsymbol{AC}$的模.

解：因为$\boldsymbol{AC}=6\boldsymbol{a}-\boldsymbol{b}$

所以

$$|\boldsymbol{AC}|^2=(6\boldsymbol{a}-\boldsymbol{b})\cdot(6\boldsymbol{a}-\boldsymbol{b})=36|\boldsymbol{a}|^2+|\boldsymbol{b}|^2-12\boldsymbol{a}\cdot\boldsymbol{b}$$

$$=36|\boldsymbol{a}|^2+|\boldsymbol{b}|^2-12|\boldsymbol{a}||\boldsymbol{b}|\cos(\widehat{\boldsymbol{a},\boldsymbol{b}})=225$$

故

$$|\boldsymbol{AC}|=15$$

【例 8.3.3】 求与向量 $\boldsymbol{a}=\{2,-1,2\}$共线，且满足 $\boldsymbol{a}\cdot\boldsymbol{x}=-18$ 的向量 $\boldsymbol{x}$.

解：由 $\boldsymbol{a}$ 与 $\boldsymbol{x}$ 共线，则可设 $\boldsymbol{x}=\lambda\boldsymbol{a}=\{2\lambda,-\lambda,2\lambda\}$，又 $\boldsymbol{a}\cdot\boldsymbol{x}=-18$，得 $4\lambda+\lambda+4\lambda=-18$，即 $\lambda=-2$，所以 $\boldsymbol{x}=\{-4,2,-4\}$.

【例 8.3.4】 已知三点 $M(1,1,1)$、$A(2,2,1)$和 $B(2,1,2)$(图 8.29)，求$\angle AMB$.

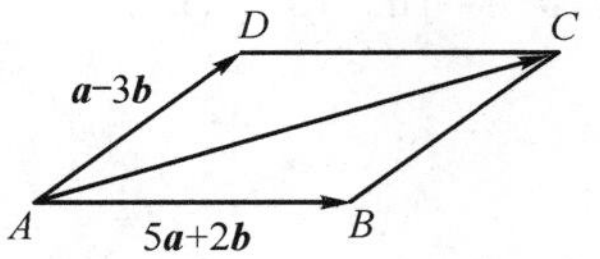

图 8.28

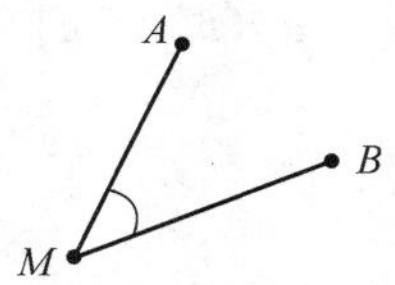

图 8.29

解：$\boldsymbol{MA}=\{1,1,0\}$，$\boldsymbol{MB}=\{1,0,1\}$

则

$$\cos\angle AMB=\frac{\boldsymbol{MA}\cdot\boldsymbol{MB}}{|\boldsymbol{MA}||\boldsymbol{MB}|}=\frac{1+0+0}{\sqrt{2}\sqrt{2}}=\frac{1}{2}$$

故

$$\angle AMB=\frac{\pi}{3}$$

8.3.2　两向量的向量积

1. 两向量的向量积定义

定义 8.3.2 两向量 $\boldsymbol{a}$ 与 $\boldsymbol{b}$ 的向量积（也称叉积或外积）是一个向量，记作 $\boldsymbol{a}\times\boldsymbol{b}$，它的模是

$$|\boldsymbol{a}\times\boldsymbol{b}|=|\boldsymbol{a}||\boldsymbol{b}|\sin(\widehat{\boldsymbol{a},\boldsymbol{b}}) \tag{8.3.6}$$

它的方向与 $\boldsymbol{a}$ 和 $\boldsymbol{b}$ 都垂直,并且 $\boldsymbol{a},\boldsymbol{b},\boldsymbol{a}\times\boldsymbol{b}$ 符合右手规则. 即右手伸直,拇指与其余四指垂直,其余四指指向 $\boldsymbol{a}$ 的正方向,四指弯曲90°后的指向为 $\boldsymbol{b}$ 的正方向,则拇指的指向为 $\boldsymbol{a}\times\boldsymbol{b}$ 的正向,如图 8.30 所示.

物理学中的力矩是一个向量,它是两个向量的向量积的实例,如图 8.31 所示,设 O 为杠杆 L 的支点,有一个与杠杆夹角为 θ 的力 $\boldsymbol{F}$ 作用在杠杆的 P 点上,则力 $\boldsymbol{F}$ 作用在杠杆上的力矩为 $\boldsymbol{M}=\boldsymbol{OP}\times\boldsymbol{F}$.

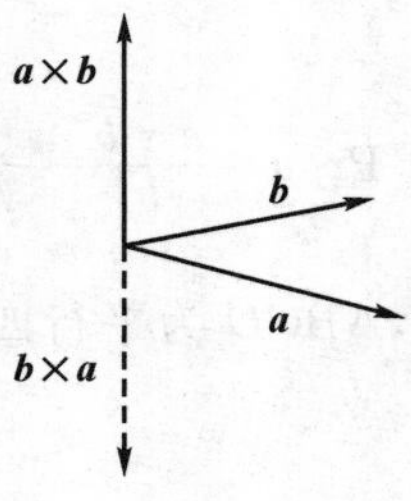

图 8.30

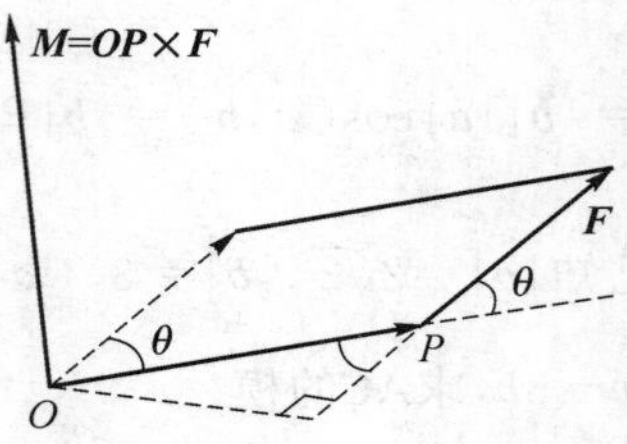

图 8.31

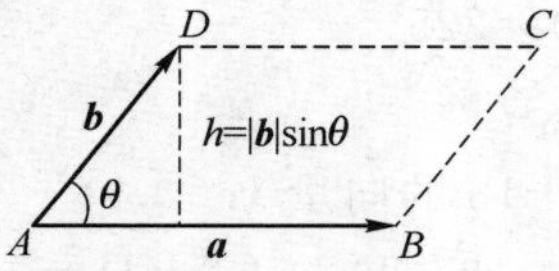

图 8.32

因为平行四边形的面积等于它两邻边长的积乘以夹角的正弦,所以由式(8.3.6)得,**向量积模的几何意义**:

两个不共线向量 $\boldsymbol{a}$ 与 $\boldsymbol{b}$ 的向量积的模,等于以 $\boldsymbol{a}$ 与 $\boldsymbol{b}$ 为边所构成的平行四边形的面积,如图 8.32 所示,$|\boldsymbol{a}\times\boldsymbol{b}|$ 表示以 $\boldsymbol{a},\boldsymbol{b}$ 为邻边的平行四边形 $ABCD$ 的面积.

即

$$|\boldsymbol{a}\times\boldsymbol{b}|=|\boldsymbol{a}||\boldsymbol{b}|\sin(\widehat{\boldsymbol{a},\boldsymbol{b}})=|\boldsymbol{a}|\cdot h=S_{\square ABCD}$$

2. 性质

(1) $\boldsymbol{a}\times\boldsymbol{a}=\boldsymbol{0}$;

(2) 两向量 $\boldsymbol{a}$ 与 $\boldsymbol{b}$ 共线的充要条件是 $\boldsymbol{a}\times\boldsymbol{b}=\boldsymbol{0}$.

证明:(1)如果式(8.3.6)中 $\boldsymbol{b}=\boldsymbol{a}$,则有 $|\boldsymbol{a}\times\boldsymbol{a}|=|\boldsymbol{a}|^2\sin 0=0$,从而 $\boldsymbol{a}\times\boldsymbol{a}=\boldsymbol{0}$.

(2) 当 $\boldsymbol{a}$ 与 $\boldsymbol{b}$ 共线时,(包括 $\boldsymbol{a}$ 或 $\boldsymbol{b}$ 为零向量的情形),由式(8.3.6)知,$|\boldsymbol{a}\times\boldsymbol{b}|=0$,从而 $\boldsymbol{a}\times\boldsymbol{b}=\boldsymbol{0}$;反过来,当 $\boldsymbol{a}\times\boldsymbol{b}=\boldsymbol{0}$ 时,同样由式(8.3.6)有,或 $\boldsymbol{a}=\boldsymbol{0}$,或 $\boldsymbol{b}=\boldsymbol{0}$,或 $\boldsymbol{a}/\!/\boldsymbol{b}$,因为零向量可以看成与任何向量共线,所以总有 $\boldsymbol{a}/\!/\boldsymbol{b}$,即 $\boldsymbol{a}$ 与 $\boldsymbol{b}$ 共线.

3. 运算律

向量的向量积满足下面的运算律:

(1) 反交换律 $\boldsymbol{a}\times\boldsymbol{b}=-\boldsymbol{b}\times\boldsymbol{a}$

(2) 分配律 $(\boldsymbol{a}+\boldsymbol{b})\times\boldsymbol{c}=\boldsymbol{a}\times\boldsymbol{c}+\boldsymbol{b}\times\boldsymbol{c}$

(3) 结合律 $(\lambda\boldsymbol{a})\times\boldsymbol{b}=\boldsymbol{a}\times(\lambda\boldsymbol{b})=\lambda(\boldsymbol{a}\times\boldsymbol{b})$

证明:(1) 因为按右手规则从 $\boldsymbol{b}$ 转向 $\boldsymbol{a}$ 定出的方向恰好与按右手规则从 $\boldsymbol{a}$ 转向 $\boldsymbol{b}$ 定出的方向相反(如图 8.30 所示),而 $|\boldsymbol{a}\times\boldsymbol{b}|=|\boldsymbol{a}||\boldsymbol{b}|\sin(\widehat{\boldsymbol{a},\boldsymbol{b}})=|\boldsymbol{b}||\boldsymbol{a}|\sin(\boldsymbol{b},\boldsymbol{a})=|\boldsymbol{b}\times\boldsymbol{a}|$,所

以 $\boldsymbol{a}\times\boldsymbol{b}=-\boldsymbol{b}\times\boldsymbol{a}$.

(2),(3)的证明略.

4. 向量积的坐标表示式

设 $\boldsymbol{a}=\{a_x,a_y,a_z\}$,$\boldsymbol{b}=\{b_x,b_y,b_z\}$,那么

$$\boldsymbol{a}\times\boldsymbol{b}=\begin{vmatrix}\boldsymbol{i}&\boldsymbol{j}&\boldsymbol{k}\\a_x&a_y&a_z\\b_x&b_y&b_z\end{vmatrix}=\left\{\begin{vmatrix}a_y&a_z\\b_y&b_z\end{vmatrix},\begin{vmatrix}a_z&a_x\\b_z&b_x\end{vmatrix},\begin{vmatrix}a_x&a_y\\b_x&b_y\end{vmatrix}\right\}$$

证明:
$$\begin{aligned}\boldsymbol{a}\times\boldsymbol{b}&=(a_x\boldsymbol{i}+a_y\boldsymbol{j}+a_z\boldsymbol{k})\times(b_x\boldsymbol{i}+b_y\boldsymbol{j}+b_z\boldsymbol{k})\\&=a_x\boldsymbol{i}\times(b_x\boldsymbol{i}+b_y\boldsymbol{j}+b_z\boldsymbol{k})+a_y\boldsymbol{j}\times(b_x\boldsymbol{i}+b_y\boldsymbol{j}+b_z\boldsymbol{k})+a_z\boldsymbol{k}\times(b_x\boldsymbol{i}+b_y\boldsymbol{j}+b_z\boldsymbol{k})\\&=a_xb_x\boldsymbol{i}\times\boldsymbol{i}+a_xb_y\boldsymbol{i}\times\boldsymbol{j}+a_xb_z\boldsymbol{i}\times\boldsymbol{k}+a_yb_x\boldsymbol{j}\times\boldsymbol{i}+a_yb_y\boldsymbol{j}\times\boldsymbol{j}+a_yb_z\boldsymbol{j}\times\boldsymbol{k}+\\&\quad a_zb_x\boldsymbol{k}\times\boldsymbol{i}+a_zb_y\boldsymbol{k}\times\boldsymbol{j}+a_zb_z\boldsymbol{k}\times\boldsymbol{k}\end{aligned}$$

因为 $\boldsymbol{i},\boldsymbol{j},\boldsymbol{k}$ 是两两相互垂直的单位向量,所以

$$\boldsymbol{i}\times\boldsymbol{i}=\boldsymbol{j}\times\boldsymbol{j}=\boldsymbol{k}\times\boldsymbol{k}=0$$

且
$$\boldsymbol{i}\times\boldsymbol{j}=\boldsymbol{k},\boldsymbol{j}\times\boldsymbol{i}=-\boldsymbol{k},\boldsymbol{k}\times\boldsymbol{i}=\boldsymbol{j},\boldsymbol{i}\times\boldsymbol{k}=-\boldsymbol{j},\boldsymbol{j}\times\boldsymbol{k}=\boldsymbol{i},\boldsymbol{k}\times\boldsymbol{j}=-\boldsymbol{i}$$

$$\begin{aligned}\boldsymbol{a}\times\boldsymbol{b}&=a_xb_y\boldsymbol{k}-a_xb_z\boldsymbol{j}-a_yb_x\boldsymbol{k}+a_yb_z\boldsymbol{i}+a_zb_x\boldsymbol{j}-a_zb_y\boldsymbol{i}\\&=(a_yb_z-a_zb_y)\boldsymbol{i}-(a_xb_z-a_zb_x)\boldsymbol{j}+(a_xb_y-a_yb_x)\boldsymbol{k}\\&=\begin{vmatrix}a_y&a_z\\b_y&b_z\end{vmatrix}\boldsymbol{i}-\begin{vmatrix}a_x&a_z\\b_x&b_z\end{vmatrix}\boldsymbol{j}+\begin{vmatrix}a_x&a_y\\b_x&b_y\end{vmatrix}\boldsymbol{k}\\&=\begin{vmatrix}\boldsymbol{i}&\boldsymbol{j}&\boldsymbol{k}\\a_x&a_y&a_z\\b_x&b_y&b_z\end{vmatrix}\end{aligned}$$

【例 8.3.5】 设 $\boldsymbol{a}=\{2,1,-1\}$,$\boldsymbol{b}=\{1,-1,2\}$,计算 $\boldsymbol{a}\times\boldsymbol{b}$.

解:$\boldsymbol{a}\times\boldsymbol{b}=\begin{vmatrix}\boldsymbol{i}&\boldsymbol{j}&\boldsymbol{k}\\2&1&-1\\1&-1&2\end{vmatrix}=\boldsymbol{i}-5\boldsymbol{j}-3\boldsymbol{k}$

或
$$\boldsymbol{a}\times\boldsymbol{b}=\left\{\begin{vmatrix}1&-1\\-1&2\end{vmatrix},\begin{vmatrix}-1&2\\2&1\end{vmatrix},\begin{vmatrix}2&1\\1&-1\end{vmatrix}\right\}=\{1,-5,-3\}$$

【例 8.3.6】 设 $\boldsymbol{a}=\{2,1,-1\}$,$\boldsymbol{b}=\{1,-1,2\}$,求既垂直于 $\boldsymbol{a}$ 又垂直于 $\boldsymbol{b}$ 的单位向量.

解:设所求单位向量为 $\boldsymbol{x}$,因为 $\boldsymbol{a}\times\boldsymbol{b}\perp\boldsymbol{a}$,$\boldsymbol{a}\times\boldsymbol{b}\perp\boldsymbol{b}$,则

$$\boldsymbol{x}=\pm\frac{\boldsymbol{a}\times\boldsymbol{b}}{|\boldsymbol{a}\times\boldsymbol{b}|}$$

由例 8.3.5 知
$$|\boldsymbol{a}\times\boldsymbol{b}|=\sqrt{1^2+(-5)^2+(-3)^2}=\sqrt{35}$$

所以
$$\boldsymbol{x}=\pm\frac{\boldsymbol{a}\times\boldsymbol{b}}{|\boldsymbol{a}\times\boldsymbol{b}|}=\pm\frac{\{1,-5,-3\}}{\sqrt{35}}=\pm\left\{\frac{1}{\sqrt{35}},\frac{-5}{\sqrt{35}},\frac{-3}{\sqrt{35}}\right\}$$

即 x 为
$$\left\{\frac{1}{\sqrt{35}},\frac{-5}{\sqrt{35}},\frac{-3}{\sqrt{35}}\right\}\text{或}\left\{-\frac{1}{\sqrt{35}},\frac{5}{\sqrt{35}},\frac{3}{\sqrt{35}}\right\}.$$

【例 8.3.7】 已知三点 $A(1,2,3)$,$B(3,4,5)$,$C(2,4,7)$,求三角形 ABC 的面积.

解:如图 8.33 所示,由向量积定义

$$S_{\triangle ABC}=\frac{1}{2}|AB||CD|=\frac{1}{2}|\boldsymbol{AB}||\boldsymbol{AC}|\sin\theta$$

$$=\frac{1}{2}|\boldsymbol{AB}\times\boldsymbol{AC}|$$

由于$\boldsymbol{AB}=\{2,2,2\}$,$\boldsymbol{AC}=\{1,2,4\}$,因此

$$\boldsymbol{AB}\times\boldsymbol{AC}=\begin{vmatrix}\boldsymbol{i} & \boldsymbol{j} & \boldsymbol{k}\\ 2 & 2 & 2\\ 1 & 2 & 4\end{vmatrix}=4\boldsymbol{i}-6\boldsymbol{j}+2\boldsymbol{k}$$

于是

$$S_{\triangle ABC}=\frac{1}{2}|4\boldsymbol{i}-6\boldsymbol{j}+2\boldsymbol{k}|=\frac{1}{2}\sqrt{4^2+(-6)^2+2^2}=\sqrt{14}$$

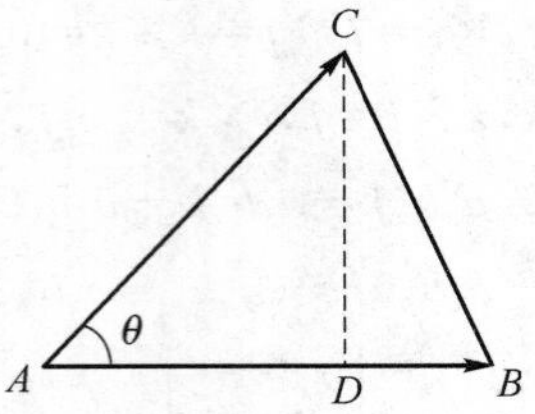

图 8.33

习题 8.3

1. 设已给向量 $\boldsymbol{a}=3\boldsymbol{i}+2\boldsymbol{j}-\boldsymbol{k}$,$\boldsymbol{b}=\boldsymbol{i}-\boldsymbol{j}+2\boldsymbol{k}$,求

(1) $\boldsymbol{a}\cdot\boldsymbol{b}$;(2) $5\boldsymbol{a}\cdot 3\boldsymbol{b}$;(3) $\boldsymbol{a}\cdot\boldsymbol{i}$,$\boldsymbol{a}\cdot\boldsymbol{j}$,$\boldsymbol{a}\cdot\boldsymbol{k}$.

2. 已知三点 $A(1,0,0)$,$B(3,1,1)$,$C(2,0,1)$,且$\boldsymbol{BC}=\boldsymbol{a}$,$\boldsymbol{CA}=\boldsymbol{b}$,$\boldsymbol{AB}=\boldsymbol{c}$. 求:(1) $\boldsymbol{a}$ 与 $\boldsymbol{b}$ 的夹角;(2) $\boldsymbol{a}$ 在 $\boldsymbol{c}$ 上的投影.

3. 已知三角形三顶点的坐标是 $A(-1,2,3)$,$B(1,1,1)$,$C(0,0,5)$,证明$\triangle ABC$ 是直角三角形,并求$\angle B$.

4. 证明两向量 $\boldsymbol{a}=\{3,2,1\}$,$\boldsymbol{b}=\{2,-3,0\}$互相垂直.

5. 设已给向量 $\boldsymbol{a}=3\boldsymbol{i}+2\boldsymbol{j}-\boldsymbol{k}$,$\boldsymbol{b}=\boldsymbol{i}-\boldsymbol{j}+2\boldsymbol{k}$. 求:(1) $\boldsymbol{a}\times\boldsymbol{b}$;(2) $2\boldsymbol{a}\times 7\boldsymbol{b}$,$7\boldsymbol{b}\times 2\boldsymbol{a}$;(3) $\boldsymbol{a}\times\boldsymbol{i}$,$\boldsymbol{i}\times\boldsymbol{a}$.

6. 求同时垂直于向量 $\boldsymbol{a}=2\boldsymbol{i}+2\boldsymbol{j}+\boldsymbol{k}$ 和 $\boldsymbol{b}=4\boldsymbol{i}+5\boldsymbol{j}+3\boldsymbol{k}$ 的单位向量.

7. 已知空间三点 $A(1,2,3)$,$B(2,-1,5)$,$C(3,2,-5)$. 求:(1) $\triangle ABC$ 的面积;(2) $\triangle ABC$的 AB 边上的高.

8. 已知向量 $\boldsymbol{a}=2\boldsymbol{i}-3\boldsymbol{j}+\boldsymbol{k}$,$\boldsymbol{b}=\boldsymbol{i}-\boldsymbol{j}+3\boldsymbol{k}$ 和 $\boldsymbol{c}=\boldsymbol{i}-2\boldsymbol{j}$,计算下列各式

(1) $(\boldsymbol{a}\cdot\boldsymbol{b})\boldsymbol{c}-(\boldsymbol{a}\cdot\boldsymbol{c})\boldsymbol{b}$; (2) $(\boldsymbol{a}+\boldsymbol{b})\times(\boldsymbol{b}+\boldsymbol{c})$;

(3) $(\boldsymbol{a}\times\boldsymbol{b})\cdot\boldsymbol{c}$; (4) $(\boldsymbol{a}\times\boldsymbol{b})\times\boldsymbol{c}$.

8.4　曲面及其方程

8.4.1　曲面方程的概念

在日常生活中，我们经常会遇到各种曲面，如球面、汽车反光镜的镜面、漏斗的外表面和管道的外表面等.

曲面方程的意义和平面曲线的方程是一样的，那就是在建立了空间直角坐标系之后，把曲面看成是具有某种特征的点的轨迹，可用点的坐标 x,y 与 z 之间的关系式来表达，一般是用方程

$$F(x,y,z)=0 \tag{8.4.1}$$

或

$$z=f(x,y) \tag{8.4.2}$$

来表达；反过来，每一个形如式(8.4.1)或式(8.4.2)的方程通常表示空间的一个曲面.

定义 8.4.1　如果曲面 Σ 与方程 $F(x,y,z)=0$ 有下述关系：

(1) 满足方程 $F(x,y,z)=0$ 的 (x,y,z) 是曲面 Σ 上的点的坐标.

(2) 曲面 Σ 上的任何一点的坐标 (x,y,z) 满足方程 $F(x,y,z)=0$.

那么方程 $F(x,y,z)=0$ 称作曲面 Σ 的方程，而曲面 Σ 称作方程 $F(x,y,z)=0$ 的图形(图 8.34).

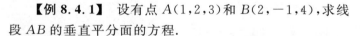

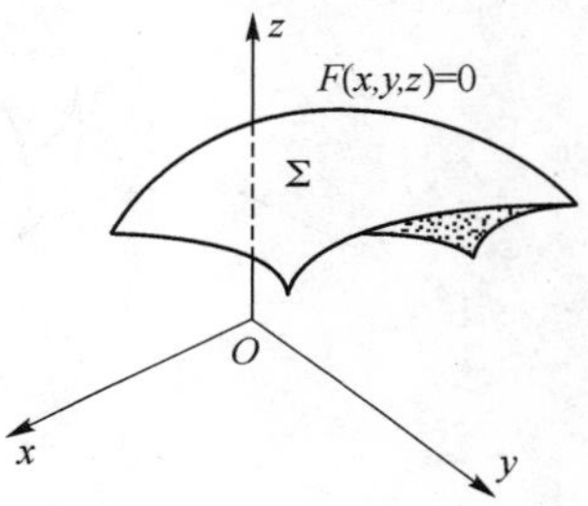

图 8.34

下面我们举例说明怎样从曲面上点的特征来导出曲面的方程.

【例 8.4.1】　设有点 $A(1,2,3)$ 和 $B(2,-1,4)$，求线段 AB 的垂直平分面的方程.

解：垂直平分面可以看成到两定点 A 和 B 等距离的动点 $M(x,y,z)$ 的轨迹，因此垂直平分面上的点 M 应满足

$$|AM|=|BM|$$

而

$$|AM|=\sqrt{(x-1)^2+(y-2)^2+(z-3)^2}$$

$$|BM|=\sqrt{(x-2)^2+(y+1)^2+(z-4)^2}$$

从而得

$$\sqrt{(x-1)^2+(y-2)^2+(z-3)^2}=\sqrt{(x-2)^2+(y+1)^2+(z-4)^2}$$

化简得

$$2x-6y+2z-7=0$$

即为所求的垂直平分面的方程.

【例 8.4.2】　求坐标平面 yOz 的方程.

解：很明显，这平面是 x 坐标为零的点的轨迹，因此它的方程 $x=0$.

同样，坐标平面 zOx 的方程是 $y=0$；坐标平面 xOy 的方程是 $z=0$.

【例 8.4.3】 一平面平行于坐标平面 xOy，且在 z 轴的正向一侧与平面 xOy 相隔距离为 h，求它的方程.

解：所求的平面上各点的竖坐标 z 都等于 h，所以平面方程为 $z=h$.

【例 8.4.4】 设球面的中心是点 $M_0(x_0,y_0,z_0)$，且半径等于 R，求此球面的方程.

解：设 $M(x,y,z)$ 是球面上任意一点(图 8.35)，那么

$$|M_0M|=R$$

由于
$$|M_0M|=\sqrt{(x-x_0)^2+(y-y_0)^2+(z-z_0)^2}$$

所以
$$\sqrt{(x-x_0)^2+(y-y_0)^2+(z-z_0)^2}=R$$

即所求的球面方程为

$$(x-x_0)^2+(y-y_0)^2+(z-z_0)^2=R^2$$

特别地，以原点为球心的球面方程是

$$x^2+y^2+z^2=R^2$$

且 $z=\sqrt{R^2-x^2-y^2}$ 表示上半球面，$z=-\sqrt{R^2-x^2-y^2}$ 表示下半球面(图 8.36).

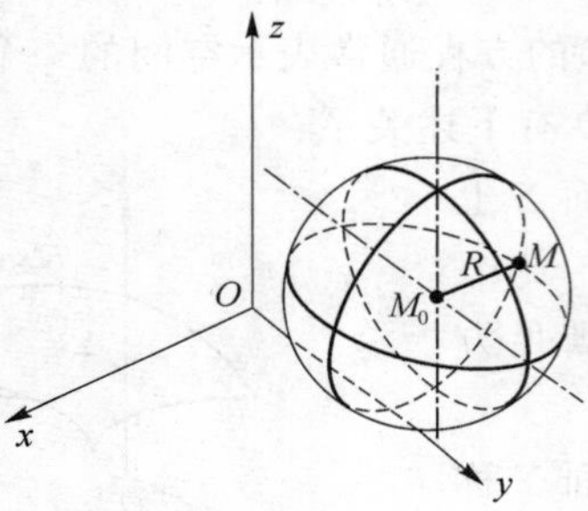

图 8.35

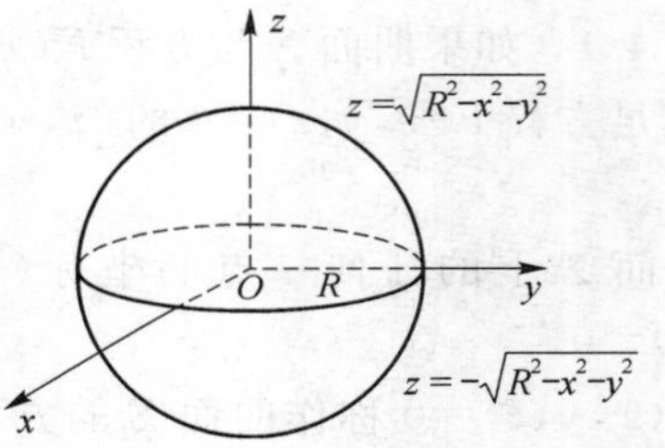

图 8.36

【例 8.4.5】 研究方程 $x^2+y^2+z^2-2x+4y=0$ 表示怎样的曲面？

解：配方得

$$(x-1)^2+(y+2)^2+z^2=5$$

此方程表示：球心在$(1,-2,0)$，半径 $R=\sqrt{5}$ 的球面.

一般地，如下形式的三元二次方程（$A\neq 0$）

$$A(x^2+y^2+z^2)+Dx+Ey+Fz+G=0$$

都可通过配方研究它的图形，其图形可能是一个**球面**，或**点**，或**虚轨迹**. 如：$x^2+y^2+z^2=0$ 表原点$(0,0,0)$，$x^2+y^2+z^2+1=0$ 没有图形(虚轨迹).

以上几例表明研究空间曲面有两个基本问题：

(1) 已知曲面作为点的几何轨迹时，根据点的特征建立曲面的方程.

(2) 已知坐标 x,y 和 z 所满足的一个方程时，研究这方程所表示的曲面的形状.

8.4.2 旋转曲面

定义 8.4.2 一条平面曲线 L 绕该平面上一条**定直线** l 旋转一周所形成的曲面称作**旋转曲面**. 曲线 L 称作旋转曲面的**母线**，该定直线 l 称为**旋转轴**(图 8.37).

显然，旋转曲面的母线 L 上的任意点 M 在旋转时形成一个圆，这个圆也就是通过点 M 且垂直于轴 l 的平面与旋转曲面的交线.

下面我们来考查 yOz 平面上曲线 $C: f(y,z)=0$ 绕 z 轴旋转一周所得旋转曲面的方程(图 8.38).

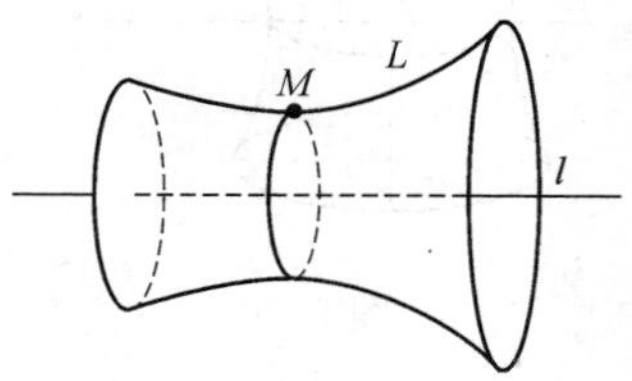

图 8.37

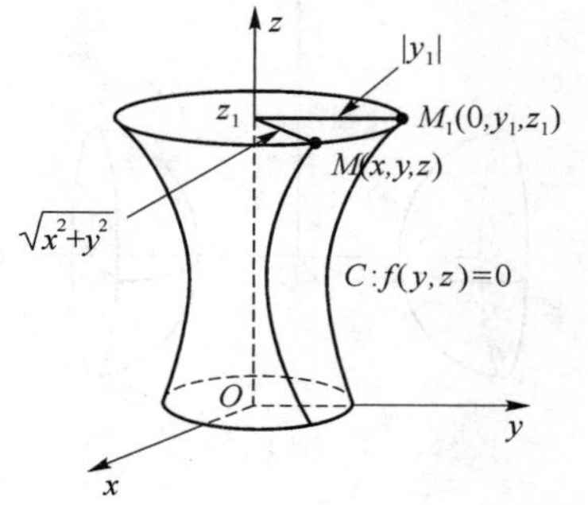

图 8.38

设 $M_1(0,y_1,z_1)$ 为曲线 C 上任意一点，则有

$$f(y_1,z_1)=0$$

当 C 绕 z 轴旋转到另一位置时，M_1 绕 z 轴转到另一点 $M(x,y,z)$，则 M 与 M_1 的坐标有如下关系：

$$\begin{cases} z=z_1 \\ |y_1|=\sqrt{x^2+y^2} \end{cases}$$

($y_1=\pm\sqrt{x^2+y^2}$，即点 M 到 z 轴的距离 $d=\sqrt{x^2+y^2}=|y_1|$)，所以得

$$f(\pm\sqrt{x^2+y^2},z)=0$$

为所求旋转曲面的方程.

由此可知，要求曲线 $C: f(y,z)=0$ 绕 z 轴旋转所得的旋转曲面的方程，只要在方程 $f(y,z)=0$中，将 y 改成$\pm\sqrt{x^2+y^2}$即可得到旋转曲面的方程 $f(\pm\sqrt{x^2+y^2},z)=0$.

例如：$y^2+z^2=1$ 绕 z 轴旋转，得旋转曲面的方程为$(\pm\sqrt{x^2+y^2})^2+z^2=1$，即 $x^2+y^2+z^2=1$.

同理，曲线 $C: f(y,z)=0$ 绕 y 轴旋转所得的旋转曲面的方程为

$$f(y,\pm\sqrt{x^2+z^2})=0$$

总之，当坐标平面上的曲线 C 此坐标平面里的一个坐标轴旋转时，为了求出这样的旋转曲面的方程，只要将曲线 C 在坐标面里的方程保留和旋转轴同名的坐标，而以其他两个坐标平方和的平方根来代替方程中的另一坐标.

【例 8.4.6】 求坐标面 zOx 上的双曲线$\frac{x^2}{a^2}-\frac{z^2}{c^2}=1$，分别绕 x 轴和 z 轴旋转一周所生成的旋转曲面方程.

解：绕 x 轴旋转所成曲面方程为

$$\frac{x^2}{a^2}-\frac{y^2+z^2}{c^2}=1$$

此曲面称作**旋转双叶双曲面**(图 8.39);绕 z 轴旋转所成曲面方程为

$$\frac{x^2+y^2}{a^2}-\frac{z^2}{c^2}=1$$

此曲面称作**旋转单叶双曲面**(图 8.40).

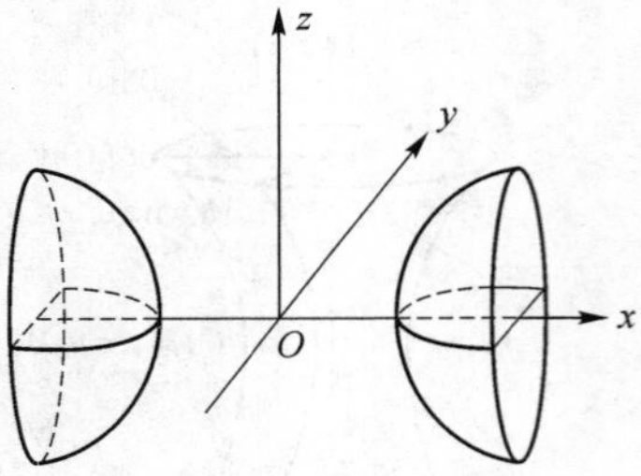

图 8.39

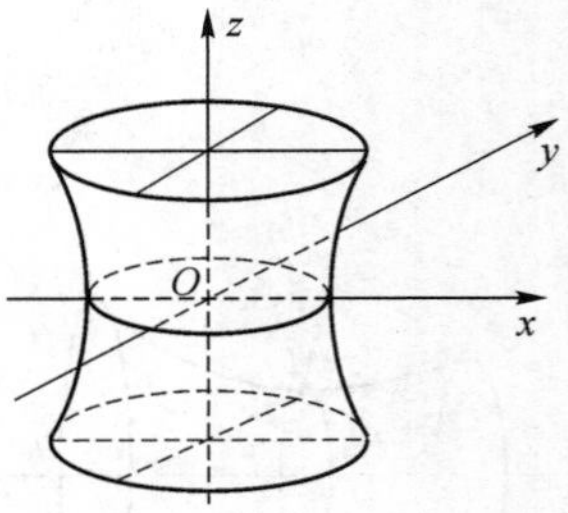

图 8.40

【例 8.4.7】 坐标面 yOz 内的椭圆$\frac{y^2}{a^2}+\frac{z^2}{c^2}=1$,分别绕 z 轴和 y 轴旋转一周所生成的旋转曲面方程.

解:绕 z 轴旋转所成曲面方程为

$$\frac{x^2+y^2}{a^2}+\frac{z^2}{c^2}=1$$

形状如图 8.41 所示;绕 y 轴旋转所成曲面方程为

$$\frac{y^2}{a^2}+\frac{x^2+z^2}{c^2}=1$$

形状如图 8.42 所示. 这两种曲面都称作**旋转椭球面**.

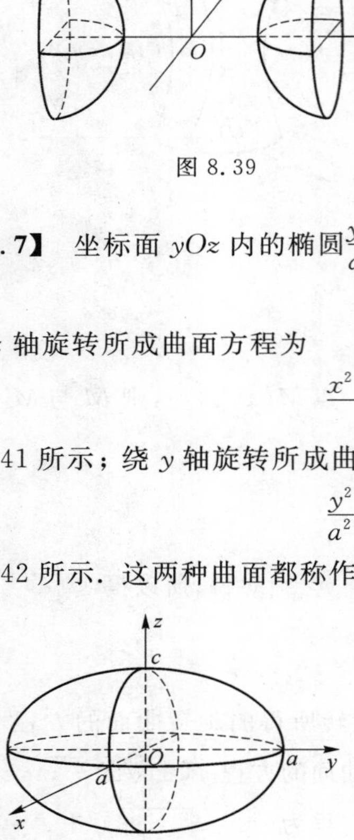

图 8.41

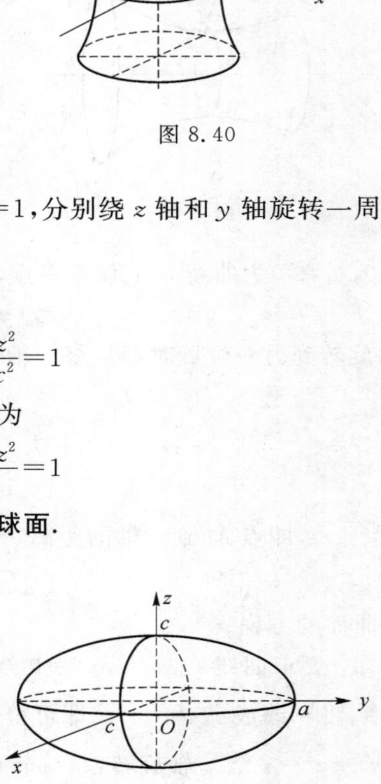

图 8.42

直线 L 绕另一条与 L 相交的直线旋转一周,所得旋转曲面称作**圆锥面**. 两直线的交点称作圆锥面的**顶点**,两直线的夹角 $\alpha\left(0<\alpha<\frac{\pi}{2}\right)$称作圆锥面的**半顶角**.

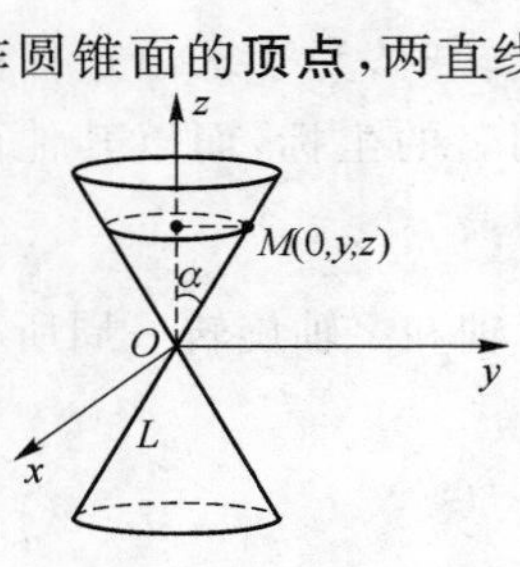

图 8.43

【例 8.4.8】 试建立顶点在原点,旋转轴为 z 轴,半顶角为 α 的圆锥面方程.

解:在 yOz 面上直线 L 的方程为 $z=y\cot\alpha$,绕 z 轴旋转时,圆锥面的方程为

$$z=\pm\sqrt{x^2+y^2}\cot\alpha$$

即 $z^2=a^2(x^2+y^2)$,其中 $a=\cot\alpha$(图 8.43).

8.4.3　柱面

定义 8.4.3　平行于定直线 l 并沿定曲线 C 移动的直线 L 所产生的曲面(L 移动形成的轨迹)称作**柱面**，定曲线 C 称作柱面的**准线**，动直线 L 称作柱面**母线**，如图 8.44 所示.

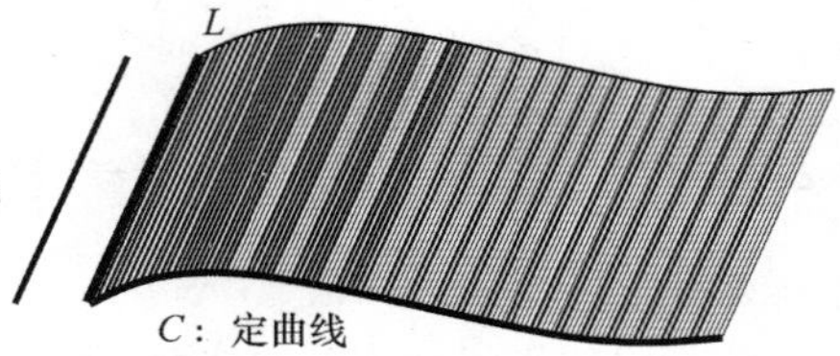

图 8.44

如图 8.45 所示的圆柱面，它可以看成是由平行于 z 轴的直线 L，沿 xOy 面上的圆 C：$x^2+y^2=R^2$ 移动而形成的. 在圆柱面上任取一点 $M(x,y,z)$，过 M 点且平行于 z 轴的直线 L 与 xOy 面上的圆 C 交点是 $M_1(x,y,0)$，显然 M_1 与 M 具有相同的横坐标与纵坐标，又因为点 M_1 的横坐标 x 与纵坐标 y 满足方程 $x^2+y^2=R^2$，所以 M 点的横坐标 x 与纵坐标 y 也满足方程 $x^2+y^2=R^2$. 即不论圆柱面上点的竖坐标 z 为多少，此点的横坐标 x 与纵坐标 y 总满足方程 $x^2+y^2=R^2$，因此，该圆柱面的方程是

$$x^2+y^2=R^2$$

它是以 xOy 面上的圆 C：$x^2+y^2=R^2$ 为准线，母线平行与 z 轴的**圆柱面**.

类似地，在空间直角坐标系中，$y^2=2x$ 表示以 xOy 面上的抛物线 $y^2=2x$ 为准线，母线平行于 z 轴的抛物柱面(图 8.46).

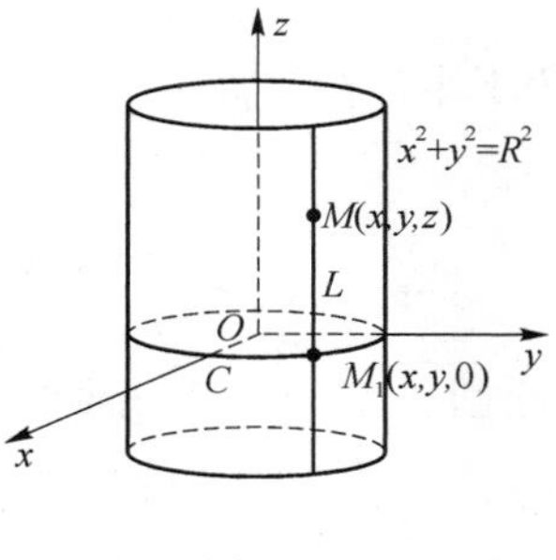

图 8.45

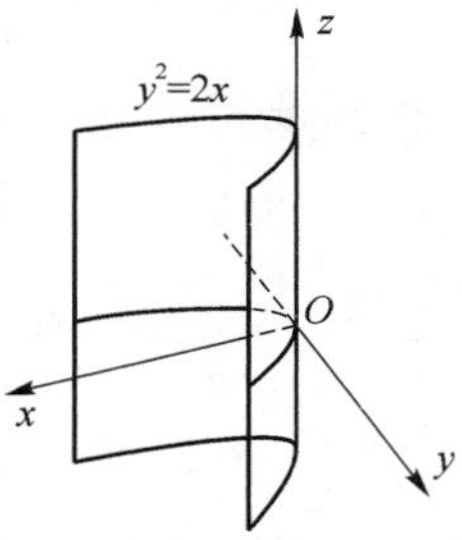

图 8.46

$\frac{x^2}{a^2}+\frac{y^2}{b^2}=1$ 表示以 xOy 面上的椭圆 $\frac{x^2}{a^2}+\frac{y^2}{b^2}=1$ 为准线，母线平行于 z 轴的椭圆柱面(图 8.47).

$x-y=0$ 表示以 xOy 面上的直线 $x-y=0$ 为准线，母线平行于 z 轴的平面，且它通过 z 轴(图 8.48).

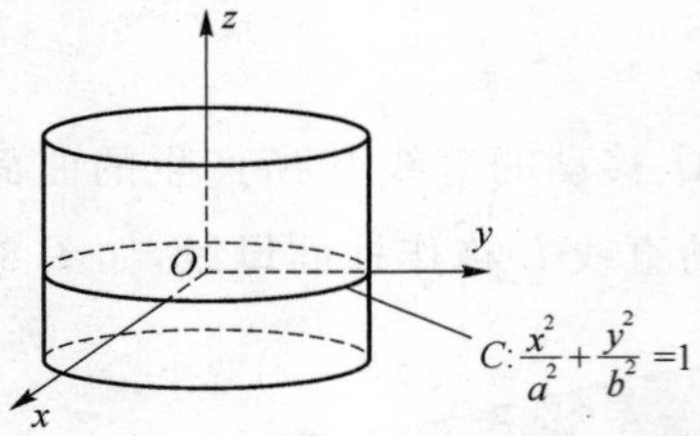

图 8.47

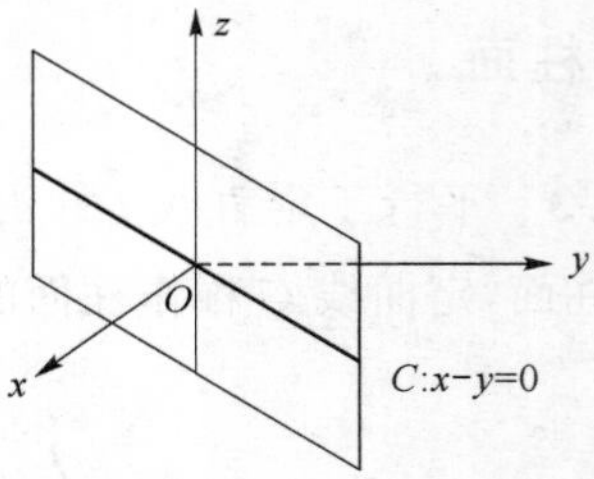

图 8.48

一般地,空间直角坐标系中:

方程 $F(x,y)=0$(缺 z),表示母线平行于 z 轴的柱面,准线是 xOy 面上的曲线 $F(x,y)=0$.

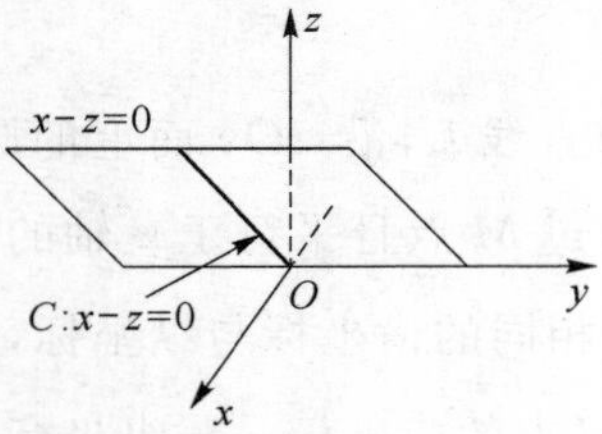

图 8.49

方程 $F(x,z)=0$(缺 y),表示母线平行于 y 轴的柱面,准线是 zOx 面上的曲线 $F(x,z)=0$.

方程 $F(y,z)=0$(缺 x),表示母线平行于 x 轴的柱面,准线是 yOz 面上的曲线 $F(y,z)=0$.

例如,方程 $x-z=0$(缺 y)表示母线平行于 y 轴的柱面,准线是 zOx 面上的直线 $x-z=0$,所以它是通过 y 轴的平面(图 8.49).

8.4.4 二次曲面

三元二次方程 $F(x,y,z)=0$ 所表示的曲面为二次曲面. 平面为一次曲面.

下面就几种常见二次曲面标准型进行介绍.

1. 椭圆锥面 $\frac{x^2}{a^2}+\frac{y^2}{b^2}=z^2$

每一个平行于 xOy 面的平面去截此椭圆锥面,所得的截痕都是椭圆(图 8.50).

$z=\sqrt{\frac{x^2}{a^2}+\frac{y^2}{b^2}}$ 为上半椭圆锥面,$z=-\sqrt{\frac{x^2}{a^2}+\frac{y^2}{b^2}}$ 为下半椭圆锥面.

特别地,当 $a=b$ 时,

$$\frac{x^2}{a^2}+\frac{y^2}{a^2}=z^2 \quad 或 \quad z^2=k^2(x^2+y^2)(k^2=\frac{1}{a^2})$$

为圆锥面,每一个平行于 xOy 面的平面去截此圆锥面,所得的截痕都是圆(图 8.51). $z=k\sqrt{x^2+y^2}$(设 $k>0$)为上半圆锥面,$z=-k\sqrt{x^2+y^2}$ 为下半圆锥面.

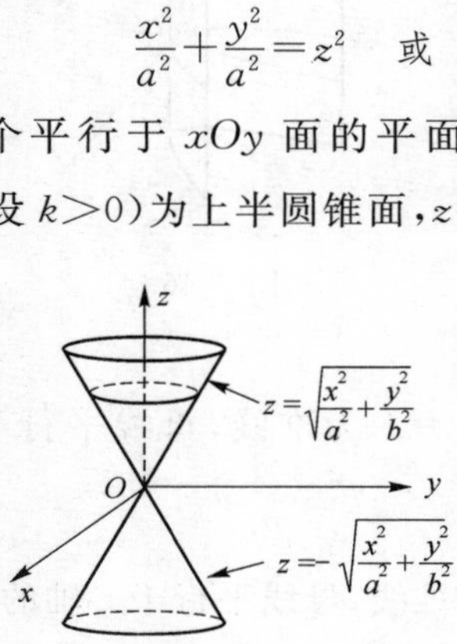

图 8.50

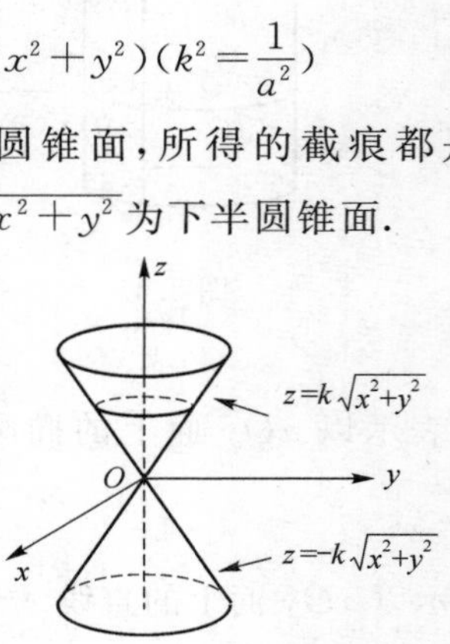

图 8.51

例如，$z=\sqrt{x^2+y^2}$ 是顶点在原点，开口向上的圆锥面.

2. 椭圆抛物面　$\dfrac{x^2}{a^2}+\dfrac{y^2}{b^2}=z$

它是顶点在原点，开口向上的椭圆抛物面. 每一个位于 xOy 面上方且平行于 xOy 面的平面去截此椭圆抛物面，所得的截痕都是椭圆；每一个平行于 yOz 面或 zOx 面的平面去截此椭圆抛物面，所得的截痕都是抛物线(图 8.52).

特别地，当 $a=b$ 时，$k(x^2+y^2)=z(k>0)$ 为圆抛物面，即每一个位于 xOy 面上方且平行于 xOy 面的平面去截此抛物面，所得的截痕都是圆(图 8.53).

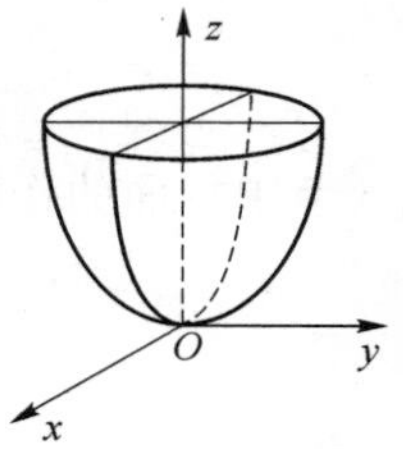

图 8.52

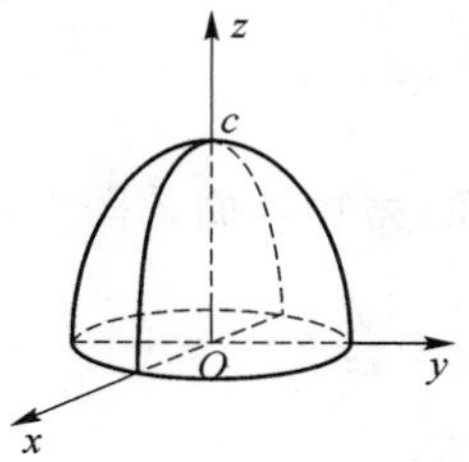

图 8.53

另外，$\dfrac{x^2}{a^2}+\dfrac{y^2}{b^2}=-z$ 是顶点在原点，开口向下的椭圆抛物面；$\dfrac{x^2}{a^2}+\dfrac{y^2}{b^2}=-(z-c)$ 是顶点在 z 轴上点 $(0,0,c)$，开口向下的椭圆抛物面(图 8.53).

例如：$z=x^2+y^2$ 是顶点在原点，开口向上的抛物面，$z=x^2+2y^2$ 是顶点在原点，开口向上的椭圆抛物面(图 8.52)；$z=6-x^2-y^2$ 是顶点在 z 轴上点 $(0,0,6)$，开口向下的抛物面(图 8.53，$c=6$ 的情形).

3. 椭球面　$\dfrac{x^2}{a^2}+\dfrac{y^2}{b^2}+\dfrac{z^2}{c^2}=1$

每一个平行坐标面的平面去截此椭球面，所得的截痕都是椭圆(图 8.54).

特别地，当 $a=b=c$ 时，

$$x^2+y^2+z^2=a^2$$

是球心在原点、半径为 a 的球面(图 8.55)，每一个平行坐标面的平面去截此球面，所得的截痕都是圆. 当 a,b,c 中有两个相等时，比如 $a=b$ 时

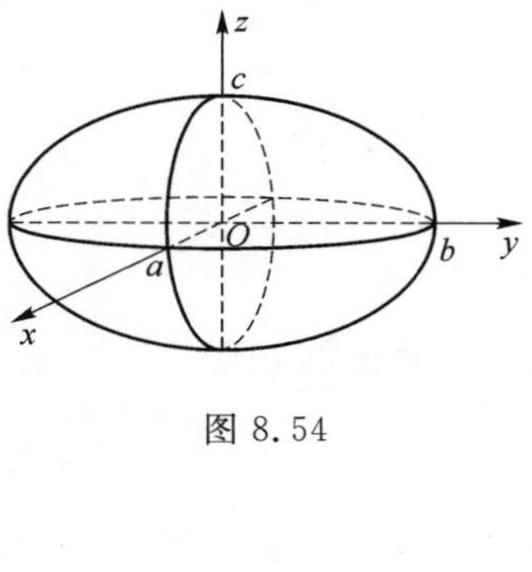

图 8.54

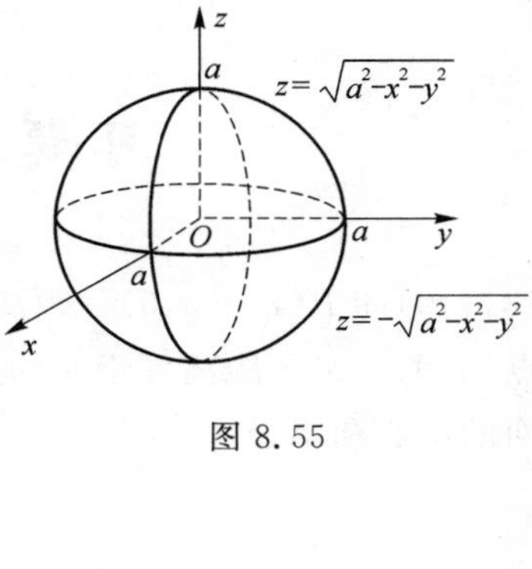

图 8.55

$$\frac{x^2}{a^2}+\frac{y^2}{a^2}+\frac{z^2}{c^2}=1$$

为旋转椭球面.

例如,$z=\sqrt{2-x^2-y^2}$ 表示以原点为球心,半径为$\sqrt{2}$的上半球面.

4. 椭圆柱面 $\frac{x^2}{a^2}+\frac{y^2}{b^2}=1$

5. 双曲柱面 $\frac{x^2}{a^2}-\frac{y^2}{b^2}=1$

6. 抛物柱面 $x^2=ay$

椭圆柱面,双曲柱面,抛物柱面的图形可由 8.4.3 节中柱面的作法得到.

7. 单叶双曲面 $\frac{x^2}{a^2}+\frac{y^2}{b^2}-\frac{z^2}{c^2}=1$

如图 8.40 所示,当 $a=b$ 时,$\frac{x^2+y^2}{a^2}-\frac{z^2}{c^2}=1$ 为例 8.4.6 中的旋转单叶双曲面.

8. 双叶双曲面 $\frac{x^2}{a^2}-\frac{y^2}{b^2}-\frac{z^2}{c^2}=1$

如图 8.39 所示,当 $b=c$ 时,$\frac{x^2}{a^2}-\frac{y^2+z^2}{c^2}=1$ 为例 8.4.6 中的旋转双叶双曲面.

9. 双曲抛物面 $\frac{x^2}{a^2}-\frac{y^2}{b^2}=z$

双曲抛物面又称**马鞍面**(图 8.56).

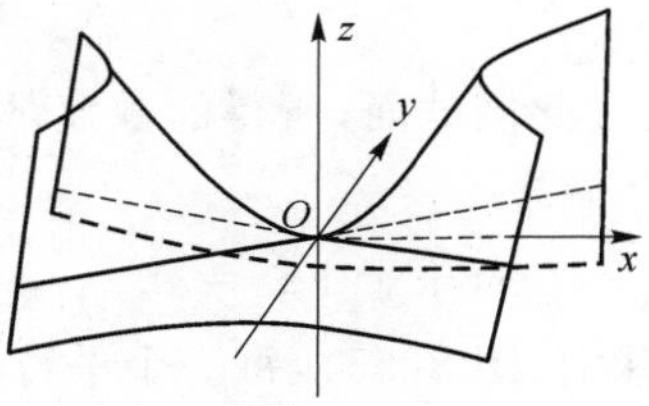

图 8.56

习题 8.4

1. 求与点 $A(2,1,0)$ 和 $B(1,-3,6)$ 等距离的点的轨迹方程.
2. 建立与定点$(3,0,-2)$的距离等于 4 的点所成的几何轨迹的方程.
3. 求下列球面的中心和半径

(1) $x^2+y^2+z^2-6z-7=0$;

(2) $x^2+y^2+z^2-12x+4y-6z=0$;

(3) $x^2+y^2+z^2-2x+4y-4z-7=0$.

4. 将 zOx 坐标面上的抛物线 $z^2=5x$ 绕 x 轴旋转一周，求所生成的旋转曲面的方程.

5. 将 zOx 坐标面上的圆 $x^2+z^2=9$ 绕 z 轴旋转一周，求所生成的旋转曲面的方程.

6. 将 xOy 坐标面上的双曲线 $4x^2-9y^2=36$ 绕 x 轴及 y 轴旋转一周，求所生成的旋转曲面的方程.

7. 指出下列各方程表示哪种曲面，并作出它们的草图.

(1) $x^2+y^2+z^2=1$;　　(2) $x^2+y^2=1$;

(3) $x^2=1$;　　(4) $x^2-y^2=1$;

(5) $x^2+y^2+z^2=0$;　　(6) $x^2+y^2=0$;

(7) $\dfrac{x^2}{4}+\dfrac{y^2}{9}+\dfrac{z^2}{9}=1$;　　(8) $y=x^2$;

(9) $z=x^2+y^2$;　　(10) $z^2=x^2+y^2$.

8.5　空间曲线及其方程

8.5.1　空间曲线的一般方程

空间曲线可以看成两个曲面的交线.

设
$$F(x,y,z)=0 \text{ 和 } G(x,y,z)=0$$
是两个曲面的方程，它们相交于曲线 $\boldsymbol{\Gamma}$（图 8.57）. 这样，曲线 $\boldsymbol{\Gamma}$ 上的任何点同时在两曲面上，它的坐标满足方程组

$$\begin{cases} F(x,y,z)=0 \\ G(x,y,z)=0 \end{cases} \tag{8.5.1}$$

反过来，满足方程组(8.5.1)的任何一组解所确定的点，同时在两曲面上，即在两曲面的交线上，因此方程组(8.5.1)表示一条空间曲线 $\boldsymbol{\Gamma}$ 的方程，我们把它称作**空间曲线的一般方程**.

从代数上知道，任何方程组的解，也一定是与它等价的方程组的解，这说明空间曲线 $\boldsymbol{\Gamma}$ 可以用不同形式的方程组来表达.

【例 8.5.1】　方程组 $\begin{cases} x^2+y^2+z^2=a^2 \\ z=0 \end{cases}$ 表示怎样的曲线？

解：方程组中第一个方程表示球心在原点 O，半径为 a 的球面. 第二个方程表示 xOy 面. 因此方程组表示球面与 xOy 平面的交线 $\boldsymbol{\Gamma}$，即 xOy 坐标面上圆心在原点 O，半径为 a 的圆，如图 8.58 所示.

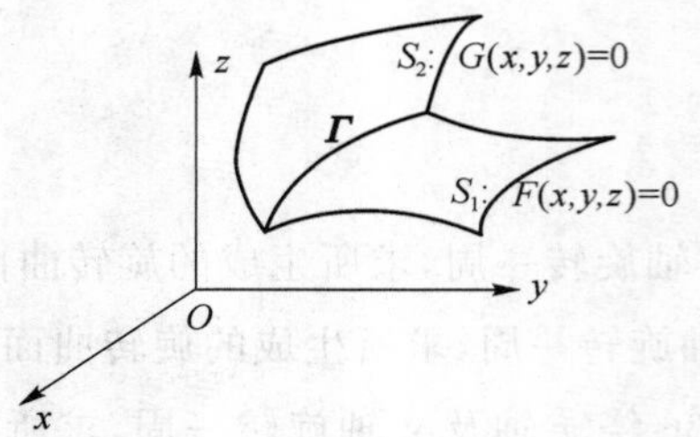

图 8.57

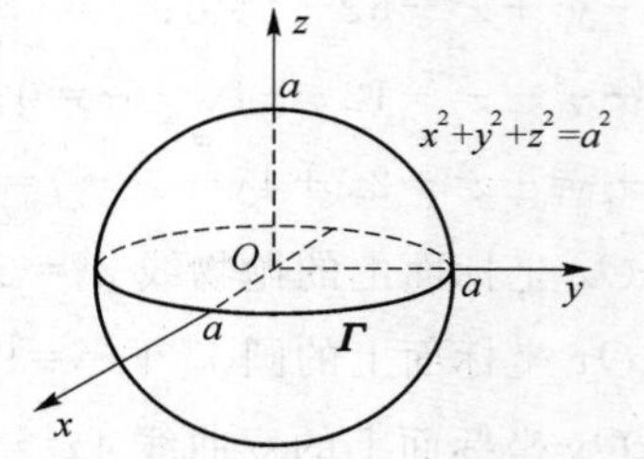

图 8.58

方程组

$$\begin{cases}x^2+y^2=a^2\\z=0\end{cases}$$

表示以 xOy 面上的圆 $x^2+y^2=a^2$ 为准线,母线平行于 z 轴的圆柱面与 xOy 平面的交线,同样表示 xOy 坐标面上圆心在原点 O,半径为 a 的圆.

方程组

$$\begin{cases}x^2+y^2+z^2=a^2\\x^2+y^2=a^2\end{cases}$$

表示球面与圆柱面的交线,同样表示 xOy 坐标面上圆心在原点 O,半径为 a 的圆.

【例 8.5.2】 方程组 $\begin{cases}x^2+y^2=1\\2x+3z=6\end{cases}$ 表示怎样的曲线?

解:表示以 xOy 面上的圆 $x^2+y^2=1$ 为准线,母线平行于 z 轴的圆柱面与平面 $2x+3z=6$ 的交线 $\boldsymbol{\Gamma}$,如图 8.59 所示.

【例 8.5.3】 方程组 $\begin{cases}z=\sqrt{a^2-x^2-y^2}\\\left(x-\dfrac{a}{2}\right)^2+y^2=\left(\dfrac{a}{2}\right)2\end{cases}$ 表示怎样的曲线?

解:表示球心在原点 O,半径为 a 的上半球面与以 xOy 面上的圆 $\left(x-\dfrac{a}{2}\right)^2+y^2=\left(\dfrac{a}{2}\right)^2$ 为准线,母线平行于 z 轴的圆柱面的交线 $\boldsymbol{\Gamma}$,如图 8.60 所示.

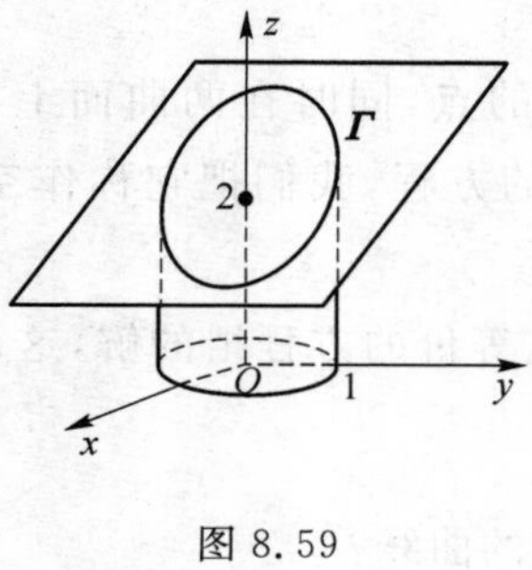

图 8.59

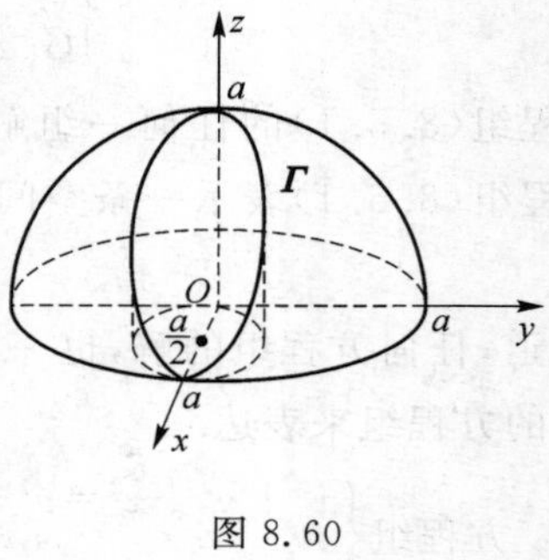

图 8.60

8.5.2 空间曲线的参数方程

空间曲线也像平面曲线那样,可用它的参数方程来表达,这是另一种表示空间曲线的常

用方法. 将曲线 $\boldsymbol{\Gamma}$ 上的动点坐标 x,y,z 表示成参数 t 的函数

$$\begin{cases}x=x(t)\\y=y(t)\\z=z(t)\end{cases}$$

称为**空间曲线的参数方程**. 当 $t=t_0$ 时,就得到曲线上的一个点(x_0,y_0,z_0),随着参数的变化可得到曲线上的全部点.

【例 8.5.4】 空间一点 M 在圆柱面 $x^2+y^2=a^2$ 上以角速度 ω 绕 z 轴旋转,同时又以线速度 v 沿平行于 z 轴的正方向上升(其中 ω,v 都是常数),那么点 M 构成的图形称**圆柱螺旋线**. 试建立其参数方程.

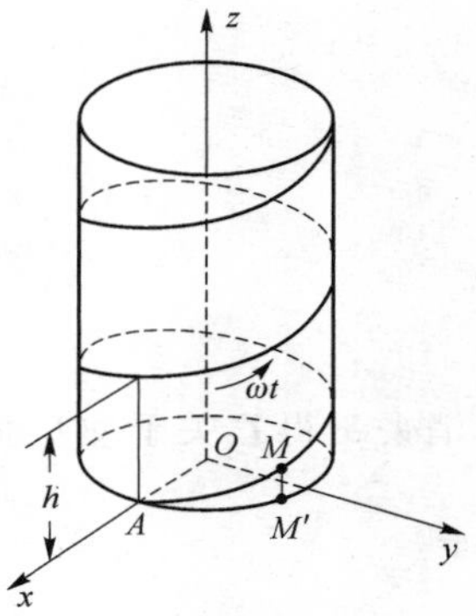

图 8.61

解:取时间 t 为参数. 设当 $t=0$ 时,动点位于 x 轴上的一点 $A(a,0,0)$处. 经过时间 t,动点由 A 运动到 $M(x,y,z)$(图 8.61). 记 M 在 xOy 面上的投影为 M',M'的坐标为 $M'(x,y,0)$,由于动点在圆柱面上以角速度 ω 绕 z 轴旋转,所以经过时间 t,$\angle AOM'=\omega t$. 从而

$$x=|OM'|\cos\angle AOM'=a\cos\omega t$$

$$y=|OM'|\sin\angle AOM'=a\sin\omega t$$

由于动点同时以线速度 v 沿平行于 z 轴的正方向上升,所以

$$z=M'M=vt$$

因此圆柱螺旋线的参数方程为

$$\begin{cases}x=a\cos\omega t\\y=a\sin\omega t\\z=vt\end{cases}$$

也可以用其他变量作参数;例如令 $\theta=\omega t$,则圆柱螺旋线的参数方程可写为

$$\begin{cases}x=a\cos\theta\\y=a\sin\theta\\z=b\theta\end{cases}$$

这里 $b=\dfrac{v}{\omega}$,θ 为参数. 当 $\theta=2\pi$ 时,上升高度 $h=2\pi b$ 称为**螺距**.

8.5.3　空间曲线在坐标面上的投影

定义 8.5.1 设有空间曲线 $\boldsymbol{\Gamma}$,过 $\boldsymbol{\Gamma}$ 作母线平行于 z 轴的柱面,称此柱面为 $\boldsymbol{\Gamma}$ 关于 xOy 的投影柱面,投影柱面与 xOy 面的交线为 $\boldsymbol{\Gamma}$ 在 xOy 面上的**投影**,如图 8.62 所示.

设空间曲线 $\boldsymbol{\Gamma}$ 的一般方程为

$$\begin{cases}F(x,y,z)=0\\G(x,y,z)=0\end{cases}$$

消去 z 得 $\boldsymbol{\Gamma}$ 关于 xOy 面的投影柱面 $H(x,y)=0$,则 $\boldsymbol{\Gamma}$ 在 xOy 面上的投影曲线 $\boldsymbol{\Gamma}'$为

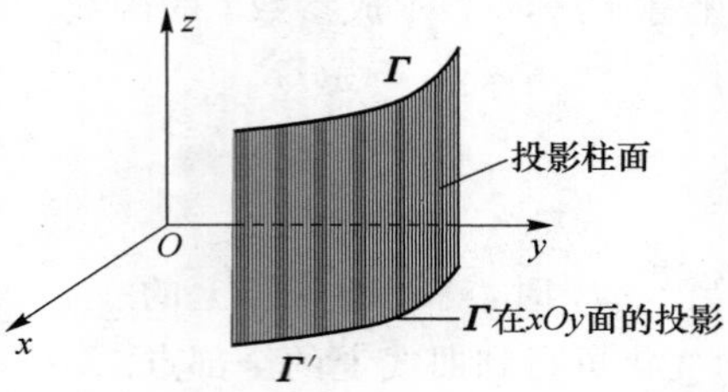

图 8.62

$$\begin{cases} H(x,y)=0 \\ z=0 \end{cases}$$

消去 x 得 $\boldsymbol{\Gamma}$ 关于 yOz 面的投影柱面 $R(y,z)=0$,则 $\boldsymbol{\Gamma}$ 在 yOz 面上的投影曲线方程为

$$\begin{cases} R(y,z)=0 \\ x=0 \end{cases}$$

消去 y 得 $\boldsymbol{\Gamma}$ 关于 zOx 面的投影柱面 $T(x,z)=0$,则 $\boldsymbol{\Gamma}$ 在 zOx 面上的投影曲线方程为

$$\begin{cases} T(x,z)=0 \\ y=0 \end{cases}$$

【例 8.5.5】 求曲线 $\boldsymbol{\Gamma}:\begin{cases} x^2+y^2+z^2=1 \\ z=\dfrac{1}{2} \end{cases}$ (图 8.63)在三个坐标面上的投影曲线方程.

解:在 xOy 平面上的投影为

$$\begin{cases} x^2+y^2=\dfrac{3}{4} \\ z=0 \end{cases}$$

在 yOz 平面上的投影为

$$\begin{cases} z=\dfrac{1}{2} \\ |y|\leqslant\dfrac{\sqrt{3}}{2} \\ x=0 \end{cases}$$

在 zOx 平面上的投影为

$$\begin{cases} z=\dfrac{1}{2} \\ |x|\leqslant\dfrac{\sqrt{3}}{2} \\ y=0 \end{cases}$$

【例 8.5.6】 求球面 $x^2+y^2+z^2=2$ 和抛物面 $z=x^2+y^2$ 的交线 $\boldsymbol{\Gamma}$ 在 xOy 面上的投影曲线方程.

解:球面和抛物面的交线为

$$\boldsymbol{\Gamma}:\begin{cases} x^2+y^2+z^2=2 \\ z=x^2+y^2 \end{cases}$$

消去 z 得交线 $\boldsymbol{\Gamma}$ 关于 xOy 面的投影柱面 $x^2+y^2=1$,所以这两曲面的交线在 xOy 面上的投影曲线方程为

$$\begin{cases}x^2+y^2=1\\z=0\end{cases}$$

它是 xOy 面上,以原点为圆心,半径为 1 的圆,如图 8.64 所示阴影部分的边界.

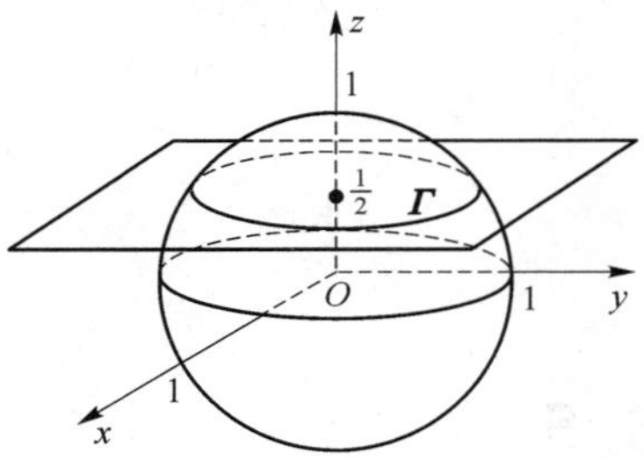

图 8.63

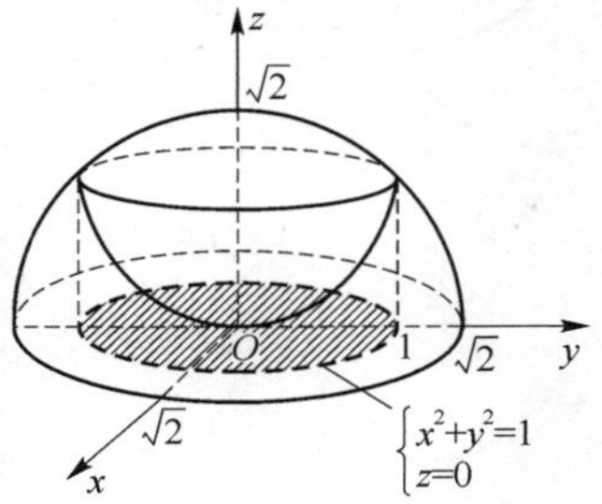

图 8.64

【例 8.5.7】 求上半球面 $z=\sqrt{4-x^2-y^2}$ 和锥面 $z=\sqrt{3(x^2+y^2)}$ 所围的立体在 xOy 面上的投影区域.

解:上半球面和锥面的交线为

$$\boldsymbol{\Gamma}:\begin{cases}z=\sqrt{4-x^2-y^2}\\z=\sqrt{3(x^2+y^2)}\end{cases}$$

消去 z 得交线 $\boldsymbol{\Gamma}$ 关于 xOy 面的投影柱面 $x^2+y^2=1$,所以这两曲面的交线在 xOy 面上的投影曲线方程为

$$\begin{cases}x^2+y^2=1\\z=0\end{cases}$$

它是 xOy 面上,以原点为圆心,半径为 1 的圆,所求投影区域就是该圆在 xOy 面上所围的区域:$x^2+y^2\leqslant 1$,如图 8.65 所示的阴影部分.

【例 8.5.8】 求平面 $z=1$ 和锥面 $z^2=x^2+y^2$ 所围的立体在 xOy 面上的投影区域.

解:平面和锥面的交线为

$$\boldsymbol{\Gamma}:\begin{cases}z=1\\z^2=x^2+y^2\end{cases}$$

消去 z 得交线 $\boldsymbol{\Gamma}$ 关于 xOy 面的投影柱面 $x^2+y^2=1$,所以这两曲面的交线在 xOy 面上的投影曲线方程为

$$\begin{cases}x^2+y^2=1\\z=0\end{cases}$$

它是 xOy 面上,以原点为圆心,半径为 1 的圆,所求投影区域就是该圆在 xOy 面上所围的区域:$x^2+y^2\leqslant 1$,如图 8.66 所示的阴影部分.

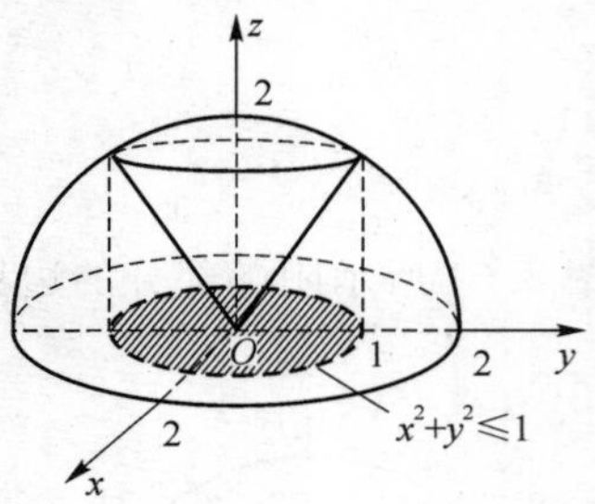

图 8.65

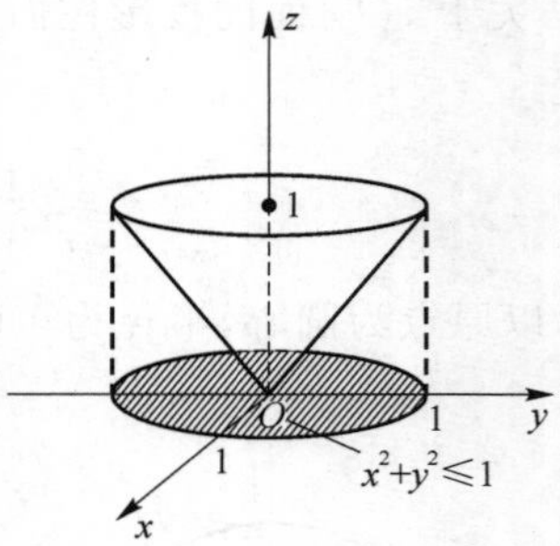

图 8.66

习题 8.5

1. 指出下列曲面与 xOy 面，yOz 面，zOx 面的交线分别是什么曲线.

(1) $x^2+y^2+16z^2=64$；

(2) $z=x^2+2y^2$；

(3) $z^2=x^2+y^2$.

2. 指出下列方程组表示的曲线，并画出草图.

(1) $\begin{cases}2z=x^2+y^2\\z=2\end{cases}$；　(2) $\begin{cases}z=\sqrt{2-x^2-y^2}\\z=x^2+y^2\end{cases}$；

(3) $\begin{cases}4z^2=25(x^2+y^2)\\z=5\end{cases}$；　(4) $\begin{cases}z=6-x^2-y^2\\z=\sqrt{x^2+y^2}\end{cases}$.

3. 分别求母线平行于 x 轴及 y 轴而且通过曲线 $\begin{cases}2x^2+y^2+z^2=16\\x^2-y^2+z^2=0\end{cases}$ 的柱面方程.

4. 求锥面 $z=\sqrt{x^2+y^2}$ 与抛物面 $z=x^2+y^2$ 的交线在 xOy 面上的投影的方程.

5. 求上半球面 $z=\sqrt{5-x^2-y^2}$ 和抛物面 $x^2+y^2=4z$ 所围成的立体在 xOy 面上的投影.

8.6 平面及其方程

8.6.1 平面的点法式方程

定义 8.6.1 如果非零向量 $\boldsymbol{n}$ 垂直于一平面 $\boldsymbol{\Pi}$，向量 $\boldsymbol{n}$ 就称作该平面 $\boldsymbol{\Pi}$ 的法向量. 显然，平面上的任一向量均与该平面的法向量垂直.

设有平面 $\boldsymbol{\Pi}$，它通过点 $M_0(x_0,y_0,z_0)$ 且与非零向量 $\boldsymbol{n}=\{A,B,C\}$ 垂直，求该平面 $\boldsymbol{\Pi}$ 的方程.

因为过空间一点且与已知直线垂直的平面是唯一的，因此，只要求出平面 $\boldsymbol{\Pi}$ 上任一点

的坐标 x,y,z 所满足的方程即可.

任取点 $M(x,y,z)\in \boldsymbol{\Pi}$，如图 8.67 所示，则有

$$\boldsymbol{M_0M}\perp \boldsymbol{n}$$

故

$$\boldsymbol{M_0M}\cdot \boldsymbol{n}=0$$

又

$$\boldsymbol{M_0M}=\{x-x_0,y-y_0,z-z_0\}$$

所以

$$A(x-x_0)+B(y-y_0)+C(z-z_0)=0 \tag{8.6.1}$$

式(8.6.1)称为平面 $\boldsymbol{\Pi}$ 的点法式方程，$\boldsymbol{n}$ 为平面 $\boldsymbol{\Pi}$ 的法向量.

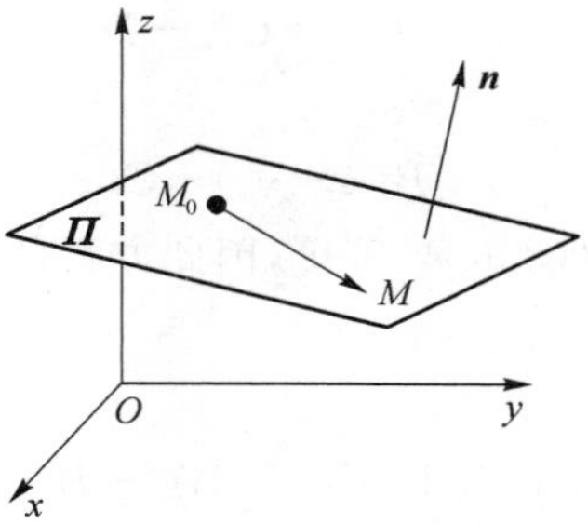

图 8.67

【例 8.6.1】　求过点(1,1,−1)，法向量为 $\boldsymbol{n}=\{3,-1,5\}$ 的平面方程.

解：由平面的点法式方程(8.6.1)，得所求平面方程为

$$3(x-1)-(y-1)+5(z+1)=0$$

即

$$3x-y+5z+3=0$$

【例 8.6.2】　已知两点 $A(2,-1,2)$，$B(8,-7,5)$，一平面通过点 B 且垂直于线段 AB，求此平面的方程.

解：由题意知，所求平面的法向量可取为

$$\boldsymbol{n}=\boldsymbol{AB}=\{6,-6,3\}$$

由平面的点法式方程(8.6.1)，得所求平面方程为

$$6(x-8)-6(y+7)+3(z-5)=0$$

即

$$2x-2y+z-35=0$$

【例 8.6.3】　求过三点 $M_1(5,-4,3)$，$M_2(-2,1,8)$ 和 $M_3(0,1,2)$ 的平面方程.

解：先求平面的法向量 $\boldsymbol{n}$. 因为向量 $\boldsymbol{n}$ 与向量 $\boldsymbol{M_1M_2}$、$\boldsymbol{M_1M_3}$ 都垂直，且

$$\boldsymbol{M_1M_2}=\{-7,5,5\},\quad \boldsymbol{M_1M_3}=\{-5,5,-1\}$$

所以可以取

$$\begin{aligned}\boldsymbol{n}&=\boldsymbol{M_1M_2}\times\boldsymbol{M_1M_3}=\{-7,5,5\}\times\{-5,5,-1\}\\&=\begin{vmatrix}\boldsymbol{i}&\boldsymbol{j}&\boldsymbol{k}\\-7&5&5\\-5&5&-1\end{vmatrix}\\&=-30\boldsymbol{i}-32\boldsymbol{j}-10\boldsymbol{k}\end{aligned}$$

由平面的点法式方程(8.6.1)，得所求平面方程为

$$-30(x-5)-32(y+4)-10(z-3)=0$$

即
$$15x+16y+5z-26=0$$

8.6.2 平面的一般方程

平面的点法式方程为三元一次方程，而任一平面都可以用它上面的一点及它的法向量来确定，所以任一平面都可以用三元一次方程来表示.

反过来，设有三元一次方程

$$Ax+By+Cz+D=0 \tag{8.6.2}$$

在式(8.6.2)中任取一组解(x_0,y_0,z_0)，则

$$Ax_0+By_0+Cz_0+D=0 \tag{8.6.3}$$

式(8.6.2)减去式(8.6.3)得

$$A(x-x_0)+B(y-y_0)+C(z-z_0)=0 \tag{8.6.4}$$

显然，方程(8.6.2)与点法式方程(8.6.4)等价，因此方程(8.6.2)表示的是过点(x_0,y_0,z_0)，法向量为$\boldsymbol{n}=\{A,B,C\}$的平面.

定义 8.6.2 三元一次方程

$$Ax+By+Cz+D=0 \quad (A^2+B^2+C^2\neq 0)$$

称为**平面的一般方程**，其中 x,y,z 的系数 A,B,C 为该平面的法向量 $\boldsymbol{n}$ 的坐标，即此平面的法向量为$\boldsymbol{n}=\{A,B,C\}$.

特殊情形：

(1) 当 $D=0$ 时，$Ax+By+Cz=0$ 表示通过原点的平面.

(2) 平行于坐标轴的平面

设平面 $\boldsymbol{\Pi}/\!/x$ 轴，则 $\boldsymbol{n}\perp\boldsymbol{i}$，即 $\boldsymbol{n}\cdot\boldsymbol{i}=0$，$\{A,B,C\}\cdot\{1,0,0\}=0$，所以 $A=0$.

从而 $By+Cz+D=0$ 是平行于 x 轴的平面. 当 $A=0,D=0$ 时，$By+Cz=0$ 是过 x 轴的平面.

同理，当 $B=0$ 时，$Ax+Cz+D=0$ 是平行于 y 轴的平面. 当 $B=0,D=0$ 时，$Ax+Cz=0$ 是过 y 轴的平面.

当 $C=0$ 时，$Ax+By+D=0$ 是平行于 z 轴的平面. 当 $C=0,D=0$ 时，$Ax+By=0$ 是过 z 轴的平面.

(3) 垂直于坐标轴的平面(即平行于坐标面的平面)

设平面 $\boldsymbol{\Pi}\perp x$ 轴，则 $\boldsymbol{n}/\!/\boldsymbol{i}$，又 $\boldsymbol{n}=\{A,B,C\}$，$\boldsymbol{i}=\{1,0,0\}$，所以 $B=C=0$.

从而 $Ax+D=0$ 是垂直于 x 轴的平面(即平行于 yOz 面的平面)，即 $x=-\dfrac{D}{A}$.

同理，当 $A=C=0$ 时，$By+D=0$ 是垂直于 y 轴的平面(即平行于 zOx 面的平面)，即$y=-\dfrac{D}{B}$.

当 $A=B=0$ 时，$Cz+D=0$ 是垂直于 z 轴的平面(即平行于 xOy 面的平面)，即$z=-\dfrac{D}{C}$.

【例 8.6.4】 求通过点(1，−1，1)且垂直于两平面 $x-y+z-1=0$ 和 $2x+y+z+1=0$ 的平面.

解：设所求平面的法向量为 $\boldsymbol{n}$. 平面 $x-y+z-1=0$ 和 $2x+y+z+1=0$ 的法向量分别为

$$\boldsymbol{n}_1=\{1,-1,1\} \quad 和 \quad \boldsymbol{n}_2=\{2,1,1\}$$

由于所求平面垂直于两已知平面，故其法向量 $\boldsymbol{n}$ 既垂直于 $\boldsymbol{n}_1$ 也垂直于 $\boldsymbol{n}_2$，可以取

$$\boldsymbol{n}=\boldsymbol{n}_1\times\boldsymbol{n}_2=\begin{vmatrix}\boldsymbol{i} & \boldsymbol{j} & \boldsymbol{k}\\ 1 & -1 & 1\\ 2 & 1 & 1\end{vmatrix}=-2\boldsymbol{i}+\boldsymbol{j}+3\boldsymbol{k}$$

由平面的点法式方程(8.6.1)，得所求平面方程为

$$-2(x-1)+(y+1)+3(z-1)=0$$

即

$$2x-y-3z=0$$

【例 8.6.5】 求通过 x 轴和点(4，−3，−1) 的平面方程.

解：因平面通过 x 轴，故 $A=D=0$，设所求平面方程为 $By+Cz=0$ 代入已知点(4，−3，−1)得 $C=-3B$，化简，得所求平面方程 $y-3z=0$.

8.6.3　平面的截距式方程

设平面 $\boldsymbol{\Pi}$ 与 x 轴，y 轴，z 轴分别相交于点 $P(a,0,0)$，$Q(0,b,0)$，$R(0,0,c)$，其中 $a\neq0$，$b\neq0$，$c\neq0$，求 $\boldsymbol{\Pi}$ 的方程(图 8.68).

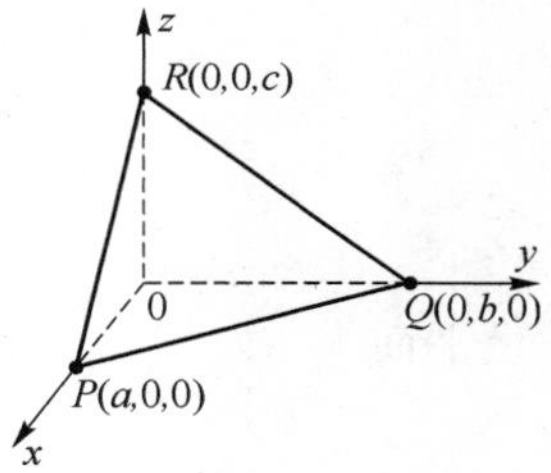

图 8.68

设平面方程为

$$Ax+By+Cz+D=0 \tag{8.6.5}$$

因为 $P(a,0,0)$，$Q(0,b,0)$，$R(0,0,c)$三点都在此平面上，所以这三点的坐标都满足方程(8.6.5)，将三点坐标代入方程(8.6.5)得

$$\begin{cases}aA+D=0\\ bB+D=0\\ cC+D=0\end{cases}$$

解得 $A=-\dfrac{D}{a}$，$B=-\dfrac{D}{b}$，$C=-\dfrac{D}{c}$，再将此代入方程(8.6.5)得

$$-\frac{D}{a}x-\frac{D}{b}y-\frac{D}{c}z+D=0$$

即

$$\frac{x}{a}+\frac{y}{b}+\frac{z}{c}=1 \tag{8.6.6}$$

我们称方程(8.6.6)为平面的截距式方程，称 a,b,c 分别为平面在 x,y,z 轴上的截距.

注：过原点及平行于坐标轴的平面没有截距式方程.

【例 8.6.6】 设平面通过点(5，−7，4)且在 x,y,z 三轴上的截距相等，求平面方程.

解：因为平面在 x,y,z 三轴上的截距相等，故可设所求平面的截距式方程为

$$\frac{x}{a}+\frac{y}{a}+\frac{z}{a}=1$$

又因为这平面通过点(5,−7,4),所以有

$$\frac{5}{a}+\frac{-7}{a}+\frac{4}{a}=1$$

解得 $a=2$,得所求平面方程为

$$\frac{x}{2}+\frac{y}{2}+\frac{z}{2}=1$$

或

$$x+y+z-2=0$$

8.6.4 两平面的夹角

定义 8.6.3 两平面法向量的夹角(指锐角),称为两平面的夹角. 如图 8.69 所示,锐角 θ 就是平面 $\boldsymbol{\Pi}_1$ 与平面 $\boldsymbol{\Pi}_2$ 的夹角.

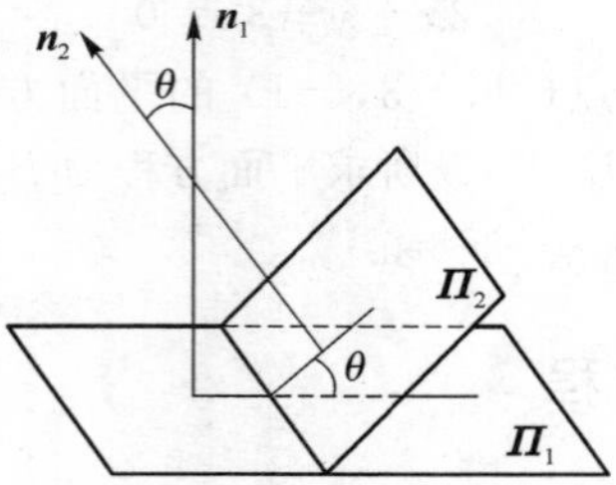

图 8.69

设平面 $\boldsymbol{\Pi}_1: A_1x+B_1y+C_1z+D_1=0$

和 $\boldsymbol{\Pi}_2: A_2x+B_2y+C_2z+D_2=0$

法向量分别为 $\boldsymbol{n}_1=\{A_1,B_1,C_1\},\boldsymbol{n}_2=\{A_2,B_2,C_2\}$

则两平面夹角 θ 的余弦为

$$\cos\theta=\frac{|\boldsymbol{n}_1\cdot\boldsymbol{n}_2|}{|\boldsymbol{n}_1||\boldsymbol{n}_2|}$$

即

$$\cos\theta=\frac{|A_1A_2+B_1B_2+C_1C_2|}{\sqrt{A_1^2+B_1^2+C_1^2}\sqrt{A_2^2+B_2^2+C_2^2}} \tag{8.6.7}$$

证明:因为平面 $\boldsymbol{\Pi}_1$ 与平面 $\boldsymbol{\Pi}_2$ 的夹角 θ 应是 $(\widehat{\boldsymbol{n}_1,\boldsymbol{n}_2})$ 或 $(\widehat{-\boldsymbol{n}_1,\boldsymbol{n}_2})=\pi-(\widehat{\boldsymbol{n}_1,\boldsymbol{n}_2})$ 两者中的锐角,因此,$\cos\theta=|\cos(\widehat{\boldsymbol{n}_1,\boldsymbol{n}_2})|$,由两向量夹角余弦的坐标表示式即可得公式(8.6.7).

从两向量垂直、平行的充分必要条件可以得出下列结论:

两平面 $\boldsymbol{\Pi}_1$、$\boldsymbol{\Pi}_2$ 互相垂直相当于 $A_1A_2+B_1B_2+C_1C_2=0$;

两平面 $\boldsymbol{\Pi}_1$、$\boldsymbol{\Pi}_2$ 互相平行或重合相当于 $\frac{A_1}{A_2}=\frac{B_1}{B_2}=\frac{C_1}{C_2}$.

【例 8.6.7】 求两平面 $\boldsymbol{\Pi}_1: x-y+2z-6=0$ 和 $\boldsymbol{\Pi}_2: 2x+y+z-5=0$ 的夹角.

解:平面 $\boldsymbol{\Pi}_1$ 与平面 $\boldsymbol{\Pi}_2$ 的法向量分别为

$$\boldsymbol{n}_1=\{1,-1,2\} \quad 和 \quad \boldsymbol{n}_2=\{2,1,1\}$$

由公式(8.6.7)得

$$\cos\theta=\frac{|\boldsymbol{n}_1\cdot\boldsymbol{n}_2|}{|\boldsymbol{n}_1||\boldsymbol{n}_2|}=\frac{|1\times2+(-1)\times1+2\times1|}{\sqrt{1^2+(-1)^2+2^2}\sqrt{2^2+1^2+1^2}}=\frac{1}{2}$$

因此，所求夹角为 $\theta=\frac{\pi}{3}$.

【例 8.6.8】 一平面通过两点 $M_1(1,1,1)$和 $M_2(0,1,-1)$且垂直于平面 $x+y+z=0$，求它的方程.

解:设所求平面的法向量为 $\boldsymbol{n}=\{A,B,C\}$，则所求平面点法式方程为

$$A(x-1)+B(y-1)+C(z-1)=0 \tag{8.6.8}$$

已知平面 $x+y+z=0$ 的法向量为 $\boldsymbol{n}_1=\{1,1,1\}$，又$\boldsymbol{M}_1\boldsymbol{M}_2=\{-1,0,-2\}$

根据题意 $\boldsymbol{n}\perp\boldsymbol{M}_1\boldsymbol{M}_2$ 且 $\boldsymbol{n}\perp\boldsymbol{n}_1$，所以

$$\begin{cases}-A-2C=0\\A+B+C=0\end{cases}$$

由此得到

$$\begin{cases}A=-2C\\B=C\end{cases}$$

代入平面点法式方程(8.6.8)，得所求平面方程为

$$-2C(x-1)+C(y-1)+C(z-1)=0$$

即

$$2x-y-z=0$$

8.6.5 点到平面的距离公式

设 $P_0(x_0,y_0,z_0)$是平面 $Ax+By+Cz+D=0$ 外一点，则 P_0 到平面的距离公式为

$$d=\frac{|Ax_0+By_0+Cz_0+D|}{\sqrt{A^2+B^2+C^2}} \tag{8.6.9}$$

证明:平面法向量为 $\boldsymbol{n}=\{A,B,C\}$，在平面上取一点 $P_1(x_1,y_1,z_1)$，如图 8.70 所示，则 d 为$\boldsymbol{P}_1\boldsymbol{P}_0$在 $\boldsymbol{n}$ 上投影的绝对值，而且

$$\boldsymbol{P}_1\boldsymbol{P}_0=\{x_0-x_1,y_0-y_1,z_0-z_1\}$$

所以

$$\begin{aligned}d&=|\mathrm{Prj}_{\boldsymbol{n}}\boldsymbol{P}_1\boldsymbol{P}_0|=\frac{|\boldsymbol{P}_1\boldsymbol{P}_0\cdot\boldsymbol{n}|}{|\boldsymbol{n}|}\\&=\frac{|A(x_0-x_1)+B(y_0-y_1)+C(z_0-z_1)|}{\sqrt{A^2+B^2+C^2}}\\&=\frac{|Ax_0+By_0+Cz_0-(Ax_1+By_1+Cz_1)|}{\sqrt{A^2+B^2+C^2}}\end{aligned}$$

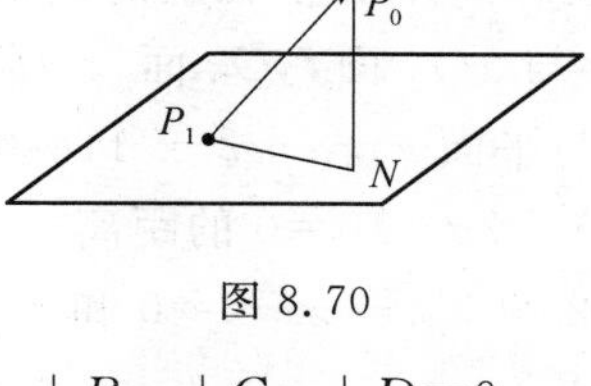

图 8.70

又 $P_1(x_1,y_1,z_1)$在平面上，有 $Ax_1+By_1+Cz_1+D=0$，

因此

$$d=\frac{|Ax_0+By_0+Cz_0-(-D)|}{\sqrt{A^2+B^2+C^2}}=\frac{|Ax_0+By_0+Cz_0+D|}{\sqrt{A^2+B^2+C^2}}$$

【例 8.6.9】 求点(2,1,1)到平面 $x+y-z+1=0$ 的距离.

解:由点到平面的距离公式(8.6.9)得

$$d=\frac{|1\times2+1\times1-1\times1+1|}{\sqrt{1^2+1^2+(-1)^2}}=\frac{3}{\sqrt{3}}=\sqrt{3}$$

【例 8.6.10】 在 z 轴上求出与两平面 $12x+9y+20z-19=0$ 和 $16x-12y+15z-9=0$ 等距离的点.

解:设所求点为 $P(0,0,z)$,它到平面 $12x+9y+20z-19=0$ 的距离为

$$d_1=\frac{|12\times0+9\times0+20\times z-19|}{\sqrt{12^2+9^2+20^2}}=\frac{|20z-19|}{\sqrt{625}}$$

点 $P(0,0,z)$ 到平面 $16x-12y+15z-9=0$ 的距离为

$$d_2=\frac{|16\times0-12\times0+15\times z-9|}{\sqrt{16^2+(-12)^2+15^2}}=\frac{|15z-9|}{\sqrt{625}}$$

因为 $d_1=d_2$,故

$$|20z-19|=|15z-9|$$

解得 $z=2$ 或 $z=\frac{4}{5}$,故所求点为

$$(0,0,2) \quad 或 \quad \left(0,0,\frac{4}{5}\right)$$

习题 8.6

1. 求过点(3,0,-1)且与平面 $3x-7y+5z-12=0$ 平行的平面方程.
2. 求经过三点(2,3,0),(-2,-3,4)和(0,6,0)的平面方程.
3. 求通过点 $M_1(2,-1,1)$ 与 $M_1(3,-2,1)$ 且平行于 z 轴的平面的方程.
4. 求通 z 轴和点(-3,1,-2)的平面的方程.
5. 求下列平面在坐标轴上的截距,并作图:

(1) $2x-3y-z+12=0$;

(2) $5x+y-3z-15=0$;

(3) $x-y+z-1=0$.

6. 一平面通过点(2,1,-1)且在 x 轴和 y 轴上的截距分别是 2 和 1,求此平面的方程.
7. 求平面 $2x-2y+z+5=0$ 与 xOy 面,yOz 面,zOx 面间夹角的余弦.
8. 求平面 $2x-y+z-7=0$ 与平面 $x+y+2z-11=0$ 间的夹角.
9. 求点(1,2,1)到平面 $x+2y+2z-10=0$ 的距离.
10. 在 y 轴上求出与两平面 $2x+3y+6z-6=0$ 和 $8x+9y-72z+73=0$ 等距离的点.

8.7　空间直线及其方程

8.7.1　空间直线方程

1. 直线的一般式方程

空间直线 L 可以看成是两个平面 $\boldsymbol{\Pi}_1$ 与平面 $\boldsymbol{\Pi}_2$ 交线(图 8.71).

设两平面方程分别为

$$\boldsymbol{\Pi}_1: A_1x+B_1y+C_1z+D_1=0$$

和

$$\boldsymbol{\Pi}_2: A_2x+B_2y+C_2z+D_2=0$$

则它们的交线 L 的方程为

$$L:\ \begin{cases}A_1x+B_1y+C_1z+D_1=0\\A_2x+B_2y+C_2z+D_2=0\end{cases}\qquad(8.7.1)$$

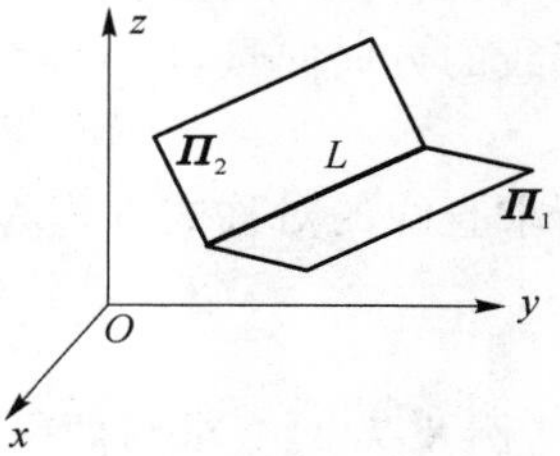

图 8.71

此方程称为直线 L 的一般方程.

通过空间直线 L 的平面有无穷多个,只要在这无穷多个平面中任意选取两个,把它们的方程联立起来,所得的方程组就表示空间直线 L.

2. 直线的对称式方程

定义 8.7.1　与已知直线 L 平行的非零向量 $\boldsymbol{s}=\{m,n,p\}$ 称为直线 L 的方向向量.

已知直线 L 上一点 $M_0(x_0,y_0,z_0)$ 和它的方向向量 $\boldsymbol{s}=\{m,n,p\}$,则直线 L 上任意一点 $M(x,y,z)$ 的坐标必满足方程

$$\frac{x-x_0}{m}=\frac{y-y_0}{n}=\frac{z-z_0}{p}\qquad(8.7.2)$$

此方程称为直线 L 的对称式方程(也称为点向式方程).

说明:方程(8.7.2)中某些分母为零时,其分子也理解为零.例如,

当 $m=0,n\neq0,p\neq0$ 时,直线方程(8.7.2)为 $\begin{cases}x=x_0\\\dfrac{y-y_0}{n}=\dfrac{z-z_0}{p}\end{cases}$;

当 $m=n=0,p\neq0$ 时,直线方程(8.7.2)为 $\begin{cases}x=x_0\\y=y_0\end{cases}$.

【例 8.7.1】　求经过两点 $M_1(3,-2,-1)$ 和 $M_2(5,4,5)$ 的直线方程.

解:所求直线的方向向量 $\boldsymbol{s}$ 可取为

$$\boldsymbol{s}=\boldsymbol{M_1M_2}=\{5-3,4-(-2),5-(-1)\}=\{2,6,6\}$$

由式(8.7.2)得所求直线的对称式方程为

$$\frac{x-3}{2}=\frac{y+2}{6}=\frac{z+1}{6}$$

即

$$x-3=\frac{y+2}{3}=\frac{z+1}{3}$$

【例 8.7.2】 求过点(4, −1, 3)且平行于直线$\frac{x-3}{2}=\frac{y}{1}=\frac{z-1}{5}$的直线方程.

解:因为所求直线与已知直线平行,所以可取已知直线的方向向量{2,1,5}作为所求直线的方向向量,即

$$\boldsymbol{s}=\{2,1,5\}$$

由式(8.7.2)得所求直线的对称式方程为

$$\frac{x-4}{2}=\frac{y+1}{1}=\frac{z-3}{5}$$

【例 8.7.3】 求过点(1, −2, 4)且与平面 $2x-3y+z-4=0$ 垂直的直线方程.

解:因为所求直线垂直于已知平面,如图 8.72 所示,所以可以取已知平面的法向量为所求直线的方向向量,即

$$\boldsymbol{s}=\boldsymbol{n}=\{2,-3,1\}$$

则所求直线的对称式方程为

$$\frac{x-1}{2}=\frac{y+2}{-3}=\frac{z-4}{1}$$

【例 8.7.4】 求与两平面 $x-4z=3$ 和 $2x-y-5z=1$ 的交线平行,且过点(−3,2,5)的直线方程.

解:如图 8.73 所示,因为所求直线与两平面的交线平行,也就是直线的方向向量 $\boldsymbol{s}$ 一定同时与两平面的法线向量 $\boldsymbol{n}_1=\{1,0,-4\}$,$\boldsymbol{n}_2=\{2,-1,-5\}$垂直,所以可取

$$\boldsymbol{s}=\boldsymbol{n}_1\times\boldsymbol{n}_2=\begin{vmatrix}\boldsymbol{i} & \boldsymbol{j} & \boldsymbol{k}\\ 1 & 0 & -4\\ 2 & -1 & -5\end{vmatrix}=-4\boldsymbol{i}-3\boldsymbol{j}-\boldsymbol{k}=\{-4,-3,-1\}$$

因此所求直线的对称式方程为

$$\frac{x+3}{4}=\frac{y-2}{3}=\frac{z-5}{1}$$

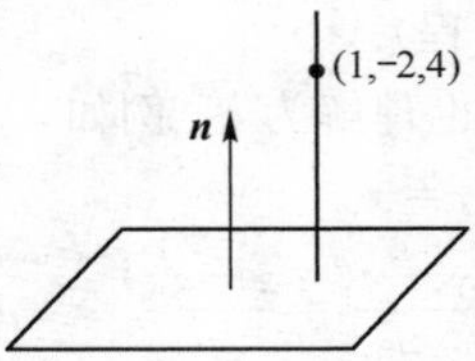

图 8.72

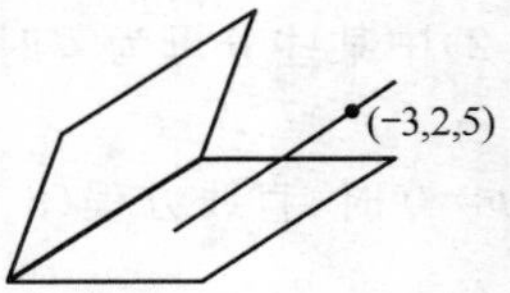

图 8.73

3. 直线的参数式方程

在直线的对称式方程(8.7.2)中,令

$$\frac{x-x_0}{m}=\frac{y-y_0}{n}=\frac{z-z_0}{p}=t$$

得到直线的参数方程

$$\begin{cases}x=x_0+mt\\ y=y_0+nt\\ z=z_0+pt\end{cases}\tag{8.7.3}$$

其中 t 为参数.

【例 8.7.5】 将直线

$$\begin{cases}x+y+z+1=0\\2x-y+3z+4=0\end{cases}\tag{8.7.4}$$

化成对称式方程及参数式方程.

解:先在直线上找一点(x_0,y_0,z_0). 取 $x_0=1$,代入方程组(8.7.4)得

$$\begin{cases}y+z=-2\\-y+3z=-6\end{cases}$$

解得 $y_0=0,z_0=-2$,即$(1,0,-2)$是直线上的一点.

下面再求出这条直线的方向向量 $\boldsymbol{s}$. 由于两个平面的交线与这两个平面的法向量 $\boldsymbol{n}_1=\{1,1,1\},\boldsymbol{n}_2=\{2,-1,3\}$都垂直,所以可取

$$\boldsymbol{s}=\boldsymbol{n}_1\times\boldsymbol{n}_2=\begin{vmatrix}\boldsymbol{i}&\boldsymbol{j}&\boldsymbol{k}\\1&1&1\\2&-1&3\end{vmatrix}=4\boldsymbol{i}-\boldsymbol{j}-3\boldsymbol{k}=\{4,-1,-3\}$$

故所给直线的对称式方程为

$$\frac{x-1}{4}=\frac{y}{-1}=\frac{z+2}{-3}$$

令

$$\frac{x-1}{4}=\frac{y}{-1}=\frac{z+2}{-3}=t$$

得参数方程为

$$\begin{cases}x=1+4t\\y=-t\\z=-2-3t\end{cases}$$

【例 8.7.6】 求直线$\dfrac{x-2}{1}=\dfrac{y-3}{1}=\dfrac{z-4}{2}$与平面 $2x+y+z-6=0$ 的交点.

解:先化直线方程为参数方程,令

$$\frac{x-2}{1}=\frac{y-3}{1}=\frac{z-4}{2}=t$$

得参数方程

$$\begin{cases}x=2+t\\y=3+t\\z=4+2t\end{cases}$$

代入平面方程得 $t=-1$. 把 $t=-1$ 代入直线的参数方程中,得所求交点的坐标为

$$x=1,y=2,z=2$$

所以交点为$(1,2,2)$.

【例 8.7.7】 求过点 $P_0(2,1,3)$且与直线 L:$\dfrac{x+1}{3}=\dfrac{y-1}{2}=\dfrac{z}{-1}$垂直相交的直线方程.

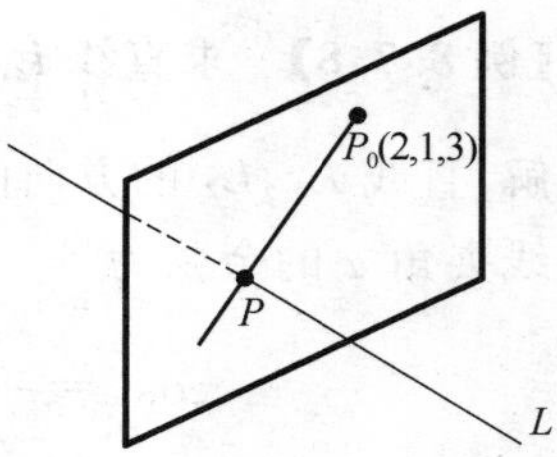

图 8.74

解:先作一平面过点 $P_0(2,1,3)$且垂直于已知直线 L,如图 8.74 所示,则此平面的方程为

$$3(x-2)+2(y-1)-(z-3)=0$$

再求已知直线与这平面的交点 P. 化直线 L 的方程为参数

方程

$$\begin{cases}x=-1+3t\\ y=1+2t\\ z=-t\end{cases}$$

将上式代入平面方程中得 $t=\frac{3}{7}$,从而得交点为 $P\left(\frac{2}{7},\frac{13}{7},-\frac{3}{7}\right)$. 故所求直线的方向向量可取为

$$\boldsymbol{s}=\boldsymbol{P_0P}=-\frac{6}{7}\{2,-1,4\}$$

利用对称式得所求直线方程为

$$\frac{x-2}{2}=\frac{y-1}{-1}=\frac{z-3}{4}$$

8.7.2 两直线的夹角

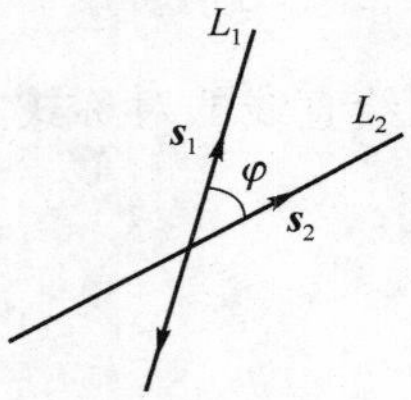

图 8.75

定义 8.7.2 两直线的方向向量间的夹角(通常取锐角),称为两直线的夹角.

设两直线 $L_1:\dfrac{x-x_1}{m_1}=\dfrac{y-y_1}{n_1}=\dfrac{z-z_1}{p_1}$

$L_2:\dfrac{x-x_2}{m_2}=\dfrac{y-y_2}{n_2}=\dfrac{z-z_2}{p_2}$

方向向量分别为

$$\boldsymbol{s}_1=\{m_1,n_1,p_1\},\quad \boldsymbol{s}_2=\{m_2,n_2,p_2\}$$

则两直线的夹角 φ(图 8.75)满足:

$$\cos\varphi=|\cos(\widehat{\boldsymbol{s}_1,\boldsymbol{s}_2})|=\frac{|\boldsymbol{s}_1\cdot\boldsymbol{s}_2|}{|\boldsymbol{s}_1||\boldsymbol{s}_2|}=\frac{|m_1m_2+n_1n_2+p_1p_2|}{\sqrt{m_1^2+n_1^2+p_1^2}\cdot\sqrt{m_2^2+n_2^2+p_2^2}} \tag{8.7.5}$$

证明:因为直线 L_1 与直线 L_2 的夹角 φ 应是$(\widehat{\boldsymbol{s}_1,\boldsymbol{s}_2})$或$(\widehat{-\boldsymbol{s}_1,\boldsymbol{s}_2})=\pi-(\widehat{\boldsymbol{s}_1,\boldsymbol{s}_2})$两者中的锐角,因此,$\cos\varphi=|\cos(\widehat{\boldsymbol{s}_1,\boldsymbol{s}_2})|$,由两向量夹角余弦的坐标表示式即可得公式(8.7.5).

从两向量垂直、平行的充分必要条件可以得出下列结论:

两直线 L_1、L_2 互相垂直相当于 $m_1m_2+n_1n_2+p_1p_2=0$;

两直线 L_1、L_2 互相平行或重合相当于$\dfrac{m_1}{m_2}=\dfrac{n_1}{n_2}=\dfrac{p_1}{p_2}$.

【例 8.7.8】 求直线 $L_1:\dfrac{x-1}{1}=\dfrac{y}{-4}=\dfrac{z+3}{1}$和 $L_2:\dfrac{x}{2}=\dfrac{y+2}{-2}=\dfrac{z}{-1}$的夹角.

解:直线 L_1,L_2 的方向向量分别为 $\boldsymbol{s}_1=\{1,-4,1\},\boldsymbol{s}_2=\{2,-2,-1\}$. 由公式(8.7.5),两直线夹角 φ 的余弦为

$$\cos\varphi=\frac{|1\times2+(-4)\times(-2)+1\times(-1)|}{\sqrt{1^2+(-4)^2+1^2}\sqrt{2^2+(-2)^2+(-1)^2}}=\frac{\sqrt{2}}{2}$$

从而 $\varphi=\dfrac{\pi}{4}$.

8.7.3　直线与平面的夹角

定义 8.7.3　直线和它在平面上的投影直线间的夹角 $\varphi\left(0\leqslant\varphi<\frac{\pi}{2}\right)$称为直线与平面间的夹角，如图 8.76 所示.

设有直线
$$L:\frac{x-x_0}{m}=\frac{y-y_0}{n}=\frac{z-z_0}{p}$$
和平面
$$\boldsymbol{\Pi}:Ax+By+Cz+D=0$$
L 的方向向量为 $\boldsymbol{s}=\{m,n,p\}$，
$\boldsymbol{\Pi}$ 的法向量为 $\boldsymbol{n}=\{A,B,C\}$，
则直线与平面夹角 φ 满足：
$$\sin\varphi=|\cos(\widehat{\boldsymbol{s},\boldsymbol{n}})|=\frac{|\boldsymbol{s}\cdot\boldsymbol{n}|}{|\boldsymbol{s}||\boldsymbol{n}|}=\frac{|Am+Bn+Cp|}{\sqrt{A^2+B^2+C^2}\sqrt{m^2+n^2+p^2}}\tag{8.7.6}$$

证明：由图 8.76 可知，$\varphi=\frac{\pi}{2}-(\widehat{\boldsymbol{s},\boldsymbol{n}})$或 $\varphi=(\widehat{\boldsymbol{s},\boldsymbol{n}})-\frac{\pi}{2}=-\left[\frac{\pi}{2}-(\widehat{\boldsymbol{s},\boldsymbol{n}})\right]$，即 $\varphi=\left|\frac{\pi}{2}-(\widehat{\boldsymbol{s},\boldsymbol{n}})\right|$，因此 $\sin\varphi=|\cos(\widehat{\boldsymbol{s},\boldsymbol{n}})|$，由两向量夹角余弦的坐标表示式即可得公式(8.7.6)成立.

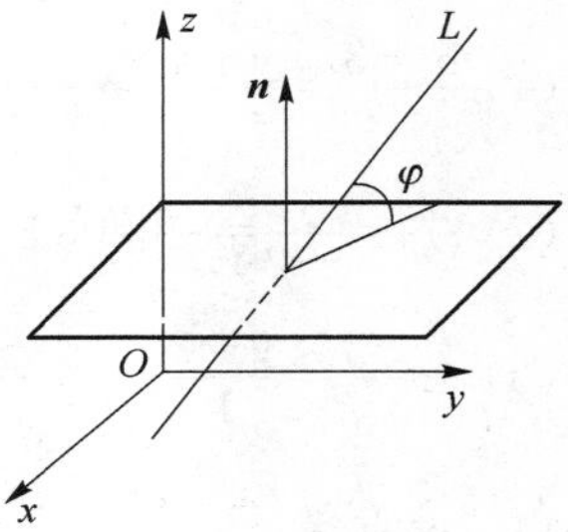

图 8.76

因为直线与平面垂直相当于直线的方向向量与平面的法线向量平行，所以，直线与平面垂直相当于
$$\frac{A}{m}=\frac{B}{n}=\frac{C}{p}$$
因为直线与平面平行或直线在平面上相当于直线的方向向量与平面的法线向量垂直，所以，直线与平面平行或直线在平面上相当于
$$Am+Bn+Cp=0$$

【例 8.7.9】　求直线$\frac{x}{-1}=\frac{y-1}{1}=\frac{z-1}{2}$与平面 $2x+y-z-3=0$ 间的夹角.

解：直线的方向向量为 $\boldsymbol{s}=\{-1,1,2\}$，平面的法向量为 $\boldsymbol{n}=\{2,1,-1\}$，由公式(8.7.6)，直线与平面夹角 φ 的正弦为
$$\sin\varphi=\frac{|\boldsymbol{s}\cdot\boldsymbol{n}|}{|\boldsymbol{s}||\boldsymbol{n}|}=\frac{|-1\times2+1\times1+2\times(-1)|}{\sqrt{(-1)^2+1^2+2^2}\sqrt{2^2+1^2+(-1)^2}}=\frac{1}{2}$$
从而 $\varphi=\frac{\pi}{6}$.

习题 8.7

1. 求经过点$(3,4,-4)$，方向角为$\frac{\pi}{3},\frac{\pi}{4},\frac{2\pi}{3}$的直线方程.

2. 求过点$(0,-3,2)$而与两点 $M_1(3,4,-7)$和 $M_2(2,7,-6)$的连线平行的直线方程.

3. 求经过两点 $M_1(1,2,1)$ 和 $M_2(1,2,3)$ 的直线方程.

4. 求过点 $(2,-3,4)$ 且与平面 $3x-y+2z-4=0$ 垂直的直线方程.

5. 求经过点 $(2,0,-1)$ 且与直线 $\begin{cases}2x-3y+z-6=0\\4x-2y+3z+9=0\end{cases}$ 平行的直线方程.

6. 求过点 $(3,2,-4)$ 且与两直线

$$\frac{x-1}{5}=\frac{y-2}{3}=\frac{z}{-2} \text{和} \frac{x+3}{4}=\frac{y}{2}=\frac{z-1}{3}$$

平行的平面方程.

7. 用对称式方程及参数方程表示直线

$$\begin{cases}x-y+z=1\\2x+y+z=4\end{cases}$$

8. 求直线 $\frac{x}{-1}=\frac{y-1}{1}=\frac{z-1}{2}$ 与平面 $2x+y-z-3=0$ 的交点.

9. 求点 $(-1,2,0)$ 在平面 $x+2y-z+1=0$ 上的投影.

10. 试确定下列各组中的直线和平面间的关系

(1) $\frac{x+3}{-2}=\frac{y+4}{-7}=\frac{z}{3}$ 和 $4x-2y-2z=3$；

(2) $\frac{x}{3}=\frac{y}{-2}=\frac{z}{7}$ 和 $3x-2y+7z=8$；

(3) $\frac{x-2}{3}=\frac{y+2}{1}=\frac{z-3}{-4}$ 和 $x+y+z=3$.

11. 求直线 $\begin{cases}x+2y+z-1=0\\x-2y+z+1=0\end{cases}$ 和直线 $\begin{cases}x-y-z-1=0\\x-y+2z+1=0\end{cases}$ 间的夹角.

12. 求直线 $\begin{cases}x+y+3z=0\\x-y-z=0\end{cases}$ 与平面 $x-y-z+1=0$ 间的夹角.

13. 求直线 $\begin{cases}2x-4y+z=0\\3x-y-2z-9=0\end{cases}$ 在平面 $4x-y+z=1$ 上的投影直线的方程.

8.8 本章小结

8.8.1 内容提要

1. 向量及其线性运算

(1) 向量,向量相等,单位向量,零向量,向量平行、共线、共面;

(2) 线性运算:加减法、数乘;

(3) 直角坐标系:坐标轴、坐标面、卦限,向量的坐标分解式;

(4) 利用坐标进行向量的运算:设 $\boldsymbol{a}=\{a_x,a_y,a_z\}$,$\boldsymbol{b}=\{b_x,b_y,b_z\}$,则 $\boldsymbol{a}\pm\boldsymbol{b}=\{a_x\pm b_x,a_y$

$\pm b_y, a_z \pm b_z\}$，$\lambda \boldsymbol{a}=\{\lambda a_x, \lambda a_y, \lambda a_z\}$；

(5) 向量的模、方向角、投影

① 向量的模：设 $\boldsymbol{r}=\{x, y, z\}$，则 $|\boldsymbol{r}|=\sqrt{x^2+y^2+z^2}$；

② 两点间的距离公式：两点 $A(x_1, y_1, z_1)$ 和 $B(x_2, y_2, z_2)$，则

$$|AB|=\sqrt{(x_2-x_1)^2+(y_2-y_1)^2+(z_2-z_1)^2}$$

③ 方向角：非零向量 $\boldsymbol{r}=\{x, y, z\}$ 与三个坐标轴的正向的夹角 α, β, γ；

④ 方向余弦：$\cos\alpha=\dfrac{x}{|\boldsymbol{r}|}=\dfrac{x}{\sqrt{x^2+y^2+z^2}}$，$\cos\beta=\dfrac{y}{|\boldsymbol{r}|}=\dfrac{y}{\sqrt{x^2+y^2+z^2}}$

$$\cos\gamma=\frac{z}{|\boldsymbol{r}|}=\frac{z}{\sqrt{x^2+y^2+z^2}}$$

且有
$$\cos^2\alpha+\cos^2\beta+\cos^2\gamma=1$$

及
$$\boldsymbol{e}_r=\frac{\boldsymbol{r}}{|\boldsymbol{r}|}=\left\{\frac{x}{|\boldsymbol{r}|}, \frac{y}{|\boldsymbol{r}|}, \frac{z}{|\boldsymbol{r}|}\right\}=\{\cos\alpha, \cos\beta, \cos\gamma\}$$

⑤ 投影：$\mathrm{Prj}_u \boldsymbol{a}=|\boldsymbol{a}|\cos\varphi$，其中 φ 为向量 $\boldsymbol{a}$ 与 $\boldsymbol{u}$ 的夹角.

2. 数量积，向量积

设 $\boldsymbol{a}=\{a_x, a_y, a_z\}$，$\boldsymbol{b}=\{b_x, b_y, b_z\}$.

(1) 数量积：$\boldsymbol{a}\cdot\boldsymbol{b}=|\boldsymbol{a}||\boldsymbol{b}|\cos\theta$，这里 θ 为向量 $\boldsymbol{a}$ 和 $\boldsymbol{b}$ 的夹角；

$$\boldsymbol{a}\cdot\boldsymbol{b}=|\boldsymbol{a}|\mathrm{Prj}_a\boldsymbol{b}, \boldsymbol{a}\cdot\boldsymbol{b}=|\boldsymbol{b}|\mathrm{Prj}_b\boldsymbol{a}$$

$$\boldsymbol{a}\cdot\boldsymbol{a}=|\boldsymbol{a}|^2, \boldsymbol{a}\perp\boldsymbol{b}\Leftrightarrow\boldsymbol{a}\cdot\boldsymbol{b}=0$$

$$\boldsymbol{a}\cdot\boldsymbol{b}=a_xb_x+a_yb_y+a_zb_z$$

(2) 向量积：$\boldsymbol{a}\times\boldsymbol{b}$ 为向量.

模为 $|\boldsymbol{a}\times\boldsymbol{b}|=|\boldsymbol{a}||\boldsymbol{b}|\sin(\widehat{\boldsymbol{a},\boldsymbol{b}})$，方向与 $\boldsymbol{a}$ 和 $\boldsymbol{b}$ 都垂直，并且 $\boldsymbol{a}, \boldsymbol{b}, \boldsymbol{a}\times\boldsymbol{b}$ 符合右手规则；

$$\boldsymbol{a}\times\boldsymbol{a}=\boldsymbol{0},\quad \boldsymbol{a}/\!/\boldsymbol{b}\Leftrightarrow\boldsymbol{a}\times\boldsymbol{b}=\boldsymbol{0},\quad \boldsymbol{a}\times\boldsymbol{b}=-\boldsymbol{b}\times\boldsymbol{a}$$

$$\boldsymbol{a}\times\boldsymbol{b}=\begin{vmatrix} \boldsymbol{i} & \boldsymbol{j} & \boldsymbol{k} \\ a_x & a_y & a_z \\ b_x & b_y & b_z \end{vmatrix}$$

3. 曲面及其方程

(1) 曲面方程的概念：$\Sigma: F(x, y, z)=0$.

(2) 旋转曲面

$$\begin{cases} C: f(y, z)=0 \text{ 绕 } z \text{ 轴旋转，得曲面 } f(\pm\sqrt{x^2+y^2}, z)=0 \\ C: f(y, z)=0 \text{ 绕 } y \text{ 轴旋转，得曲面 } f(y, \pm\sqrt{x^2+z^2})=0 \end{cases}$$

$$\begin{cases} C: f(x, y)=0 \text{ 绕 } x \text{ 轴旋转，得曲面 } f(x, \pm\sqrt{y^2+z^2})=0 \\ C: f(x, y)=0 \text{ 绕 } y \text{ 轴旋转，得曲面 } f(\pm\sqrt{x^2+z^2}, y)=0 \end{cases}$$

$$\begin{cases} C: f(x, z)=0 \text{ 绕 } x \text{ 轴旋转，得曲面 } f(x, \pm\sqrt{y^2+z^2})=0 \\ C: f(x, z)=0 \text{ 绕 } z \text{ 轴旋转，得曲面 } f(\pm\sqrt{x^2+y^2}, z)=0 \end{cases}$$

(3) 柱面

方程 $F(x,y)=0$(缺 z),表示母线平行于 z 轴的柱面,准线是 xOy 面上的曲线 $F(x,y)=0$.

方程 $F(x,z)=0$(缺 y),表示母线平行于 y 轴的柱面,准线是 zOx 面上的曲线 $F(x,z)=0$.

方程 $F(y,z)=0$(缺 x),表示母线平行于 x 轴的柱面,准线是 yOz 面上的曲线 $F(y,z)=0$.

常用的有圆柱面 $x^2+y^2=R^2$,$x^2+y^2=2ax$,抛物柱面 $y^2=x$ 等.

(4) 二次曲面

① 椭圆锥面:$\frac{x^2}{a^2}+\frac{y^2}{b^2}=z^2$

② 椭球面:$\frac{x^2}{a^2}+\frac{y^2}{b^2}+\frac{z^2}{c^2}=1$

旋转椭球面:$\frac{x^2}{a^2}+\frac{y^2}{a^2}+\frac{z^2}{c^2}=1$

③ 单叶双曲面:$\frac{x^2}{a^2}+\frac{y^2}{b^2}-\frac{z^2}{c^2}=1$

④ 双叶双曲面:$\frac{x^2}{a^2}-\frac{y^2}{b^2}-\frac{z^2}{c^2}=1$

⑤ 椭圆抛物面:$\frac{x^2}{a^2}+\frac{y^2}{b^2}=z$

⑥ 双曲抛物面(马鞍面):$\frac{x^2}{a^2}-\frac{y^2}{b^2}=z$

⑦ 椭圆柱面:$\frac{x^2}{a^2}+\frac{y^2}{b^2}=1$

⑧ 双曲柱面:$\frac{x^2}{a^2}-\frac{y^2}{b^2}=1$

⑨ 抛物柱面:$x^2=ay$

4. 空间曲线及其方程

(1) 一般方程:$\begin{cases}F(x,y,z)=0\\G(x,y,z)=0\end{cases}$

(2) 参数方程:$\begin{cases}x=x(t)\\y=y(t)\\z=z(t)\end{cases}$,如螺旋线:$\begin{cases}x=a\cos t\\y=a\sin t\\z=bt\end{cases}$

(3) 空间曲线在坐标面上的投影

$\begin{cases}F(x,y,z)=0\\G(x,y,z)=0\end{cases}$,消去 z,得到曲线在面 xOy 上的投影$\begin{cases}H(x,y)=0\\z=0\end{cases}$

5. 平面及其方程

(1) 点法式方程:　$A(x-x_0)+B(y-y_0)+C(z-z_0)=0$

法向量:　$\boldsymbol{n}=\{A,B,C\}$,过点(x_0,y_0,z_0)

(2) 一般式方程:$Ax+By+Cz+D=0$

截距式方程:　$\frac{x}{a}+\frac{y}{b}+\frac{z}{c}=1$

(3) 两平面的夹角：$\boldsymbol{n}_1=\{A_1,B_1,C_1\}$，$\boldsymbol{n}_2=\{A_2,B_2,C_2\}$

$$\cos\theta=\frac{|A_1A_2+B_1B_2+C_1C_2|}{\sqrt{A_1^2+B_1^2+C_1^2}\sqrt{A_2^2+B_2^2+C_2^2}}$$

$$\boldsymbol{\Pi}_1\perp\boldsymbol{\Pi}_2\Leftrightarrow A_1A_2+B_1B_2+C_1C_2=0$$

$$\boldsymbol{\Pi}_1 /\!/ \boldsymbol{\Pi}_2\Leftrightarrow \frac{A_1}{A_2}=\frac{B_1}{B_2}=\frac{C_1}{C_2}$$

(4) 点 $P_0(x_0,y_0,z_0)$到平面 $Ax+By+Cz+D=0$ 的距离：

$$d=\frac{|Ax_0+By_0+Cz_0+D|}{\sqrt{A^2+B^2+C^2}}$$

6. 空间直线及其方程

(1) 一般式方程：　$L:\begin{cases}A_1x+B_1y+C_1z+D_1=0\\A_2x+B_2y+C_2z+D_2=0\end{cases}$

(2) 对称式(点向式)方程：　$\dfrac{x-x_0}{m}=\dfrac{y-y_0}{n}=\dfrac{z-z_0}{p}$

方向向量：$\boldsymbol{s}=\{m,n,p\}$，过点 $M_0(x_0,y_0,z_0)$

(3) 参数式方程：

$$\begin{cases}x=x_0+mt\\y=y_0+nt\\z=z_0+pt\end{cases}$$

(4) 两直线的夹角：$\boldsymbol{s}_1=\{m_1,n_1,p_1\}$，$\boldsymbol{s}_2=\{m_2,n_2,p_2\}$

$$\cos\varphi=\frac{|\boldsymbol{s}_1\cdot\boldsymbol{s}_2|}{|\boldsymbol{s}_1||\boldsymbol{s}_2|}=\frac{|m_1m_2+n_1n_2+p_1p_2|}{\sqrt{m_1^2+n_1^2+p_1^2}\cdot\sqrt{m_2^2+n_2^2+p_2^2}}$$

$$L_1\perp L_2\Leftrightarrow\quad m_1m_2+n_1n_2+p_1p_2=0$$

$$L_1 /\!/ L_2\Leftrightarrow\quad \frac{m_1}{m_2}=\frac{n_1}{n_2}=\frac{p_1}{p_2}$$

(5) 直线与平面的夹角：直线与它在平面上的投影的夹角，

$$\sin\varphi=\frac{|\boldsymbol{s}\cdot\boldsymbol{n}|}{|\boldsymbol{s}||\boldsymbol{n}|}=\frac{|Am+Bn+Cp|}{\sqrt{A^2+B^2+C^2}\sqrt{m^2+n^2+p^2}}$$

其中 $\boldsymbol{s}=\{m,n,p\}$为直线的方向向量，$\boldsymbol{n}=\{A,B,C\}$为平面的法向量.

$$L /\!/ \boldsymbol{\Pi}\Leftrightarrow Am+Bn+Cp=0$$

$$L\perp\boldsymbol{\Pi}\Leftrightarrow\frac{A}{m}=\frac{B}{n}=\frac{C}{p}$$

8.8.2　基本要求

(1) 理解向量的概念、掌握向量的线性运算、向量的点积、叉积的计算.

(2) 掌握两个向量的夹角的求法与垂直、平行的条件.

(3) 熟悉单位向量、方向余弦及向量的坐标表达式. 熟练掌握用坐标表达式进行向量运算.

(4) 熟悉平面方程和直线的方程及其求法.

(5) 理解曲面方程的概念、掌握常用二次曲面的方程及其图形.

(6) 知道空间曲线的参数方程和一般方程.

(7) 会求曲面和空间曲线在坐标平面上的投影.

综合练习题

一、单项选择题

1. 已知$|\boldsymbol{a}|=1$,$|\boldsymbol{b}|=\sqrt{2}$,$(\widehat{\boldsymbol{a},\boldsymbol{b}})=\frac{\pi}{4}$,则$|\boldsymbol{a}+\boldsymbol{b}|=$(　　).

(A) $\sqrt{5}$　　(B) $1+\sqrt{2}$　　(C) 2　　(D) 1

2. 已知$\boldsymbol{a}$与$\boldsymbol{b}$都是非零向量,且满足关系式$|\boldsymbol{a}-\boldsymbol{b}|=|\boldsymbol{a}+\boldsymbol{b}|$,则(　　).

(A) $\boldsymbol{a}-\boldsymbol{b}=\boldsymbol{0}$　　(B) $\boldsymbol{a}+\boldsymbol{b}=\boldsymbol{0}$　　(C) $\boldsymbol{a}\cdot\boldsymbol{b}=0$　　(D) $\boldsymbol{a}\times\boldsymbol{b}=\boldsymbol{0}$

3. 已知向量$\boldsymbol{a}=\boldsymbol{i}+\boldsymbol{j}+\boldsymbol{k}$,则垂直于$\boldsymbol{a}$且垂直于$y$轴的单位向量是(　　).

(A) $\pm\frac{\sqrt{3}}{3}(\boldsymbol{i}+\boldsymbol{j}+\boldsymbol{k})$　　(B) $\pm\frac{\sqrt{3}}{3}(\boldsymbol{i}-\boldsymbol{j}+\boldsymbol{k})$

(C) $\pm\frac{\sqrt{2}}{2}(\boldsymbol{i}-\boldsymbol{k})$　　(D) $\pm\frac{\sqrt{2}}{2}(\boldsymbol{i}+\boldsymbol{k})$

4. 设直线$L_1:\frac{x-1}{1}=\frac{y-5}{-2}=\frac{x+8}{1}$与$L_2:\begin{cases}x-y=6\\2y+z=3\end{cases}$

则L_1与L_2的夹角为(　　).

(A) $\frac{\pi}{6}$　　(B) $\frac{\pi}{4}$　　(C) $\frac{\pi}{3}$　　(D) $\frac{\pi}{2}$

5. 设直线$L:\begin{cases}x+3y+2z+1=0\\2x-y-10z+3=0\end{cases}$及平面$\boldsymbol{\Pi}:4x-2y+z-2=0$,则直线$L$(　　).

(A) 平行于$\boldsymbol{\Pi}$　　(B) 在$\boldsymbol{\Pi}$上　　(C) 垂直于$\boldsymbol{\Pi}$　　(D) 与$\boldsymbol{\Pi}$斜交

6. 旋转曲面$x^2-y^2-z^2=1$是(　　).

(A) xOy平面上的双曲线绕x轴旋转所得

(B) xOz平面上的双曲线绕z轴旋转所得

(C) xOy平面上的椭圆绕x轴旋转所得

(D) xOz平面上的椭圆绕x轴旋转所得

7. 二次曲面$z=\frac{x^2}{a^2}+\frac{y^2}{b^2}$与平面$y=h$相截,其截痕是空间的(　　).

(A) 椭圆　　(B) 直线　　(C) 抛物线　　(D) 双曲线

二、填空题

1. 设$|\boldsymbol{a}+\boldsymbol{b}|=|\boldsymbol{a}-\boldsymbol{b}|$,$\boldsymbol{a}=(3,-5,8)$,$\boldsymbol{b}=(-1,1,z)$,则$z=$________.

2. 与三点$M_1(1,-1,2)$,$M_2(3,3,1)$,$M_3(3,1,3)$决定的平面垂直的单位向量$\boldsymbol{a}_0=$________.

3. 已知两点 $A(3,2,-1)$，$B(7,-2,3)$，在线段 AB 上有一点 M，且 $\boldsymbol{AM}=2\boldsymbol{MB}$，则向量 $\boldsymbol{OM}=$ ________.

4. 过点 $M(1,2,-1)$ 且与直线

$$\begin{cases}x=-t+2\\y=3t-4\\z=t-1\end{cases}$$

垂直的平面方程是 ________.

5. 过原点且与两直线

$$\begin{cases}x=1\\y=-1+t\\z=2+t\end{cases} 与 \frac{x+1}{1}=\frac{y+2}{2}=\frac{z-1}{1}$$

都平行的平面方程为________.

6. 设平面经过原点及点 $(6,-3,2)$ 且与平面 $4x-y+2z=8$ 垂直，则此平面方程为 ________.

7. 点 $(2,1,0)$ 到平面 $3x+4y+5z=0$ 的距离 $d=$ ________.

8. 直线 $\frac{x}{-1}=\frac{y-5}{3}=\frac{z-10}{7}$ 与曲面 $z^2+xy-yz-5x=0$ 的交点是________.

9. 曲面 $x^2+y^2+4z^2=1$ 和 $x^2=y^2+z^2$ 的交线，在 xOy 平面上的投影曲线的方程是________.

三、计算题

1. 已知两条直线的方程是

$$L_1: \frac{x-1}{1}=\frac{y-2}{0}=\frac{z-3}{-1}, L_2: \frac{x+2}{2}=\frac{y-1}{1}=\frac{z}{1}$$

求过 L_1 且平行于 L_2 的平面方程.

2. 求直线 $L: \frac{x-1}{1}=\frac{y}{1}=\frac{z-1}{-1}$ 在平面 $\boldsymbol{\pi}: x-y+2z-1=0$ 上的投影直线 L_0 的方程，并求 L_0 绕 y 轴旋转一周所成曲面的方程.

3. 求过点 $M_0(3,1,-2)$ 和直线 $\frac{x-4}{5}=\frac{y+3}{2}=\frac{z}{1}$ 的平面方程.

4. 若平面过 x 轴且与 xOy 坐标面成 $30°$ 的角，求它的方程.

5. 试证直线 $\frac{x+3}{5}=\frac{y+1}{2}=\frac{z-2}{4}$ 和直线 $\frac{x-8}{3}=\frac{y-1}{1}=\frac{z-6}{2}$ 相交，并求交点以及此两直线所决定的平面的方程.

6. 求点 $(2,3,1)$ 在直线 $\begin{cases}x=t-7\\y=2t-2\\z=3t-2\end{cases}$ 上的投影.

7. 已知平面 $\boldsymbol{\Pi}: 3x-y+2z-5=0$ 和直线 $L: \frac{x-7}{5}=\frac{y-4}{1}=\frac{z-5}{4}$ 的交点为 M_0，在平面 $\boldsymbol{\Pi}$ 上求过点 M_0，且和直线 L 垂直的直线方程.

8. 一平面通过平面 $x+5y+z=0$ 和 $x-z+4=0$ 的交线,且与平面 $x-4y-8z+12=0$ 成45°角,求其方程.

9. 一直线过点 $M_0(2,-1,3)$ 且与直线 $L:\dfrac{x-1}{2}=\dfrac{y}{-1}=\dfrac{z+2}{1}$ 相交,又平行于已知平面 $3x-2y+z+5=0$,求此直线方程.

10. 一平面垂直于平面 $z=0$,并通过从点 $M_0(1,-1,1)$ 到直线 $L:\begin{cases}y-z+1=0\\x=0\end{cases}$ 的垂线,求此平面方程.

第 9 章 多元函数的微分法及其应用

前面几章介绍了一元函数的微分学及其应用,本章我们将把一元函数的极限、导数与微分的概念和重要结论推广到多元函数. 因为对于一般多元函数的情形与二元函数相类似,因此本章将较多地研究二元函数. 读者需要特别注意的是,从研究一元函数转到二元函数时,会出现一些特殊的结论,与此同时,熟练掌握多元函数微分法的有关运算法则,并能很好地应用于解决某些常见问题,是本章的主要学习目标.

9.1 多元函数及其极限与连续的概念

9.1.1 多元函数的定义

在实际问题中,经常会遇到存在多于两个变量之间的依赖关系,以下先观察一些例题.

【例 9.1.1】 设圆柱体的底面半径为 r,高为 h,则其体积为

$$V=\pi r^2 h$$

对于变量 r 和 h 的每一对数值,对应着 V 的一个确定的数值.称 V 是 r 和 h 的函数.

【例 9.1.2】 理想气体的体积 V 与绝对温度 T 成正比,与压强 P 成反比,故有

$$V=\frac{RT}{P}$$

其中 R 是常数.

对于变量 T 和 P 的每一对数值,对应着 V 的一个确定的数值,我们也称 V 是 T 和 P 的函数.

从上面两个例子,去掉变量的几何或物理意义,抽象出它们的共性,就得到以下二元函数的定义.

定义 9.1.1 设有变量 x,y 和 z,如果当变量 x,y 在一定范围内任意取定一对值时,变量 z 按照一定的法则,总有确定的数值和它们对应,则称 z 是 x,y 的二元函数,记作

$$z=f(x,y) \quad 或 \quad z=z(x,y)$$

其中变量 x,y 称作自变量,而 z 称作因变量. 自变量 x,y 的变化范围称作函数的定义域.

当 $x=a$ 及 $y=b$ 时,函数的对应值记为

$$z\Big|_{\substack{x=a\\y=b}} \quad 或 \quad f(x,y)\Big|_{\substack{x=a\\y=b}} \quad 或 \quad f(a,b)$$

同一元函数一样,如果不考虑函数解析式中变量所表示的实际意义,那么它的定义域就

由解析式本身来确定. 但在实际问题中函数的定义域却要考虑到变量的具体意义.

例如由解析式 $z=xy$ 所定义的函数,其定义域为整个的 xOy 平面上的点,记作集合

$$D_f=\{(x,y)\mid -\infty<x,y<+\infty\}$$

但如果 z 是矩形的面积,x 和 y 分别是矩形的长和宽,那么必须有 $x>0,y>0$,

则函数 $z=xy$ 定义域便为

$$D=\{(x,y)\mid x>0,y>0\}$$

如果对于集合 D_f 中的每一个点(x,y),记作 $P(x,y)$,也简记为 P. 为了简单起见,也将二元函数 $z=f(x,y)$记作 $z=f(P)$.

容易把二元函数的定义推广到 n 元函数. 我们把 n 个变量:$x_1,x_2,\cdots,x_n$ 的函数 u 记作 $u=f(x_1,x_2,\cdots,x_n)$,或更简单的形式:$u=f(P)$,这里的 P 为 n 维空间中的点.

仿照平面及空间直角坐标系中两点之间的距离,也将 n 维空间中两点 $P(x_1,x_2,\cdots,x_n)$,$Q(y_1,y_2,\cdots,y_n)$之间的距离定义为

$$d=|PQ|=\sqrt{(x_1-y_1)^2+(x_2-y_2)^2+\cdots+(x_n-y_n)^2}$$

下面再举两个多元函数的例子.

【例 9.1.3】 设有质量为 m_1 及 m_2 的两个质点分别位于 $P_1(x_1,y_1,z_1)$及 $P_2(x_2,y_2,z_2)$,则此两质点之间的引力的大小为

$$f=\frac{km_1m_2}{(x_1-x_2)^2+(y_1-y_2)^2+(z_1-z_2)^2}$$

其中,k 为引力常数. 这里引力 f 是 8 个变量 m_1、m_2、x_1、y_1、z_1、x_2、y_2、z_2 的函数,它的实际定义域是 $m_1>0,m_2>0$,且$(x_1,y_1,z_1)\neq(x_2,y_2,z_2)$. 如果质量 m_1、m_2 固定,那么它就成为 6 个变量的函数. 若再进一步把 $P_1(x_1,y_1,z_1)$固定,即将 x_1、y_1、z_1 也当成常数,则就成为三个变量 x_2、y_2、z_2 的函数.

【例 9.1.4】 设 n 为正整数,则 n 个数 $x_1,x_2,\cdots,x_n$ 的算术平均数

$$\overline{x}=\frac{x_1+x_2+\cdots+x_n}{n}$$

是一个 n 元函数,它的定义域可表示成集合

$$D=\{(x_1,x_2,\cdots,x_n)\mid x_1\in R,x_2\in R,\cdots,x_n\in R\}$$

【例 9.1.5】 分别写出以下函数的定义域

(1) $z=\ln(y-x)+\dfrac{1}{\sqrt{1-x^2-y^2}}$.

解:该函数的定义域是分别满足条件

$y-x>0$ 与 $x^2+y^2<1$ 的点(x,y)的两个集合的公共部分,我们写成

$$D=\{(x,y)\mid y-x>0,x^2+y^2<1\}$$

(2) $u=\arcsin\dfrac{z}{\sqrt{x^2+y^2}}$.

解:本例的定义域中的点(x,y,z)中的坐标满足条件:$\left|\dfrac{z}{\sqrt{x^2+y^2}}\right|\leqslant 1$,并同时满足 $x^2+y^2\neq 0$,其中前一个条件显然等价于 $x^2+y^2-z^2\geqslant 0$,于是该函数的定义域写成点集形式为

$$D=\{(x,y,z)\mid x^2+y^2-z^2\geqslant 0,\quad x^2+y^2\neq 0\}$$

下面我们再举两个确定函数值与函数关系的例子.

【例 9.1.6】 设函数 $F(x,y)=\mathrm{e}^{2x+3y}$

(1) 求 $F(1,-2)$，$F(x+\Delta x,y)-F(x,y)$

解：

$$F(1,-2)=\mathrm{e}^{2\cdot 1+3\cdot(-2)}=\mathrm{e}^{-4}$$

$$F(x+\Delta x,y)-F(x,y)=\mathrm{e}^{2(x+\Delta x)+3y}-\mathrm{e}^{2x+3y}=\mathrm{e}^{2x+3y}\cdot(\mathrm{e}^{2\Delta x}-1)$$

(2) 求证 $F(x-y,u-v)=F(x,u)F(-y,-v)$

证明：

$$左边=F(x-y,u-v)=\mathrm{e}^{2(x-y)+3(u-v)}=\mathrm{e}^{2x+3u}\cdot\mathrm{e}^{2(-y)+3(-v)}$$

$$=F(x,u)F(-y,-v)=右边$$

9.1.2　二元函数的几何意义

在第 1 章中，曾经用平面直角坐标系来表示一元函数 $y=f(x)$ 的图形. 一般说来，它是平面上的一条曲线. 现在要用空间直角坐标系来描述二元函数 $z=f(x,y)$ 的几何意义.

设有一个定义在 xOy 平面上的区域 D 的二元函数 $z=f(x,y)$. 在区域 D 内任取一点 $P(x,y)$，过点 P 作垂直于 xOy 平面的直线，在其上截取一有向线段 $\overline{PM}$，使它的值等于 $f(x,y)$，得到空间一点 $M(x,y,z)$，其中坐标 $z=f(x,y)$，点 $P(x,y,0)$ 恰是点 M 在定义域 D 内的投影，M 点在空间中的轨迹就是二元函数 $z=f(x,y)$ 的图形(图 9.1). 一般说来，二元函数的几何图形就是空间的一张曲面，它在 xOy 平面的投影就是该二元函数的定义域.

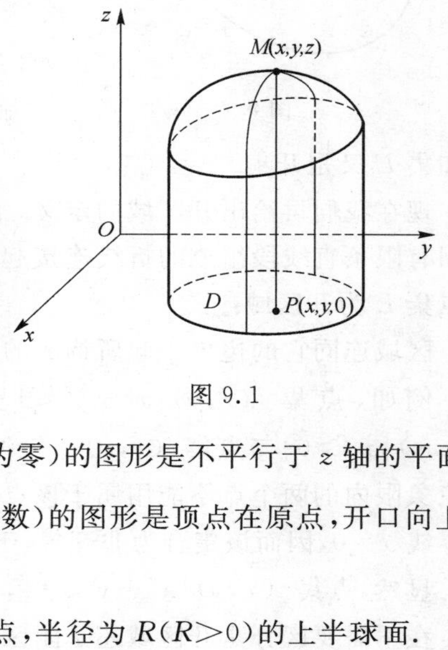

图 9.1

【例 9.1.7】 函数 $z=ax+by+c$（常数 a,b 不全为零）的图形是不平行于 z 轴的平面.

【例 9.1.8】 函数 $z=\dfrac{x^2}{a^2}+\dfrac{y^2}{b^2}$（其中 a,b 是正的常数）的图形是顶点在原点，开口向上的椭圆抛物面.

【例 9.1.9】 函数 $z=\sqrt{R^2-x^2-y^2}$ 是中心在原点，半径为 $R(R>0)$ 的上半球面.

对于多于两个自变量的函数，就没有直观的几何形象了.

9.1.3　平面点集

设 $P_0(x_0,y_0)$ 是平面上一点. 满足不等式 $|PP_0|<\delta$ 的点 P 的集合称为点 P 的 δ 邻域，用 $U(P_0,\delta)$ 或 $U_\delta(P_0)$ 来表示，即

$$U_\delta(P_0)=\{P\mid |PP_0|<\delta\}$$

除去中心 P_0 的邻域称为 P_0 的去心邻域，记作

$$\mathring{U}_\delta(P_0)=\{P\mid 0<|PP_0|<\delta\}$$

用坐标来表示，则为

$$\mathring{U}_\delta(P_0)=\{(x,y)\mid 0<(x-x_0)^2+(y-y_0)^2<\delta^2\}$$

从几何上看,点 P_0 的 δ 邻域就是以 P_0 为圆心,δ 为半径的圆周内(但不包括圆周本身)的点的全体,这种邻域称为圆邻域.

设有平面点集 E,又 $P_0\in E$,如果存在 $\delta>0$,使 $U_\delta(P_0)\subset E$,我们称这样的点 P_0 是集 E 的一个内点.

如果集 E 的每一个点都是它的内点,则称 E 为**开集**.

设 P_0 不属于 E,记作 $P_0\notin E$,如果存在 $\delta>0$,使 P_0 的去心邻域 $\mathring{U}_\delta(P_0)$ 不再含有 E 中的点,我们称这样的点 P_0 为 E 的外点.

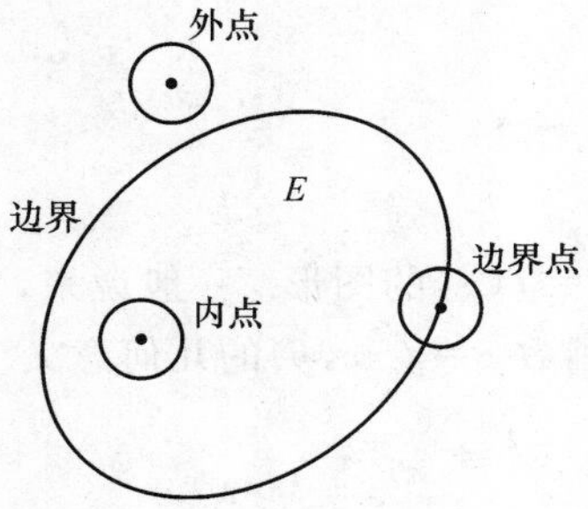

图 9.2

再设 P_0 为平面上的一点,P_0 可以属于点集 E,也可以不属于点集 E. 若对任意 $\delta>0$,在点 P_0 的 δ 邻域内既含有 E 中的点又含有不属于 E 中的点,我们就称 P_0 为点集 E 的边界点.

由点集 E 的边界点组成的点集称为 E 的边界.

上述有关名称如图 9.2 所示.

例如,设点集 E 为

$$E=\{P(x,y)\mid 0<x^2+y^2<1\}$$

则点(0,0)及圆周 $x^2+y^2=1$ 就是点集 E 的边界,由定义知集 E 又是开集.

现在我们再给出开区域的定义. 设 E 是一个开集,并在点集 E 内的任意两点,若都可以用有限条直线段组成的折线连接起来,而这条折线本身均是 E 中的点,则我们就称这样的点集 E 为**开区域**.

区域连同它的边界一起所构成的集合称为**闭区域**.

例如,点集 $\{(x,y)\mid x^2+y^2<1\}$ 与点集 $\{(x,y)\mid x>0,y>0\}$ 均是开区域,但点集 $\{(x,y)\mid xy>0\}$ 与点集 $\{(x,y)\mid x\geqslant 0,y>0\}$ 均非开区域,前者是因为位于第一象限与位于第三象限内的两个点不能用属于该点集的直线段连接起来,而后者是因为点集还含有一段边界线 $x=0$,因而该集合为非开集,于是该点集就不能称为开区域了.

显然,点集 $\{(x,y)\mid x^2+y^2\leqslant 1\}$,$\{(x,y)\mid x\geqslant 0,y\geqslant 0\}$ 均是闭区域.

在不需要区分是开区域还是闭区域时,常统称它们为区域.

下面再介绍点集的有界或无界性.

如果存在正数 $K>0$,能使点集 E 全部被包含在以原点为中心,K 为半径的圆邻域内,即 $E\subset U_K(O)$,我们称 E 为有界集. 若 E 又是区域,就称它为**有界区域**. 如果不存在这样的正数 K,能使上述条件满足,我们就称它为无界点集,或**无界区域**.

例如,点集 $\{(x,y)\mid x^2+y^2\leqslant R^2\}$ 是有界区域,而点集 $\{(x,y)\mid x>0,y>0\}$,点集 $\{(x,y)\mid x^2+y^2>0\}$ 均是无界区域.

对于三维空间来说,也有类似于平面上的邻域概念

$$U_\delta(M_0)=\{(x,y,z)\mid (x-x_0)^2+(y-y_0)^2+(z-z_0)^2<\delta^2\}$$

由它可类似将内点、外点、边界点、开集、开区域、闭区域、有界域等概念推广到三维空间,这里不再重述.

9.1.4　二元函数的极限

1. 概念

首先给出当自变量趋于一点时，二元函数极限的概念.

与一元函数的极限的意义相仿，按通俗的讲法，就是当自变量 x 趋于 x_0 及 y 趋于 y_0 时，或者说，当点 $P(x,y)$ 趋于点 $P_0(x_0,y_0)$ 时，函数 $z=f(x,y)$ 趋于定数 A，A 就称为自变量在上述变化过程中二元函数 $f(x,y)$ 的极限. 我们也可以模仿一元函数极限定义的 $\varepsilon-\delta$ 方法，给出下列定义.

定义 9.1.2　设函数 $z=f(x,y)$ 在点 $P_0(x_0,y_0)$ 的去心邻域内有定义. 如果存在定数 A，对于任意给定的正数 ε，存在正数 δ，当点 $P(x,y)\in \mathring{U}_\delta(P_0)$ 时，即当 x,y 满足

$$0<(x-x_0)^2+(y-y_0)^2<\delta^2 \tag{9.1.1}$$

时，恒有不等式

$$|f(x,y)-A|<\varepsilon \tag{9.1.2}$$

成立. 我们称数 A 是当 $x\to x_0$ 与 $y\to y_0$ 时，二元函数 $f(x,y)$ 的极限，记作

$$\lim_{\substack{x\to x_0\\ y\to y_0}} f(x,y)=A \quad 或 \quad \lim_{(x,y)\to(x_0,y_0)} f(x,y)=A \tag{9.1.3}$$

我们也把式(9.1.3)称作二重极限.

此外，上述不等式(9.1.2)等价于：$A-\varepsilon<f(x,y)<A+\varepsilon$，于是二元函数 $z=f(x,y)$ 当 $x\to x_0,y\to y_0$ 时的极限为 A 的几何意义是：在 $P_0(x_0,y_0)$ 的去心邻域内的曲面介于两平面 $y=A-\varepsilon$ 与 $y=A+\varepsilon$ 之间.

利用上述定义不难推出二元函数极限的运算法则与有关重要结果.

2. 运算法则

设函数 $z=f(x,y)$ 与 $z=g(x,y)$ 均在点 $P_0(x_0,y_0)$ 的去心邻域内有定义，且

$$\lim_{\substack{x\to x_0\\ y\to y_0}} f(x,y)=A,\quad \lim_{\substack{x\to x_0\\ y\to y_0}} g(x,y)=B$$

则有

$$\lim_{\substack{x\to x_0\\ y\to y_0}} [f(x,y)+g(x,y)]=A+B$$

$$\lim_{\substack{x\to x_0\\ y\to y_0}} Cf(x,y)=C\cdot A$$

$$\lim_{\substack{x\to x_0\\ y\to y_0}} [f(x,y)\cdot g(x,y)]=A\cdot B$$

若 $B\neq 0$，有

$$\lim_{\substack{x\to x_0\\ y\to y_0}} \frac{f(x,y)}{g(x,y)}=\frac{A}{B}$$

若 $\lim\limits_{\substack{x\to x_0\\ y\to y_0}} f(x,y)=0$，我们称 $f(x,y)$ 是当 $x\to x_0,y\to y_0$ 时的无穷小量.

又若在 $P_0(x_0,y_0)$ 的去心邻域内,有 $|f(x,y)|<M$(M 为正的常数),我们又称函数 $f(x,y)$ 在 P_0 的去心邻域内有界. 于是又有:若 $f(x,y)$ 是当 $x\to x_0$ 与 $y\to y_0$ 时的无穷小量,且 $\varphi(x,y)$ 在 $P_0(x_0,y_0)$ 的去心邻域内为有界量,则有

$$\lim_{\substack{x\to x_0\\y\to y_0}}[f(x,y)\cdot\varphi(x,y)]=0$$

3. 夹逼定理

设在 $P_0(x_0,y_0)$ 的某邻域内有不等式

$$h(x,y)\leqslant f(x,y)\leqslant g(x,y)$$

若 $\lim\limits_{\substack{x\to x_0\\y\to y_0}}h(x,y)=\lim\limits_{\substack{x\to x_0\\y\to y_0}}g(x,y)=A$,则也有

$$\lim_{\substack{x\to x_0\\y\to y_0}}f(x,y)=A$$

【例 9.1.10】 求证:$\lim\limits_{\substack{x\to 0\\y\to 0}}(x^2+y^2)\sin\dfrac{1}{x^2+y^2}=0$.

证明:因为 $\lim\limits_{\substack{x\to 0\\y\to 0}}(x^2+y^2)=\lim\limits_{x\to 0}x^2+\lim\limits_{y\to 0}y^2=0$,又因为 $\left|\sin\dfrac{1}{x^2+y^2}\right|\leqslant 1$,于是由无穷小量乘有界量是无穷小量的性质立即推出

$$\lim_{\substack{x\to 0\\y\to 0}}(x^2+y^2)\sin\frac{1}{x^2+y^2}=0$$

【例 9.1.11】 求证:$\lim\limits_{\substack{x\to 0\\y\to 0}}\dfrac{yx^2+xy^2}{x^2+y^2}=0$.

证明:由 $x^2+y^2\geqslant|2xy|$,有

$$0\leqslant\left|\frac{yx^2+xy^2}{x^2+y^2}\right|\leqslant\left|\frac{yx^2+xy^2}{2xy}\right|=\frac{1}{2}|x+y|\leqslant\frac{1}{2}(|x|+|y|)$$

因为 $\lim\limits_{\substack{x\to 0\\y\to 0}}\dfrac{1}{2}(|x|+|y|)=\dfrac{1}{2}\lim\limits_{\substack{x\to 0\\y\to 0}}|x|+\dfrac{1}{2}\lim\limits_{\substack{x\to 0\\y\to 0}}|y|=0$,由夹逼定理有

$$\lim_{\substack{x\to 0\\y\to 0}}\left|\frac{yx^2+xy^2}{x^2+y^2}\right|=0$$

因而也有

$$\lim_{\substack{x\to 0\\y\to 0}}\frac{yx^2+xy^2}{x^2+y^2}=0$$

成立.

【例 9.1.12】 求 $\lim\limits_{\substack{x\to 0\\y\to 0}}\dfrac{\sin xy}{x}$.

解:本题可先作变量替换:令 $xy=t$,当 $x\to 0,y\to 0$ 时,显然也有 $t\to 0$,于是

$$\lim_{\substack{x\to 0\\y\to 0}}\frac{\sin xy}{x}=\lim_{\substack{x\to 0\\y\to 0}}y\cdot\frac{\sin xy}{xy}=\lim_{\substack{t\to 0\\y\to 0}}y\cdot\frac{\sin t}{t}=0\cdot 1=0$$

以下我们再介绍一个证明极限不存在的常用方法:若让动点 $P(x,y)$ 先沿着过点

$P_0(x_0,y_0)$的射线：$y-y_0=k(x-x_0)$趋向于点 P_0，算得的极限为 $A(k)$，即极限值 A 不是唯一的，而是与射线的斜率 k 有关，由二元函数极限的定义，立即可得，当 $P\to P_0$ 时，函数 $f(P)$ 即 $f(x,y)$ 的极限不存在.

【例 9.1.13】 试问当 $x\to0,y\to0$ 时，函数 $f(x,y)=\dfrac{2xy}{x^2+y^2}$ 是否有极限？

解：我们让动点 $P(x,y)$ 沿射线 $y=kx$ 趋于点(0,0)，有

$$\lim_{\substack{x\to0\\y\to0}} f(x,y)=\lim_{x\to0}\frac{2kx^2}{x^2+k^2x^2}=\frac{2k}{1+k^2}$$

这个极限与直线的斜率 k 有关，它随着 k 取不同的值而改变，因此，极限 $\lim\limits_{\substack{x\to0\\y\to0}} f(x,y)$ 不存在.

注意，如果沿着任何方向的直线由 $P(x,y)$ 趋于点 $P_0(x_0,y_0)$ 时，函数 $f(x,y)$ 都有相同的极限，还不能由此得出极限 $\lim\limits_{\substack{x\to x_0\\y\to y_0}} f(x,y)$ 一定存在的结论. 我们有反例如下.

【例 9.1.14】* 设有函数

$$f(x,y)=\frac{x^2y}{x^4+y^2}$$

若先让点 (x,y) 沿直线 $y=kx(k\neq0)$ 趋于点(0,0)，有

$$\lim_{\substack{x\to0\\y\to0}} f(x,y)=\lim_{x\to0}\frac{kx^3}{x^4+k^2x^2}=\lim_{x\to0}\frac{kx}{x^2+k^2}=0$$

又当点 (x,y) 沿直线 $y=0$ 与 $x=0$ 时，易得极限仍为零，但不能由此断定 $\lim\limits_{\substack{x\to0\\y\to0}} f(x,y)$ 必定为零. 事实上若让点 (x,y) 沿抛物线 $y=x^2$ 趋于点(0,0)，有

$$\lim_{\substack{x\to0\\y\to0}} f(x,y)=\lim_{x\to0}\frac{x^4}{x^4+x^4}=\frac{1}{2}$$

这与前面的极限值不相等，于是本题的极限不存在.

一般而言，求二元函数极限是很复杂的，我们只需通过上述简单例子，正确理解二元函数极限的概念即可，对于更复杂的情形，不再作深入讨论.

9.1.5　二元函数的连续性

与一元函数连续性的定义类似，有二元函数在点 $P_0(x_0,y_0)$ 的连续定义如下：

定义 9.1.3 设函数 $z=f(x,y)$ 在点 $P_0(x_0,y_0)$ 的某个邻域内有定义，若

$$\lim_{\substack{x\to x_0\\y\to y_0}} f(x,y)=f(x_0,y_0) \tag{9.1.4}$$

我们称函数 $f(x,y)$ 在点 $P_0(x_0,y_0)$ 连续. 用文字表述，就是若函数在点 P_0 的极限值等于该点的函数值，则函数在点 P_0 连续.

如果令 $x-x_0=\Delta x$，$y-y_0=\Delta y$，则与等式(9.1.4)等价的形式有

$$\lim_{\substack{\Delta x\to0\\\Delta y\to0}}[f(x_0+\Delta x,y_0+\Delta y)-f(x_0,y_0)]=0 \tag{9.1.5}$$

或者

$$\lim_{\Delta\rho\to0}[f(x_0+\Delta x,y_0+\Delta y)-f(x_0,y_0)]=0 \tag{9.1.6}$$

其中 $\Delta\rho=\sqrt{(\Delta x)^2+(\Delta y)^2}$.

类似于一元函数,我们也可以把函数在一点的连续性推广到区域上.

定义 9.1.4 如果函数 $f(x,y)$ 在区域 D 内的每一点连续,则称函数 $f(x,y)$ 在区域 D 内连续.

二元连续函数与一元连续函数有相同的运算法则,如二元连续函数的和、差、积均为连续函数;当分母不为零时,二元连续函数的商也是连续函数;二元连续函数的复合函数也是连续函数等. 从而便可得到下面的重要结论:

二元初等函数在其定义区域内是连续的.

这里二元初等函数是指不同自变量的基本初等函数,如 $x,y,a^x,\log_a y,\sin y,\arctan x,\cdots$ 经有限次四则运算和有限次复合而构成的函数,例如:$z=\dfrac{x+x^2-y^2}{1+x^2}$;$z=\sin(x+y)$;$z=\arcsin(e^{x+y})$;$w=e^{x+2y}\cdot\ln(1+x^2+y^2)$ 等,便是二元初等函数.

于是由上面的结论及二元函数在一点 P_0 连续性的定义可知,若要求它在一点 P_0 处的极限值,而该点又恰好在此初等函数的定义区域 D 内,则极限值就是函数在该点的函数值,这样立即有

$$\lim_{\substack{x\to x_0\\ y\to y_0}} f(x,y)=f(x_0,y_0)$$

例如,
$$\lim_{\substack{x\to 2\\ y\to 1}}(x^2-2xy+3y^2)=2^2-2\cdot 2\cdot 1+3\cdot 1^2=3$$

又如,
$$\lim_{\substack{x\to 0\\ y\to \frac{1}{2}}}\arcsin\sqrt{x^2+y^2}=\arcsin\sqrt{\frac{1}{4}}=\frac{\pi}{6}$$

这是因为点(2,1)及 $\left(0,\dfrac{1}{2}\right)$ 分别在被求极限的初等函数的定义区域内.

如果函数 $f(x,y)$ 在点 $P_0(x_0,y_0)$ 处不连续,则称 $P_0(x_0,y_0)$ 为函数 $f(x,y)$ 的间断点.

例如,二元初等函数 $z=\arcsin\dfrac{1}{x^2+y^2-1}$ 在圆周 $x^2+y^2=1$ 上的每一点无定义,于是圆周 $x^2+y^2=1$ 上的点均是该函数的间断点.

再如,函数

$$f(x,y)=\begin{cases}\dfrac{xy}{x^2+y^2}, & x^2+y^2\neq 0\\ 0, & x^2+y^2=0\end{cases}$$

让点 $P(x,y)$ 沿射线 $y=kx$ 趋向于原点,易证当 $x\to 0,y\to 0$ 时,$\lim\limits_{\substack{x\to 0\\ y\to 0}} f(x,y)$ 不存在,因而点(0,0)为函数 $f(x,y)$ 的间断点.

9.1.6 有界闭区域上二元连续函数的重要性质

我们知道,对于闭区间上一元连续函数有最大与最小值定理及介值定理,对于在有界闭区域上二元连续函数也有类似的性质.

性质 1(最大和最小值定理) 在有界闭区域 D 上的二元函数,在该区域上至少取得它

的最大值最小值各一次.

即若二元函数 $f(x,y)$ 在有界闭区域 D 上连续，则在 D 上至少存在一点 $P_1(x_1,y_1)$ 和一点 $P_2(x_2,y_2)$，使得对任意一点 $P(x,y)\in D$ 有

$$f(x_1,y_1)\leqslant f(x,y)\leqslant f(x_2,y_2)$$

性质 2(介值定理)　在有界闭区域上的二元连续函数，如果取得两个不同的函数值，则它在该区域上取得介于这两个值之间的任何值至少一次.

特别地，若数 μ 是介于函数 $f(x,y)$ 在 D 上的最大值和最小值之间的任意一个数，则至少存在一点 $P(\xi,\eta)\in D$，使

$$f(\xi,\eta)=\mu$$

上述有关二元函数及其极限与连续的所有概念、性质与结论，均可推广到多元函数中去，我们不再讨论.

习题 9.1

1. 求下列各函数的定义域

(1) $z=\ln(y^2-2x+1)$；

(2) $z=\ln(y-x)+\dfrac{\sqrt{y}}{\sqrt{2-x^2-y^2}}$；

(3) $u=\sqrt{4-x^2-y^2-z^2}+\dfrac{1}{\sqrt{x^2+y^2+z^2-1}}$；

(4) $u=\arccos\dfrac{z}{\sqrt{x^2+y^2}}$.

2. 求函数关系

(1) 已知函数 $f(x,y)=x^2+y^2-xy\tan\dfrac{x}{y}$，求 $f(tx,ty)$；

(2) 已知函数 $f(u,v,w)=u^w+w^{u+v}$，试求 $f(x+y,x-y,xy)$；

(3) 已知 $f(x+y,x-y)=x^2+3y^2$，求 $f(x,y)$.

3. 指出由下列不等式组所表示的区域中，哪些是开区域(区域)，哪些是闭区域，同时指出哪些是有界区域，哪些是无界区域？

(1) $1<(x-x_0)^2+(y-y_0)^2<4$；　　(2) $xy>1,x>0$；

(3) $|x|+|y|\leqslant 1$；　　(4) $0<x^2+y^2\leqslant 1$.

4. 求下列极限

(1) $\lim\limits_{\substack{x\to 0\\y\to 0}}\dfrac{\sin xy}{y}$；　　(2) $\lim\limits_{\substack{x\to 0\\y\to 0}}\dfrac{2-\sqrt{xy+4}}{xy}$；

(3) $\lim\limits_{\substack{x\to 0\\y\to 0}}\dfrac{1-\cos(x^2+y^2)}{(x^2+y^2)x^2y^2}$；　　(4) $\lim\limits_{\substack{x\to 0\\y\to 0}}xy\cos\dfrac{1}{x^2+y^2}$.

5. 证明：$\lim\limits_{\substack{x\to 0\\y\to 0}}\dfrac{xy}{\sqrt{x^2+y^2}}=0$.

6. 证明极限$\lim\limits_{\substack{x\to 0\\ y\to 0}}\frac{x+y}{x-y}$不存在.

7. 利用二元初等函数在定义区域内的连续性质求下列极限

(1) $\lim\limits_{\substack{x\to 0\\ y\to 1}}\frac{1-xy}{x^2+y^2}$; (2) $\lim\limits_{\substack{x\to 0\\ y\to \frac{1}{2}}}\arccos\sqrt{x^2+xy+y^2}$.

8. (1) 函数$z=\frac{y^2+2x}{y^2-2x}$在何处间断?

(2) 求证:函数 $z=\begin{cases}\frac{(x+y)^2}{xy}, & x^2+y^2\neq 0\\ 0, & x^2+y^2=0\end{cases}$在(0,0)不连续.

9.2 多元函数的偏导数

9.2.1 偏导数的概念与计算

回顾一元函数的导数概念的建立,已看到它是为了刻划函数对自变量的变化率而引出的.然而对于二元函数而言,因为自变量多了一个,其定义区域中的点可以依各种不同的方式变动,因此问题就变得复杂多了.一个比较自然而简易可行的办法就是让其中一个自变量变动,同时把其余自变量暂时固定,去考查函数对动变量的变化率,如把 y 固定在定值 y_0,这时 $z=f(x,y)$就成为 x 的一元函数 $z=f(x,y_0)$,此时,函数 $z=f(x,y_0)$对 x 的导数就刻画了二元函数 $z=f(x,y)$对自变量 x 的变化率,这个导数就称为该二元函数关于自变量 x 的偏导数.

定义 9.2.1 设函数 $z=f(x,y)$在点(x_0,y_0)的某个邻域内有定义,当 y 固定在 y_0 而 x 在 x_0 处有增量 Δx 时,对应函数有增量

$$f(x_0+\Delta x,y_0)-f(x_0,y_0)$$

如果极限

$$\lim_{\Delta x\to 0}\frac{f(x_0+\Delta x,y_0)-f(x_0,y_0)}{\Delta x}$$

存在,我们称该极限值为函数 $z=f(x,y)$在点(x_0,y_0)对 x 的偏导数,记作

$$\left.\frac{\partial f}{\partial x}\right|_{\substack{x=x_0\\ y=y_0}},\left.\frac{\partial f}{\partial x}\right|_{(x_0,y_0)},z'_x\big|_{(x_0,y_0)}\quad 或\quad f'_x(x_0,y_0)$$

即

$$f'_x(x_0,y_0)=\lim_{\Delta x\to 0}\frac{f(x_0+\Delta x,y_0)-f(x_0,y_0)}{\Delta x}$$

类似地,函数 $z=f(x,y)$在点(x_0,y_0)处对 y 的偏导数为

$$\left.\frac{\partial z}{\partial y}\right|_{(x_0,y_0)}=f'_y(x_0,y_0)=\lim_{\Delta y\to 0}\frac{f(x_0,y_0+\Delta y)-f(x_0,y_0)}{\Delta y}$$

进一步,若函数 $z=f(x,y)$在区域内的每一点(x,y)处对 x 的偏导数都存在,那么这个

偏导数仍是 x,y 的函数,它就称为函数对自变量 x 的偏导函数,也简称为偏导数,记作

$$\frac{\partial z}{\partial x},\frac{\partial f}{\partial x},z'_x \quad 或 \quad f'_x(x,y)$$

类似地,也有函数 $z=f(x,y)$ 对自变量 y 的偏导数为

$$\frac{\partial z}{\partial y},\frac{\partial f}{\partial y},z'_y \quad 或 \quad f'_y(x,y)$$

有时也将 $f'_x(x,y)$ 和 $f'_y(x,y)$ 分别简记为 $f_x(x,y)$ 和 $f_y(x,y)$.

显然,函数 $z=f(x,y)$ 在点 (x_0,y_0) 对 x 的偏导数 $f'_x(x_0,y_0)$ 就是将 $x=x_0,y=y_0$ 代入偏导函数 $f'_y(x,y)$ 后的函数值.

上述是以二元函数为例给出的偏导数定义,类似地可把偏导数的概念推广到三元(或 n 元)函数. 例如三元函数 $u=f(x,y,z)$ 在点 (x,y,z) 处,对自变量 x 或 z 的偏导数定义为

$$\frac{\partial f}{\partial x}=f'_x(x,y,z)=\lim_{\Delta x\to 0}\frac{f(x+\Delta x,y,z)-f(x,y,z)}{\Delta x}$$

$$\frac{\partial f}{\partial z}=f'_z(x,y,z)=\lim_{\Delta z\to 0}\frac{f(x,y,z+\Delta z)-f(x,y,z)}{\Delta z}$$

既然在给出偏导数的定义时,已强调把其中一个自变量看作变量,而其余的自变量均当作常数,实际上最后变为一元函数的导数,于是一元函数的求导方法完全适用于求偏导数,只要记住哪一个字母的自变量作为变量,哪些字母的自变量当作临时"常数"就行了.

【例 9.2.1】 设 $z=x^2+y^2-xy$,求 $\frac{\partial z}{\partial x},\frac{\partial z}{\partial y},\left.\frac{\partial z}{\partial x}\right|_{(1,3)}$ 及 $\left.\frac{\partial z}{\partial y}\right|_{(1,3)}$.

解:先求偏导数

$$\frac{\partial z}{\partial x}=\frac{\partial}{\partial x}(x^2)+\frac{\partial}{\partial x}(y^2)-\frac{\partial}{\partial x}(xy)=2x+0-y=2x-y$$

$$\frac{\partial z}{\partial y}=\frac{\partial}{\partial y}(x^2)+\frac{\partial}{\partial y}(y^2)-\frac{\partial}{\partial y}(xy)=0+2y-x=2y-x$$

而在点(1,3)处的偏导数,就是偏导函数在点(1,3)处的值,于是

$$\left.\frac{\partial z}{\partial x}\right|_{(1,3)}=2\times1-3=-1,\quad \left.\frac{\partial z}{\partial y}\right|_{(1,3)}=2\times3-1=5$$

【例 9.2.2】 设 $z=\sqrt[3]{\ln(xy^2)}+\sin^2(xy)$,求 $\frac{\partial z}{\partial y}$.

解:把 x 看成常数,有

$$\frac{\partial z}{\partial y}=\frac{\partial}{\partial y}\left[\sqrt[3]{\ln(xy^2)}\right]+\frac{\partial}{\partial y}\left[\sin^2(xy)\right]$$

上式中的两项均是一元复合函数求导的情形,故

$$\begin{aligned}\frac{\partial}{\partial y}\left[\sqrt[3]{\ln(xy^2)}\right]&=\frac{1}{3}\left[\sqrt[3]{\ln(xy^2)}\right]^{\frac{2}{3}}\cdot\frac{\partial}{\partial y}\ln(xy^2)\\&=\frac{1}{3}\left[\sqrt[3]{\ln(xy^2)}\right]^{\frac{2}{3}}\cdot\frac{1}{xy^2}\cdot\frac{\partial}{\partial y}(xy^2)\\&=\frac{1}{3}\left[\sqrt[3]{\ln(xy^2)}\right]^{\frac{2}{3}}\cdot\frac{1}{xy^2}\cdot(2xy)\\&=\frac{2}{3}\cdot\frac{1}{y}\cdot\frac{1}{\sqrt[3]{\ln^2(xy^2)}}\end{aligned}$$

$$\frac{\partial}{\partial y}[\sin^2(xy)]=2\sin(xy)\cdot\frac{\partial}{\partial y}\sin(xy)$$
$$=2\sin(xy)\cdot\cos(xy)\cdot x$$
$$=x\sin(2xy)$$

最后得到

$$\frac{\partial z}{\partial y}=\frac{2}{3y\sqrt[3]{\ln^2(xy^2)}}+x\sin(2xy)$$

有时,函数 $z=f(x,y)$ 满足下列性质,当字母 x 与 y 交换后函数的表达式不变,我们把该性质称为函数 $f(x,y)$ 关于 x 与 y 满足轮换对称性.

例如:函数 $z=\mathrm{e}^{-\left(\frac{1}{x}+\frac{1}{y}\right)}$,函数 $r=\sqrt{x^2+y^2+z^2}$ 均是关于任意两个自变量的轮换对称函数.

于是,当函数关于变量 x 与 y 轮换对称时,若已求出 $\frac{\partial f}{\partial x}$,则只需将导函数 $\frac{\partial f}{\partial x}$ 中的 x 与 y 的字母对换后,就是偏导数 $\frac{\partial f}{\partial y}$.

【例 9.2.3】 设 $z=\mathrm{e}^{-\left(\frac{1}{x}+\frac{1}{y}\right)}$,求 $\frac{\partial z}{\partial x},\frac{\partial z}{\partial y}$.

解:因为

$$\frac{\partial z}{\partial x}=\mathrm{e}^{-\left(\frac{1}{x}+\frac{1}{y}\right)}\left[-\frac{\partial}{\partial x}\left(\frac{1}{x}+\frac{1}{y}\right)\right]=\frac{1}{x^2}\mathrm{e}^{-\left(\frac{1}{x}+\frac{1}{y}\right)}$$

又因为 $z=f(x,y)$ 关于 x、y 轮换对称,只要将自变量字母 x 与 y 交换,即得

$$\frac{\partial z}{\partial y}=\frac{1}{y^2}\mathrm{e}^{-\left(\frac{1}{x}+\frac{1}{y}\right)}$$

【例 9.2.4】 设 $r=\sqrt{x^2+y^2+z^2}$,求证

$$\left(\frac{\partial r}{\partial x}\right)^2+\left(\frac{\partial r}{\partial y}\right)^2+\left(\frac{\partial r}{\partial z}\right)^2=1\quad(r\neq0)$$

证明:显然该函数关于 x、y 及 x、z 为轮换对称. 先求出 $\frac{\partial r}{\partial x}$,注意到此时把 y 与 z 看成常数,有

$$\frac{\partial r}{\partial x}=\frac{\partial}{\partial x}\sqrt{x^2+y^2+z^2}=\frac{1}{2\sqrt{x^2+y^2+z^2}}\frac{\partial}{\partial x}(x^2+y^2+z^2)$$
$$=\frac{x}{\sqrt{x^2+y^2+z^2}}=\frac{x}{r}$$

于将上式中的 x 与 y 轮换就得到 $\frac{\partial r}{\partial y}=\frac{y}{r}$,再将 x 与 z 轮换又得到 $\frac{\partial r}{\partial z}=\frac{z}{r}$,最后将所得到的三个偏导数代入便证得

$$\left(\frac{\partial r}{\partial x}\right)^2+\left(\frac{\partial r}{\partial y}\right)^2+\left(\frac{\partial r}{\partial z}\right)^2=\left(\frac{x}{r}\right)^2+\left(\frac{y}{r}\right)^2+\left(\frac{z}{r}\right)^2$$
$$=\frac{x^2+y^2+z^2}{r^2}=1\quad(r\neq0)$$

【例 9.2.5】 在关系式 $PV=RT$（R 为常数，该等式是密闭容器中气体的压强 P、容积 V、温度 T 之间的关系）中，若将 P、V、T 中的某个变量当作因变量，其余两个为自变量，分别得到三个函数关系式，求证

$$\frac{\partial P}{\partial V}\cdot\frac{\partial V}{\partial T}\cdot\frac{\partial T}{\partial P}=-1$$

证明：若将 P 看作因变量，有函数关系

$$P=\frac{RT}{V},\quad \frac{\partial P}{\partial V}=-\frac{RT}{V^2}$$

再将 V 看作因变量，得到

$$V=\frac{RT}{P},\quad \frac{\partial V}{\partial T}=\frac{R}{P}$$

最后将 T 看作因变量，有

$$T=\frac{PV}{R},\quad \frac{\partial T}{\partial P}=\frac{V}{R}$$

将上述三式相乘，得

$$\frac{\partial P}{\partial V}\cdot\frac{\partial V}{\partial T}\cdot\frac{\partial T}{\partial P}=-\frac{RT}{V^2}\cdot\frac{R}{P}\cdot\frac{V}{R}=-\frac{RT}{PV}=-1$$

从这里可以看出，偏导数 $\frac{\partial z}{\partial x}$ 是一个整体记号，不能把它看作 ∂z 与 ∂x 之商.

9.2.2　二元函数偏导数的几何意义

设有曲面 $z=f(x,y)$，$(x,y)\in D$，如图 9.3 所示，对于区域 D 内的一定点 $P_0(x_0,y_0)$，对应着曲面上的一点 $M_0(x_0,y_0,z_0)$，其中 $z_0=f(x_0,y_0)$，作平面 $y=y_0$，它和曲面 $z=f(x,y)$ 的交线为

$$\begin{cases}z=f(x,y)\\ y=y_0\end{cases}$$

也就是在 $y=y_0$ 平面上的一条曲线 $z=f(x,y_0)$. 由一元函数导数的几何意义可知

$$\left.\frac{\partial f}{\partial x}\right|_{(x_0,y_0)}=\left.\frac{\mathrm{d}}{\mathrm{d}x}f(x,y_0)\right|_{x=x_0}=\tan\alpha$$

上述角度 α 就是曲线在点 M_0 的切线 M_0T_1 对 Ox 轴的正向夹角（倾角）.
同法有

$$\left.\frac{\partial f}{\partial y}\right|_{(x_0,y_0)}=\left.\frac{\mathrm{d}}{\mathrm{d}y}f(x_0,y)\right|_{y=y_0}=\tan\beta$$

其中角度 β 是 $x=x_0$ 平面上的一条曲线 $z=f(x_0,y)$ 在点 M_0 的切线 M_0T_2 对 Oy 轴的正向夹角（倾角）.

【例 9.2.6】 求曲线

$$\begin{cases}z=(xy)^x\\ y=2\end{cases}$$

在点 $M_0(1,2,2)$ 处的切线对 Ox 轴倾角的正切.

解：先求 $\left.\frac{\partial z}{\partial x}\right|_{(1,2)}$，因为 $(xy)^x=\mathrm{e}^{x\ln(xy)}$，

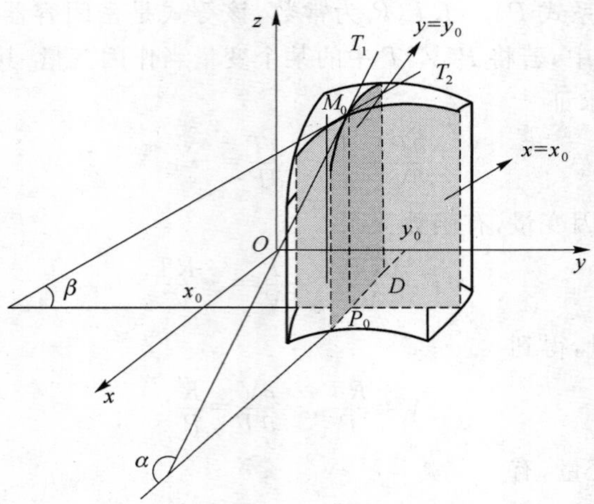

图 9.3

$$\begin{aligned}\frac{\partial z}{\partial x}&=\mathrm{e}^{x\ln(xy)}\cdot\frac{\partial}{\partial x}[x\cdot\ln(xy)]\\&=(xy)^x\cdot\left[\ln(xy)+x\cdot\frac{1}{xy}\cdot y\right]\\&=(xy)^x\cdot[1+\ln(xy)]\end{aligned}$$

故

$$\left.\frac{\partial z}{\partial x}\right|_{(1,2)}=\tan\alpha=2^1\cdot[1+\ln 2]=2(1+\ln 2)$$

9.2.3 二元函数连续与偏导存在的关系

现在来考查多元函数与一元函数的一个不同点:对于一元函数来说,函数在某点可导则必在该点连续,但对于多元函数来说,这个结论不再成立,有以下例子.

【例 9.2.7】 设函数

$$f(x,y)=\begin{cases}\dfrac{2xy}{x^2+y^2}, & x^2+y^2\neq 0\\ 0, & x^2+y^2=0\end{cases}$$

在点(0,0)有

$$\begin{aligned}\left.\frac{\partial f}{\partial x}\right|_{(0,0)}&=\lim_{\Delta x\to 0}\frac{f(0+\Delta x,0)-f(0,0)}{\Delta x}\\&=\lim_{\Delta x\to 0}\frac{\dfrac{2\cdot(\Delta x)\cdot 0}{(\Delta x)^2+0^2}-0}{\Delta x}=0\end{aligned}$$

同法也有

$$\begin{aligned}\left.\frac{\partial f}{\partial y}\right|_{(0,0)}&=\lim_{\Delta x\to 0}\frac{f(0,0+\Delta y)-f(0,0)}{\Delta y}\\&=\lim_{\Delta x\to 0}\frac{\dfrac{2\cdot 0\cdot(\Delta y)}{0^2+(\Delta y)^2}-0}{\Delta y}=0\end{aligned}$$

故函数 $f(x,y)$ 在点 $(0,0)$ 可偏导（即在点 $(0,0)$ 两个偏导数均存在）. 但是由于 $\lim\limits_{\substack{x\to 0\\ y\to 0}} f(x,y)$ 不存在（只要令 (x,y) 沿射线 $y=kx$ 趋向于 $(0,0)$ 即可验证），故函数在点 $(0,0)$ 不连续. 因而函数在一点可偏导，该函数未必连续.

反之，若函数在一点连续则在该点函数也未必可偏导. 例如 $f(x,y)=x+|y|$，容易验证函数在点 $(0,0)$ 连续，但 $f(x,y)$ 在点 $(0,0)$ 偏导数不存在，这是因为 $\left.\dfrac{\partial f}{\partial x}\right|_{(0,0)}=1$，而 $\left.\dfrac{\partial f}{\partial y}\right|_{(0,0)}$ 不存在. 留给读者自己证明.

9.2.4　高阶偏导数

对于函数 $z=f(x,y)$，一般说来，它的偏导数 $\dfrac{\partial f}{\partial x}$ 与 $\dfrac{\partial f}{\partial y}$ 仍然是 x,y 的函数，如果它们的偏导数存在，便可对它们再求偏导数.

我们把 $\dfrac{\partial}{\partial x}\left(\dfrac{\partial f}{\partial x}\right)$ 称为函数 $z=f(x,y)$ 对 x 的**二阶偏导数**，记作 $\dfrac{\partial^2 f}{\partial x^2}$，或 $f''_{xx}(x,y)$. 类似地，把先对 x 后对 y 的偏导数 $\dfrac{\partial}{\partial y}\left(\dfrac{\partial f}{\partial x}\right)$ 记作 $\dfrac{\partial^2 f}{\partial x\partial y}$ 或 $f''_{xy}(x,y)$. 把先对 y 后对 x 的偏导数 $\dfrac{\partial}{\partial x}\left(\dfrac{\partial f}{\partial y}\right)$ 记作 $\dfrac{\partial^2 f}{\partial y\partial x}$ 或 $f''_{yx}(x,y)$. 把对 y 的二阶偏导数 $\dfrac{\partial}{\partial y}\left(\dfrac{\partial f}{\partial y}\right)$ 记作 $\dfrac{\partial^2 f}{\partial y^2}$ 或 $f''_{yy}(x,y)$.

上述 $f''_{xx}(x,y)$，$f''_{xy}(x,y)$ 有时简化写作 $f_{xx}(x,y)$ 与 $f_{xy}(x,y)$.

由上知二元函数的二阶偏导数共有四个，其中 $\dfrac{\partial^2 f}{\partial x\partial y}$ 及 $\dfrac{\partial^2 f}{\partial y\partial x}$ 均称为**混合偏导数**.

当然，类似地还可定义更高阶的偏导数，例如 $\dfrac{\partial}{\partial x}\left(\dfrac{\partial}{\partial x}\left(\dfrac{\partial z}{\partial x}\right)\right)$，记作 $\dfrac{\partial^3 z}{\partial x^3}$，$\dfrac{\partial}{\partial x}\left(\dfrac{\partial}{\partial x}\left(\dfrac{\partial}{\partial y}f(x,y)\right)\right)$，记作 $\dfrac{\partial^3 f}{\partial y\partial x^2}$ 等.

【例 9.2.8】　设 $z=x^3y^2-2xy^3+x^2+xy$，求二阶偏导数.

解：

$$\frac{\partial z}{\partial x}=3x^2y^2-2y^3+2x+y,\ \frac{\partial z}{\partial y}=2x^3y-6xy^2+x$$

以下即可分别求出二阶偏导数

$$\frac{\partial^2 z}{\partial x^2}=\frac{\partial}{\partial x}\left(\frac{\partial z}{\partial x}\right)=\frac{\partial}{\partial x}(3x^2y^2-2y^3+2x+y)=6xy^2+2$$

$$\frac{\partial^2 z}{\partial y^2}=\frac{\partial}{\partial y}\left(\frac{\partial z}{\partial y}\right)=\frac{\partial}{\partial y}(2x^3y-6xy^2+x)=2x^3-12xy$$

$$\frac{\partial^2 z}{\partial x\partial y}=\frac{\partial}{\partial y}\left(\frac{\partial z}{\partial x}\right)=\frac{\partial}{\partial y}(3x^2y^2-2y^3+2x+y)=6x^2y-6y^2+1$$

$$\frac{\partial^2 f}{\partial y\partial x}=\frac{\partial}{\partial x}\left(\frac{\partial z}{\partial y}\right)=\frac{\partial}{\partial x}(2x^3y-6xy^2+x)=6x^2y-6y^2+1$$

由本例我们发现两个混合偏导数相等.

【例 9.2.9】　设 $z=x^y(x>0,x\neq 1)$，验证

$$\frac{\partial^2 z}{\partial x\partial y}=\frac{\partial^2 z}{\partial y\partial x}$$

证明:

$$\frac{\partial^2 z}{\partial x\partial y}=\frac{\partial}{\partial y}\left(\frac{\partial z}{\partial x}\right)=\frac{\partial}{\partial y}\left(\frac{\partial}{\partial x}x^y\right)=\frac{\partial}{\partial y}(y\cdot x^{y-1})$$

$$=x^{y-1}+y\cdot x^{y-1}\cdot \ln x$$

$$\frac{\partial^2 z}{\partial y\partial x}=\frac{\partial}{\partial x}\left(\frac{\partial z}{\partial y}\right)=\frac{\partial}{\partial x}\left(\frac{\partial}{\partial y}x^y\right)=\frac{\partial}{\partial x}(x^y\cdot \ln x)$$

$$=y\cdot x^{y-1}\cdot \ln x+x^y\cdot \frac{1}{x}=y\cdot x^{y-1}\cdot \ln x+x^{y-1}$$

可见

$$\frac{\partial^2 z}{\partial x\partial y}=\frac{\partial^2 z}{\partial y\partial x}$$

从以上两个例子中,可看到二元函数的两个混合偏导数是相等的. 这个结论并非巧合,而是具有一般性.

定理 9.2.1 如果函数 $z=f(x,y)$ 的两个二阶混合偏导数 $\frac{\partial^2 z}{\partial x\partial y}$ 及 $\frac{\partial^2 z}{\partial y\partial x}$ 在区域 D 内连续,那么在该区域内这两个二阶混合偏导数必相等,即 $\frac{\partial^2 z}{\partial x\partial y}=\frac{\partial^2 z}{\partial y\partial x}$.

证明略.

对于更高阶的混合偏导数在所有同阶偏导数都连续的条件下,其混合偏导数也与求导次序无关而保持相等.

【例 9.2.10】 求证:函数 $u=\frac{1}{\sqrt{x^2+y^2+z^2}}$ 满足

$$\frac{\partial^2 u}{\partial x^2}+\frac{\partial^2 u}{\partial y^2}+\frac{\partial^2 u}{\partial z^2}=0,\quad (x,y,z)\neq(0,0,0)$$

证明:为了简化计算,引入中间变量 $r=\sqrt{x^2+y^2+z^2}$,注意到函数 u 关于任意两个自变量均轮换对称,因此只需先求出 $\frac{\partial^2 u}{\partial x^2}$ 就容易得出其余两个二阶偏导数.

由 $u=\frac{1}{r}$,有

$$\frac{\partial u}{\partial x}=\frac{\partial}{\partial x}\left(\frac{1}{r}\right)=-\frac{1}{r^2}\cdot\frac{\partial r}{\partial x}=-\frac{1}{r^2}\cdot\frac{x}{r}=-\frac{x}{r^3}$$

于是有

$$\frac{\partial^2 u}{\partial x^2}=\frac{\partial}{\partial x}\left(-\frac{x}{r^3}\right)=-\frac{r^3-x\cdot 3r^2\cdot\frac{\partial r}{\partial x}}{r^6}$$

将 $\frac{\partial r}{\partial x}=\frac{x}{r}$ 代入上式,再化简得到

$$\frac{\partial^2 u}{\partial x^2}=-\frac{r^2-3x^2}{r^5}$$

由函数 u 关于变量 x,y 及 x,z 的轮换对称性,有

$$\frac{\partial^2 u}{\partial y^2}=-\frac{r^2-3y^2}{r^5},\quad \frac{\partial^2 u}{\partial z^2}=-\frac{r^2-3z^2}{r^5}$$

将求得的结果相加,当 $(x,y,z)\neq(0,0,0)$,即 $r\neq 0$ 时,便有

$$\frac{\partial^2 u}{\partial x^2}+\frac{\partial^2 u}{\partial y^2}+\frac{\partial^2 u}{\partial z^2}=-\frac{3r^2-3(x^2+y^2+z^2)}{r^5}=-\frac{3r^2-3r^2}{r^5}=0$$

习题 9.2

1. 求下列二元函数的偏导数

(1) $z=x^3y-xy^3$；　　(2) $z=x\sqrt{y}-\dfrac{y}{\sqrt[3]{x}}$；

(3) $z=\dfrac{x}{\sqrt{x^2+y^2}}$；　　(4) $z=\sin(xy)+\cos^2(xy)$；

(5) $z=\ln\tan\dfrac{x}{y}$；　　(6) $z=\arctan\dfrac{x}{y}+\arcsin y$；

(7) $z=x^y y^x$；　　(8) $z=(1+xy)^y$.

2. 求下列三元函数的偏导数

(1) $u=x^{\frac{y}{z}}$；　　(2) $u=\arctan(x-y)^z$.

3. 求所给点的一阶偏导数值

(1) 求 $z=2x^2y^3-\sin(xy)$ 在点 $\left(1,\dfrac{\pi}{4}\right)$ 处的偏导数 $\dfrac{\partial z}{\partial x}$ 和 $\dfrac{\partial z}{\partial y}$；

(2) 设 $f(x,y)=x+(y-1)\arcsin\sqrt{\dfrac{x}{y}}$，求 $f'_x(a,1)$.

4. 求证所给函数满足一阶偏导数的关系式(称为偏微分方程)

(1) 设 $z=\mathrm{e}^{-\left(\frac{1}{x}+\frac{1}{y}\right)}$，求证 $x^2\dfrac{\partial z}{\partial x}+y^2\dfrac{\partial z}{\partial y}=2z$；

(2) 验证函数 $z=\dfrac{xy}{x+y}$ 满足方程：$x\dfrac{\partial z}{\partial x}+y\dfrac{\partial z}{\partial y}=z$；

(3) 设 $u=\dfrac{1}{\sqrt{x^2+y^2+z^2}}$，求证：$\left(\dfrac{\partial u}{\partial x}\right)^2+\left(\dfrac{\partial u}{\partial y}\right)^2+\left(\dfrac{\partial u}{\partial z}\right)^2=u^4$.

5. 求曲线 $\begin{cases} z=\dfrac{x^2+y^2}{4} \\ y=4 \end{cases}$ 在点(2,4,5)处的切线与正向 x 轴所成的倾角 α.

6. 求曲线 $\begin{cases} z=\dfrac{x^2}{6}+\dfrac{y^2}{12} \\ x=1 \end{cases}$ 在点 $(1,2,\dfrac{1}{2})$ 处的切线对 y 轴斜率.

7. 求二阶偏导数

(1) $z=x^4+y^4-4x^2y^2$，求四个二阶偏导数；

(2) $z=\sin^2(ax+by)$，求 $\dfrac{\partial^2 z}{\partial x^2}$，$\dfrac{\partial^2 z}{\partial x\partial y}$；

(3) $z=\arctan\dfrac{y}{x}$，求 $\dfrac{\partial^2 z}{\partial x^2}$，$\dfrac{\partial^2 z}{\partial x\partial y}$.

8. 设 $u=xy^2+yz^2+zx^2$，求：$f''_{xx}(0,0,1)$，$f''_{yz}(0,-1,0)$，$f'''_{zzx}(2,0,1)$.

9. 验证

(1) $z=\ln(\mathrm{e}^x+\mathrm{e}^y)$ 满足 $\dfrac{\partial^2 z}{\partial x^2}\cdot\dfrac{\partial^2 z}{\partial y^2}-\left(\dfrac{\partial^2 z}{\partial y\partial x}\right)^2=0$；

(2) $r=\sqrt{x^2+y^2+z^2}$满足$\frac{\partial^2 r}{\partial x^2}+\frac{\partial^2 r}{\partial y^2}+\frac{\partial^2 r}{\partial z^2}=\frac{2}{r}$;

(3) $u=z\arctan\frac{x}{y}$满足$\frac{\partial^2 u}{\partial x^2}+\frac{\partial^2 u}{\partial y^2}+\frac{\partial^2 u}{\partial z^2}=0$.

9.3　多元函数的复合函数求导法

当多元函数含有多个中间变量时,例如 $z=f(u(x,y),v(x,y))$,如何计算$\frac{\partial z}{\partial x}$或$\frac{\partial z}{\partial y}$呢?对此有以下常用的定理:

定理 9.3.1　如果函数 $u=u(x,y)$,$v=v(x,y)$在点(x,y)处有偏导数,又函数 $z=f(u,v)$在对应点(u,v)有连续偏导数,则复合函数在点(x,y)处存在对 x 及 y 的偏导数,并且它们可由下列公式计算

$$\frac{\partial z}{\partial x}=\frac{\partial z}{\partial u}\cdot\frac{\partial u}{\partial x}+\frac{\partial z}{\partial v}\cdot\frac{\partial v}{\partial x} \tag{9.3.1}$$

$$\frac{\partial z}{\partial y}=\frac{\partial z}{\partial u}\cdot\frac{\partial u}{\partial y}+\frac{\partial z}{\partial v}\cdot\frac{\partial v}{\partial y} \tag{9.3.2}$$

在证明上述公式之前,我们先给出以下预备定理:

预备定理 1°　设函数 $z=f(x,y)$的两个偏导数$\frac{\partial f}{\partial x}$与$\frac{\partial f}{\partial y}$在$(x,y)\in D$ 连续,若自变量 x 与 y 分别变化到 $x+\Delta x,y+\Delta y\in D$,则有

$$\begin{aligned}\Delta z&=f(x+\Delta x,y+\Delta y)-f(x,y)\\&=\frac{\partial f}{\partial x}\cdot\Delta x+\frac{\partial f}{\partial y}\cdot\Delta y+\alpha_1\Delta x+\alpha_2\Delta y\left(\lim_{\substack{\Delta x\to 0\\ \Delta y\to 0}}\alpha_{1,2}=0\right)\end{aligned} \tag{9.3.3}$$

***证明**:将 Δz 变形得到

$$\Delta z=[f(x+\Delta x,y+\Delta y)-f(x,y+\Delta y)]+[f(x,y+\Delta y)-f(x,y)]$$

由微分中值定理,得

$$\Delta z=\Delta x\cdot\frac{\partial}{\partial x}f(x+\theta_1\Delta x,y+\Delta y)+\Delta y\cdot\frac{\partial}{\partial y}f(x,y+\theta_2\Delta y)\quad(0<\theta_1,\theta_2<1)$$

由偏导数$\frac{\partial f}{\partial x}$与$\frac{\partial f}{\partial y}$在$(x,y)\in D$ 连续,由连续函数的性质,有

$$\frac{\partial}{\partial x}f(x+\theta_1\Delta x,y+\Delta y)=\frac{\partial f}{\partial x}+\alpha_1$$

$$\frac{\partial}{\partial y}f(x,y+\theta_2\Delta y)=\frac{\partial f}{\partial y}+\alpha_2$$

其中 α_1 与 α_2 是当 $\Delta x\to 0,\Delta y\to 0$ 时的无穷小量,即满足 $\lim\limits_{\substack{\Delta x\to 0\\ \Delta y\to 0}}\alpha_1=\lim\limits_{\substack{\Delta x\to 0\\ \Delta y\to 0}}\alpha_2=0$,于是将以上两式代入 Δz 的等式中得到

$$\Delta z=\frac{\partial f}{\partial x}\cdot\Delta x+\frac{\partial f}{\partial y}\cdot\Delta y+\alpha_1\Delta x+\alpha_2\Delta y$$

推论　设变量 z 通过中间变量 u,v 是自变量 x,y 的函数

$$z=f(u,v),u=u(x,y),v=v(x,y)$$

且设 z 关于 u,v 有连续偏导数，则变为

$$\Delta z=\frac{\partial f}{\partial u}\cdot\Delta u+\frac{\partial f}{\partial v}\cdot\Delta v+\alpha_1\Delta u+\alpha_2\Delta v \tag{9.3.4}$$

其中 $\alpha_{1,2}\to 0$（当 $\Delta u\to 0,\Delta v\to 0$ 时）.

下面易证定理 9.3.1，由上述推论知式(9.3.4)成立，让 y 固定即 $\Delta y=0$，式(9.3.4)两边再除 Δx 得

$$\frac{\Delta z}{\Delta x}=\frac{\partial f}{\partial u}\cdot\frac{\Delta u}{\Delta x}+\frac{\partial f}{\partial v}\cdot\frac{\Delta v}{\Delta x}+\alpha_1\frac{\Delta u}{\Delta x}+\alpha_2\frac{\Delta v}{\Delta x} \tag{9.3.5}$$

上式两边令 $\Delta x\to 0$ 并取极限，由定理 9.3.1 的假定，中间变量 $u=u(x,y),v=v(x,y)$，关于 x 有偏导数，由于当 $\Delta x\to 0$ 时，（此时 $\Delta y=0$）有 Δu 及 Δv 均趋于零，从而 α_1 与 α_2 也趋于零，于是由式(9.3.5)得到

$$\frac{\partial z}{\partial x}=\frac{\partial f}{\partial u}\cdot\frac{\partial u}{\partial x}+\frac{\partial f}{\partial v}\cdot\frac{\partial v}{\partial x}$$

类似可证

$$\frac{\partial z}{\partial y}=\frac{\partial f}{\partial u}\cdot\frac{\partial u}{\partial y}+\frac{\partial f}{\partial v}\cdot\frac{\partial v}{\partial y}$$

定理 9.3.1 可推广到更一般的多元函数及更多个中间变量的情形，例如：

设 $z=f(u,v,w),u=u(x,y),v=v(x,y),w=w(x,y)$，若函数 z 关于中间变量 u,v,w 具有连续偏导数，且中间变量关于自变量 x,y 的偏导数存在，则有复合求导公式

$$\frac{\partial z}{\partial x}=\frac{\partial f}{\partial u}\cdot\frac{\partial u}{\partial x}+\frac{\partial f}{\partial v}\cdot\frac{\partial v}{\partial x}+\frac{\partial f}{\partial w}\cdot\frac{\partial w}{\partial x}$$

及

$$\frac{\partial z}{\partial y}=\frac{\partial f}{\partial u}\cdot\frac{\partial u}{\partial y}+\frac{\partial f}{\partial v}\cdot\frac{\partial v}{\partial y}+\frac{\partial f}{\partial w}\cdot\frac{\partial w}{\partial y}$$

【例 9.3.1】　设 $z=e^u\sin v,u=xy,v=2x+3y$，求 $\frac{\partial z}{\partial x}$.

解：显然，所设函数满足定理 9.3.1 的条件，且 $\frac{\partial z}{\partial u}=e^u\sin v,\frac{\partial z}{\partial v}=e^u\cos v;\frac{\partial u}{\partial x}=y,\frac{\partial v}{\partial x}=2$，由复合求导公式得到

$$\begin{aligned}\frac{\partial z}{\partial x}&=\frac{\partial z}{\partial u}\cdot\frac{\partial u}{\partial x}+\frac{\partial z}{\partial v}\cdot\frac{\partial v}{\partial x}\\&=e^u\sin v\cdot y+e^u\cos v\cdot 2\\&=ye^{xy}\sin(2x+3y)+2e^{xy}\cos(2x+3y)\end{aligned}$$

有时将 $\frac{\partial f}{\partial u}$ 记作 f_1'，表示 $f(u,v)$ 对第一个中间变量 u 求导（见下例）.

【例 9.3.2】　设 $z=f(e^{\frac{x^2}{y}},\sin x^2,\cos xy^2)$，$f$ 有一阶连续偏导数，求 $\frac{\partial z}{\partial x},\frac{\partial z}{\partial y}$.

解：令 $u=e^{\frac{x^2}{y}},v=\sin x^2,w=\cos xy^2$，由复合求导公式，得

$$\begin{aligned}\frac{\partial z}{\partial x}&=\frac{\partial f}{\partial u}\cdot\frac{\partial u}{\partial x}+\frac{\partial f}{\partial v}\cdot\frac{\partial v}{\partial x}+\frac{\partial f}{\partial w}\cdot\frac{\partial w}{\partial x}\\&=\frac{\partial f}{\partial u}\cdot e^{\frac{x^2}{y}}\cdot\frac{2x}{y}+\frac{\partial f}{\partial v}\cdot 2x\cdot\cos x^2+\frac{\partial f}{\partial w}\cdot(-\sin xy^2)\cdot y^2\\&=\frac{2x}{y}\cdot e^{\frac{x^2}{y}}\cdot\frac{\partial f}{\partial u}+2x\cdot\cos x^2\cdot\frac{\partial f}{\partial v}-y^2\cdot\sin xy^2\cdot\frac{\partial f}{\partial w}\end{aligned}$$

若记$\frac{\partial f}{\partial u}=f'_1,\frac{\partial f}{\partial v}=f'_2,\frac{\partial f}{\partial w}=f'_3$,上式又可写成

$$\frac{\partial z}{\partial x}=\frac{2x}{y}\cdot e^{\frac{x^2}{y}}\cdot f'_1+2x\cdot\cos x^2\cdot f'_2-y^2\cdot\sin xy^2\cdot f'_3$$

同法可得

$$\begin{aligned}\frac{\partial z}{\partial y}&=f'_1\cdot\frac{\partial}{\partial y}(e^{\frac{x^2}{y}})+f'_2\cdot\frac{\partial}{\partial y}(\sin x^2)+f'_3\cdot\frac{\partial}{\partial y}(\cos xy^2)\\&=f'_1\cdot e^{\frac{x^2}{y}}\cdot\frac{-x^2}{y^2}+f'_2\cdot 0+f'_3\cdot(-\sin xy^2)\cdot 2xy\\&=-\frac{x^2}{y^2}e^{\frac{x^2}{y}}\cdot f'_1-2xy\sin xy^2f'_3\end{aligned}$$

对于二阶偏导数$\frac{\partial^2 f}{\partial u^2}=\frac{\partial}{\partial u}\left(\frac{\partial f}{\partial u}\right)$,同样可写成数字记法:$\frac{\partial^2 f}{\partial u^2}=f''_{11}$,类似有$\frac{\partial^2 f}{\partial u\partial v}=\frac{\partial}{\partial v}\left(\frac{\partial f}{\partial u}\right)=f''_{12}$等.

【例 9.3.3】 设$u=f(x+y+z,xyz)$,f有二阶连续偏导数,求$\frac{\partial^2 u}{\partial x\partial z}$.

解:因为$\frac{\partial^2 u}{\partial x\partial z}=\frac{\partial}{\partial z}\left(\frac{\partial u}{\partial x}\right)$,先求$\frac{\partial u}{\partial x}$.

$$\begin{aligned}\frac{\partial u}{\partial x}&=f'_1\cdot\frac{\partial(x+y+z)}{\partial x}+f'_2\cdot\frac{\partial(xyz)}{\partial x}\\&=f'_1+yzf'_2\end{aligned}$$

于是

$$\begin{aligned}\frac{\partial^2 u}{\partial x\partial z}&=\frac{\partial}{\partial z}[f'_1(x+y+z,xyz)+yzf'_2(x+y+z,xyz)]\\&=\frac{\partial}{\partial z}f'_1+y\frac{\partial}{\partial z}[z\cdot f'_2]\\&=f''_{11}\cdot\frac{\partial(x+y+z)}{\partial z}+f''_{12}\cdot\frac{\partial(xyz)}{\partial z}+y\left[f'_2+z\cdot\frac{\partial}{\partial z}f'_2\right]\\&=f''_{11}\cdot 1+f''_{12}\cdot xy+y\cdot f'_2+yz\left[f''_{21}\cdot\frac{\partial(x+y+z)}{\partial z}+f''_{22}\cdot\frac{\partial(xyz)}{\partial z}\right]\\&=f''_{11}+xyf''_{12}+yf'_2+yzf''_{21}+xy^2zf''_{22}\end{aligned}$$

由f有二阶连续偏导数,故$f''_{12}=f''_{21}$,代入上式,得到

$$\frac{\partial^2 u}{\partial x\partial z}=f''_{11}+(xy+yz)f''_{12}+xy^2zf''_{22}+yf'_2$$

【例 9.3.4】 设$u=\varphi(x-at)+\psi(x+at)$,其中$\varphi$及$\psi$对所含变量具有二阶连续导数,证明:$\frac{\partial^2 u}{\partial t^2}=a^2\frac{\partial^2 u}{\partial x^2}$.

证明:设中间变量为:$\xi=x-at,\eta=x+at$,其中 x,t 为自变量,于是 $u=\varphi(\xi)+\psi(\eta)$,由复合求导公式,有

$$\begin{aligned}\frac{\partial u}{\partial t}&=\frac{\partial u}{\partial \xi}\cdot\frac{\partial \xi}{\partial t}+\frac{\partial u}{\partial \eta}\cdot\frac{\partial \eta}{\partial t}\\&=\frac{\partial}{\partial \xi}(\varphi(\xi)+\psi(\eta))\cdot\frac{\partial(x-at)}{\partial t}+\frac{\partial}{\partial \eta}(\varphi(\xi)+\psi(\eta))\cdot\frac{\partial(x+at)}{\partial t}\end{aligned}$$

注意到对 $\xi(\eta)$ 求偏导数时,将 $\eta(\xi)$ 看成常数,故

$\frac{\partial \psi(\eta)}{\partial \xi}=0,\frac{\partial \varphi(\xi)}{\partial \eta}=0$,而$\frac{\partial \varphi(\xi)}{\partial \xi}=\varphi'(\xi),\frac{\partial \psi(\eta)}{\partial \eta}=\psi'(\eta)$,于是有

$$\frac{\partial u}{\partial t}=-a\cdot\varphi'(\xi)+a\cdot\psi'(\eta)$$

同法

$$\frac{\partial^2 u}{\partial t^2}=\frac{\partial}{\partial t}\left(\frac{\partial u}{\partial t}\right)=(-a)^2\cdot\varphi''(\xi)+a^2\cdot\psi''(\eta)=a^2[\varphi''(\xi)+\psi''(\eta)]$$

又

$$\frac{\partial u}{\partial x}=\frac{\partial u}{\partial \xi}\cdot\frac{\partial \xi}{\partial x}+\frac{\partial u}{\partial \eta}\cdot\frac{\partial \eta}{\partial x}=\varphi'(\xi)+\psi'(\eta)$$

所以

$$\frac{\partial^2 u}{\partial x^2}=\varphi''(\xi)+\psi''(\eta)$$

于是得到

$$\frac{\partial^2 u}{\partial t^2}=a^2\frac{\partial^2 u}{\partial x^2}$$

【例 9.3.5】 设函数 $z=f(x,y)$通过中间变量 $x=r\cos\theta,y=r\sin\theta$ 是 r 与 θ 的复合函数,试证:$\left(\frac{\partial z}{\partial r}\right)^2+\frac{1}{r^2}\left(\frac{\partial z}{\partial \theta}\right)^2=\left(\frac{\partial z}{\partial x}\right)^2+\left(\frac{\partial z}{\partial y}\right)^2$.

证明:

$$\frac{\partial z}{\partial r}=\frac{\partial z}{\partial x}\cdot\frac{\partial x}{\partial r}+\frac{\partial z}{\partial y}\cdot\frac{\partial y}{\partial r}=\frac{\partial z}{\partial x}\cdot\cos\theta+\frac{\partial z}{\partial y}\cdot\sin\theta$$

$$\frac{\partial z}{\partial \theta}=\frac{\partial z}{\partial x}\cdot\frac{\partial x}{\partial \theta}+\frac{\partial z}{\partial y}\cdot\frac{\partial y}{\partial \theta}=-\frac{\partial z}{\partial x}\cdot r\sin\theta+\frac{\partial z}{\partial y}\cdot r\cos\theta$$

因而有

$$\left(\frac{\partial z}{\partial r}\right)^2+\frac{1}{r^2}\left(\frac{\partial z}{\partial \theta}\right)^2=\left(\frac{\partial z}{\partial x}\right)^2+\left(\frac{\partial z}{\partial y}\right)^2$$

以上复合函数求导法也称为链导法,以下再介绍几个特殊情形.

① 如果自变量只有一个,例如:$z=f(u,v,w),u=u(x),v=v(x),w=w(x)$,此时 $z=f(u(x),v(x),w(x))=z(x)$,设 z 关于 u,v,w 有连续偏导数,且$\frac{\partial z}{\partial x}=\frac{\mathrm{d}z}{\mathrm{d}x},\frac{\partial u}{\partial x}=\frac{\mathrm{d}u}{\mathrm{d}x},\frac{\partial v}{\partial x}=\frac{\mathrm{d}v}{\mathrm{d}x},\frac{\partial w}{\partial x}=\frac{\mathrm{d}w}{\mathrm{d}x}$均存在,代入复合求导公式,得到以下全导数公式

$$\frac{\mathrm{d}z}{\mathrm{d}x}=\frac{\partial f}{\partial u}\cdot\frac{\mathrm{d}u}{\mathrm{d}x}+\frac{\partial f}{\partial v}\cdot\frac{\mathrm{d}v}{\mathrm{d}x}+\frac{\partial f}{\partial w}\cdot\frac{\mathrm{d}w}{\mathrm{d}x}$$

② 设 $z=f(x,v,w),v=v(x),w=w(x)$,这是情形①的特例,此时 $u=u(x,y)=x$,故$\frac{\partial f}{\partial u}=\frac{\partial f}{\partial x}$,于是有

$$\frac{\mathrm{d}z}{\mathrm{d}x}=\frac{\partial f}{\partial x}+\frac{\partial f}{\partial v}\cdot\frac{\mathrm{d}v}{\mathrm{d}x}+\frac{\partial f}{\partial w}\cdot\frac{\mathrm{d}w}{\mathrm{d}x}$$

【例 9.3.6】 设 $z=(\mathrm{e}^x+\cos x)^{\sin x}$,求$\frac{\mathrm{d}z}{\mathrm{d}x}$.

解:这种幂指函数的求导已在一元函数微分法中学过,可先取对数,再求导,或者将函数化为 $z=\mathrm{e}^{\sin x\cdot\ln(\mathrm{e}^x+\cos x)}$,再求导均可算出结果,现用全导数公式计算如下.

令 $u=\mathrm{e}^x+\cos x,v=\sin x$,则有 $z=u^v$,由全导数公式,得

$$\begin{aligned}\frac{\mathrm{d}z}{\mathrm{d}x}&=\frac{\partial}{\partial u}(u^v)\cdot\frac{\mathrm{d}u}{\mathrm{d}x}+\frac{\partial}{\partial v}(u^v)\cdot\frac{\mathrm{d}v}{\mathrm{d}x}\\&=v\cdot u^{v-1}\cdot(\mathrm{e}^x-\sin x)+u^v\cdot\ln u\cdot\cos x\\&=\sin x\cdot(\mathrm{e}^x+\cos x)^{\sin x-1}\cdot(\mathrm{e}^x-\sin x)+(\mathrm{e}^x+\cos x)^{\sin x}\cdot\ln(\mathrm{e}^x+\cos x)\cdot\cos x\\&=(\mathrm{e}^x+\cos x)^{\sin x}\cdot\left[\frac{\sin x\cdot(\mathrm{e}^x-\sin x)}{\mathrm{e}^x+\cos x}+\cos x\cdot\ln(\mathrm{e}^x+\cos x)\right]\end{aligned}$$

习题 9.3

1. 求下列复合函数的偏导数

(1) 设 $z=u^2v-uv^2,u=x\cos y,v=x\sin y$,求$\frac{\partial z}{\partial x},\frac{\partial z}{\partial y}$;

(2) 设 $z=u^2\ln v,u=\frac{x}{y},v=3x-2y$,求$\frac{\partial z}{\partial y}$;

(3) 设 $z=\frac{u}{v}\arctan(u+v),u=x+y,v=xy$,求$\frac{\partial z}{\partial x}$;

(4) 设 $z=\mathrm{e}^{uv},u=\ln\sqrt{x^2+y^2},v=\cos(x-2y)$,求$\frac{\partial z}{\partial y}$.

2. 求含有抽象函数记号的复合函数的偏导数,其中 f 有一阶连续偏导数.

(1) 设 $z=f(x^2-y^2,\mathrm{e}^{xy})$,求$\frac{\partial z}{\partial x},\frac{\partial z}{\partial y}$;

(2) 设 $u=f\left(\frac{x}{y},\frac{y}{z}\right)$,求$\frac{\partial f}{\partial x},\frac{\partial f}{\partial y},\frac{\partial f}{\partial z}$;

(3) 设 $u=f(x,xy,xyz)$,求$\frac{\partial f}{\partial x},\frac{\partial f}{\partial y},\frac{\partial f}{\partial z}$.

3. 求下列各函数的二阶偏导数,其中 f 有二阶连续偏导数,并用 f''_{11},f''_{12} 等记法表示出来.

(1) $z=f\left(x,\frac{x}{y}\right)$,求$\frac{\partial^2 z}{\partial y^2},\frac{\partial^2 z}{\partial x\partial y}$;

(2) $u=f(\sin x,\cos x,\mathrm{e}^{x+y})$,求$\frac{\partial^2 u}{\partial x\partial y}$;

(3) $z=f\left(x^2y,\frac{y}{x}\right)$,求$\left.\frac{\partial^2 z}{\partial x\partial y}\right|_{(1,1)}$.

4. 设 f 与 g 有一阶连续偏导数,且 $u=f(y-x,z-x)+g(x+xy+xyz)$,求$\frac{\partial u}{\partial x},\frac{\partial u}{\partial y},\frac{\partial u}{\partial z}$.

5. 求下列各函数的全导数

(1) $z=\arctan(xy)$, $y=e^x$, 求 $\frac{dz}{dx}$;

(2) 设 f 有一阶连续偏导数, $z=f(x, e^x, \sec x)$, 求 $\frac{dz}{dx}$;

(3) 设 $w=u^v$, $u=f(t)$, $v=g(t)$, 其中 f,g 可导, 求 $\frac{dw}{dt}$.

6. 证明有关函数满足方程

(1) 设 $z=xy+xf(u)$, $u=\frac{y}{x}$ 可导, 求证: $x\frac{\partial z}{\partial x}+y\frac{\partial z}{\partial y}=z+xy$;

(2) 设 $z=\frac{y}{f(x^2-y^2)}$, $f(u)$ 可导, 求证: $\frac{1}{x}\frac{\partial z}{\partial x}+\frac{1}{y}\frac{\partial z}{\partial y}=\frac{z}{y^2}$.

9.4　多元函数的全微分及其应用

9.4.1　全微分的概念

先回忆一元函数 $y=f(x)$ 在点 x_0 的微分的定义: 若存在与 Δx 无关的常数 A, 使函数 $y=f(x)$ 的增量

$$\Delta y=f(x_0+\Delta x)-f(x_0)=A\Delta x+\alpha\cdot\Delta x$$

当 $\Delta x\to 0$ 时, 其中 $\alpha\to 0$, 则 $A\Delta x$ 为函数 $y=f(x)$ 在点 x_0 的微分. 根据该定义, 我们可模仿得到二元函数 $z=f(x,y)$ 在点 (x_0,y_0) 处全微分的定义.

定义 9.4.1　如果二元函数 $z=f(x,y)$ 在点 $P_0(x_0,y_0)$ 处的全增量可表为

$$\begin{aligned}\Delta z&=f(x_0+\Delta x, y_0+\Delta y)-f(x_0,y_0)\\&=A\Delta x+B\Delta y+\alpha_1\cdot\Delta x+\alpha_2\cdot\Delta y\end{aligned}\tag{9.4.1}$$

式(9.4.1)中的 A 与 B 是均与 $\Delta x,\Delta y$ 无关的常数, 且当 $\Delta x\to 0$, $\Delta y\to 0$ 时, 有 $\alpha_1\to 0$, $\alpha_2\to 0$, 我们称 $A\Delta x+B\Delta y$ 为函数 $z=f(x,y)$ 在点 $P_0(x_0,y_0)$ 的全微分, 记作

$$dz\big|_{P_0}=A\Delta x+B\Delta y$$

当函数 $z=f(x,y)$ 在点 P_0 的全微分存在时, 则称它在该点是可微的.

可以证明: 全增量 Δz 也可等价地写成

$$\Delta z=A\Delta x+B\Delta y+\alpha\cdot\Delta\rho\tag{9.4.2}$$

其中, $\Delta\rho=\sqrt{(\Delta x)^2+(\Delta y)^2}$, 且当 $\Delta x\to 0$, $\Delta y\to 0$ 时, 有 $\alpha\to 0$.

***证明**: 因为 $\Delta x\to 0$, $\Delta y\to 0$ 与 $\Delta\rho\to 0$ 等价, 且

$$\alpha_1\cdot\Delta x+\alpha_2\cdot\Delta y=\left(\alpha_1\cdot\frac{\Delta x}{\Delta\rho}+\alpha_2\cdot\frac{\Delta y}{\Delta\rho}\right)\cdot\Delta\rho$$

由 $\left|\frac{\Delta x}{\Delta\rho}\right|\leqslant 1$, $\left|\frac{\Delta y}{\Delta\rho}\right|\leqslant 1$, 令 $\alpha=\alpha_1\cdot\frac{\Delta x}{\Delta\rho}+\alpha_2\cdot\frac{\Delta y}{\Delta\rho}$, 易知当 $\Delta x\to 0$, $\Delta y\to 0$ 时, 若 $\alpha_1\to 0$, $\alpha_2\to 0$, 则必有 $\alpha\to 0$ 成立, 反之, 由于

$$\alpha\cdot\Delta\rho=\alpha\left(\Delta x\cdot\frac{\Delta x}{\Delta\rho}+\Delta y\cdot\frac{\Delta y}{\Delta\rho}\right)=\left(\alpha\frac{\Delta x}{\Delta\rho}\right)\Delta x+\left(\alpha\frac{\Delta y}{\Delta\rho}\right)\Delta y$$

若令 $\tilde{\alpha}_1=\alpha\dfrac{\Delta x}{\Delta\rho}$，$\tilde{\alpha}_2=\alpha\dfrac{\Delta y}{\Delta\rho}$，有 $|\tilde{\alpha}_1|\leqslant|\alpha|$ 及 $|\tilde{\alpha}_2|\leqslant|\alpha|$，故得到，当 $\alpha\to0$ 时，也有 $\tilde{\alpha}_1\to0$ 及 $\tilde{\alpha}_2\to0$ 成立，即同时有等式

$$\begin{aligned}\Delta z&=A\Delta x+B\Delta y+\alpha\cdot\Delta\rho\\&=A\Delta x+B\Delta y+\tilde{\alpha}_1\cdot\Delta x+\tilde{\alpha}_2\cdot\Delta y\end{aligned}\tag{9.4.3}$$

式(9.4.3)就是式(9.4.1)的形式，于是式(9.4.1)与式(9.4.2)等价.

定义 9.4.2 如果函数在一个区域 D 上各点处均可微，我们称这个函数在 D 上可微.

9.4.2 函数可微与连续及偏导存在的关系

定理 9.4.1 如果函数 $z=f(x,y)$ 在点 (x,y) 可微，则该函数在点 (x,y) 连续，且在该点偏导数 $\dfrac{\partial z}{\partial x}$ 与 $\dfrac{\partial z}{\partial y}$ 也存在.

证明：首先，由 $z=f(x,y)$ 可微，有

$$\Delta z=A\Delta x+B\Delta y+\alpha_1\cdot\Delta x+\alpha_2\cdot\Delta y\quad(\alpha_1,\alpha_2\to0,\text{当 }\Delta x,\Delta y\to0\text{ 时})$$

于是当 $(\Delta x,\Delta y)\to(0,0)$ 时，必有 $\Delta z\to0$，因而 $z=f(x,y)$ 在 (x,y) 处连续.

另外，若令 $\Delta y=0$（即 y 不变），有

$$\frac{\Delta z}{\Delta x}=A+\alpha_1$$

令 $\Delta x\to0$，上式两边取极限，得到

$$\lim_{\Delta x\to0}\frac{\Delta z}{\Delta x}=A+\lim_{\Delta x\to0}\alpha_1=A\tag{9.4.4}$$

因为 A 是与 $\Delta x,\Delta y$ 无关的数（它可以与 x,y 有关），于是，由式(9.4.4)及偏导数的定义知：$\dfrac{\partial z}{\partial x}=A$，同理有 $\dfrac{\partial z}{\partial y}=B$.

由定理 9.4.1 可得下面的推论.

推论 若函数 $z=f(x,y)$ 在点 (x,y) 可微，则其全微分可写为：$\mathrm{d}z=\dfrac{\partial z}{\partial x}\Delta x+\dfrac{\partial z}{\partial y}\Delta y$. 习惯上我们也将自变量的增量 Δx 与 Δy 分别记作 $\mathrm{d}x,\mathrm{d}y$. 并分别称为自变量 x 与 y 的微分，这样函数 $z=f(x,y)$ 的全微分写成 $\mathrm{d}z=\dfrac{\partial z}{\partial x}\mathrm{d}x+\dfrac{\partial z}{\partial y}\mathrm{d}y$.

上述定理 9.4.1 只告诉我们这样的事实，即若二元函数 $z=f(x,y)$ 在点 (x,y) 可偏导是该函数在点 (x,y) 可微的必要条件，那么是否又和一元函数一样，函数在一点可偏导又是函数可微的充分条件呢？对于多元函数来说，情形就不同了，即若函数在一点处各偏导数存在，不一定能使函数在该点可微，可见以下反例.

【例 9.4.1】 设函数

$$z=f(x,y)=\begin{cases}\dfrac{xy}{\sqrt{x^2+y^2}}, & x^2+y^2\neq0\\ 0, & x^2+y^2=0\end{cases}$$

首先，易证在 $(0,0)$ 处有 $\left.\dfrac{\partial f}{\partial x}\right|_{(0,0)}=0$，$\left.\dfrac{\partial f}{\partial y}\right|_{(0,0)}=0$.

于是 z 的全增量 Δz 与 $\mathrm{d}z=\left.\frac{\partial f}{\partial x}\right|_{(0,0)}\Delta x+\left.\frac{\partial f}{\partial y}\right|_{(0,0)}\Delta y$ 之差为

$$\Delta z-\mathrm{d}z=\Delta z-0=f(\Delta x,\Delta y)-f(0,0)=\frac{\Delta x\Delta y}{\sqrt{(\Delta x)^2+(\Delta y)^2}}=\frac{\Delta x\Delta y}{\rho}$$

然而$\frac{\Delta x\Delta y}{\rho}$并不是 ρ 的高阶无穷小，因为极限：$\lim\limits_{\rho\to 0}\frac{\frac{\Delta x\Delta y}{\rho}}{\rho}=\lim\limits_{\rho\to 0}\frac{\Delta x\Delta y}{\rho^2}=\lim\limits_{\rho\to 0}\frac{(\Delta x)(\Delta y)}{(\Delta x)^2+(\Delta y)^2}$当$(\Delta x,\Delta y)$沿射线 $\Delta y=k\Delta x$ 趋向于$(0,0)$时，其趋向值与 k 有关，例如取 $k=1$，其趋向值为$\frac{1}{2}$，于是$\lim\limits_{\rho\to 0}\frac{\Delta x\Delta y}{\rho^2}\neq 0$，即$\frac{\Delta x\Delta y}{\rho}$不是 ρ 的高阶无穷小，也就是说，全增量 Δz 不能表示成$\left.\frac{\partial f}{\partial x}\right|_{(0,0)}\Delta x+\left.\frac{\partial f}{\partial y}\right|_{(0,0)}\Delta y+\alpha\cdot\rho$（$\alpha\to 0$，当 $\rho\to 0$ 时）的形式，故所给函数在$(0,0)$不可微.

那么，在函数 $z=f(x,y)$在点(x,y)可偏导的条件之上，还要添上什么条件，才能使函数 $f(x,y)$在该点可微呢？进一步研究得到以下定理.

定理 9.4.2　如果函数 $z=f(x,y)$的偏导数$\frac{\partial z}{\partial x},\frac{\partial z}{\partial y}$在点 $P(x,y)$连续，则函数在该点的全微分存在.

证明：由式(9.3.3)可知：当函数 $f(x,y)$在点(x,y)具有一阶连续偏导数时，可以把函数的全增量写成

$$\Delta z=\frac{\partial f}{\partial x}\cdot\Delta x+\frac{\partial f}{\partial y}\cdot\Delta y+\alpha_1\Delta x+\alpha_2\Delta y$$

其中 $\alpha_1\to 0,\alpha_2\to 0$ 当 $\Delta x\to 0,\Delta y\to 0$ 时，因而由全微分的定义 9.4.1 得到，$f(x,y)$在点(x,y)是可微的.

定理 9.4.2 可推广到三元以上的函数. 例如，如果函数 $u=f(x,y,z)$在其定义域内的点 $M(x,y,z)$有连续一阶偏导数，则该函数在点 M 可微，且

$$\mathrm{d}u=\frac{\partial u}{\partial x}\mathrm{d}x+\frac{\partial u}{\partial y}\mathrm{d}y+\frac{\partial u}{\partial z}\mathrm{d}z$$

【例 9.4.2】　设 $z=x^2y+y^2$，

(1) 求 $\mathrm{d}z$；

(2) 求在点(1,1)处的全微分 $\mathrm{d}z$；

(3) 求在点(1,1)处且当 $\Delta x=0.1,\Delta y=-0.2$ 时的全微分 $\mathrm{d}z$.

解：(1) 显然该初等二元函数满足定理 9.4.2 的条件：在其定义域内有一阶连续偏导数

$$\frac{\partial z}{\partial x}=2xy,\frac{\partial z}{\partial y}=x^2+2y$$

于是有

$$\mathrm{d}z=\frac{\partial z}{\partial x}\mathrm{d}x+\frac{\partial z}{\partial y}\mathrm{d}y=2xy\mathrm{d}x+(x^2+2y)\mathrm{d}y$$

(2) 将 $x=1,y=1$ 代入上式，得到

$$\mathrm{d}z\big|_{(1,1)}=2\mathrm{d}x+3\mathrm{d}y$$

(3) 再将 $\Delta x=\mathrm{d}x=0.1,\Delta y=\mathrm{d}y=-0.2$ 代入上式，有

$$\mathrm{d}z=2\times 0.1+3\times(-0.2)=-0.4$$

【例 9.4.3】 设 $u=\sin(xy)+x^{yz}$,求 $\mathrm{d}u$.

解:显然,三个偏导数 $\frac{\partial u}{\partial x}=y\cos(xy)+yz\cdot x^{yz-1}$,$\frac{\partial u}{\partial y}=x\cos(xy)+x^{yz}\cdot z\cdot\ln x$,$\frac{\partial u}{\partial z}=x^{yz}\cdot y\cdot\ln x$ 在定义域内连续,因而

$$\begin{aligned}\mathrm{d}u&=\frac{\partial u}{\partial x}\mathrm{d}x+\frac{\partial u}{\partial y}\mathrm{d}y+\frac{\partial u}{\partial z}\mathrm{d}z\\&=(y\cos(xy)+yz\cdot x^{yz-1})\mathrm{d}x+(x\cos(xy)+x^{yz}\cdot z\cdot\ln x)\mathrm{d}y\\&\quad+(x^{yz}\cdot y\cdot\ln x)\mathrm{d}z\end{aligned}$$

9.4.3 全微分的运算性质

与一元函数的微分类似,设 u,v 是 x,y 的可微函数,有以下类似的运算性质:

(1) $\mathrm{d}(u\pm v)=\mathrm{d}u\pm\mathrm{d}v$;

(2) $\mathrm{d}(u\cdot v)=v\cdot\mathrm{d}u+u\cdot\mathrm{d}v$;

(3) $\mathrm{d}\left(\frac{u}{v}\right)=\frac{v\cdot\mathrm{d}u-u\cdot\mathrm{d}v}{v^2}(v\neq0)$;

另外,也有类似的全微分形式不变性.

(4)(以三个中间变量、两个自变量为例)

设 $z=f(u,v,w)$,$u=u(x,y)$,$v=v(x,y)$,$w=w(x,y)$,若 z 对 u,v,w 以及 u,v,w 对 x,y 均具有连续偏导数,则有

$$\begin{aligned}\mathrm{d}z&=\frac{\partial z}{\partial x}\mathrm{d}x+\frac{\partial z}{\partial y}\mathrm{d}y=\frac{\partial z}{\partial u}\mathrm{d}u+\frac{\partial z}{\partial v}\mathrm{d}v+\frac{\partial z}{\partial w}\mathrm{d}w\\&=f'_1\mathrm{d}u+f'_2\mathrm{d}v+f'_3\mathrm{d}w\end{aligned}\tag{9.4.5}$$

证明:因为

$$\begin{aligned}\mathrm{d}z&=\frac{\partial z}{\partial x}\mathrm{d}x+\frac{\partial z}{\partial y}\mathrm{d}y\\&=\left(\frac{\partial z}{\partial u}\frac{\partial u}{\partial x}+\frac{\partial z}{\partial v}\frac{\partial v}{\partial x}+\frac{\partial z}{\partial w}\frac{\partial w}{\partial x}\right)\mathrm{d}x+\left(\frac{\partial z}{\partial u}\frac{\partial u}{\partial y}+\frac{\partial z}{\partial v}\frac{\partial v}{\partial y}+\frac{\partial z}{\partial w}\frac{\partial w}{\partial y}\right)\mathrm{d}y\\&=\frac{\partial z}{\partial u}\left(\frac{\partial u}{\partial x}\mathrm{d}x+\frac{\partial u}{\partial y}\mathrm{d}y\right)+\frac{\partial z}{\partial v}\left(\frac{\partial v}{\partial x}\mathrm{d}x+\frac{\partial v}{\partial y}\mathrm{d}y\right)+\frac{\partial z}{\partial w}\left(\frac{\partial w}{\partial x}\mathrm{d}x+\frac{\partial w}{\partial y}\mathrm{d}y\right)\\&=\frac{\partial z}{\partial u}\mathrm{d}u+\frac{\partial z}{\partial v}\mathrm{d}v+\frac{\partial z}{\partial w}\mathrm{d}w\end{aligned}$$

由式(9.4.5)知,无论写成对中间变量的微分还是写成对自变量的微分,函数的微分都有相似的形式,这就是全微分形式的不变性.

【例 9.4.4】 设 $z=\mathrm{e}^{x^2y}\arctan\frac{y}{x}$,求 $\mathrm{d}z$.

解:设 $z=u\cdot v$,$u=\mathrm{e}^{x^2y}$,$v=\arctan\frac{y}{x}$,有

$$\mathrm{d}z=\mathrm{d}(u\cdot v)=u\mathrm{d}v+v\mathrm{d}u\tag{9.4.6}$$

其中

$$\mathrm{d}u=\mathrm{d}(\mathrm{e}^{x^2y})=\mathrm{e}^{x^2y}\mathrm{d}(x^2y)=\mathrm{e}^{x^2y}(y\mathrm{d}x^2+x^2\mathrm{d}y)=\mathrm{e}^{x^2y}(2yx\mathrm{d}x+x^2\mathrm{d}y)\tag{9.4.7}$$

$$\mathrm{d}v=\mathrm{d}(\arctan\frac{y}{x})=\frac{1}{1+\left(\frac{y}{x}\right)^2}\mathrm{d}\left(\frac{y}{x}\right) \tag{9.4.8}$$

$$=\frac{x^2}{x^2+y^2}\cdot\frac{x\mathrm{d}y-y\mathrm{d}x}{x^2}=\frac{-y}{x^2+y^2}\mathrm{d}x+\frac{x}{x^2+y^2}\mathrm{d}y$$

以下只要将 u,v 及式(9.4.7)、式(9.4.8)代入式(9.4.6)就得到

$$\mathrm{d}z=\mathrm{e}^{x^2y}\left(\frac{-y}{x^2+y^2}\mathrm{d}x+\frac{x}{x^2+y^2}\mathrm{d}y\right)+\arctan\frac{y}{x}(2xy\mathrm{e}^{x^2y}\mathrm{d}x+x^2\mathrm{e}^{x^2y}\mathrm{d}y)$$

$$=\mathrm{e}^{x^2y}\left(\frac{-y}{x^2+y^2}+2xy\arctan\frac{y}{x}\right)\mathrm{d}x+\mathrm{e}^{x^2y}\left(\frac{x}{x^2+y^2}+x^2\arctan\frac{y}{x}\right)\mathrm{d}y$$

本题另一个做法是直接法：先求出$\frac{\partial z}{\partial x}$及$\frac{\partial z}{\partial y}$，然后直接代入公式 $\mathrm{d}z=\frac{\partial z}{\partial x}\mathrm{d}x+\frac{\partial z}{\partial y}\mathrm{d}y$ 中即可，留给读者.

习题 9.4

1. 求下列函数的全微分

(1) $z=xy+\frac{x}{y}$；　　(2) $z=\frac{y}{\sqrt{x^2+y^2}}$；

(3) $z=\mathrm{e}^{xy}\cdot\sin(x+y)$.

2. 求函数 $z=\ln(1+x^2+y^2)$ 当 $x=1,y=2$ 时的全微分.

3. 求函数 $z=\frac{y}{x}$当 $x=2,y=1\Delta x=0.1,\Delta y=-0.2$ 时的全增量和全微分.

4. 求下列函数的全微分

(1) $u=x^{yz}$；　　(2) $u=\ln(3x-2y+z)$.

5. 求下列函数的全微分，其中有连续偏导数

(1) $z=f(x,\sin(x+y))$；　　(2) $u=f\left(\frac{x}{y},\frac{y}{z}\right)$.

9.5　隐函数及其微分法

在一元函数微分学中，我们曾假定方程：$F(x,y)=0$ 确定 y 是 x 的函数，并把它称作由前面的方程所定义的隐函数，但是这只是一般情形而已，对某些特别情形(例如 $x^2+y^2+1=0$，$x^2+y^2=0$ 等)，不一定能确定一个隐函数，还必须有一定的条件. 现在学习了偏导数后，我们就可以给出下述隐函数存在定理：

定理 9.5.1　($F(x,y)=0$ 的情形)

设函数 $F(x,y)$在点 $P_0(x_0,y_0)$的某邻域内连续，且具有连续偏导数$\frac{\partial F}{\partial x},\frac{\partial F}{\partial y}$. 又 $F(x_0,y_0)=0$，而$\left.\frac{\partial F}{\partial y}\right|_{P_0}\neq 0$，则方程 $F(x,y)=0$ 在点 $P_0(x_0,y_0)$的某邻域内确定了唯一的单值连

续函数

$$y=f(x) \tag{9.5.1}$$

满足 $y_0=f(x_0)$,使 $F(x,f(x))\equiv 0$ 在该点邻域内恒成立,并在 x_0 的邻域内导函数 $\frac{\mathrm{d}y}{\mathrm{d}x}=f'(x)$连续,且有

$$\frac{\mathrm{d}y}{\mathrm{d}x}=-\frac{\frac{\partial F}{\partial x}}{\frac{\partial F}{\partial y}} \tag{9.5.2}$$

对于函数的存在性及其可导性在数学专业课程中有详细的证明,这里从略. 下面我们只推证求导公式(9.5.2).

证明:由上述定理知存在连续可导函数 $y=f(x)$使

$$F(x,y)\equiv 0$$

在 x_0 的某邻域内恒成立. 将等式两边对 x 求导得

$$\frac{\partial F}{\partial x}+\frac{\partial F}{\partial y}\cdot\frac{\mathrm{d}y}{\mathrm{d}x}=0$$

由此即得

$$\frac{\mathrm{d}y}{\mathrm{d}x}=-\frac{\frac{\partial F}{\partial x}}{\frac{\partial F}{\partial y}}$$

还可以将定理 9.5.1 推广到具有更多个自变量的情形,下面再介绍一个常用的定理:

定理 9.5.2 ($F(x,y,z)=0$ 的情形)

函数 $F(x,y,z)$在点 $M_0(x_0,y_0,z_0)$的某一邻域内具有连续偏导数,且 $F(x_0,y_0,z_0)=0$,而$\left.\frac{\partial F}{\partial z}\right|_{M_0}\neq 0$,则方程 $F(x,y,z)=0$ 在点 $M_0(x_0,y_0,z_0)$的某邻域内恒能唯一确定一个具有连续偏导数的单值连续函数 $z=f(x,y)$,并满足 $z_0=f(x_0,y_0)$,使 $F(x,y,f(x,y))\equiv 0$ 在该点邻域内成立,且有偏导数公式

$$\frac{\partial z}{\partial x}=-\frac{\frac{\partial F}{\partial x}}{\frac{\partial F}{\partial z}},\quad \frac{\partial z}{\partial y}=-\frac{\frac{\partial F}{\partial y}}{\frac{\partial F}{\partial z}} \tag{9.5.3}$$

证明:以下选证$\frac{\partial z}{\partial x}$的公式. 因为有恒等式

$$F(x,y,f(x,y))\equiv 0$$

上述恒等式两端对变量 x 求偏导,令 $z=f(x,y)$,由复合函数求导法则得到

$$\frac{\partial F}{\partial x}+\frac{\partial F}{\partial z}\cdot\frac{\partial z}{\partial x}=0$$

由于$\frac{\partial F}{\partial z}$连续,且$\left.\frac{\partial F}{\partial z}\right|_{(x_0,y_0,z_0)}\neq 0$,故在点 M_0 的某一邻域内亦有$\frac{\partial F}{\partial z}\neq 0$,于是有

$$\frac{\partial z}{\partial x}=-\frac{\frac{\partial F}{\partial x}}{\frac{\partial F}{\partial z}}$$

读者也可用类似方法导出求$\frac{\partial z}{\partial y}$的公式.

【例 9.5.1】 求由方程

$$x^3+y^3-3axy=0$$

所确定的隐函数 $y=y(x)$关于 x 的导数.

解:令 $F(x,y)=x^3+y^3-3axy$,则

$$\frac{\partial F}{\partial x}=3x^2-3ay,\quad \frac{\partial F}{\partial y}=3y^2-3ax$$

由公式(9.5.1),得

$$\frac{\mathrm{d}y}{\mathrm{d}x}=-\frac{\frac{\partial F}{\partial x}}{\frac{\partial F}{\partial y}}=-\frac{3x^2-3ay}{3y^2-3ax}=\frac{x^2-ay}{ax-y^2}$$

【例 9.5.2】 设由方程 $x^2+y^2+z^2-4z=0$ 确定隐函数 $z=z(x,y)$,求$\frac{\partial^2 z}{\partial x\partial y}$.

解:先用以上方法求得:$\frac{\partial z}{\partial x}=\frac{-x}{z-2},\frac{\partial z}{\partial y}=\frac{-y}{z-2}$. 因为$\frac{\partial^2 z}{\partial x\partial y}=\frac{\partial}{\partial y}\left(\frac{\partial z}{\partial x}\right)$,故得:

$$\frac{\partial^2 z}{\partial x\partial y}=\frac{\partial}{\partial y}\left(\frac{-x}{z-2}\right)=\frac{x}{(z-2)^2}\cdot\frac{\partial z}{\partial y}$$

$$=\frac{-xy}{(z-2)^3}=\frac{xy}{(2-z)^3}$$

【例 9.5.3】 设函数 $F(u,v)$有连续偏导数,证明由方程 $F(2x-az,2y+bz)=0$ 所确定的隐函数 $z=f(x,y)$,当$\frac{F_1'}{F_2'}\neq\frac{b}{a}$时,满足等式:$a\frac{\partial z}{\partial x}-b\frac{\partial z}{\partial y}=2$.

证明:

$$\frac{\partial z}{\partial x}=-\frac{\frac{\partial F}{\partial x}}{\frac{\partial F}{\partial z}}=-\frac{F_1'\cdot 2+F_2'\cdot 0}{F_1'\cdot(-a)+F_2'\cdot b}=\frac{-2F_1'}{bF_2'-aF_1'}$$

$$\frac{\partial z}{\partial y}=-\frac{\frac{\partial F}{\partial y}}{\frac{\partial F}{\partial z}}=-\frac{F_1'\cdot 0+F_2'\cdot 2}{F_1'\cdot(-a)+F_2'\cdot b}=\frac{-2F_2'}{bF_2'-aF_1'}$$

将上面的结果代入所证等式的左边,得

$$a\frac{\partial z}{\partial x}-b\frac{\partial z}{\partial y}=\frac{-2aF_1'+2bF_2'}{bF_2'-aF_1'}=2$$

于是等式得证.

【例 9.5.4】 设有方程

$$\frac{x^2}{a^2}+\frac{y^2}{b^2}+\frac{z^2}{c^2}=1$$

求由它所确定的函数 $z=z(x,y)$关于变量 x 及 y 的偏导数$\frac{\partial z}{\partial x},\frac{\partial z}{\partial y}$.

解:首先,令 $F(x,y,z)=\frac{x^2}{a^2}+\frac{y^2}{b^2}+\frac{z^2}{c^2}-1$,先求得:

$$\frac{\partial F}{\partial x}=\frac{2x}{a^2},\frac{\partial F}{\partial y}=\frac{2y}{b^2},\frac{\partial F}{\partial z}=\frac{2z}{c^2}$$

由式(9.5.3),得到

$$\frac{\partial z}{\partial x}=-\frac{\frac{\partial F}{\partial x}}{\frac{\partial F}{\partial z}}=-\frac{\frac{2x}{a^2}}{\frac{2z}{c^2}}=-\frac{c^2x}{a^2z}$$

$$\frac{\partial z}{\partial y}=-\frac{\frac{\partial F}{\partial y}}{\frac{\partial F}{\partial z}}=-\frac{\frac{2y}{b^2}}{\frac{2z}{c^2}}=-\frac{c^2y}{b^2z}$$

另一种方法是:先求出全微分 $\mathrm{d}z$,然后便可得到偏导数$\frac{\partial z}{\partial x},\frac{\partial z}{\partial y}$. 它的原理是由下列关系给出:若

$$\mathrm{d}z=\frac{\partial z}{\partial x}\mathrm{d}x+\frac{\partial z}{\partial y}\mathrm{d}y=\varphi(x,y)\mathrm{d}x+\psi(x,y)\mathrm{d}y$$

则有两边 $\mathrm{d}x$ 与 $\mathrm{d}y$ 的系数分别相等

$$\frac{\partial z}{\partial x}=\varphi(x,y),\frac{\partial z}{\partial y}=\psi(x,y) \tag{9.5.4}$$

对本例,将方程$\frac{x^2}{a^2}+\frac{y^2}{b^2}+\frac{z^2}{c^2}=1$两边求微分,得

$$\mathrm{d}\left(\frac{x^2}{a^2}\right)+\mathrm{d}\left(\frac{y^2}{b^2}\right)+\mathrm{d}\left(\frac{z^2}{c^2}\right)=\mathrm{d}(1)=0$$

即

$$\frac{2x}{a^2}\mathrm{d}x+\frac{2y}{b^2}\mathrm{d}y+\frac{2z}{c^2}\mathrm{d}z=0$$

由上式解出 $\mathrm{d}z$,得

$$\mathrm{d}z=-\frac{c^2x}{a^2z}\mathrm{d}x-\frac{c^2y}{b^2z}\mathrm{d}y$$

于是由式(9.5.4)便得到

$$\frac{\partial z}{\partial x}=-\frac{c^2x}{a^2z},\frac{\partial z}{\partial y}=-\frac{c^2y}{b^2z}$$

用上面方法的好处是不必套用求隐函数的偏导数公式,但必须熟悉多元函数求微分的法则.

对于更多变量或两个以上的方程所确定的隐函数求偏导数的方法,我们不再作一般要求,有时遇见特殊情形,可先做一下变量分析,看谁作因变量,余下的哪些作为自变量,搞清变量关系后,再通过将恒等式两边求导的方法,求出所要求的导数或偏导数.

【例 9.5.5】 设有方程组

$$\begin{cases}z=x^2+y^2\\2x^2+3y^2+z^2=4\end{cases}$$

求由该方程组所确定的函数的导数.

解:一般说来,含三个变量的两个方程只能确定一个自变量(例如 x)的函数:$y=y(x)$,$z=z(x)$,在 x 的某一个邻域内有等式

$$\begin{cases} z(x)=x^2+y^2(x) \\ 2x^2+3y^2(x)+z^2(x)=4 \end{cases}$$

成立,对上两式关于 x 求导数,得到

$$\begin{cases} \dfrac{dz}{dx}=2x+2y\dfrac{dy}{dx} \\ 4x+6y\dfrac{dy}{dx}+2z\dfrac{dz}{dx}=0 \end{cases}$$

整理后,有

$$\begin{cases} 2y\dfrac{dy}{dx}-\dfrac{dz}{dx}=-2x \\ 6y\dfrac{dy}{dx}+2z\dfrac{dz}{dx}=-4x \end{cases}$$

用行列式方法解得

$$\frac{dy}{dx}=\frac{\begin{vmatrix} -2x & -1 \\ -4x & 2z \end{vmatrix}}{\begin{vmatrix} 2y & -1 \\ 6y & 2z \end{vmatrix}}=\frac{-4xz-4x}{4yz+6y}=\frac{-2xz-2x}{2yz+3y}$$

$$\frac{dz}{dx}=\frac{\begin{vmatrix} 2y & -2x \\ 6y & -4x \end{vmatrix}}{\begin{vmatrix} 2y & -1 \\ 6y & 2z \end{vmatrix}}=\frac{4xy}{4yz+6y}=\frac{2x}{2z+3}$$

习题 9.5

1. 求由下列方程所确定的隐函数的导数

(1) 设 $\sin y+e^x-xy^2=0$,求 $\dfrac{dy}{dx}$;

(2) 设 $\dfrac{1}{2}\ln(x^2+y^2)=\arctan\dfrac{y}{x}$,求 $\dfrac{dy}{dx}$;

2. 求由下列方程所确定的隐函数的偏导数

(1) 设 $\dfrac{x}{z}=\ln\dfrac{z}{y}$,求 $\dfrac{\partial z}{\partial x}$ 及 $\dfrac{\partial z}{\partial y}$;

(2) 设 $e^z-xyz=0$,求 $\dfrac{\partial z}{\partial x}$,$\dfrac{\partial z}{\partial y}$,再求 $\dfrac{\partial x}{\partial y}$($x$ 作为因变量,y 与 z 是自变量);

(3) 设 $f(x+y,y+z,z+x)=0$,f 具有连续偏导数,求 $\dfrac{\partial z}{\partial x}$,$\dfrac{\partial z}{\partial y}$.

3. 设 $2\sin(x+2y-3z)=x+2y-3z$,证明:$\dfrac{\partial z}{\partial x}+\dfrac{\partial z}{\partial y}=1$.

4. 设 $\varphi(u,v)$ 有连续偏导数,证明由方程 $\varphi(cx-az,cy-bz)=0$ 确定的函数 $z=f(x,y)$ 满足 $a\dfrac{\partial z}{\partial x}+b\dfrac{\partial z}{\partial y}=0$.

5. (1) 设 $e^z = xyz + 1$,求$\frac{\partial^2 z}{\partial x^2}$;

(2) 设 $xy + yz + zx = 1$,求$\frac{\partial^2 z}{\partial x \partial y}$;

(3) 设 $x - y\tan(az) = 0$,求$\frac{\partial^2 z}{\partial y^2}$.

6. 设$\cos^2 x + \cos^2 y + \cos^2 z = 1$,确定隐函数 $z = z(x, y)$求全微分 dz.

7. 求由下列方程组所确定的函数的导数或偏导数

(1) 设$\begin{cases} z = x^2 + y^2 \\ x^2 + 2y^2 + 3z^2 = 20 \end{cases}$,求$\frac{dy}{dx}, \frac{dz}{dx}$;

(2) * 设$\begin{cases} x = e^u + u\sin v \\ y = e^u - u\cos v \end{cases}$,求$\frac{\partial u}{\partial x}, \frac{\partial u}{\partial y}$.

9.6 偏导数的几何应用

9.6.1 空间曲线的切线及法平面

我们重点讨论当空间曲线 $\boldsymbol{\Gamma}$ 是由参数方程表示的情形(图 9.4)

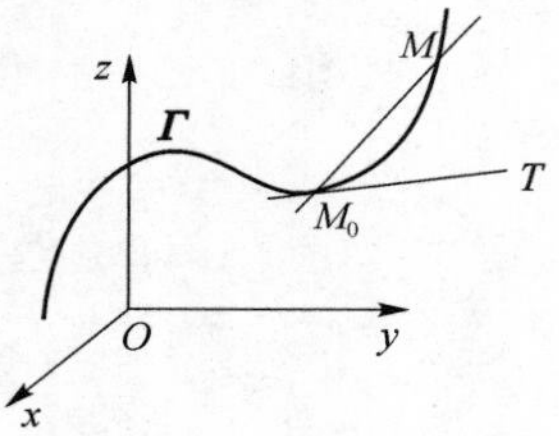

图 9.4

$$\boldsymbol{\Gamma}: \begin{cases} x = x(t) \\ y = y(t) \\ z = z(t) \end{cases}$$

其中 $x(t), y(t), z(t)$ 都是 t 的可导函数,且 $x'(t), y'(t), z'(t)$不全为零.

我们来推导过曲线 $\boldsymbol{\Gamma}$ 上一点 $M_0(x_0, y_0, z_0)$ 的切线方程. 设 t 由 t_0 变到 $t_0 + \Delta t$ 时,得到曲线上的另一点 $M_0(x_0 + \Delta x, y_0 + \Delta y, z_0 + \Delta z)$,割线的方程为

$$\frac{x - x_0}{\Delta x} = \frac{y - y_0}{\Delta y} = \frac{z - z_0}{\Delta z}$$

上式各项的分母同除以 Δt 后,得

$$\frac{x - x_0}{\frac{\Delta x}{\Delta t}} = \frac{y - y_0}{\frac{\Delta y}{\Delta t}} = \frac{z - z_0}{\frac{\Delta z}{\Delta t}}$$

于是,$\left\{\frac{\Delta x}{\Delta t}, \frac{\Delta y}{\Delta t}, \frac{\Delta z}{\Delta t}\right\}$为割线的方向向量. 当 $\Delta t \to 0$ 时,点 M 沿着曲线趋向于 M_0,同时割线 M_0M 就趋向于它的极限位置 M_0T,于是便得到了切线 M_0T 的方程

$$\frac{x - x_0}{x'(t_0)} = \frac{y - y_0}{y'(t_0)} = \frac{z - z_0}{z'(t_0)} \tag{9.6.1}$$

另外,我们知道过点 M_0 且垂直于切线 M_0T 的平面称为曲线在点M_0 的法平面,于是向量$\{x'(t_0), y'(t_0), z'(t_0)\}$就是该法平面的法向量,由平面的点法式方程得过点 M_0 的曲线

的法平面方程为

$$x'(t_0)(x-x_0)+y'(t_0)(y-y_0)+z'(t_0)(z-z_0)=0 \tag{9.6.2}$$

【例 9.6.1】 求螺旋线

$$x=a\cos t,\quad y=a\sin t,\quad z=bt$$

在任意点 t_0 处的切线及法平面方程,并证明曲线上任一点的切线与 Oz 轴相交成定角.

解:因为

$$x'(t)=-a\sin t, y'(t)=a\cos t, z'(t)=b$$

故曲线在点 t_0,即过点 $M_0(a\cos t_0, a\sin t_0, bt_0)$ 的切线方程为

$$\frac{x-a\cos t_0}{-a\sin t_0}=\frac{y-a\sin t_0}{a\cos t_0}=\frac{z-bt_0}{b}$$

对应法平面方程为

$$-a\sin t_0(x-a\cos t_0)+a\cos t_0(y-a\sin t_0)+b(z-bt_0)=0$$

化简,得

$$(a\sin t_0)x-(a\cos t_0)y-bz+b^2t_0=0$$

要证曲线上任一点的切线与 Oz 轴相交成定角,只需计算切线的方向向量$\{-a\sin t_0, a\cos t_0, b\}$与 Oz 轴的方向向量$\{0,0,1\}$之间的夹角余弦

$$\cos\varphi=\frac{0\cdot(-a\sin t_0)+0\cdot(a\cos t_0)+1\cdot b}{\sqrt{(-a\sin t_0)^2+(a\cos t_0)^2+b^2}\cdot\sqrt{0^2+0^2+1^2}}=\frac{b}{\sqrt{a^2+b^2}}$$

由上式知 $\cos\varphi$ 与 t_0 无关,即切线与 Oz 轴的交角为常数.

有时会遇到曲线被表示成两个曲面的交线,即由以下联立方程给出

$$\boldsymbol{\Gamma}:\begin{cases}F(x,y,z)=0\\ \Phi(x,y,z)=0\end{cases}$$

由它确定了隐函数,$y=y(x)$,$z=z(x)$,于是曲线 $\boldsymbol{\Gamma}$ 又可以表示为参数方程形式:$\boldsymbol{\Gamma}: x=x$, $y=y(x)$, $z=z(x)$,于是切线的方向向量数是$\{1, y'(x), z'(x)\}$,这样就能写出切线的方程了.

【例 9.6.2】 求切线

$$\boldsymbol{\Gamma}:\begin{cases}x^2+y^2+z^2=6\\ x+y+z=0\end{cases} \tag{9.6.3}$$

在点$(1,-2,1)$处的切线及法平面方程.

解:曲线等价于用下列参数式表示

$$\boldsymbol{\Gamma}:\begin{cases}x=x\\ y=y(x)\\ z=z(x)\end{cases} \tag{9.6.4}$$

由式(9.6.4)知当 $x=1$ 时,曲线在点 $M_0(1,-2,1)$处切线的方向向量为$\{1. y'(1), z'(1)\}$.将式(9.6.3)关于 x 求导得

$$\begin{cases}2x+2y\cdot y'(x)+2z\cdot z'(x)=0\\ 1+y'(x)+z'(x)=0\end{cases} \tag{9.6.5}$$

在式(9.6.5)内代入 $x=1$, $y=-2$, $z=1$,得

$$\begin{cases}1-2y'(1)+z'(1)=0\\ 1+y'(1)+z'(1)=0\end{cases}$$

解出 $y'(1)=0,z'(1)=-1$,于是得到过 M_0 的切线方程为

$$\frac{x-1}{1}=\frac{y+2}{0}=\frac{z-1}{-1}$$

法平面方程为

$$1\cdot(x-1)+0\cdot(y+2)-(z-1)=0$$

即

$$x-z=0$$

9.6.2 曲面的切平面及法线

1. 曲面的切平面及其方程

什么称作曲面的切平面呢?由以下定理即可知道切平面的来历.

定理 9.6.1 设曲面方程为 $F(x,y,z)=0$,点 $M_0(x_0,y_0,z_0)$ 是曲面上的一点,若函数 $F(x,y,z)$ 的偏导数连续,又设过 M_0 且位于曲面上的曲线 C 的参数方程为:$x=x(t),y=y(t),z=z(t)$,M_0 是对应于 $t=t_0$ 的点,且导数 $x'(t),y'(t),z'(t)$ 不全为零,则过 M_0 的这些曲线 C 在 M_0 的所有切线均位于同一个平面.

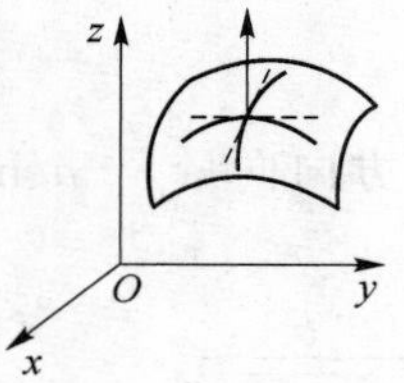

图 9.5

证:由前知,曲线 C 在点 M_0 处的切线存在,且切线的方向向量记作:$\boldsymbol{T}=\{x'(t_0),y'(t_0),z'(t_0)\}$. 又因为曲线 C 在曲面上,故有恒等式

$$F[x(t),y(t),z(t)]\equiv 0$$

将上式左边关于 t 求全导数,代入 $t=t_0$ 及 M_0,有

$$\left.\frac{\mathrm{d}F}{\mathrm{d}t}\right|_{t=t_0}=0$$

即

$$F'_x\big|_{M_0}\cdot x'(t_0)+F'_y\big|_{M_0}\cdot y'(t_0)+F'_z\big|_{M_0}\cdot z'(t_0)=0 \tag{9.6.6}$$

式(9.6.6)可以写成两个向量数量积的形式

$$\{F'_x,F'_y,F'_z\}_{M_0}\cdot\{x'(t_0),y'(t_0),z'(t_0)\}=0 \tag{9.6.7}$$

由式(9.6.7)知向量 $\boldsymbol{n}=\{F'_x,F'_y,F'_z\}_{M_0}$ 与向量 $\boldsymbol{T}=\{x'(t_0),y'(t_0),z'(t_0)\}$ 互相垂直(图 9.5). 又因为过点 M_0 的曲线 C 的任意性,可知曲面上过 M_0 的任一条曲线在该点处的切向量,均与向量 $\boldsymbol{n}$ 互相垂直,而向量 $\boldsymbol{n}$ 显然是只与点 M_0 有关,它是与曲线 C 无关的固定向量,于是所有这些切向量 $\boldsymbol{T}$ 都在以 $\boldsymbol{n}$ 为法向量的一个平面内.

我们称此平面为曲面过点 M_0 的切平面. 向量 $\boldsymbol{n}$ 也称为切平面的法向量,也可说是曲面在点 M_0 的法向量.

由上面的定理立即得到,过曲面上点 $M_0(x_0,y_0,z_0)$ 的切平面方程为

$$F'_x\big|_{M_0}\cdot(x-x_0)+F'_y\big|_{M_0}\cdot(y-y_0)+F'_z\big|_{M_0}\cdot(z-z_0)=0 \tag{9.6.8}$$

如果曲面方程由显式 $z=f(x,y)$ 给出,这里 f 有连续偏导数,我们可令

$$F(x,y,z)=z-f(x,y)=0$$

此时 $F'_x=-\dfrac{\partial f}{\partial x},F'_y=-\dfrac{\partial f}{\partial y},F'_z=1$. 这样由过点 $M_0(x_0,y_0,z_0)$ 的切平面方程式得到

$$-\left.\frac{\partial f}{\partial x}\right|_{(x_0,y_0)}\cdot(x-x_0)-\left.\frac{\partial f}{\partial y}\right|_{(x_0,y_0)}\cdot(y-y_0)+1\cdot(z-z_0)=0$$

或

$$z-z_0=\frac{\partial f}{\partial x}\bigg|_{(x_0,y_0)}\cdot(x-x_0)+\frac{\partial f}{\partial y}\bigg|_{(x_0,y_0)}\cdot(y-y_0) \tag{9.6.9}$$

2. 曲面的法线及其方程

我们称过点 M_0 且垂直于切平面的直线，称为曲面在该点的法线. 设曲面为 $F(x,y,z)=0$，则由上知，显然该法线的方向向量为 $\{F'_x,F'_y,F'_z\}_{M_0}$. 于是过点 $M_0(x_0,y_0,z_0)$ 的曲面法线方程为

$$\frac{x-x_0}{F'_x\big|_{M_0}}=\frac{y-y_0}{F'_y\big|_{M_0}}=\frac{z-z_0}{F'_z\big|_{M_0}} \tag{9.6.10}$$

当曲面方程为 $z=f(x,y)$ 时，则在 M_0 处的法线方程为

$$\frac{x-x_0}{\frac{\partial f}{\partial x}\Big|_{M_0}}=\frac{y-y_0}{\frac{\partial f}{\partial y}\Big|_{M_0}}=\frac{z-z_0}{-1}$$

【例 9.6.3】 求曲面 $z=x^2+y^2-1$ 在点(2,1,4)的切平面及法线方程.

解：因为 $\frac{\partial f}{\partial x}=\frac{\partial(x^2+y^2-1)}{\partial x}=2x$，$\frac{\partial f}{\partial y}=\frac{\partial(x^2+y^2-1)}{\partial y}=2y$，故 $\frac{\partial f}{\partial x}\Big|_{(2,1)}=4$，$\frac{\partial f}{\partial y}\Big|_{(2,1)}=2$. 于是由显函数表示曲面的切平面与法线方程，得到所求的切平面方程为

$$z-4=4(x-2)+2(y-1)$$

即

$$4x+2y-z-6=0$$

所求的法线方程为

$$\frac{x-2}{4}=\frac{y-1}{2}=\frac{z-4}{-1}$$

【例 9.6.4】 在椭圆抛物面 $z=x^2+\frac{1}{4}y^2-1$ 上求一点，使该点的切平面与平面 $2x+y+z=0$ 平行，并求该点的法线方程.

解：由于曲面在点 $M_0(x_0,y_0,z_0)$ 的切平面方程为

$$2x_0\cdot(x-x_0)+\frac{y_0}{2}\cdot(y-y_0)-(z-z_0)=0$$

要使切平面与已知平面平行，只需让上式的平面法向量 $\left\{2x_0,\frac{y_0}{2},-1\right\}$ 与已知平面的法向量 $\{2,1,1\}$ 的分量成比例，即

$$\frac{2x_0}{2}=\frac{\frac{y_0}{2}}{1}=\frac{-1}{1}$$

于是解得

$$x_0=-1,y_0=-2$$

再代入椭圆抛物面方程，得：$z_0=1$. 这样我们就得到所求的点为 $M_0(-1,-2,1)$，及过 M_0 的法线的方向向量为$\{2,1,1\}$，于是所求的法线方程为

$$\frac{x+1}{2}=\frac{y+2}{1}=\frac{z-1}{1}$$

【例 9.6.5】 试求曲面 $xyz=1$ 上的任意点 $M_0(x_0,y_0,z_0)$ 的切平面方程,并证明该切平面与三个坐标面所围成的立体的体积为定常数.

解:将曲面方程写成 $F(x,y,z)=xyz-1$,于是 $F'_x=yz,F'_y=xz,F'_z=xy$,代入 $M_0(x_0,y_0,z_0)$ 得过 M_0 的曲面的切平面方程为

$$F'_x|_{M_0}\cdot(x-x_0)+F'_y|_{M_0}\cdot(y-y_0)+F'_z|_{M_0}\cdot(z-z_0)=0$$

即

$$y_0z_0(x-x_0)+x_0z_0(y-y_0)+x_0y_0(z-z_0)=0$$

由 M_0 在曲面上,有 $x_0y_0z_0=1$,上式可化简得到

$$y_0z_0x+x_0z_0y+x_0y_0z=3$$

再将上式变为截距式有

$$\frac{x}{\left(\frac{3}{y_0z_0}\right)}+\frac{y}{\left(\frac{3}{x_0z_0}\right)}+\frac{z}{\left(\frac{3}{x_0y_0}\right)}=1$$

得切平面在 x,y,z 三坐标轴上的截距为

$$p=\frac{3}{y_0z_0},q=\frac{3}{x_0z_0},r=\frac{3}{x_0y_0}$$

为求切平面与三坐标平面所围成的立体的体积,不妨设 $x_0>0,y_0>0,z_0>0$ 于是由三棱锥体体积公式有

$$\begin{aligned}V&=\frac{1}{3}\times\text{底面积}\times\text{高}\\&=\frac{1}{3}\left(\frac{1}{2}pq\right)\cdot r\\&=\frac{1}{6}pqr=\frac{27}{6}\frac{1}{(x_0y_0z_0)^2}=\frac{9}{2}\end{aligned}$$

上式表明切平面与三个坐标面所围成的立体的体积为定常数.

9.6.3 函数全微分的几何意义

我们已经知道,一元函数 $y=f(x)$ 微分 $\mathrm{d}y$ 的几何意义是曲线在点 (x,y) 的切线纵坐标的增量,那么对于二元函数来说,是否还有类似的结论呢?回答是肯定的.

现设函数的偏导数 f'_x、f'_y 在点 $P_0(x_0,y_0)$ 处连续,因而曲面 $z=f(x,y)$ 在点 $M_0(x_0,y_0,z_0)$ 处的切平面存在,其方程为

$$z-z_0=(f'_x)_{P_0}(x-x_0)+(f'_y)_{P_0}(y-y_0)$$

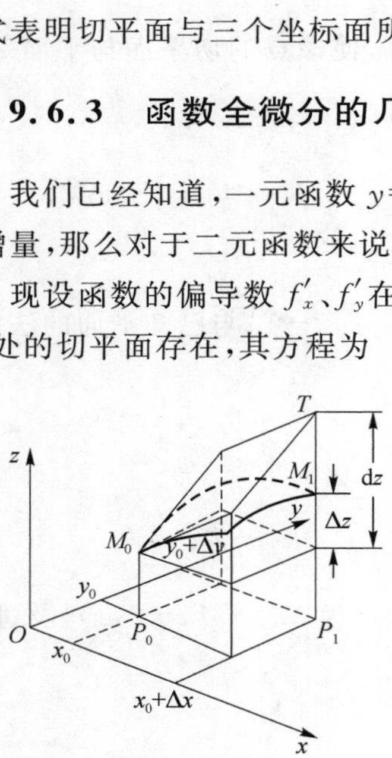

图 9.6

当点 $P_0(x_0,y_0)$ 变化到 $P_1(x_0+\Delta x,y_0+\Delta y)$ 时,曲面上的点 M_0 变到 M_1,对应地,切平面上的点变到 T(图 9.6),将 $(x_0+\Delta x,y_0+\Delta y)$ 代入切平面方程,得到

$$z-z_0=(f'_x)_{P_0}\cdot\Delta x+(f'_y)_{P_0}\cdot\Delta y$$

上式左端恰是切平面竖坐标 z 的增量,而右端则是函数 $f(x,y)$ 的全微分. 于是有结论:函数在点 $P_0(x_0,y_0)$ 处的全微分 $\mathrm{d}z$ 就是曲面在点 M_0 处的切平面的竖坐标 z 的增量.

习题 9.6

1. 求下列空间曲线在指定点处的切线和法平面方程

(1) 曲线为 $x=\dfrac{t}{1+t}, y=\dfrac{1+t}{t}, z=t^2$，指定点为当 $t=1$ 时对应的点；

(2) 曲线为 $x=3\cos\theta, y=3\sin\theta, z=4\theta$，在点 $M_0\left(\dfrac{3}{\sqrt{2}},\dfrac{3}{\sqrt{2}},\pi\right)$处.

2. 在曲线 $x=t, y=t^2, z=t^3$ 上求出其切线平行于平面 $x+2y+z=4$ 的切点坐标.

3. 求曲线

$$\begin{cases}x^2+y^2+z^2-3x=0\\2x-3y+5z-4=0\end{cases}$$

在点(1,1,1)处的切线及法平面方程.

4. 求下列曲面在指定点处的切平面和法线方程

(1) $z=\sqrt{x^2+y^2}$ 在点 $M_0(3,4,5)$处；

(2) 曲面 $e^z-z+xy=3$ 在点 $M_0(2,1,0)$处.

5. 求切点在椭球面 $x^2+2y^2+z^2=1$ 上且平行于平面 $x-y+2z=0$ 的切平面方程.

6. 在曲面 $z=xy$ 上求一点，使该点处的法线垂直于平面 $x+3y+z+9=0$，并写出法线方程.

7. 试证：曲面 $\sqrt{x}+\sqrt{y}+\sqrt{z}=\sqrt{a}\ (a>0)$ 上任意一点处的切平面在坐标轴上的截距之和等于 a.

8. 试证：锥面 $z=\sqrt{x^2+y^2}+3$ 的所有切平面都过锥面的顶点(0,0,3).

9.7　多元函数的极值及其求法

9.7.1　二元函数的极值

定义 9.7.1　设函数 $f(x,y)$在 $P_0(x_0,y_0)$的某个邻域内有定义，若在该邻域内任取异于 $P_0(x_0,y_0)$的点 $P(x,y)$恒满足

$$f(x,y)<f(x_0,y_0)\ (\text{或 } f(x,y)>f(x_0,y_0))$$

我们称函数值 $f(P_0)=f(x_0,y_0)$为函数的一个极大值(或极小值)；并称点 $P_0(x_0,y_0)$为函数的一个极大值点(或极小值点)，统称极值点. 函数在 P_0 的极大值(或极小值)统称极值.

【例 9.7.1】　函数 $z=f(x,y)=3(x-1)^2+4(y+2)^2-1$，由该式的特点，易见函数在点 $P_0(1,-2)$取得极小值 $f(1,-2)=-1$，因为在 P_0 的去心邻域内，任取异于 P_0 的点 $P(x,y)$均有以下不等式成立

$$f(x,y)=3(x-1)^2+4(y+2)^2-1>-1=f(1,-2)$$

【例 9.7.2】 函数 $f(x,y)=-\sqrt{x^2+y^2}$ 在点 $P_0(0,0)$ 处取得极大值. 因为当 $x^2+y^2\neq 0$ 时,异于(0,0)的邻域内,任取点 (x,y) 均有以下不等式成立

$$f(x,y)=-\sqrt{x^2+y^2}<0=f(0,0)$$

另外,在一元函数中,若 $f(x)$ 在 x_0 可导,且 x_0 是极值点,则有 $f'(x_0)=0$,对二元函数有类似的定理.

定理 9.7.1(有极值的必要条件) 若函数 $z=f(x,y)$ 在点 $P_0(x_0,y_0)$ 处取得极值,并且函数在 P_0 可偏导,则

$$\left.\frac{\partial f}{\partial x}\right|_{P_0}=0,\ \left.\frac{\partial f}{\partial y}\right|_{P_0}=0$$

证明:由极值定义知,若 $f(x,y)$ 在 $P_0(x_0,y_0)$ 处有极值,于是当变量 y 固定时,即 $y=y_0$ 的一元函数 $f(x,y_0)$ 显然它关于 x 可导. 于是根据一元函数取得极值必要条件,因为 $f(x,y_0)$ 在 x_0 取得极值,因而有

$$\left.\frac{\partial f(x,y_0)}{\partial x}\right|_{x=x_0}=f'_x(x_0,y_0)=0 \tag{9.7.1}$$

同理,当固定 $x=x_0$ 时,有

$$\left.\frac{\partial f(x_0,y)}{\partial y}\right|_{y=y_0}=f'_y(x_0,y_0)=0 \tag{9.7.2}$$

本定理的几何意义为,若 $z=f(x,y)$ 在点 $P_0(x_0,y_0)$ 对应的点处有切平面,则由式(9.7.1)、式(9.7.2)知切平面方程为

$$\begin{aligned} z-z_0&=\left.f'_x\right|_{P_0}\cdot(x-x_0)+\left.f'_y\right|_{P_0}\cdot(y-y_0)\\ &=0\cdot(x-x_0)+0\cdot(y-y_0)=0 \end{aligned}$$

这就是说,在 P_0 处达到极值的函数 $z=f(x,y)$,必在曲面上的点 $M_0(x_0,y_0,z_0)$ 处的切平面平行于 xOy 平面.

要注意的是,上述定理的逆命题不成立,即在点 P_0 处两个偏导数同时为零的点不一定是极值点,有以下反例.

【例 9.7.3】 函数 $z=xy$ 的图形是马鞍面. 在点(0,0)处,偏导数:$\left.\frac{\partial z}{\partial x}\right|_{(0,0)}=\left.y\right|_{(0,0)}=0$,$\left.\frac{\partial z}{\partial y}\right|_{(0,0)}=\left.x\right|_{(0,0)}=0$. 但(0,0)非极值点,因为在(0,0)的任一邻域内,函数 $f(x,y)$ 的值有时为正,有时为负. 而在点(0,0)处,函数值 $f(0,0)=0$,显然它不可能是极值.

我们把两个偏导数同时为零的点称为函数 $f(x,y)$ 的驻点.

另外,偏导数不存在的点,也可能是极值点,例如上面例 9.7.2 的函数 $f(x,y)=-\sqrt{x^2+y^2}$ 在点 $P_0(0,0)$ 取得极大值,但是在 $P_0(0,0)$ 处函数的偏导数不存在,因为极限

$$\lim_{\Delta x\to 0}\frac{f(0+\Delta x,0)-f(0,0)}{\Delta x}=\lim_{\Delta x\to 0}\frac{-\sqrt{(\Delta x)^2}}{\Delta x}$$

不存在,故 $\left.\frac{\partial f}{\partial x}\right|_{(0,0)}$ 不存在.

那么,当 $P_0(x_0,y_0)$ 是驻点时,函数 $z=f(x,y)$ 还需要添加什么条件能断定该函数在点 P_0 有

无极值呢？在一元函数的情形，在驻点条件上，其中有一条为，若知在驻点处函数二阶导数异于零，即可知函数必有极值．那么对二元函数来说，其情形变得复杂了，因为对有连续二阶偏导数的二元函数有三个不同的二阶偏导数，如何判别二元函数的极值，我们有如下的定理：

定理 9.7.2　（二元函数极值的充分条件）

设函数 $z=f(x,y)$ 在点 $P_0(x_0,y_0)$ 的某个邻域内连续，且有一阶和二阶连续的偏导数，又设 $P_0(x_0,y_0)$ 是驻点，即 $f'_x(x_0,y_0)=0$，$f'_y(x_0,y_0)=0$；令

$$f''_{xx}(x_0,y_0)=A,\ f''_{xy}(x_0,y_0)=B,\ f''_{yy}(x_0,y_0)=C$$

(1) 如果 $AC-B^2>0$，则函数 $f(x,y)$ 在 (x_0,y_0) 处有极值，且当 $A<0$ 时为极大值，当 $A>0$ 时为极小值；

(2) 如果 $AC-B^2<0$，则函数在 (x_0,y_0) 处没有极值；

(3) 如果 $AC-B^2=0$，则不能直接得出函数在 (x_0,y_0) 是否有极值的结论，需要用另外方法加以确定．

证明略．

【例 9.7.4】　求函数 $f(x,y)=x^3-y^3+3x^2+3y^2-9x$ 的极值．

解：首先求出 f'_x，f'_y，并求出驻点，

$$\begin{cases} f'_x=3x^2+6x-9=0 \\ f'_y=-3y^2+6y=0 \end{cases} \quad 或 \quad \begin{cases} (x-1)(x+3)=0 \\ y(y-2)=0 \end{cases}$$

于是得驻点为　$P_1(1,0)$，$P_2(1,2)$，$P_3(-3,0)$，$P_4(-3,2)$

其次求出二阶偏导数及各驻点处的 A,B,C 值，用定理 9.7.2 进行判别．因为

$$f''_{xx}=6x+6,\ f''_{xy}=f''_{yx}=0,\ f''_{yy}=-6y+6$$

于是，

(1) 在驻点 $P_1(1,0)$ 处，有 $A=12$，$B=0$，$C=6$，得到 $AC-B^2=12\times 6>0$ 及 $A>0$，可知函数在点 $P_1(1,0)$ 取得极小值 $f(1,0)=-5$；

(2) 在驻点 $P_2(1,2)$ 处，有 $A=12$，$B=0$，$C=-6$，得到 $AC-B^2=12\times(-6)<0$，故函数在点 P_2 处不取得极值；

(3) 在驻点 $P_3(-3,0)$ 处，有 $A=-12$，$B=0$，$C=6$，得到 $AC-B^2=(-12)\times 6<0$，知函数在点 P_3 处也不取得极值；

(4) 在驻点 $P_4(-3,2)$ 处，有 $A=-12<0$，$AC-B^2=(-12)\times(-6)>0$，故函数在此点取得极大值 $f(-3,2)=31$．

9.7.2　多元函数的最大值、最小值问题

我们已经知道，有界闭区域上连续函数在该区域上必有最大值和最小值．显然，若可微函数在闭区域内只有有限个驻点，则其最大值与最小值必在这些驻点上或者在区域的边界上取得，所以欲求函数的最大值、最小值，可先求出函数在所有驻点处的值以及函数在区域边界上的最大值和最小值，这些值中最大的就是最大值，而最小的就是最小值．

【例 9.7.5】　求函数 $f(x,y)=xy-x^2$ 在闭区域 $\boldsymbol{D}$：$0\leqslant x\leqslant 1$，$0\leqslant y\leqslant 1$ 上的最大值、最小值．

解：先求 $f(x,y)$ 的驻点：$f'_x=y-2x=0$ 及 $f'_y=x=0$ 解得驻点 $(0,0)$，它恰好在闭区域 D 的边界上（图 9.7），故函数的最大值、最小值只能在区域 D 的边界上取得．而边界由四条

直线 L_1、L_2、L_3 与 L_4 组成.

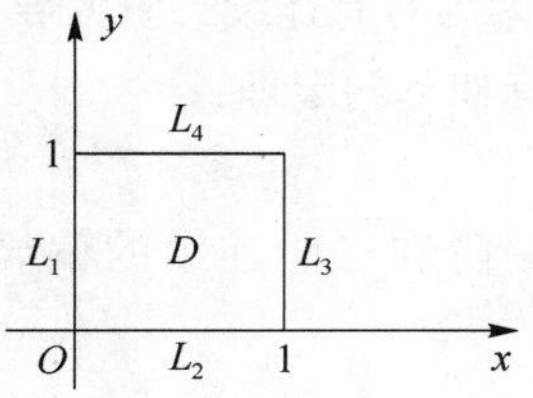

图 9.7

在 L_1 上的点 (x,y) 满足：$x=0, 0\leqslant y\leqslant 1$，且 $f(0,y)=0$，故 $f(x,y)$ 在 L_1 上的值都是零；

在 L_2 上的点 (x,y) 满足：$y=0, 0\leqslant x\leqslant 1$，且 $f(x,0)=-x^2$，故 $f(x,y)$ 在 L_2 上的最大值为零，最小值为 -1；

在 L_3 上的点 (x,y) 满足：$x=1, 0\leqslant y\leqslant 1$，且 $f(1,y)=y-1$，故 $f(x,y)$ 在 L_3 上的最大值为零，最小值为 -1；

在 L_4 上的点 (x,y) 满足：$0\leqslant x\leqslant 1, y=1$，且 $f(x,1)=x-x^2$. 令 $f'(x,1)=1-2x=0$，因此在 L_4 上函数 $f(x,1)$ 有驻点 $x=\frac{1}{2}$，且 $f(x,y)$ 在点 $\left(\frac{1}{2},1\right)$ 的函数值为 $f\left(\frac{1}{2},1\right)=\frac{1}{4}$，当 $x=0,1$ 时，函数在点 $(0,1)$ 及 $(1,1)$ 的值为 $f(0,1)=-1, f(1,1)=0$，从而在 L_4 上函数 $f(x,y)$ 在 L_4 上的最大值为 $\frac{1}{4}$，最小值为 -1.

经比较得到 $f(x,y)$ 在闭区域 D 上的最大值为 $f\left(\frac{1}{2},1\right)=\frac{1}{4}$，最小值为 $f(0,1)=-1$.

在不少问题中，若连续且可导的函数在 D 内部区域只有一个驻点，并且能够判定在该驻点处有极大(极小)值，则该极大(极小)值也是函数在整个区域(闭区域或开区域) D 上的最大(最小)值. 而对于一些实际问题，则可以由实际意义来判断，例如若知某一实际问题对应的函数 $f(x,y)$ 的最大(小)值在 D 内取得，而函数在 D 内只有一个驻点，则该点肯定就是最大(小)值点.

【例 9.7.6】 把一个正数 a 分为三个正数之和，并且使它们的乘积为最大，求这三个正数.

解：设以 x 与 y 分别记第一个与第二个数，第三个数应是 $a-x-y$，于是问题就变为求函数

$$u=xy(a-x-y)$$

在 $x>0, y>0, a-x-y>0$ 的条件下区域 D 内的最大值.

根据所设条件，有 $x+y<a$，故 x 与 y 可以取由直线 $x=0, y=0, x+y=a$ 所围成的三角形内的一切值.

以下求出函数 u 的驻点，因为由 $\frac{\partial u}{\partial x}=y(a-2x-y)=0, \frac{\partial u}{\partial y}=x(a-2y-x)=0$，解得以下四个点

$$(0,0),(0,a),(a,0),\left(\frac{a}{3},\frac{a}{3}\right)$$

前三个点是三角形的顶点，不合条件，它们不在区域 D 内，故可不必考虑. 而最后一个也是 D 内唯一的驻点为 $\left(\frac{a}{3},\frac{a}{3}\right)$，因为函数 u 是一个处处为正值的连续函数，它在三角形的边界上处处为零，可知在这唯一驻点上函数必然取得最大值. 于是得到结论为：如果把 a 分成相等的三部分，那么乘积为最大.

最后，我们顺便指出，若令 $a-x-y=z$，有

$$u=xy(a-x-y)=xyz\leqslant\left(\frac{a}{3}\right)^3=\left(\frac{x+y+z}{3}\right)^3$$

即我们附带证明了一个众所周知的不等式，三个数的几何平均数不大于算术平均数：

$$\sqrt[3]{xyz}\leqslant\frac{x+y+z}{3}$$

9.7.3　条件极值

在例 9.7.6 中，要求目标函数 $u=xyz$，即三个正数乘积达到最大值时 x、y、z 的值，但是这三个正数必须满足一个条件：$x+y+z=a$，称它为约束条件，并称该问题是条件极值问题. 具体求解时，我们将 $z=a-x-y$ 代入 u 中(这里的 x、y 可以独立变化)，化为二元函数的极值问题，并化为去寻求函数 $u=xy(a-x-y)$ 的驻点，我们把它称为无条件极值问题. 但是不少情形，要想从一个已知条件解出其中一个变量的表达式并非易事，有时即使做出来了，但最后得到的函数 u 变得很复杂，不易求出驻点，那么有什么更简便可行的方法呢？下面我们介绍求解条件极值的一种简便、有效的方法——拉格朗日乘数法.

分两种情况讨论.

1. 求目标函数为 $z=f(x,y)$，约束条件为 $\varphi(x,y)=0$ 的条件极值问题.

首先假定由上述条件方程 $\varphi(x,y)=0$，满足隐函数存在条件，并假定函数 f 及 φ 均可微，现将函数关系 $y=y(x)$ 代入 $f(x,y)$，得到

$$z=f(x,y(x)) \tag{9.7.3}$$

上式对 x 求导得

$$\frac{\mathrm{d}z}{\mathrm{d}x}=\frac{\partial f}{\partial x}+\frac{\partial f}{\partial y}\cdot\frac{\mathrm{d}y}{\mathrm{d}x} \tag{9.7.4}$$

在极值点 (x,y) 处有 $\frac{\mathrm{d}z}{\mathrm{d}x}=0$，即

$$\frac{\partial f}{\partial x}+\frac{\partial f}{\partial y}\cdot\frac{\mathrm{d}y}{\mathrm{d}x}=0 \tag{9.7.5}$$

再对 $\varphi(x,y)=0$ 关于 x 求导，有

$$\frac{\partial \varphi}{\partial x}+\frac{\partial \varphi}{\partial y}\cdot\frac{\mathrm{d}y}{\mathrm{d}x}=0 \tag{9.7.6}$$

由式(9.7.5)及式(9.7.6)消去 $\frac{\mathrm{d}y}{\mathrm{d}x}$ 得

$$\frac{\dfrac{\partial f}{\partial x}}{\dfrac{\partial \varphi}{\partial x}}=\frac{\dfrac{\partial f}{\partial y}}{\dfrac{\partial \varphi}{\partial y}} \tag{9.7.7}$$

设上式公共比值为 $-\lambda$，得

$$\frac{\partial f}{\partial x}+\lambda\frac{\partial \varphi}{\partial x}=0,\quad \frac{\partial f}{\partial y}+\lambda\frac{\partial \varphi}{\partial y}=0 \tag{9.7.8}$$

若令辅助函数

$$F(x,y)=f(x,y)+\lambda\varphi(x,y) \tag{9.7.9}$$

其中，λ 为待定常数，于是，由式(9.7.8)及已知条件，在驻点处应满足以下三个方程

$$\begin{cases}\dfrac{\partial F}{\partial x}=0\\\dfrac{\partial F}{\partial y}=0\\\varphi(x,y)=0\end{cases}$$

从这个联立方程组解出 x,y,λ,就得到驻点的坐标(x,y).

2. 求目标函数为 $u=f(x,y,z)$,约束条件为 $\varphi(x,y,z)=0$ 的条件极值问题.

这里不再推导,只给出方法:作辅助函数

$$F(x,y,z)=f(x,y,z)+\lambda\varphi(x,y,z)$$

则所求条件极值的驻点满足方程组

$$\begin{cases}\dfrac{\partial F}{\partial x}=0,\dfrac{\partial F}{\partial y}=0,\dfrac{\partial F}{\partial z}=0\\\varphi(x,y,z)=0\end{cases}$$

解上述方程并消去 λ 后,可得驻点(x,y,z).

若增加一个条件:$\psi(x,y,z)=0$,可作辅助函数

$$F(x,y,z)=f(x,y,z)+\lambda_1\varphi(x,y,z)+\lambda_2\psi(x,y,z)$$

则所求目标函数 $u=f(x,y,z)$在满足以上两个约束条件下的驻点应满足下列方程组

$$\begin{cases}\dfrac{\partial F}{\partial x}=0,\dfrac{\partial F}{\partial y}=0,\dfrac{\partial F}{\partial z}=0\\\varphi(x,y,z)=0,\psi(x,y,z)=0\end{cases}$$

该方程共有五个未知数 x、y、z、λ_1、λ_2,解出 x、y、z 即可得应求的驻点.

驻点求出后,再分析它们是否为极值点.这种求条件极值的方法称为拉格朗日乘数法,λ_1、λ_2 称为拉格朗日乘子,函数 $F(x,y,z)$称为拉格朗日函数.

【例 9.7.7】 求柱面 $x^2+\dfrac{y^2}{4}=1$,被平面 $\dfrac{x}{3}+\dfrac{y}{2}+z=1$ 所截的曲线上的点的竖坐标 z 的最大值与最小值.

解:该例就是求目标函数 $z=1-\dfrac{x}{3}-\dfrac{y}{2}$在约束条件 $x^2+\dfrac{y^2}{4}=1$ 下的最大值与最小值.属于情形1,作辅助函数

$$F(x,y)=1-\frac{x}{3}-\frac{y}{2}+\lambda\left(x^2+\frac{y^2}{4}-1\right)$$

驻点满足方程组

$$\begin{cases}\dfrac{\partial F}{\partial x}=-\dfrac{1}{3}+2\lambda x=0 & (9.7.10)\\\dfrac{\partial F}{\partial y}=-\dfrac{1}{2}+\dfrac{1}{2}\lambda y=0 & (9.7.11)\\x^2+\dfrac{y^2}{4}=1 & (9.7.12)\end{cases}$$

由式(9.7.10)与式(9.7.11)得 $y=6x$,代入式(9.7.12)得到方程:$10x^2=1$,解得 $x=\pm\dfrac{1}{\sqrt{10}}$,$y=\pm\dfrac{6}{\sqrt{10}}$,代入目标函数 z 得到

$$z=1-\frac{x}{3}-\frac{y}{2}=1\mp\frac{\sqrt{10}}{3}$$

由该问题的性质可知 z 必有最大值及最小值，故当

$$x=-\frac{1}{\sqrt{10}},y=-\frac{6}{\sqrt{10}}\text{时},z\text{ 取得最大值 }1+\frac{\sqrt{10}}{3};$$

$$x=\frac{1}{\sqrt{10}},y=\frac{6}{\sqrt{10}}\text{时},z\text{ 取得最小值 }1-\frac{\sqrt{10}}{3}$$

【例 9.7.8】 用铁皮制作一个长方体小盒，如果用去的铁皮面积为一定，设为 $2A$，问盒的长、宽、高多少时，能使其容积达到最大？

解：设长、宽、高分别记 x、y、z，问题化为目标函数是

$$V=xyz\quad(x、y、z>0)$$

在以下约束条件下的最大值问题

$$2xy+2yz+2zx=2A$$

即

$$xy+yz+zx-A=0 \tag{9.7.13}$$

作辅助函数为

$$F(x,y,z)=xyz+\lambda(xy+yz+zx-A) \tag{9.7.14}$$

所求驻点应满足式(9.7.13)及下列方程

$$\begin{cases}\dfrac{\partial F}{\partial x}=yz+\lambda(y+z)=0 & (9.7.15)\\[2ex] \dfrac{\partial F}{\partial y}=zx+\lambda(z+x)=0 & (9.7.16)\\[2ex] \dfrac{\partial F}{\partial z}=xy+\lambda(x+y)=0 & (9.7.17)\end{cases}$$

要解以上方程，分别用 x,y,z 乘式(9.7.15)，式(9.7.16)，式(9.7.17)，并相加，得

$$3xyz+2\lambda(xy+yz+zx)=0$$

由条件式(9.7.13)，上式变为

$$3xyz+2A\lambda=0\quad\text{或}\quad\lambda=-\frac{3xyz}{2A} \tag{9.7.18}$$

将式(9.7.18)代入式(9.7.15)，式(9.7.16)，式(9.7.17)，有

$$yz\cdot\left[1-\frac{3x}{2A}(y+z)\right]=0$$

$$zx\cdot\left[1-\frac{3y}{2A}(z+x)\right]=0$$

$$xy\cdot\left[1-\frac{3z}{2A}(x+y)\right]=0$$

由于 x,y,z 均大于零，故由以上三式每个方括号都为零，由此推得

$$xy+xz=\frac{2A}{3} \tag{9.7.19}$$

$$yz+xy=\frac{2A}{3} \tag{9.7.20}$$

$$xz+zy=\frac{2A}{3} \tag{9.7.21}$$

由式(9.7.19)与式(9.7.20)有 $xy+xz=yz+xy$,由式(9.7.19)与式(9.7.21)有 $xy+xz=xz+zy$.

最后,由以上两式立即导出:$x=y=z$,代入式(9.7.13)得到

$$x=y=z=\sqrt{\frac{A}{3}} \tag{9.7.22}$$

显然,由式(9.7.22)表示的驻点,在 $x>0,y>0,z>0$ 内是唯一驻点,并易理解小盒的最大容积是存在的,并且使小盒发生最大容积的点,只能在上述唯一驻点上发生,于是即可得到以下结论:当小盒是边长为$\sqrt{\frac{A}{3}}$的正立方体时,能使容积达到最大.

习题 9.7

1. 如果二元函数 $z=f(x,y)$ 在点 (x_0,y_0) 取得极值,试说明:一元函数 $z=f(x,y_0)$ 及 $z=f(x_0,y)$ 在点 (x_0,y_0) 也取得极值;反之,试以函数 $f(x,y)=x^2+y^2-3xy$ 为例,上述逆命题并不成立.

2. 试说明函数 $z=1-\sqrt{x^2+y^2}$ 在原点的偏导数不存在,但在原点有极大值.

3. (1) 求函数 $f(x,y)=4x-4y-x^2-y^2$ 的极值;

(2) 求函数 $f(x,y)=24xy-6xy^2-4x^2y+x^2y^2$ 的极值.

4. 求下列函数在闭区域上的最大值、最小值.

(1) $z=x^2y(4-x-y)$,闭区域 $D:x\geqslant 0,y\geqslant 0,x+y\leqslant 4$;

(2) $z=x-2y-3$,闭区域 $D:x\geqslant 0,y\geqslant 0,x+y\leqslant 1$.

5. 求函数 $z=xy$ 在适合附加条件 $x+y=1$ 下的极大值.

6. 用化为无条件极值的方法求解下列各题

(1) 用铁皮制造一个体积为 2m^3 的有盖长方体水箱,问怎样选取它的长、宽、高才能使所用材料最省?

(2) 一个长方形敞口盒子,它的底面积与四个侧面积的和为一常数 m,问盒子各边长度多大时,才能使盒子的容积最大?

7. 用 λ 乘数法求解下列条件极值问题

(1) 设空间中有一点 $M(a,b,c)$,用 λ 乘数法导出从点 M 到不过该点的平面 $Ax+By+Cz+D=0$ 之间的最短距离公式;

(2) 求函数 $u=x-2y+2z$ 在条件:$x^2+y^2+z^2=1$ 下可取得极值的点的坐标;

(3) 将周长为 $2k$ 的矩形绕它的一边旋转而构成一个圆柱体. 问矩形的边长各为多少时,才可使圆柱体的体积达到最大?

(4) 求内接于半径为 a 的球且有最大体积的长方体的长、宽、高.

9.8　方向导数和梯度

9.8.1　方向导数

1. 二元函数的方向导数

我们知道偏导数的物理意义是：$f'_x(x_0,y_0)$是函数 $z=f(x,y)$在点 P_0 处沿着平行于 x 轴方向的变化率；$f'_y(x_0,y_0)$是函数 $z=f(x,y)$在点 P_0 处沿着平行于 y 轴方向的变化率. 在不少实际问题中还要确定，在点 P_0 处，函数 $z=f(x,y)$沿着平面 xOy 上其他不同方的变化率. 于是我们引入方向导数的概念.

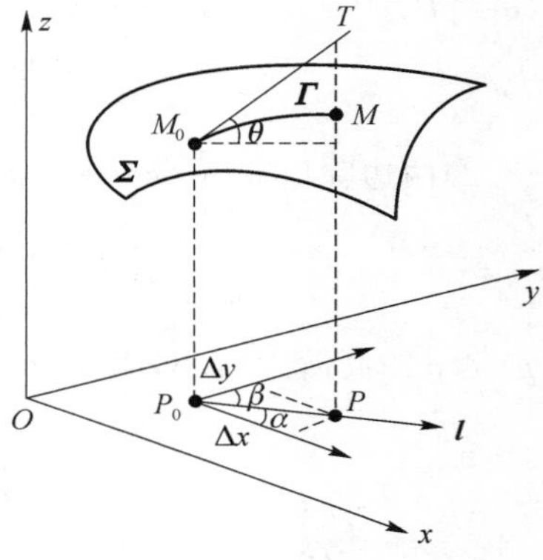

图 9.8

定义 9.8.1　设函数 $z=f(x,y)$在区域 D 内有定义，$P_0(x_0,y_0)$是 D 的一个内点，过 P_0 引射线 L，沿 L 的某向量为 $\boldsymbol{l}$，又设 $\boldsymbol{l}$ 与 x 轴，y 轴的正向夹角分别为 α 和 β(图 9.8)，则 $\boldsymbol{l}$ 的方向余弦为 $\cos\alpha$、$\cos\beta$. 当 P_0 沿射线变到 P 时，记 $|P_0P|=\rho$，函数 $z=f(x,y)$沿射线 L 的改变量为

$$\Delta z=f(x,y)-f(x_0,y_0) \tag{9.8.1}$$

我们称比$\dfrac{\Delta z}{\rho}$是函数 $z=f(x,y)$在 P_0 处并沿方向 $\boldsymbol{l}$ 的平均变化率. 于是若极限

$$\lim_{\substack{\rho\to 0\\(P\to P_0)}}\frac{\Delta z}{\rho}=\lim_{\substack{P\to P_0\\(P\in L)}}\frac{f(x,y)-f(x_0,y_0)}{\rho} \tag{9.8.2}$$

存在，称它是函数 $f(x,y)$在点 $P_0(x_0,y_0)$处且沿方向 $\boldsymbol{l}$ 的方向导数，记作$\left.\dfrac{\partial z}{\partial l}\right|_{P_0}$.

由图 9.8，容易给出方向导数的几何意义：$z=f(x,y)$的图形是一张曲面 S，当点 P 沿射线 L 趋向于点 P_0 时，过射线 L 且垂直于 xOy 平面的竖平面与曲面 S 的交线 $\boldsymbol{\Gamma}$ 上，有 P 对应点 M 沿曲线 $\boldsymbol{\Gamma}$ 趋向于 P_0 的对应点 M_0，同时割线 M_0M 趋向于曲线 $\boldsymbol{\Gamma}$ 在点 M_0 处的切线 M_0T，其斜率为极限

$$\lim_{\substack{P\to P_0\\(P\in L)}}\frac{MP-M_0P_0}{|P_0P|}=\lim_{\substack{P\to P_0\\(P\in L)}}\frac{f(x,y)-f(x_0,y_0)}{\rho}$$

上式恰好等于由式(9.8.2)所表示的方向导数$\left.\dfrac{\partial z}{\partial l}\right|_{P_0}$.

如果在区域 $\boldsymbol{D}$ 内，任意一点 $P(x,y)$处沿着自 P 发出的某向量 $\boldsymbol{l}$ 的方向导数存在，直接记为$\dfrac{\partial z}{\partial l}$.

以下，我们给出方向导数存在性及计算方向导数$\dfrac{\partial z}{\partial l}$的定理.

定理 9.8.1 若函数 $z=f(x,y)$ 在点 $P(x,y)$ 处可微,则函数在该点沿任一方向 $\boldsymbol{l}$ 的方向导数都存在,且有

$$\frac{\partial z}{\partial l}=\frac{\partial z}{\partial x}\cos\alpha+\frac{\partial z}{\partial y}\cos\beta=\frac{\partial z}{\partial x}\cos\alpha+\frac{\partial z}{\partial y}\sin\alpha$$

其中 α 与 β 为方向 $\boldsymbol{l}$ 的两个方向角.

证:因为函数 $z=f(x,y)$ 在点 (x,y) 可微,故 z 的改变量为

$$\begin{aligned}\Delta z&=f(x+\Delta x,y+\Delta y)-f(x,y)\\&=\frac{\partial z}{\partial x}\Delta x+\frac{\partial z}{\partial y}\Delta y+o(\rho)\end{aligned}\tag{9.8.3}$$

其中,$\rho=|P_0P|=\sqrt{(\Delta x)^2+(\Delta y)^2}$,$\Delta x=\rho\cos\alpha,\Delta y=\rho\cos\beta$. 于是式(9.8.1)变为

$$\Delta z=\frac{\partial z}{\partial x}\rho\cdot\cos\alpha+\frac{\partial z}{\partial y}\rho\cdot\cos\beta+o(\rho)\tag{9.8.4}$$

式(9.8.2)两边除以 ρ,再令 $\rho\to0$ 求极限得

$$\frac{\partial z}{\partial l}=\lim_{\rho\to0}\left[\frac{\partial z}{\partial x}\cdot\cos\alpha+\frac{\partial z}{\partial y}\cdot\cos\beta+\frac{o(\rho)}{\rho}\right]$$

由 $o(\rho)$ 是 ρ 的高阶无穷小,因而 $\lim\limits_{\rho\to0}\dfrac{o(\rho)}{\rho}=0$,于是有

$$\frac{\partial z}{\partial l}=\frac{\partial z}{\partial x}\cos\alpha+\frac{\partial z}{\partial y}\cos\beta$$

因为 $\cos\beta=\cos\left(\dfrac{\pi}{2}-\alpha\right)=\sin\alpha$,故上式又可以写成

$$\frac{\partial z}{\partial l}=\frac{\partial z}{\partial x}\cos\alpha+\frac{\partial z}{\partial y}\sin\alpha$$

推论 若保持定理 9.8.1 的条件,$\boldsymbol{l}^0$ 是 $\boldsymbol{l}$ 的单位向量,则 $\dfrac{\partial z}{\partial l}$ 可表示成两个向量的数量积为

$$\frac{\partial z}{\partial l}=\left\{\frac{\partial z}{\partial x},\frac{\partial z}{\partial y}\right\}\cdot\boldsymbol{l}^0$$

证明:因为若 $\boldsymbol{l}$ 的方向余弦为 $\cos\alpha$ 与 $\cos\beta$,则 $\boldsymbol{l}^0=\{\cos\alpha,\cos\beta\}$,由定理 9.8.1 有

$$\begin{aligned}\frac{\partial z}{\partial l}&=\frac{\partial z}{\partial x}\cos\alpha+\frac{\partial z}{\partial y}\cos\beta\\&=\left\{\frac{\partial z}{\partial x},\frac{\partial z}{\partial y}\right\}\cdot\{\cos\alpha,\cos\beta\}=\left\{\frac{\partial z}{\partial x},\frac{\partial z}{\partial y}\right\}\cdot\boldsymbol{l}^0\end{aligned}$$

【例 9.8.1】 设函数 $z=xe^{2y}$,求下列方向导数.

(1) 求函数 z 在点 $P(1,0)$ 处,沿着与 x 轴正向夹角 $\alpha=60°$ 的方向导数;

(2) 求函数 z 在点 $P(1,0)$ 处,并沿从点 $P(1,0)$ 到点 $Q(2,-1)$ 方向的方向导数.

解:(1)由公式:$\left.\dfrac{\partial z}{\partial l}\right|_P=\left\{\dfrac{\partial z}{\partial x},\dfrac{\partial z}{\partial y}\right\}_P\cdot\{\cos\alpha,\cos\beta\}$,先求得 $\left.\dfrac{\partial z}{\partial x}\right|_P=\left.e^{2y}\right|_{P(1,0)}=1$,$\left.\dfrac{\partial z}{\partial y}\right|_P=\left.2xe^{2y}\right|_{P(1,0)}=2$;再求得

$$\cos\beta=\cos\left(\frac{\pi}{2}-\alpha\right)=\sin\alpha=\sin60°=\frac{\sqrt{3}}{2},\cos\alpha=\cos60°=\frac{1}{2}$$

于是有

$$\left.\frac{\partial z}{\partial l}\right|_P=\left.\frac{\partial z}{\partial x}\right|_P\cos\alpha+\left.\frac{\partial z}{\partial y}\right|_P\cos\beta=1\times\frac{1}{2}+2\times\frac{\sqrt{3}}{2}=\frac{1}{2}+\sqrt{3}$$

(2) 由公式：$\left.\frac{\partial z}{\partial l}\right|_P=\left\{\frac{\partial z}{\partial x},\frac{\partial z}{\partial y}\right\}_P\cdot\boldsymbol{l}^0$. 因为单位向量 $\boldsymbol{l}^0=\frac{\boldsymbol{l}}{|\boldsymbol{l}|}$，由 $\boldsymbol{l}=\boldsymbol{PQ}=\{2-1,-1-0\}=\{1,-1\}$，$|\boldsymbol{l}|=\sqrt{1^2+(-1)^2}=\sqrt{2}$，故

$$\boldsymbol{l}^0=\frac{\{1,1\}}{\sqrt{2}}=\left\{\frac{1}{\sqrt{2}},-\frac{1}{\sqrt{2}}\right\}$$

于是有

$$\begin{aligned}\left.\frac{\partial z}{\partial l}\right|_P&=\left\{\frac{\partial z}{\partial x},\frac{\partial z}{\partial y}\right\}_{P(1,0)}\cdot\boldsymbol{l}^0=\{1,2\}\cdot\left\{\frac{1}{\sqrt{2}},-\frac{1}{\sqrt{2}}\right\}\\&=\frac{1}{\sqrt{2}}-2\cdot\frac{1}{\sqrt{2}}=-\frac{1}{\sqrt{2}}=-\frac{\sqrt{2}}{2}\end{aligned}$$

【例 9.8.2】 验证函数 $z=\sqrt{x^2+y^2}$ 在点 $O(0,0)$ 处沿任意方向的方向导数恒为 1，但该函数在点 $O(0,0)$ 处的两个偏导数不存在，试说明其原因.

解：由方向导数的定义有

$$\begin{aligned}\left.\frac{\partial z}{\partial l}\right|_{(0,0)}&=\lim_{\rho\to0}\left.\frac{\Delta z}{\rho}\right|_{(0,0)}=\lim_{\rho\to0}\frac{z(0+\Delta x,0+\Delta y)-z(0,0)}{\sqrt{(\Delta x)^2+(\Delta y)^2}}\\&=\lim_{\rho\to0}\frac{\sqrt{(\Delta x)^2+(\Delta y)^2}}{\sqrt{(\Delta x)^2+(\Delta y)^2}}=1\end{aligned}$$

再由偏导数 $\left.\frac{\partial z}{\partial x}\right|_{(0,0)}$ 的定义有

$$\begin{aligned}\left.\frac{\partial z}{\partial x}\right|_{(0,0)}&=\lim_{\Delta x\to0}\frac{z(0+\Delta x,0)-z(0,0)}{\Delta x}\\&=\lim_{\Delta x\to0}\frac{\sqrt{(\Delta x)^2}}{\Delta x}=\lim_{\Delta x\to0}\frac{|\Delta x|}{\Delta x}\end{aligned}$$

显然，上式右边的极限不存在；同法有 $\left.\frac{\partial z}{\partial y}\right|_{(0,0)}$ 也不存在.

由上可知：在某点处，即使沿任何方向的方向导数都存在，也不能保证在该点处的偏导数存在. 这是因为由方向导数的定义，$\left.\frac{\partial z}{\partial l}\right|_{(0,0)}$ 只是过(0,0)沿着射线(半直线)方向的变化率，而 $\left.\frac{\partial z}{\partial x}\right|_{(0,0)}$ 是过(0,0)的沿直线(x 轴)，无论是 Δx 从 x 的正半轴方向还是负半轴方向趋于零时均应有相同的极限. 也就是因为这个差异才是 $\left.\frac{\partial z}{\partial l}\right|_{(0,0)}$ 的存在与 $\left.\frac{\partial z}{\partial x}\right|_{(0,0)}$ 存在之间不能等价的原因.

2. 三元函数的方向导数

以上关于二元函数方向导数的定义和计算公式，很容易推广到三元函数.

定义 9.8.2 设着 $u=f(x,y,z)$ 的定义域为 V，点 $P_0(x_0,y_0,z_0)$ 是 V 的内点，有从 P_0 发出的射线为 L，$\boldsymbol{l}$ 是以 P_0 为起点并位于射线 L 的某向量，动点 $P(x,y,z)\in L\cap V$，若极限

$$\lim_{\substack{P\to P_0\\(P\in L)}}\frac{f(P)-f(P_0)}{|P_0P|}=\lim_{\rho\to 0}\frac{f(x_0+\Delta x,y_0+\Delta y,z_0+\Delta z)-f(x_0,y_0,z_0)}{\rho}$$

($\rho=\sqrt{(\Delta x)^2+(\Delta y)^2+(\Delta z)^2}$)存在,我们称该极限是函数 $u=f(x,y,z)$ 在点 $P_0(x_0,y_0,z_0)$处并沿方向 $\boldsymbol{l}$ 的方向导数,记作$\left.\frac{\partial u}{\partial l}\right|_{P_0}$.

如果在区域 V 内,任意一点 $P(x,y,z)$处沿着自 P 发出的某向量 $\boldsymbol{l}$ 的方向导数存在,直接记为$\frac{\partial u}{\partial l}$,它也有类似的计算公式.

定理 9.8.2 若函数 $u=f(x,y,z)$在点 $P(x,y,z)\in V$ 可微,设自 P 发出的向量 $\boldsymbol{l}$ 的单位向量为

$$\boldsymbol{l}^0=\frac{\boldsymbol{l}}{|\boldsymbol{l}|}=\{\cos\alpha,\cos\beta,\cos\gamma\}$$

其中,角度 α,β,γ 是向量 $\boldsymbol{l}$ 关于 x,y,z 轴的方向角. 则方向导数$\frac{\partial u}{\partial l}$存在且有以下计算公式

$$\frac{\partial u}{\partial l}=\left\{\frac{\partial f}{\partial x},\frac{\partial f}{\partial y},\frac{\partial f}{\partial z}\right\}_P\cdot\boldsymbol{l}^0=\left(\frac{\partial f}{\partial x}\right)_P\cdot\cos\alpha+\left(\frac{\partial f}{\partial y}\right)_P\cdot\cos\beta+\left(\frac{\partial f}{\partial z}\right)_P\cdot\cos\gamma$$

证明略.

【例 9.8.3】 设 $u=xy^2+yz^3$,有点 $P(2,-1,1)$.

(1) 求函数 u 在点 P 处,沿方向角分别为 $\alpha=\frac{\pi}{4},\beta=\frac{\pi}{3},\gamma=\frac{2\pi}{3}$的向量 $\boldsymbol{l}$ 的方向导数;

(2) 求函数 u 在点 P 处,并沿过点 P 的曲线:$x=3t-1,y=2t^2-3,z=t^3$ 的切线方向(对应于 t 的增大使 x 也增大的方向)的方向导数.

解:(1) 由公式

$$\left.\frac{\partial u}{\partial l}\right|_P=\left.\frac{\partial u}{\partial x}\right|_P\cdot\cos\alpha+\left.\frac{\partial u}{\partial y}\right|_P\cdot\cos\beta+\left.\frac{\partial u}{\partial z}\right|_P\cdot\cos\gamma \tag{9.8.5}$$

由已知得:$\left.\frac{\partial u}{\partial x}\right|_P=y^2\Big|_{(2,-1,1)}=1$;$\left.\frac{\partial u}{\partial y}\right|_P=(2xy+z^3)\Big|_{(2,-1,1)}=2\times2\times(-1)+1^3=-3$;$\left.\frac{\partial u}{\partial z}\right|_P=3yz^2\Big|_{(2,-1,1)}=3\times(-1)\times1^2=-3$.

又因为 $\cos\alpha=\cos\frac{\pi}{4}=\frac{\sqrt{2}}{2},\cos\beta=\cos\frac{\pi}{3}=\frac{1}{2},\cos\gamma=\cos\frac{2\pi}{3}=-\cos\frac{\pi}{3}=-\frac{1}{2}$.

以上代入式(9.8.5),得到

$$\left.\frac{\partial u}{\partial l}\right|_P=1\times\frac{\sqrt{2}}{2}+(-3)\times\frac{1}{2}+(-3)\times\left(-\frac{1}{2}\right)=\frac{\sqrt{2}}{2}$$

(2) 由公式

$$\left.\frac{\partial u}{\partial l}\right|_P=\left\{\frac{\partial u}{\partial x},\frac{\partial u}{\partial y},\frac{\partial u}{\partial z}\right\}_P\cdot\boldsymbol{l}^0$$

因而先求出 $\boldsymbol{l}^0=\frac{\boldsymbol{l}}{|\boldsymbol{l}|}$,过点 P 处,曲线的切向量为 $\boldsymbol{\tau}$,显然可令 $\boldsymbol{l}=\boldsymbol{\tau}$,而切向量 $\boldsymbol{\tau}$ 有两个方向

$$\begin{aligned}\boldsymbol{\tau}&=\pm\left\{\frac{\mathrm{d}x}{\mathrm{d}t},\frac{\mathrm{d}y}{\mathrm{d}t},\frac{\mathrm{d}z}{\mathrm{d}t}\right\}_P\\&=\pm\left\{\frac{\mathrm{d}(3t-1)}{\mathrm{d}t},\frac{\mathrm{d}(2t^2-3)}{\mathrm{d}t},\frac{\mathrm{d}t^3}{\mathrm{d}t}\right\}_P=\pm\{3,4t,3t^2\}_P\end{aligned} \tag{9.8.6}$$

式(9.8.6)中应取"+"号能使 x 随 t 增加而增大. 因为在点 P 处有 $x=3t-1=2$,即 $t=1$,因而对应于 x 随 t 增大方向的切向量应是 $\boldsymbol{\tau}=+\{3,4t,3t^2\}\Big|_{t=1}=\{3,4,3\}$,故有

$$\boldsymbol{l}^0=\frac{\boldsymbol{l}}{|\boldsymbol{l}|}=\frac{\boldsymbol{\tau}}{|\boldsymbol{\tau}|}=\frac{1}{\sqrt{34}}\{3,4,3\}$$

代入公式得到所求方向导数为

$$\begin{aligned}\frac{\partial u}{\partial l}\Big|_P&=\left\{\frac{\partial u}{\partial x},\frac{\partial u}{\partial y},\frac{\partial u}{\partial z}\right\}_P\cdot\boldsymbol{l}^0\\&=\frac{1}{\sqrt{34}}\{1,-3,-3\}\cdot\{3,4,3\}=-\frac{18}{\sqrt{34}}\end{aligned}$$

9.8.2　函数的梯度

二元函数的方向导数公式中有一个向量:$\left\{\frac{\partial f}{\partial x},\frac{\partial f}{\partial y}\right\}_{P(x,y)}$. 我们把这个向量称作二元函数在点 $P(x,y)$处的梯度,记作

$$\mathbf{grad}\,f(x,y)=\left\{\frac{\partial f}{\partial x},\frac{\partial f}{\partial y}\right\}=\frac{\partial f}{\partial x}\boldsymbol{i}+\frac{\partial f}{\partial y}\boldsymbol{j}$$

梯度有以下重要性质:

定理 9.8.3　设函数 $z=f(x,y)$在点 $P(x,y)$可微. 则该函数在点 P 处,沿着梯度方向的方向导数是在 P 点的所有方向导数的最大值,并且该最大值等于

$$\max_l\left\{\left(\frac{\partial z}{\partial l}\right)_P\right\}=|\mathbf{grad}\,f(x,y)|=\sqrt{\left(\frac{\partial f}{\partial x}\right)^2+\left(\frac{\partial f}{\partial y}\right)^2}$$

证明:设 $z=f(x,y)$的梯度为$(\mathbf{grad}\,f)_P$,从点 P 发出的向量为 $\boldsymbol{l}$(图 9.9),梯度与 $\boldsymbol{l}$ 的夹角为 θ,图中只画出三个向量 $\boldsymbol{l},\boldsymbol{l}_1,\boldsymbol{l}_2$,这些向量都在同一个平面内. 由方向导数公式有

$$\begin{aligned}\frac{\partial f}{\partial l}\Big|_P&=\left\{\frac{\partial f}{\partial x},\frac{\partial f}{\partial y}\right\}_P\cdot\boldsymbol{l}^0=(\mathbf{grad}\,f)_P\cdot\boldsymbol{l}^0\\&=|(\mathbf{grad}\,f)_P|\cdot|\boldsymbol{l}^0|\cdot\cos\theta\\&=|(\mathbf{grad}\,f)_P|\cdot\cos\theta\end{aligned}\qquad(9.8.7)$$

由式(9.8.7)知,当梯度向量$(\mathbf{grad}\,f)_P$ 与向量 $\boldsymbol{l}$ 的夹角 θ 等于零时,方向导数 $\left(\frac{\partial f}{\partial l}\right)_P$ 达到最大值为 $|(\mathbf{grad}\,f)_P|=\sqrt{\left(\frac{\partial f}{\partial x}\right)^2+\left(\frac{\partial f}{\partial y}\right)^2}$,此时即 $\theta=0$,恰是方向 $\boldsymbol{l}$ 与梯度向量 $\mathbf{grad}\,f$ 位于同一条射线上.

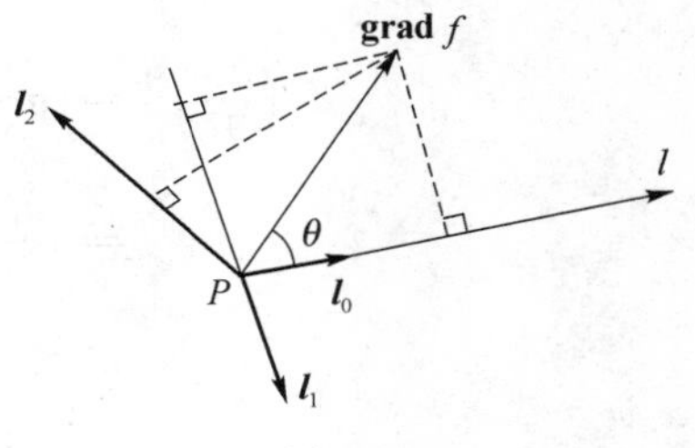

图 9.9

推论　由定理 9.8.3 的证明易得方向导数与梯度的关系为

$$\left(\frac{\partial f}{\partial l}\right)_P=(\mathbf{grad}\,f)_P\cdot\boldsymbol{l}^0$$

【例 9.8.4】　设 $z=\frac{1}{x^2+y^2}$,求 $\mathbf{grad}\,z$,并求在点 $P_0(1,1)$处函数 z 的方向导数的最

大值.

解:因为$\frac{\partial z}{\partial x}=\frac{-2x}{(x^2+y^2)^2},\frac{\partial z}{\partial y}=\frac{-2y}{(x^2+y^2)^2}$.

得到

$$\mathbf{grad}z=\left\{\frac{-2x}{(x^2+y^2)^2},\frac{-2y}{(x^2+y^2)^2}\right\}$$

于是有

$$(\mathbf{grad}z)_{P_0}=\{-\frac{1}{2},-\frac{1}{2}\}$$

故在 P_0 处,方向导数的最大值为

$$\max_l\left\{\left(\frac{\partial z}{\partial l}\right)_{P_0}\right\}=|(\mathbf{grad}z)_{P_0}|=\sqrt{(-\frac{1}{2})^2+(-\frac{1}{2})^2}=\frac{\sqrt{2}}{2}$$

类似地,对可微三元函数 $u=f(x,y,z)$在点 P 的梯度定义为

$$\mathbf{grad}u=\left\{\frac{\partial f}{\partial x},\frac{\partial f}{\partial y},\frac{\partial f}{\partial z}\right\}\Bigg|_P$$

同样,梯度与方向导数的关系为

$$\frac{\partial u}{\partial l}=(\mathbf{grad}u)\cdot\boldsymbol{l}^0$$

在点 P_0 处,方向导数的最大值为

$$\max_l\left\{\left(\frac{\partial u}{\partial l}\right)_{P_0}\right\}=|(\mathbf{grad}u)_{P_0}|=\left(\sqrt{\left(\frac{\partial u}{\partial x}\right)^2+\left(\frac{\partial u}{\partial y}\right)^2+\left(\frac{\partial u}{\partial z}\right)^2}\right)_{P_0}$$

【例 9.8.5】 求函数 $u=xy^2z$ 在点 $P_0(1,-1,0)$的梯度,以及沿方向 $\boldsymbol{l}=\boldsymbol{i}-\boldsymbol{j}+\boldsymbol{k}$ 的方向导数.

解:

$$\mathbf{grad}u=\left\{\frac{\partial u}{\partial x},\frac{\partial u}{\partial y},\frac{\partial u}{\partial z}\right\}=\{y^2z,2xyz,xy^2\}$$

故有

$$(\mathbf{grad}u)_{P_0}=\{0,0,1\}$$

因为 $\boldsymbol{l}=\{1,-1,1\}$,故 $\boldsymbol{l}^0=\left\{\frac{1}{\sqrt{3}},-\frac{1}{\sqrt{3}},\frac{1}{\sqrt{3}}\right\}$,因而

$$\left(\frac{\partial u}{\partial l}\right)_{P_0}=(\mathbf{grad}u)_{P_0}\cdot\boldsymbol{l}^0=\{0,0,1\}\cdot\left\{\frac{1}{\sqrt{3}},-\frac{1}{\sqrt{3}},\frac{1}{\sqrt{3}}\right\}$$

$$=0+0+\frac{1}{\sqrt{3}}=\frac{1}{\sqrt{3}}$$

习题 9.8

1. 设函数 $z=f(x,y)$可微,求函数 z 在点 $P_0(x_0,y_0)$沿向量 $\boldsymbol{l}$,且方向角为 α(向量 $\boldsymbol{l}$ 与 x 轴正向夹角)分别为 $\alpha=0,\frac{\pi}{2},\pi,\frac{3}{2}\pi$ 时的方向导数$\frac{\partial z}{\partial l}$的表达式.

2. 求函数 $z=x^2-xy+y^2$,在点(1,1)沿 $\boldsymbol{l}^0=\{\cos\alpha,\cos\beta\}$的方向导数,问 α 取何值时,

方向导数有：(1) 最大值，(2)最小值，(3) 等于 0 ?

3. 求函数 $z=x^2+y^2$ 在点 $P_0(1,2)$处并沿该点到点 $P_1(2,2+\sqrt{3})$的方向的方向导数.

4. 求函数 $u=xyz$ 在点$M_0(5,1,2)$处，并从点 M_0 到 $M_1(9,4,14)$方向的方向导数.

5. 设 $u=f(x,y,z)=x^2+2y^2+3z^2+xy+3x-2y-6z$.

(1) 求 u 在点(0,0,0)处的梯度；

(2) 求 u 在点(1,1,1)处的方向导数$\left.\dfrac{\partial u}{\partial l}\right|_{(1,1,1)}$的最大值.

6. 设 $\boldsymbol{r}=x\boldsymbol{i}+y\boldsymbol{j}+z\boldsymbol{k}$，记模$|\boldsymbol{r}|=r$，求

(1) $\mathbf{grad}r$；　　(2)设 $f(r)$可微，求证 $\mathbf{grad}f(r)=f'(r)\mathbf{grad}r$；

(3) 求 $\mathbf{grad}\,\dfrac{1}{r^2}$.

7. 设平面内电势函数为 $u=\ln\sqrt{x^2+y^2}$.

(1) 求 $\mathbf{grad}u$；

(2) 求 u 在点 $P_0(2,4)$处沿与 x 轴成30°方向的方向导数；

(3) 求在 $P_0(2,4)$处，方向导数$\dfrac{\partial u}{\partial l}$的最大值.

9.9　本章小结

9.9.1　内容提要

一、多元函数及其极限与连续

1. 与一元函数类似，二元函数的定义域与对应法则仍然是二元函数定义中的两要素，只有两者都确定了，函数才算完全确定. 要注意二元函数的定义域是二维平面上的点集.

2. 二元函数的极限 $\lim\limits_{(x,y)\to(x_0,y_0)}f(x,y)=A$ 比一元函数极限 $\lim\limits_{x\to x_0}f(x)=a$ 要复杂，后者只需当 $x\to x_0^+$ 及 $x\to x_0^-$ 时函数 $f(x)$的极限存在且相等就行了，可是对二元函数而言需要动点 $P(x,y)$无论以什么方向，且无论沿何种路线趋向 $P_0(x_0,y_0)$时，它们的极限都存在且均等于同一个值. 基于这个原因，使在单元函数中的一些重要性质，例如可导必连续、可微与可导的等价性等性质，在二元函数中不再成立.

3. 二元函数 $f(x,y)$在点 $P_0(x_0,y_0)$处的连续性是用极限：$\lim\limits_{\substack{x\to x_0\\y\to y_0}}f(x,y)=f(x_0,y_0)$来定义，所以二元连续函数具有与一元连续函数类似的性质，例如：二元连续函数经过四则运算及复合运算仍然保持连续的性质，以及在有界闭域上的二元连续函数也有最大值、最小值定理与介值定理.

二、偏导数、求导法则、全微分、方向导数

1. 因为自变量的个数增加，故研究二元或多元函数的变化率就不能从一元函数的变化率简单地搬过来，但可把一元函数变化率的定义作为借鉴，只让某个自变量变动，而其余的

自变量都固定不变,来考查函数对该变量的变化率,从而引出了偏导数的概念. 因而偏导数在计算时,可将其看成一元函数的导数,因而一元函数求导公式与法则完全适用于求偏导数.

对于二阶偏导数要注意的是:二元函数混合偏导数 f''_{xy} 与 f''_{yx} 一般来说并不相等,但当两者都是连续函数时,求导的结果与求导的次序无关,即它们相等.

2. 与一元函数一样,复合函数求导法是多元函数求导法中的关键方法. 有下列常用公式:

(1) 含一个中间变量的情形:设 $f'(u)$ 存在,u 可偏导.

$$\frac{\partial}{\partial x}f[u(x,y)]=f'(u)\cdot\frac{\partial u}{\partial x},\frac{\partial}{\partial y}f[u(x,y)]=f'(u)\cdot\frac{\partial u}{\partial y}$$

(2) 含二个及二个以上中间变量情形:设 $z=f(u,v)$ 关于 u,v 可微,u 与 v 关于 x,y 可偏导,有复合求导公式(链式公式)

$$\frac{\partial z}{\partial x}=\frac{\partial z}{\partial u}\cdot\frac{\partial u}{\partial x}+\frac{\partial z}{\partial v}\cdot\frac{\partial v}{\partial x},\frac{\partial z}{\partial y}=\frac{\partial z}{\partial u}\cdot\frac{\partial u}{\partial y}+\frac{\partial z}{\partial v}\cdot\frac{\partial v}{\partial y}$$

(3) 若自变量只有一个,不论中间变量的个数是多少,所求得的导数就是全导数,例如 $z=f[u(x),v(x),w(x)]$,f 可微,u、v、w 可导,则

$$\begin{aligned}\frac{\mathrm{d}z}{\mathrm{d}x}&=\frac{\partial f}{\partial u}\cdot\frac{\mathrm{d}u(x)}{\mathrm{d}x}+\frac{\partial f}{\partial v}\cdot\frac{\mathrm{d}v(x)}{\mathrm{d}x}+\frac{\partial f}{\partial w}\cdot\frac{\mathrm{d}w(x)}{\mathrm{d}x}\\&=f'_1\cdot u'(x)+f'_2\cdot v'(x)+f'_3\cdot w'(x)\end{aligned}$$

3. 隐函数求导一般有两种方法:

(1) 公式法. 设 $F(x,y,z)=0$(满足隐函数存在定理)确定 $z=z(x,y)$,有

$$\frac{\partial z}{\partial x}=-\frac{\frac{\partial F}{\partial x}}{\frac{\partial F}{\partial z}},\quad \frac{\partial z}{\partial y}=-\frac{\frac{\partial F}{\partial y}}{\frac{\partial F}{\partial z}}$$

注意上式左边 $\frac{\partial z}{\partial x}$ 是 $z(x,y)$ 作为自变量为 x、y 的函数,z 关于 x 求偏导,此时将 y 看成常数;而右边 $\frac{\partial F}{\partial x}$ 是将 F 看成变量 x、y、z 的函数,先把 y、z 看成常数,将 F 关于 x 求导.

(2) 直接求导法. 将 $z=z(x,y)$ 代入等式,得到恒等式 $F(x,y,z(x,y))\equiv 0,(x,y)\in D$. 上式两边关于 x 求偏导,得到

$$\frac{\partial F}{\partial x}+\frac{\partial F}{\partial z}\cdot\frac{\partial z}{\partial x}=0$$

解出

$$\frac{\partial z}{\partial x}=-\frac{\frac{\partial F}{\partial x}}{\frac{\partial F}{\partial z}}$$

4. 函数 $z=f(x,y)$ 在 $P_0(x_0,y_0)$ 的方向导数 $\left.\frac{\partial z}{\partial l}\right|_{P_0}$ 为该函数在 P_0 处沿向量 $\boldsymbol{l}$ 的变化率. 记住以下公式:函数 $u=f(x,y)$ 在点 $P_0(x_0,y_0)$ 沿向量 $\boldsymbol{l}$ 方向的导数为

$$\frac{\partial z}{\partial l}=(\mathbf{grad}z)_{P_0}\cdot\boldsymbol{l}^0$$

以上是函数 u 的梯度

$$\mathbf{grad}z(x,y)=\left\{\frac{\partial u}{\partial x},\frac{\partial u}{\partial y}\right\}=\frac{\partial u}{\partial x}\boldsymbol{i}+\frac{\partial u}{\partial y}\boldsymbol{j}$$

$\boldsymbol{l}^0$ 是单位向量：$\boldsymbol{l}^0=\dfrac{\boldsymbol{l}}{|\boldsymbol{l}|}$. 若 $\boldsymbol{l}^0$ 是平面向量，$\boldsymbol{l}^0=\{\cos\alpha,\cos\beta\}$且有 $\cos\beta=\sin\alpha$.

对三元函数有类似的结果.

5. 全微分：函数 $z=f(x,y)$的全增量

$$\Delta z=f(x_0+\Delta x,y_0+\Delta y)-f(x_0,y_0)=A\Delta x+B\Delta y+o(\rho)$$

则 $z=f(x,y)$可微，其中 A 和 B 与 $\Delta x,\Delta y$ 无关，$\rho=\sqrt{(\Delta x)^2+(\Delta y)^2}\to 0$，称 $A\Delta x+B\Delta y$ 为函数 $z=f(x,y)$在点 $P_0(x_0,y_0)$的全微分，记作：$\mathrm{d}z|_{P_0}=A\Delta x+B\Delta y$，令 $\Delta x=\mathrm{d}x,\Delta y=\mathrm{d}y$ 有

$$\mathrm{d}z=f'_x(x,y)\mathrm{d}x+f'_y(x,y)\mathrm{d}y$$

三、偏导数的应用

1. 多元函数的极值

(1) 极值定义与一元函数类似，若 $\forall(x,y)\in \mathring{U}_\delta(P_0)$使

$$f(x,y)>f(x_0,y_0)(\ f(x,y)<f(x_0,y_0)\ )$$

则称 $f(x,y)$在 $P_0(x_0,y_0)$取得极小(极大)值.

(2) 可偏导函数 $z=f(x,y)$在 $P_0(x_0,y_0)$取得极值的必要条件是 P_0 为驻点，即 P_0 满足 $f'_x(x_0,y_0)=0,f'_y(x_0,y_0)=0$. 但驻点不一定是极值点.

函数 $z=f(x,y)$在驻点达到极值的充分条件. 设 $A=\left.\dfrac{\partial^2 f}{\partial x^2}\right|_{P_0}$，$B=\left.\dfrac{\partial^2 f}{\partial x\partial y}\right|_{P_0}$，$C=\left.\dfrac{\partial^2 f}{\partial y^2}\right|_{P_0}$，则有：

① 当 $AC-B^2>0$ 时，$f(x,y)$在 P_0 有极值：当 $A<0$ 时，有极大值；当 $A>0$ 时，有极小值.

② 当 $AC-B^2<0$ 时，$f(x,y)$在 P_0 没有极值.

③ 当 $AC-B^2=0$ 时，$f(x,y)$在 P_0 可能有，也可能没有极值. 要用另外方法讨论才能确定.

(3) 关于函数的最大、最小值问题.

求可微函数在某一个有界闭区域上的最大与最小值，与一元函数类似，其方法是：

① 求出函数在所有驻点的函数值；

② 将①中的这些值与区域边界上函数的最大值与最小值一起加以比较，其中最大的就是最大值，最小的就是最小值.

对实际问题，若知道最大值或最小值在区域内取得，而在区域内驻点只有一个，那么在该驻点处的函数值一定是它的最大值或最小值.

(4) 条件极值

在求最大、最小值的实际问题中，目标函数(被求最大值、最小值的函数)的各个变量之间还有附加的约束条件，这就产生了条件极值的问题，当问题较简单时，可容易地从约束条件中将目标函数中多余的变量消去，使之成为求目标函数的无条件极值问题.

然而当这种转化变得很复杂,甚至不可能时,我们常用λ乘数法去寻求发生最大值或最小值的驻点.常见的情况有:

① 求$u=f(x,y,z)$在条件$\varphi(x,y,z)=0$下的驻点,令

$$F(x,y,z)=f(x,y,z)+\lambda\varphi(x,y,z)$$

驻点满足方程组

$$\frac{\partial F}{\partial x}=0,\frac{\partial F}{\partial y}=0,\frac{\partial F}{\partial z}=0,\varphi(x,y,z)=0$$

解出这组方程,消去λ后得到驻点.

② 求$u=f(x,y)$在条件$\varphi(x,y)=0$下的驻点,令

$$F(x,y)=f(x,y)+\lambda\varphi(x,y)$$

驻点满足方程组

$$\frac{\partial F}{\partial x}=0,\frac{\partial F}{\partial y}=0,\varphi(x,y)=0$$

解出这组方程,消去λ后得到驻点.

2. 空间曲线的切线与法平面方程、曲面的切平面与法线方程.

(1) 设有空间曲线的参数方程为$x=x(t),y=y(t),z=z(t)$关于t有连续导数,它们在t_0处不全为零,当$t=t_0$时,$x=x_0,y=y_0,z=z_0$,则曲线过点$P_0(x_0,y_0,z_0)$的切线方程为

$$\frac{x-x_0}{x'(t_0)}=\frac{y-y_0}{y'(t_0)}=\frac{z-z_0}{z'(t_0)}$$

法平面方程为

$$x'(t_0)(x-x_0)+y'(t_0)(y-y_0)+z'(t_0)(z-z_0)=0$$

(2) 设有曲面方程$F(x,y,z)=0$,F可微.曲面过点$M_0(x_0,y_0,z_0)$的切平面方程为

$$\left.\frac{\partial F}{\partial x}\right|_{M_0}\cdot(x-x_0)+\left.\frac{\partial F}{\partial y}\right|_{M_0}\cdot(y-y_0)+\left.\frac{\partial F}{\partial z}\right|_{M_0}\cdot(z-z_0)=0$$

其中,F的三个偏导数在M_0的值不全为零.

曲面过点M_0的法线方程为

$$\frac{x-x_0}{\left.\frac{\partial F}{\partial x}\right|_{M_0}}=\frac{y-y_0}{\left.\frac{\partial F}{\partial y}\right|_{M_0}}=\frac{z-z_0}{\left.\frac{\partial F}{\partial z}\right|_{M_0}}$$

当曲面方程是由显式$z=f(x,y)$表达时,可令$F(x,y,z)=f(x,y)-z=0$,将它代入以上切平面与法线方程内即可求出.

9.9.2 基本要求

(1) 理解二元及多元函数的概念.理解二元函数的极限与连续的概念,了解有界闭区域上连续函数的性质.

(2) 理解多元函数偏导数的定义并了解其几何意义.了解高阶偏导数的定义.熟练计算二元及三元函数的一阶与二阶偏导数,并了解二元混合偏导数与求导次序无关的条件.

(3) 熟练掌握多元复合函数的求导法则和掌握由一个方程确定的隐函数求导法,了解由两个方程确定的隐函数的求导法.

(4) 理解方向导数的定义,会计算二元及三元函数的方向导数,了解函数梯度的概念,

了解梯度与方向导数之间关系，会计算二元及三元函数的梯度.

(5) 理解多元函数全微分的概念，了解全微分运算法则，会求二元、三元函数的全微分.

(6) 理解多元函数的极值和二元函数取得极值的必要条件与充分条件. 了解最大值、最小值的求解方法. 了解条件极值概念，会用拉格朗日乘数法求解有关条件极值问题.

(7) 掌握空间曲线的切线方程和法平面方程的求法. 掌握曲面的切平面方程和法线方程的求法.

综合练习题

一、单项选择题

1. 设 $f(x+y,x-y)=x^2-y^2$，则 $f(x,y)=($　　$)$.

(A) x^2-y^2　　(B) x^2+y^2　　(C) $(x-y)^2$　　(D) xy

2. 设 $f(x,y)=\ln(x+\dfrac{y}{2x})$，则 $f'_y(1,0)=($　　$)$.

(A) 1　　(B) $\dfrac{1}{2}$　　(C) 2　　(D) 0

3. 设 $z=f(x,y)$，则 $\dfrac{\partial z}{\partial x}\Big|_{(x_0,y_0)}=($　　$)$.

(A) $\lim\limits_{\Delta x\to 0}\dfrac{f(x_0+\Delta x,y_0+\Delta y)-f(x_0,y_0)}{\Delta x}$　　(B) $\lim\limits_{\Delta x\to 0}\dfrac{f(x_0+\Delta x,y_0)-f(x_0,y_0)}{\Delta x}$

(C) $\lim\limits_{\Delta x\to 0}\dfrac{f(x_0+\Delta x,y)-f(x_0,y_0)}{\Delta x}$　　(D) $\lim\limits_{\Delta x\to 0}\dfrac{f(x_0,y_0+x)-f(x_0,y_0)}{\Delta x}$

4. 二元函数　$f(x,y)=\begin{cases}\dfrac{xy}{x^2+y^2} & (x,y)\neq(0,0)\\ 0 & (x,y)=(0,0)\end{cases}$，在点 $(0,0)$ 处有(　　)成立.

(A) 连续，偏导数存在　　(B) 连续，偏导数不存在

(C) 不连续，偏导数存在　　(D) 不连续，偏导数不存在

5. 设函数 $f(x,y)$ 在点 $(0,0)$ 的某邻域内有定义，且 $f'_x(0,0)=3$，$f'_y(0,0)=-1$，则有(　　)成立.

(A) $dz\Big|_{(0,0)}=3dx-dy$

(B) 曲面 $z=f(x,y)$ 在点 $(0,0,f(0,0))$ 的一个法向量为 $(3,-1,1)$

(C) 曲线：$\begin{cases}z=f(x,y)\\ y=0\end{cases}$ 在点 $(0,0,f(0,0))$ 的一个切向量为 $(0,0,3)$

(D) 曲线：$\begin{cases}z=f(x,y)\\ y=0\end{cases}$ 在点 $(0,0,f(0,0))$ 的一个切向量为 $(3,0,1)$

6. $z=\ln\sqrt{1+x^2+y^2}$，则 $dz\Big|_{(1,1)}=($　　$)$.

(A) $\dfrac{1}{2}(dx+dy)$　　(B) $dx+dy$　　(C) $\dfrac{1}{3}(dx+dy)$　　(D) $\sqrt{3}(dx+dy)$

7. $z=\varphi(x+y)+\psi(x-y)$,φ与ψ可微,则有(　　).

(A) $z''_{xx}+z''_{yy}=0$　　(B) $z''_{xx}+z''_{xy}=0$

(C) $z''_{xy}=0$　　(D) $z''_{xx}-z''_{yy}=0$

8. 设$f(x,y)=x^3-12xy+8y^3$在驻点$(2,1)$处(　　).

(A) 取得极小值　(B) 取得极大值　(C) 没有极值　(D) 无法判定

9. 设$z^2=xy-1$在点$(0,1,-1)$处的切平面方程为(　　).

(A) $x+2z+2=0$　　(B) $2y+2z=0$

(C) $x-2y+z=0$　　(D) $x+y+z=0$

10. 在曲线$x=t,y=-t^2,z=t^3$的所有切线中,与平面$x+2y+z=4$平行的切线(　　).

(A) 只有1条　(B) 只有3条　(C) 只有2条　(D) 不存在

二、填空题

1. 在"充分"、"必要"与"充分且必要"三者中选择一个正确的填入下列空格内:

(1) $f(x,y)$在点(x,y)可微分是$f(x,y)$在该点连续的________条件,$f(x,y)$在点(x,y)连续是$f(x,y)$在该点可微分的________条件.

(2) $z=f(x,y)$在点(x,y)的偏导数$\dfrac{\partial z}{\partial x}$及$\dfrac{\partial z}{\partial y}$存在是$f(x,y)$在该点可微分的________条件,$z=f(x,y)$在点$(x,y)$可微分是函数在该点的偏导数$\dfrac{\partial z}{\partial x}$及$\dfrac{\partial z}{\partial y}$存在的________条件.

(3) $z=f(x,y)$的偏导数$\dfrac{\partial z}{\partial x}$及$\dfrac{\partial z}{\partial y}$在点$(x,y)$存在且连续是$f(x,y)$在该点可微分的________条件.

(4) 函数$z=f(x,y)$的两个二阶混合偏导数$\dfrac{\partial^2 z}{\partial x\partial y}$及$\dfrac{\partial^2 z}{\partial y\partial x}$在区域$D$内连续是这两个二阶混合偏导数在$D$内相等的________条件.

2. 设P_0是$z=f(x,y)$的驻点,$A=f''_{xx}(P_0)$,$B=f''_{xy}(P_0)$,$C=f''_{yy}(P_0)$,令$\Delta=B^2-AC$,则当Δ的符号为________时,函数$f(x,y)$在P_0有极值,当A与Δ的符号分别为________及________时,函数$f(x,y)$在P_0达到极大值.

3. 函数$z=\sqrt{\sin(x^2+y^2)}+\arcsin\dfrac{x^2+y^2}{3}$的定义域为________.

4. 设$z=(1+xy)^y$,$\dfrac{\partial z}{\partial y}=$________.

5. 设$z=\dfrac{y}{x}\arcsin\dfrac{x}{y}$,则$x\dfrac{\partial z}{\partial x}+y\dfrac{\partial z}{\partial y}=$________.

6. $z=\arctan\dfrac{x+y}{1-xy}$,则$\mathrm{d}z=$________.

7. 设$u=f(x,xy,xyz)$,f有二阶连续偏导数,则$\dfrac{\partial^2 u}{\partial y\partial z}=$________.

8. 设$f(x+az,y+bz)=0$,f可微,则$a\dfrac{\partial z}{\partial x}+b\dfrac{\partial z}{\partial y}=$________.

9. 函数$z=x^2-y^2$在闭区域$x^2+2y^2\leqslant 4$上的最大值为________,最小值为________.

10. 曲面 $x^2+2y^2+3z^2=21$ 上平行于平面 $x+4y+6z=0$ 的切平面方程为________.

三、解答题

1. 求函数 $f(x,y)=\dfrac{\sqrt{4x-y^2}}{\ln(1-x^2-y^2)}$ 的定义域,并求 $\lim\limits_{(x,y)\to\left(\frac{1}{2},0\right)} f(x,y)$.

2. 设 $f(x,y)=\begin{cases}\dfrac{x^2y}{x^2+y^2} & (x^2+y^2\neq 0)\\ 0 & (x^2+y^2=0)\end{cases}$,求 $f'_x(x,y)$ 及 $f'_y(x,y)$.

3. 设 $u=f(y-z,z-x,x-y)$ 有连续偏导数,求 $\dfrac{\partial u}{\partial x}+\dfrac{\partial u}{\partial y}+\dfrac{\partial u}{\partial z}$.

4. 设 $f(x,y)=\int_0^{\sqrt{xy}}\mathrm{e}^{-t^2}\,\mathrm{d}t$,$x>0$,$y>0$,求 $\dfrac{\partial f}{\partial x}$.

5. 设 $z=f(u,v)u=x\varphi(y)$,$v=x-y$,f 有二阶连续偏导数,$\varphi(y)$ 可导,求 $\dfrac{\partial z}{\partial y}$,$\dfrac{\partial^2 z}{\partial y\partial x}$.

6. 设函数 $f(x,y)$ 可微,且 $f(0,0)=0$,$f'_x(0,0)=a$,$f'_y(0,0)=b$,函数 $F(t)=\mathrm{e}^t f[t,f(t,t)]$,求 $F'(0)$.

7. 已知 $xy=xf(z)+yg(z)$,且 $xf'(z)+yg'(z)\neq 0$,求证由所设等式确定的隐函 $z=z(x,y)$ 满足 $[x-g(z)]\dfrac{\partial z}{\partial x}=[y-f(z)]\dfrac{\partial z}{\partial y}$.

8. 设 $\varphi(x-az,y-bz)=0$ 确定 $z=z(x,y)$,φ 可微,证明由所设方程定义的曲面上任一点处的切平面与直线 $\dfrac{x}{a}=\dfrac{y}{b}=z$ 平行(其中 a,b 是常数).

9. 求曲面 $\sqrt{x}+\sqrt{y}+\sqrt{z}=1$ 的一张切平面,使其在三个坐标轴上的截距之积为最大.

第10章 重 积 分

在第 6 章我们讲述了一元函数定积分的概念，从本章开始，我们将这一概念推广到多元函数的情形. 定积分的概念是某种确定形式的和式的极限，将这种和式的极限推广到定义在区域、曲线及曲面上的多元函数的情形，就得到重积分、曲线积分和曲面积分的概念，这些就是多元函数积分学的内容. 本章先介绍重积分的有关内容，下一章介绍曲线和曲面积分的有关内容.

10.1 二重积分的概念和性质

10.1.1 引例

引例一 曲顶柱体的体积

设有一立体，它的底是 xOy 面上的有界闭区域 D，它的侧面是以 D 的边界为准线，母线平行于 z 轴的柱面，它的顶是曲面 $z=f(x,y)$，其中 $f(x,y)\geqslant 0((x,y)\in D)$ 且连续，称此立体为以 D 为底、以 $z=f(x,y)$ 为顶的曲顶柱体，如图 10.1 所示.

我们的问题是，如何求曲顶柱体的体积？

我们知道，如果柱体是平顶的，它的体积可用公式

$$体积=高\times底面积$$

来计算. 而曲顶柱体在底面 D 上各点 (x,y) 处的高 $f(x,y)$ 是变动的，故不能直接用上面的公式计算，但我们仍然可用定积分中计算曲边梯形的面积的方法，“整体大分小，局部常代变，先求近似和，然后取极限”来计算曲顶柱体的体积. 具体步骤如下：

(1) 用一组曲线网将区域 D 分成 n 个小闭区域

$$\Delta\sigma_1, \Delta\sigma_2, \cdots, \Delta\sigma_n$$

同时用 $\Delta\sigma_i(i=1,2,\cdots,n)$ 表示相应小闭区域的面积. 分别以每个小区域的边界曲线为准线，作母线平行于 z 轴的柱面，它们把原曲顶柱体分成 n 个细曲顶柱体，各个细曲顶柱体的体积记为

$$\Delta V_1, \Delta V_2, \cdots, \Delta V_n$$

(2) 由于 $f(x,y)$ 连续，对同一个小闭区域来说，$f(x,y)$ 变化很小，这时细曲顶柱体可以近似看作平顶柱体(图 10.2). 在每个小区域 $\Delta\sigma_i$ 上任取一点 (ξ_i,η_i)，以 $\Delta\sigma_i$ 为底，以 $f(\xi_i,\eta_i)$ 为高的细平顶柱体的体积作为第 i 个细曲顶柱体体积的近似值，即

$$\Delta V_i \approx f(\xi_i,\eta_i)\Delta\sigma_i \quad (i=1,2,\cdots,n)$$

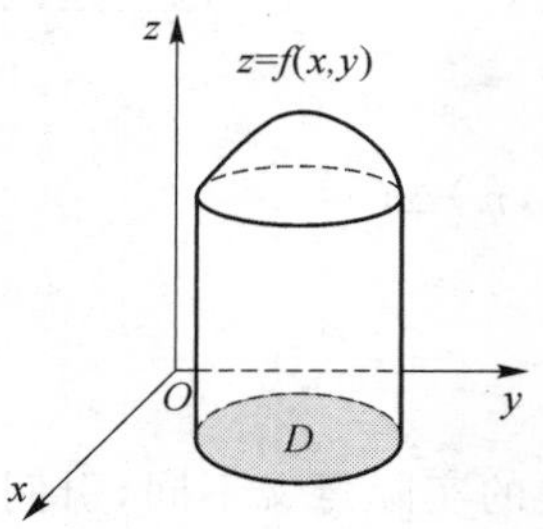

图 10.1

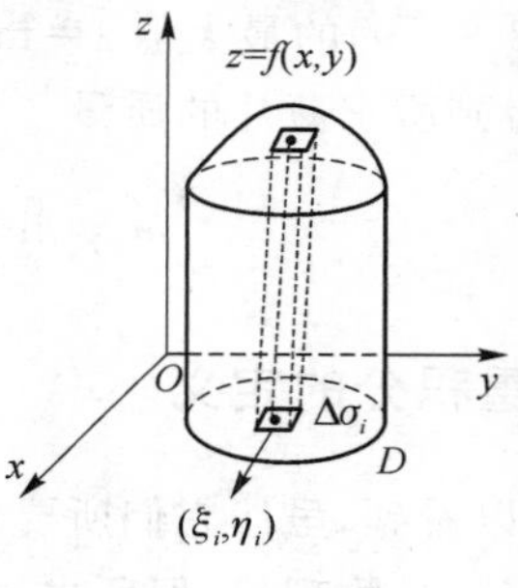

图 10.2

(3) 把这样得到的 n 个细曲顶柱体的体积之和作为所求曲顶柱体体积 V 的近似值,即

$$V \approx f(\xi_1,\eta_1)\Delta\sigma_1 + f(\xi_2,\eta_2)\Delta\sigma_2 + \cdots + f(\xi_n,\eta_n)\Delta\sigma_n = \sum_{i=1}^{n} f(\xi_i,\eta_i)\Delta\sigma_i$$

(4) 为了保证分割无限细化,应使得每个小区域的直径都无限缩小,只需要求各个小区域的直径 $\lambda_i(i=1,2,\cdots,n)$ 的最大值 $\lambda=\max\{\lambda_1,\lambda_2,\cdots,\lambda_n\}\to 0$,也就是说当 $\lambda\to 0$ 时,对上述和式取极限,便得到曲顶柱体的体积

$$V = \lim_{\lambda\to 0}\sum_{i=1}^{n} f(\xi_i,\eta_i)\Delta\sigma_i$$

引例二　平面薄片的质量

设一平面薄片占有 xOy 面上的有界区域 D,它在点 (x,y) 处的面密度为 $\mu(x,y)$,其中 $\mu(x,y)>0$ 且在 D 上连续,我们的问题是如何求这平面薄片的质量?

我们知道,对于均匀的平面薄片,它的面密度是常数,则该薄片的质量可用公式

质量=面密度×面积

来计算.而现在薄片的面密度 $\mu(x,y)$ 是随点 (x,y) 而变化的,故不能直接用上面的公式计算.但由于面密度 $\mu(x,y)$ 是随 (x,y) 连续变化的,在很小的一块区域上面密度变化是微乎其微的,近似是均匀的,因此依然可用"整体大分小,局部常代变,先求近似和,然后取极限"来求这平面薄片的质量.具体步骤如下:

(1) 用一组曲线网将区域 D 分成 n 个小区域

$$\Delta\sigma_1,\Delta\sigma_2,\cdots,\Delta\sigma_n$$

如图 10.3 所示,同时用 $\Delta\sigma_i(i=1,2,\cdots,n)$ 表示相应小区域的面积.各个小区域对应小薄片的质量依次为

$$\Delta m_1,\Delta m_2,\cdots,\Delta m_n$$

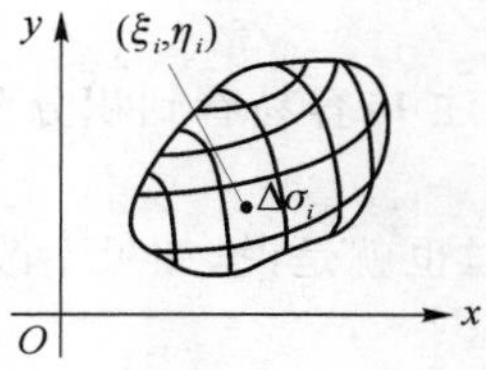

图 10.3

(2) 在每个小区域 $\Delta\sigma_i$ 上任取一点 (ξ_i,η_i),以点 (ξ_i,η_i) 的面密度来代替 $\Delta\sigma_i$ 上各点的面密度,得到相应面小薄片质量的近似值

$$\Delta m_i \approx \mu(\xi_i,\eta_i)\Delta\sigma_i \quad (i=1,2,\cdots,n)$$

(3) 这样得到的 n 个部分质量近似值之和就是整个薄片质量 m 的近似值,即

$$m \approx \mu(\xi_1,\eta_1)\Delta\sigma_1 + \mu(\xi_2,\eta_2)\Delta\sigma_2 + \cdots + \mu(\xi_n,\eta_n)\Delta\sigma_n = \sum_{i=1}^{n}\mu(\xi_i,\eta_i)\Delta\sigma_i$$

(4) 为了实现分割无限细化,应使得每个小区域的直径都无限缩小,只需要求各个小区域的直径 $\lambda_i(i=1,2,\cdots,n)$ 的最大值 $\lambda=\max\{\lambda_1,\lambda_2,\cdots,\lambda_n\}\to 0$,也就是说当 $\lambda\to 0$ 时,对上面的和式取极限,便得到所求薄片的质量

$$m=\lim_{\lambda\to 0}\sum_{i=1}^{n}\mu(\xi_i,\eta_i)\Delta\sigma_i$$

10.1.2 二重积分的定义

从上面二例可以看到,虽然它们所要计算的量的实际意义不同,引例一要计算的是几何量,引例二中要计算的是物理量,但所求量都归结为同一形式的和的极限:

引例一中,体积 $V=\lim\limits_{\lambda\to 0}\sum\limits_{i=1}^{n}f(\xi_i,\eta_i)\Delta\sigma_i$;

引例二中,质量 $m=\lim\limits_{\lambda\to 0}\sum\limits_{i=1}^{n}\mu(\xi_i,\eta_i)\Delta\sigma_i$.

抛开它们的实际意义,抓住它们在数量关系上共同的特性加以概括,就可以抽象出二重积分的定义.

定义 10.1.1 设函数 $f(x,y)$ 在有界闭区域 D 上有界,将 D 任意分成 n 个小区域

$$\Delta\sigma_1,\Delta\sigma_2,\cdots,\Delta\sigma_n$$

用 $\Delta\sigma_i$ 表示第 i 个小区域,同时也表示该小区域的面积. 在每个小区域 $\Delta\sigma_i$ 上任取一点 (ξ_i,η_i),作乘积 $f(\xi_i,\eta_i)\Delta\sigma_i(i=1,2,\cdots,n)$,并作和式

$$S=\sum_{i=1}^{n}f(\xi_i,\eta_i)\Delta\sigma_i$$

记 $\lambda=\max\{\lambda_1,\lambda_2,\cdots,\lambda_n\}$,其中 λ_i 表示 $\Delta\sigma_i(i=1,2,\cdots,n)$ 的直径,如果不论对 D 如何划分,也不论在小区域 $\Delta\sigma_i$ 上点 (ξ_i,η_i) 如何选取,只要当 $\lambda\to 0$ 时,和 S 总趋于确定的极限 I,则称此极限 I 为函数 $f(x,y)$ 在区域 D 上的二重积分,记作 $\iint\limits_D f(x,y)\mathrm{d}\sigma$,即

$$\iint_D f(x,y)\mathrm{d}\sigma=I=\lim_{\lambda\to 0}\sum_{i=1}^{n}f(\xi_i,\eta_i)\Delta\sigma_i$$

并称函数 $f(x,y)$ 在闭区域 D 上可积,称 $f(x,y)$ 为被积函数,$f(x,y)\mathrm{d}\sigma$ 为被积表达式,x,y 为积分变量,D 为积分区域,$\mathrm{d}\sigma$ 为面积元素,$\sum\limits_{i=1}^{n}f(\xi_i,\eta_i)\Delta\sigma_i$ 为积分和.

注 1:容易看到积分和 $\sum\limits_{i=1}^{n}f(\xi_i)\Delta x_i$ 只与被积函数 f 和积分区域 D 有关,而与积分变量无关,也就是说,如果不改变被积函数和积分区域,积分变量用 x,y 还是用 u,v,$\sum\limits_{i=1}^{n}f(\xi_i,\eta_i)\Delta\sigma_i$ 是不变的,因此如果函数 $f(x,y)$ 在 D 上可积,即当 $\lambda\to 0$ 时,$\sum\limits_{i=1}^{n}f(\xi_i,\eta_i)\Delta\sigma_i$ 的极限存在时,则此极限 I 也与积分变量无关,于是有

$$\iint_D f(x,y)\mathrm{d}\sigma=\iint_D f(u,v)\mathrm{d}\sigma$$

注 2:在定义 10.1.1 中有一个重要的问题,那就是 $f(x,y)$ 在区域 D 上满足什么条件

时，$f(x,y)$在 D 上可积？对此问题这里不作深入讨论，只给出相关的结论.

定理 10.1.1　如果函数 $f(x,y)$在闭区域 D 上连续，则 $f(x,y)$在 D 上可积.

注 3：在二重积分$\iint\limits_D f(x,y)\mathrm{d}\sigma$中，面积元素 $\mathrm{d}\sigma$ 是 $\Delta\sigma_i(i=1,2,\cdots,n)$的抽象化，或者说 $\Delta\sigma$ 代表了每一个 $\Delta\sigma_i$. 由于对 D 的分法是任意的，如果在直角坐标系中用平行于坐标轴的直线网来划分 D，则除了包含边界点的一些小闭区域(在求和取极限时，这些小区域对应项的和的极限为零，故它们可以忽略不计)外，其余小闭区域都是矩形闭区域，设矩形闭区域 $\Delta\sigma_i$ 的边长为 Δx_j 和 Δy_k，于是 $\Delta\sigma_i=\Delta x_j\cdot\Delta y_k$，因此在直角坐标系中，面积元素 $\mathrm{d}\sigma$ 被表示为 $\mathrm{d}x\mathrm{d}y$，此时二重积分被记 为$\iint\limits_D f(x,y)\mathrm{d}x\mathrm{d}y$.

由定义 10.1.1，前面的两个引例可分别表述如下：

引例一中以 D 为底、以曲面 $z=f(x,y)(f(x,y)\geqslant 0)$为顶的曲顶柱体的体积 V 等于 $f(x,y)$在区域 D 上的二重积分，即

$$V=\iint\limits_D f(x,y)\mathrm{d}\sigma$$

引例二中占有平面区域 D、面密度为 $\mu(x,y)$的平面薄片的质量 m 等于函数 $\mu(x,y)$在区域 D 的二重积分，即

$$m=\iint\limits_D \mu(x,y)\mathrm{d}\sigma$$

二重积分有类似定积分的几何意义. 首先，前面已经讲过，若在平面闭区域 D 上，连续函数 $f(x,y)\geqslant 0$，则$\iint\limits_D f(x,y)\mathrm{d}\sigma$表示以区域 D 为底、以曲面 $z=f(x,y)$为顶的曲顶柱体的体积；其次，容易看到，若在闭区域 D 上，连续函数 $z=f(x,y)\leqslant 0$，则以 D 为底、以 $z=f(x,y)$为顶的曲顶柱体在 xOy 平面的下方，$\iint\limits_D f(x,y)\mathrm{d}\sigma$表示此曲顶柱体体积的负值；综上所述，如果在闭区域 D 上，$f(x,y)$既取正值又取负值，曲面 $z=f(x,y)$有一部分在 xOy 平面的上方，也有一部分在 xOy 平面的下方，此时二重积分$\iint\limits_D f(x,y)\mathrm{d}\sigma$表示 xOy 平面上方的柱体的体积减去 xOy 平面下方的柱体的体积所得之差.

【例 10.1.1】　求$\iint\limits_D(1-\sqrt{x^2+y^2})\mathrm{d}\sigma$，其中 D 是闭区域 $x^2+y^2\leqslant 4$.

解：由二重积分的几何意义，$\iint\limits_D(1-\sqrt{x^2+y^2})\mathrm{d}\sigma$ 表示以 D 为底，以曲面 $z=1-\sqrt{x^2+y^2}$为顶的在 xOy 面上方的曲顶柱体的体积减去在 xOy 面下方的曲顶柱体的体积之差. 由图 10.4 可以看到，在 xOy 面上方的曲顶柱体是底为 $x^2+y^2\leqslant 1$，高为 1 的直圆锥，它的体积等于$\frac{1}{3}\pi$，在 xOy 面下方的曲顶柱体的底为 $1\leqslant x^2+y^2\leqslant 2$，顶为 $z=1-\sqrt{x^2+y^2}$，它的体积等于底为$\begin{cases}x^2+y^2\leqslant 4\\ z=-1\end{cases}$，高为 1 的直圆柱的体积，减去直圆锥

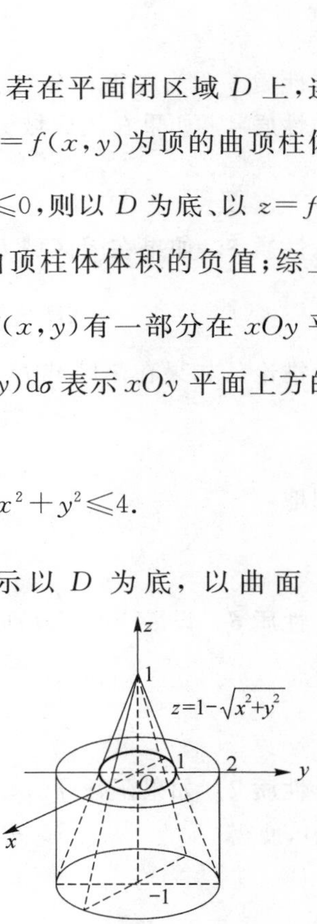

图 10.4

的位于 xOy 面下方的那部分体积,即等于 $4\pi-\left(\frac{8}{3}\pi-\frac{1}{3}\pi\right)=\frac{5}{3}\pi$,于是有

$$\iint_D(1-\sqrt{x^2+y^2})\mathrm{d}\sigma=\iint_{x^2+y^2\leqslant 4}(1-\sqrt{x^2+y^2})\mathrm{d}\sigma=\frac{1}{3}\pi-\frac{5}{3}\pi=-\frac{4}{3}\pi$$

10.1.3 二重积分的性质

由定积分和二重积分的定义可以看出,它们有类似的性质,这些性质的证明也是类似的,因此下面列出二重积分的性质,而略去它们的证明.

性质 1 $\iint_D[f(x,y)\pm g(x,y)]\mathrm{d}\sigma=\iint_D f(x,y)\mathrm{d}\sigma\pm\iint_D g(x,y)\mathrm{d}\sigma$

性质 1 对任意有限多个函数仍成立.

性质 2 $\iint_D kf(x,y)\mathrm{d}\sigma=k\iint_D f(x,y)\mathrm{d}\sigma$($k$ 为常数).

性质 3 如果闭区域 D 被有限条曲线分成为有限多个部分闭区域,则 $f(x,y)$ 在 D 上的二重积分等于 $f(x,y)$ 在各个部分闭区域上的二重积分的和,特别如果 D 被分成两个闭区域 D_1 和 D_2,则有

$$\iint_D f(x,y)\mathrm{d}\sigma=\iint_{D_1}f(x,y)\mathrm{d}\sigma+\iint_{D_2}f(x,y)\mathrm{d}\sigma$$

性质 3 称为二重积分对积分区域具有可加性.

性质 4 如果在闭区域 D 上,$f(x,y)\equiv 1$,D 的面积为 σ,则

$$\iint_D 1\mathrm{d}\sigma=\iint_D\mathrm{d}\sigma=\sigma$$

性质 5 如果在闭区域 D 上,$f(x,y)\geqslant 0$,则

$$\iint_D f(x,y)\mathrm{d}\sigma\geqslant 0$$

推论 如果在闭区域 D 上,$f(x,y)\leqslant g(x,y)$,则

$$\iint_D f(x,y)\mathrm{d}\sigma\leqslant\iint_D g(x,y)\mathrm{d}\sigma$$

特别地,

$$\left|\iint_D f(x,y)\mathrm{d}\sigma\right|\leqslant\iint_D|f(x,y)|\mathrm{d}\sigma$$

性质 6 设 M 和 m 分别是函数 $f(x,y)$ 在闭区域 D 上的最大值和最小值,D 的面积为 σ,则

$$\sigma m\leqslant\iint_D f(x,y)\mathrm{d}\sigma\leqslant\sigma M$$

性质 7 如果函数 $f(x,y)$ 在闭区域 D 上连续,D 的面积为 σ,则在 D 上至少存在一点 (ξ,η),使得

$$\iint_D f(x,y)=f(\xi,\eta)\sigma$$

并称此公式为二重积分的中值公式.

性质 7 也有类似于定积分性质 7 的几何意义：如果在闭区域 D 上，$f(x,y)\geqslant 0$，则性质 7 是说在 D 上至少存在一点 (ξ,η)，使得以 D 为底，以 $z=f(x,y)$ 为顶的曲顶柱体的体积 $\iint\limits_D f(x,y)\mathrm{d}\sigma$，等于以 D 为底，以 $h=f(\xi,\eta)$ 为高，母线平行于 z 轴的平顶柱体的体积 $f(\xi,\eta)\sigma$。

习题 10.1

1. 一薄板(不计其厚度)在 xOy 面上占有区域 D，在薄板上分布着表面密度为 $\rho=\rho(x,y)$ 的电荷，试用二重积分表示此薄板上全部电荷量.

2. 利用二重积分的几何意义，说明下面两个二重积分的关系

$$I_1=\iint\limits_{D_1}(1-x^2-y^2)\mathrm{d}\sigma,D_1=\{(x,y)\mid x\geqslant 0,y\geqslant 0,x^2+y^2\leqslant 1\};$$

$$I_2=\iint\limits_{D_2}(1-x^2-y^2)\mathrm{d}\sigma,D_2=\{(x,y)\mid x\geqslant 0,x^2+y^2\leqslant 1\}.$$

3. 由二重积分的性质，比较下列积分的大小

(1) $\iint\limits_D(x^2+y^2)\mathrm{d}\sigma$ 与 $\iint\limits_D(x^3+y^3)\mathrm{d}\sigma$，其中 D 由坐标轴与直线 $x=1,y=1$ 围成.

(2) $\iint\limits_D\sqrt{x^2+y^2}\,\mathrm{d}\sigma$ 与 $\iint\limits_D(x^2+y^2)\mathrm{d}\sigma$，其中 D 由坐标轴与圆周 $x^2+y^2=1$ 所围成的在第一象限的闭区域.

(3) $\iint\limits_D\dfrac{\mathrm{d}\sigma}{1+(x+y)^2}$ 与 $\iint\limits_D\dfrac{\mathrm{d}\sigma}{1+(x+y)^3}$，其中 D 由直线 $x+y=1,x=1,y=1$ 所围成.

(4) $\iint\limits_D\mathrm{e}^{x^2+y^2}\mathrm{d}\sigma$ 与 $\iint\limits_D\mathrm{e}^{x+y}\mathrm{d}\sigma$，其中 D 由圆周 $\left(x-\dfrac{1}{2}\right)^2+\left(y-\dfrac{1}{2}\right)^2=\dfrac{1}{2}$ 所围成.

4. 利用二重积分的性质估计下列积分的值

(1) $I=\iint\limits_D(x^2+y^2+5)\mathrm{d}\sigma$，其中 $D=\{(x,y)\mid 0\leqslant x\leqslant 1,0\leqslant y\leqslant 2\}$.

(2) $I=\iint\limits_D\sin^2x\cos^2y\mathrm{d}\sigma$，其中 $D=\{(x,y)\mid 0\leqslant x\leqslant \pi,0\leqslant y\leqslant \pi\}$.

(3) $I=\iint\limits_D xy(1+x+y)\mathrm{d}\sigma$，其中 $D=\{(x,y)\mid x\geqslant 0,y\geqslant 0,x+y\leqslant 1\}$.

(4) $I=\iint\limits_D\ln(1+x^2+y^2)\mathrm{d}\sigma$，其中 $D=\{(x,y)\mid 1\leqslant x^2+y^2\leqslant 2\}$.

10.2　二重积分的计算及其几何应用

二重积分的定义实际上只给出了一种积分概念，一般情况下由这个定义并不能解决它

的计算问题.本节介绍二重积分的计算方法,它是将二重积分化为二次积分来计算的,也就是说将二重积分化为两次定积分来计算.由定理 10.1.1,以后我们总假定函数 $z=f(x,y)$ 在平面闭区域 D 上连续.

10.2.1 在直角坐标系下计算二重积分

下面我们从二重积分 $\iint\limits_D f(x,y)\mathrm{d}\sigma$ 的几何意义来说明二重积分的计算方法,为此设 $f(x,y)\geqslant 0$,并设闭区域 D 可用不等式

$$a\leqslant x\leqslant b,\quad \varphi_1(x)\leqslant y\leqslant \varphi_2(x)$$

来表示,如图 10.5 所示,而且过区间 $[a,b]$ 内的任意 x 作平行于 y 轴的直线与 D 的边界只

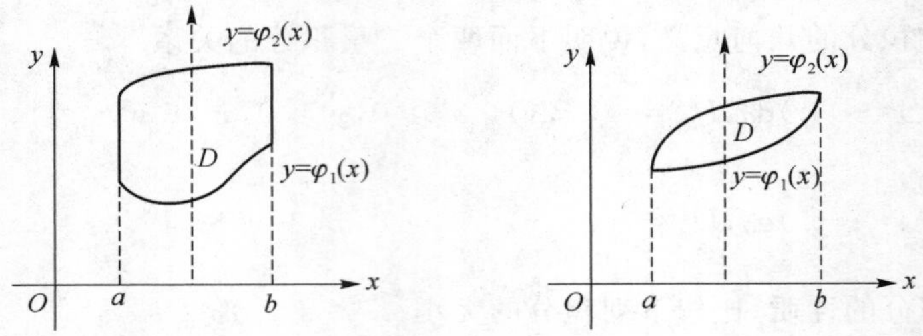

图 10.5

有两个交点,且其中 $y=\varphi_1(x)$,$y=\varphi_2(x)$ 在区间 $[a,b]$ 上连续.由二重积分的几何意义,二重积分 $\iint\limits_D f(x,y)\mathrm{d}x\mathrm{d}y$ 等于以 D 为顶,以 $z=f(x,y)$ 为顶的曲顶柱体的体积(图 10.6),下面我们来计算它的体积.

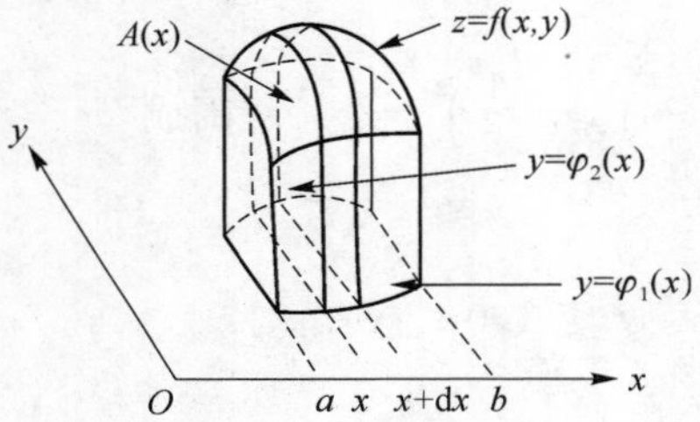

图 10.6

此曲顶柱体的体积与自变量所在的区间 $[a,b]$ 有关,我们在 $[a,b]$ 内取一小区间 $[x,x+\mathrm{d}x]$,过区间的端点 x 和 $x+\mathrm{d}x$ 分别作平行于 xOz 面的平面,截曲顶柱体得一薄曲顶柱体,如图 10.6 所示.此薄曲顶柱体的体积近似等于以过 x 作平面截曲顶柱体所得截面为底,以 $\mathrm{d}x$ 为高的平顶柱体的体积.由定积分的几何意义,过 x 作平面截曲顶柱体所得截面的面积

$$A(x)=\int_{\varphi_1(x)}^{\varphi_2(x)} f(x,y)\mathrm{d}y$$

于是得薄曲顶柱体的体积近似等于

$$A(x)\mathrm{d}x=\left[\int_{\varphi_1(x)}^{\varphi_2(x)} f(x,y)\mathrm{d}y\right]\mathrm{d}x$$

即得曲顶柱体的体积元素

$$\mathrm{d}\boldsymbol{V}=\left[\int_{\varphi_1(x)}^{\varphi_2(x)} f(x,y)\mathrm{d}y\right]\mathrm{d}x$$

因此,所求曲顶柱体的体积

$$V=\int_a^b\left[\int_{\varphi_1(x)}^{\varphi_2(x)}f(x,y)\mathrm{d}y\right]\mathrm{d}x$$

从而有

$$\iint\limits_D f(x,y)\mathrm{d}x\mathrm{d}y=\int_a^b\left[\int_{\varphi_1(x)}^{\varphi_2(x)}f(x,y)\mathrm{d}y\right]\mathrm{d}x$$

由上式可知，当平面区域 D 可用不等式 $a\leqslant x\leqslant b,\varphi_1(x)\leqslant y\leqslant\varphi_2(x)$ 表示，且在 D 上，函数 $z=f(x,y)\geqslant 0$ 时，二重积分可用等式右边的二次积分计算. 该式右端的二次积分，在内层积分 $\int_{\varphi_1(x)}^{\varphi_2(x)}f(x,y)\mathrm{d}y$ 中是把变量 x 暂时看作常数，先对 y 积分，积分后所得结果是变量 x 的函数，进入外层积分，再对 x 积分. 通常把该式的右端写为

$$\int_a^b\mathrm{d}x\int_{\varphi_1(x)}^{\varphi_2(x)}f(x,y)\mathrm{d}y$$

于是

$$\iint\limits_D f(x,y)\mathrm{d}x\mathrm{d}y=\int_a^b\mathrm{d}x\int_{\varphi_1(x)}^{\varphi_2(x)}f(x,y)\mathrm{d}y \tag{10.2.1}$$

类似地，如果积分区域 D 可用不等式

$$c\leqslant y\leqslant d,\quad \psi_1(y)\leqslant x\leqslant\psi_2(y)$$

表示，如图 10.7 所示，而且过区间 $[c,d]$ 内的任意 y 作平行于 x 轴的直线与 D 的边界只有两个交战，且其中 $x=\psi_1(y),x=\psi_2(y)$ 在区间 $[c,d]$ 上连续，则二重积分

$$\iint\limits_D f(x,y)\mathrm{d}x\mathrm{d}y=\int_c^d\mathrm{d}y\int_{\psi_1(y)}^{\psi_2(y)}f(x,y)\mathrm{d}x \tag{10.2.2}$$

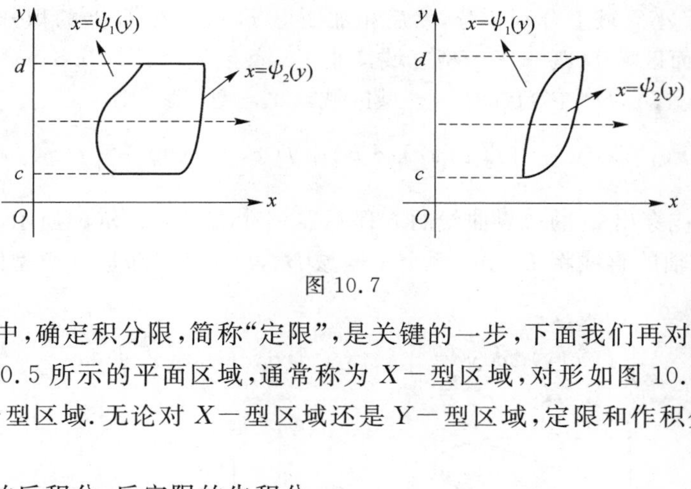

图 10.7

在二重积分中，确定积分限，简称“定限”，是关键的一步，下面我们再对定限方法作具体阐述. 对形如图 10.5 所示的平面区域，通常称为 X 一型区域，对形如图 10.6 所示的平面区域，通常称为 Y 一型区域. 无论对 X 一型区域还是 Y 一型区域，定限和作积分的方法有两个原则：

(1) 先定限的后积分，后定限的先积分；

(2) 定限的方法可用两个字来概括：“夹、穿”.

对于 X 一型区域，如图 10.5 所示：

夹：如果两条平行于 y 轴的直线 $x=a,x=b(a<b)$ 恰好将区域 D 夹在中间，则变量 x 的积分限是由 a 到 b，但要后积分；

穿：在区间 $[a,b]$ 内任意取一点 x，作平行于 y 轴的直线从下向上穿过区域 D，如果穿入 D 的边界曲线的方程为 $y=\varphi_1(x)$，穿出区域 D 的边界曲线的方程为 $y=\varphi_2(x)$，则变量 y 的

积分限是由 $\varphi_1(x)$到 $\varphi_2(x)$，而且先积分.

由此可见，若闭区域可表示为 $D:\begin{cases}a\leqslant x\leqslant b\\ \varphi_1(x)\leqslant y\leqslant\varphi_2(x)\end{cases}$，则二重积分

$$\iint_D f(x,y)\mathrm{d}x\mathrm{d}y=\int_a^b\mathrm{d}x\int_{\varphi_1(x)}^{\varphi_2(x)}f(x,y)\mathrm{d}y$$

此即式(10.2.1).

方法熟练之后，只要写出 $D:\begin{cases}a\leqslant x\leqslant b\\ \varphi_1(x)\leqslant y\leqslant\varphi_2(x)\end{cases}$，就可以作二重积分计算了.

对于 Y－型区域，如图 10.7 所示，经类似分析可知，该区域可表示为 $D:\begin{cases}c\leqslant y\leqslant d\\ \psi_1(y)\leqslant x\leqslant\psi_2(y)\end{cases}$这样，二重积分

$$\iint_D f(x,y)\mathrm{d}x\mathrm{d}y=\int_c^d\mathrm{d}y\int_{\psi_1(y)}^{\psi_2(y)}f(x,y)\mathrm{d}x$$

此即式(10.2.2).

方法熟练之后，只要写出 $D:\begin{cases}c\leqslant y\leqslant d\\ \psi_1(y)\leqslant x\leqslant\psi_2(y)\end{cases}$，就可以作积分计算了.

若平面区域 D 既是 X－型区域又是 Y－型区域，则用式(10.2.1) 或式(10.2.2)两种积分顺序计算均可，但有时用其中的某一个积分顺序计算积分可能会难一点，甚至无法计算，这是要注意的，见下面的例 10.2.2 和例 10.2.3.

对于下列两种情况，则需要将平面区域 D 分成若干个小区域，按照二重积分的性质 3，将 $f(x,y)$在各个小区域上分别积分，然后相加便得 $f(x,y)$在 D 上的积分.

(1) 如果平面区域 D 既非 X－型区域又非 Y－型区域，如图 10.8(a)所示，则要将 D 分成三个小区域 D_1,D_2,D_3，它们都是 X－型区域或 Y－型区域，则

$$\iint_D f(x,y)\mathrm{d}x\mathrm{d}y=\iint_{D_1}f(x,y)\mathrm{d}x\mathrm{d}y+\iint_{D_2}f(x,y)\mathrm{d}x\mathrm{d}y+\iint_{D_3}f(x,y)\mathrm{d}x\mathrm{d}y$$

(2) 若穿入或穿出 D 的边界曲线的方程不唯一时，如图 10.8(b)所示，则需要在交界点处用平行于坐标轴的直线将 D 分成两个小区域 D_1,D_2，它们都是 X－型区域(或 Y－型区域)，则有

$$\iint_D f(x,y)\mathrm{d}x\mathrm{d}y=\iint_{D_1}f(x,y)\mathrm{d}x\mathrm{d}y+\iint_{D_2}f(x,y)\mathrm{d}x\mathrm{d}y$$

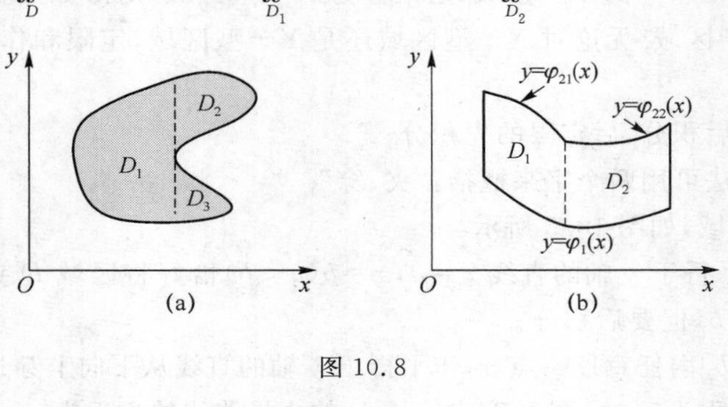

图 10.8

【例 10.2.1】 计算$\iint\limits_D xy\,\mathrm{d}\sigma$，其中 D 是由坐标轴和直线 $x+y=1$ 所围成的闭区域.

解：容易看到区域 D 既是 X－型区域又是 Y－型区域，因此可用两种积分顺序计算.

方法 1　将 D 作为 X－型区域计算，如图 10.9(a)所示. 显然，用 $x=0$，$x=1$ 恰好可将 D 夹在中间，故 x 的积分限是 0 到 1，但要后积分. 在[0,1]内任取一点 x，作平行于 y 轴的直线从下向上穿过区域 D，穿入边界的方程为 $y=0$，穿出边界的方程为 $y=1-x$，故 y 的积分限是 0 到 $1-x$，但要先积分，于是

$$\begin{aligned}\iint\limits_D xy\,\mathrm{d}\sigma &= \int_0^1 \mathrm{d}x\int_0^{1-x} xy\,\mathrm{d}y \\ &= \int_0^1 x\left[\frac{1}{2}y^2\right]_0^{1-x}\mathrm{d}x \\ &= \frac{1}{2}\int_0^1 x\,(1-x)^2\,\mathrm{d}x \\ &= \frac{1}{2}\left[\frac{1}{2}x^2-\frac{2}{3}x^3+\frac{1}{4}x^4\right]_0^1=\frac{1}{24}\end{aligned}$$

方法 2　将 D 作为 Y－型区域计算，如图 10.9(b)所示. 显然，用 $y=0$，$y=1$ 恰好可将 D 夹在中间，故 y 的积分限是 0 到 1，但要后积分. 在[0,1]内任取一点 y，作平行于 x 轴的直线从左向右穿过区域 D，穿入边界的方程为 $x=0$，穿出边界的方程为 $x=1-y$，故 x 的限从 0 到 $1-y$，但要先积分，于是

$$\begin{aligned}\iint\limits_D xy\,\mathrm{d}x\mathrm{d}y &= \int_0^1 \mathrm{d}y\int_0^{1-y} xy\,\mathrm{d}x \\ &= \int_0^1 y\left[\frac{1}{2}x^2\right]_0^{1-y}\mathrm{d}y \\ &= \frac{1}{2}\int_0^1 y\,(1-y)^2\,\mathrm{d}y \\ &= \frac{1}{2}\left[\frac{1}{2}y^2-\frac{2}{3}y^3+\frac{1}{4}y^4\right]_0^1=\frac{1}{24}\end{aligned}$$

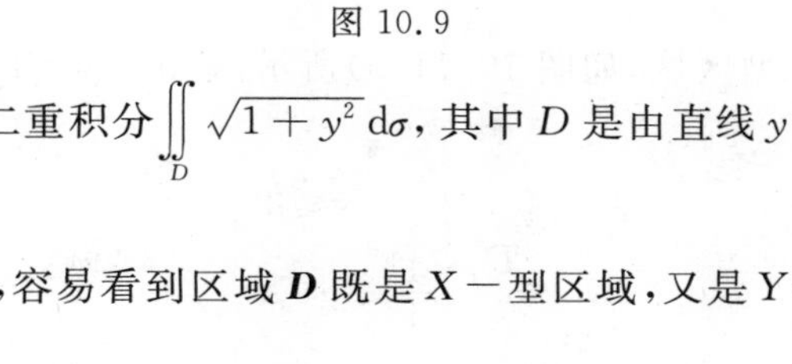

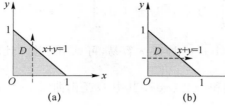

图 10.9

【例 10.2.2】 计算二重积分$\iint\limits_D \sqrt{1+y^2}\,\mathrm{d}\sigma$，其中 D 是由直线 $y=x$，$y=1$ 及 y 轴所围成的闭区域.

解：如图 10.10 所示，容易看到区域 $\boldsymbol{D}$ 既是 X－型区域，又是 Y－型区域，我们用两种方法来计算此二重积分.

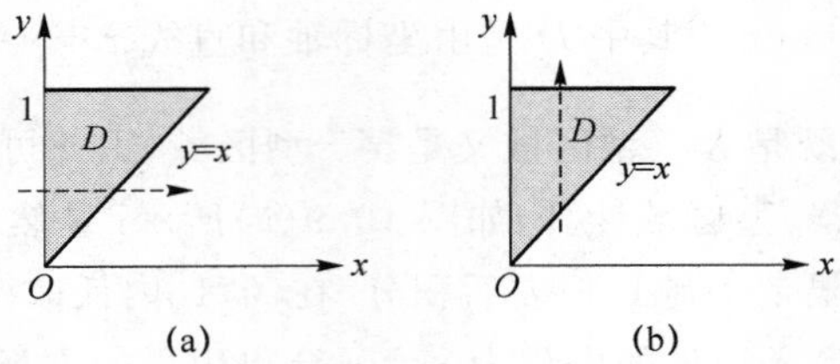

图 10.10

方法1　将 D 作为 Y－型区域计算，如图 10.10(a)所示.由于可用二直线 $y=0$，$y=1$ 将区域 D 恰好夹在中间，故 y 的限为 0 到 1.在区间$[0,1]$内任取一点，作平行于 x 的直线从左向右穿过区域 D，穿入边界的方程为 $x=0$，穿出边界的方程为 $x=y$，于是 x 的限为 0 到 y.区域 D 可表示为

$$D:\begin{cases}0\leqslant y\leqslant 1\\0\leqslant x\leqslant y\end{cases}$$

二重积分

$$\begin{aligned}\iint_D\sqrt{1+y^2}\,\mathrm{d}\sigma&=\int_0^1\mathrm{d}y\int_0^y\sqrt{1+y^2}\,\mathrm{d}x\\&=\int_0^1 y\sqrt{1+y^2}\,\mathrm{d}y\\&=\frac{1}{3}\left[(1+y^2)^{\frac{3}{2}}\right]_0^1\\&=\frac{1}{3}(2\sqrt{2}-1)\end{aligned}$$

方法2　将 D 作为 X－型区域计算，如图 10.10(b)所示.容易看到 D 可表示为

$$D:\begin{cases}0\leqslant x\leqslant 1\\x\leqslant y\leqslant 1\end{cases}$$

二重积分

$$\iint_D\sqrt{1+y^2}\,\mathrm{d}\sigma=\int_0^1\mathrm{d}x\int_x^1\sqrt{1+y^2}\,\mathrm{d}y$$

可以看到计算内层积分 $\int_x^1\sqrt{1+y^2}\,\mathrm{d}y$ 不太容易，可见用方法 1 比较好.

【例 10.2.3】　计算二重积分 $\iint_D\frac{x^2}{y^2}\mathrm{d}\sigma$，其中 D 是由曲线 $xy=1$ 及直线 $y=x$，$x=2$ 所围成闭域.

解:方法1 作为 X－型区域，如图 10.11(a)所示，解出 $xy=1$，$y=x$ 的交点为$(1,1)$，D 可以表示为

$$D:\begin{cases}1\leqslant x\leqslant 2\\\frac{1}{x}\leqslant y\leqslant x\end{cases}$$

于是

$$\iint_D \frac{x^2}{y^2}d\sigma = \int_1^2 x^2 dx \int_{\frac{1}{x}}^{x} \frac{1}{y^2}dy = \int_1^2 x^2 \left[-\frac{1}{y}\right]_{\frac{1}{x}}^{x} dx$$

$$= \int_1^2 (x^3 - x)dx = \left[\frac{1}{4}x^4 - \frac{1}{2}x^2\right]_1^2 = \frac{9}{4}$$

方法 2　作为 Y－型区域，如图 10.11(b)所示，由于穿入 D 的边界曲线是分段的，故需要在交界点(1,1)处作平行于 x 轴的直线将区域 D 分成两个小闭区域 D_1，D_2，分别在 D_1，D_2 上积分，然后加在一起，即为在 D 上的积分. 解出 $xy=1$，$x=2$ 的交点为 $\left(2,\frac{1}{2}\right)$，$y=x$，$x=2$的交点为(2,2)，于是 D_1，D_2 可以分别表示为

$$D_1:\begin{cases}\frac{1}{2}\leqslant y\leqslant 1\\ \frac{1}{y}\leqslant x\leqslant 2\end{cases},\quad D_2:\begin{cases}1\leqslant y\leqslant 2\\ y\leqslant x\leqslant 2\end{cases}$$

于是

$$\iint_D \frac{x^2}{y^2}d\sigma = \iint_{D_1} \frac{x^2}{y^2}d\sigma + \iint_{D_2} \frac{x^2}{y^2}d\sigma$$

$$= \int_{\frac{1}{2}}^{1} \frac{1}{y^2}dy \int_{\frac{1}{y}}^{2} x^2 dx + \int_1^2 \frac{1}{y^2}dy \int_y^2 x^2 dx$$

$$= \int_{\frac{1}{2}}^{1} \frac{1}{y^2}\left(\frac{x^3}{3}\right)_{\frac{1}{y}}^{2} dy + \int_1^2 \frac{1}{y^2}\left(\frac{x^3}{3}\right)_y^2 dy$$

$$= \frac{1}{3}\int_{\frac{1}{2}}^{1}\left(\frac{8}{y^2} - \frac{1}{y^5}\right)dy + \frac{1}{3}\int_1^2\left(\frac{8}{y^2} - y\right)dy$$

$$= \frac{1}{3}\left[-\frac{8}{y} + \frac{1}{4y^4}\right]_{\frac{1}{2}}^{1} + \frac{1}{3}\left[-\frac{8}{y} - \frac{1}{2}y^2\right]_1^2 = \frac{9}{4}$$

可见方法 1 要简捷一些.

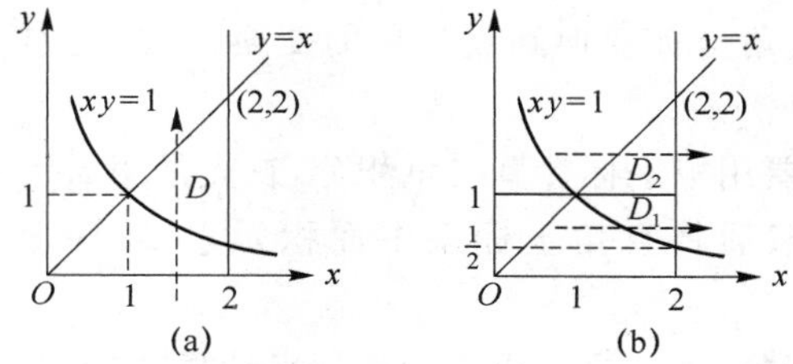

图 10.11

上述几个例子说明，在化二重积分为二次积分时，为了计算简便，需要选择恰当的二次积分的次序. 这时，既要考虑积分区域 D 的特点，对 D 划分的块数越少越好，又要考虑被积函数 $f(x,y)$的特点，使第一次积分容易积出，并为第二次积分的计算创造有利条件.

10.2.2　利用极坐标计算二重积分

对有些二重积分，积分区域的边界用极坐标方程表示比较方便，而且被积分函数用极坐标变量 θ，ρ 表达比较简单，这时用极坐标计算二重积分会比较容易.

下面我们先研究在二重积分的定义中，即

$$\iint_D f(x,y)\mathrm{d}\sigma = \sum_{i=1}^{n} f(\xi_i,\eta_i)\Delta\sigma_i$$

中,积分和在极坐标下的形式.

假定从极点出发且穿过闭区域 D 内部的射线与 D 的边界曲线的交点不多于两个.我们用以极点为中心的一族同心圆,即 $\rho=$常数的曲线,以及从极点出发的一族射线,即 $\theta=$常数的半直线,将 D 分成 n 个小闭区域,如图 10.12 所示.除了包含边界点的一些小区域外,其余小区域的面积,可计算如下

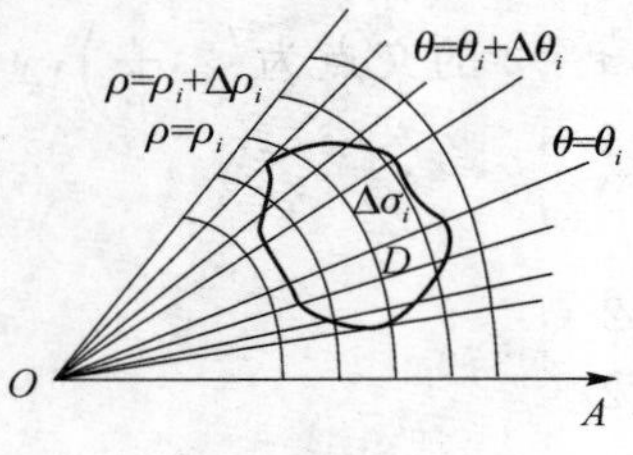

图 10.12

$$\begin{aligned}\Delta\sigma_i &= \frac{1}{2}(\rho_i+\Delta\rho_i)^2\Delta\theta_i - \frac{1}{2}\rho_i^2\Delta\theta_i \\ &= \frac{1}{2}(2\rho_i+\Delta\rho_i)\Delta\rho_i\Delta\theta_i \\ &= \frac{\rho_i+(\rho_i+\Delta\rho_i)}{2}\Delta\rho_i\Delta\theta_i \\ &= \bar{\rho}_i\Delta\rho_i\Delta\theta_i\end{aligned}$$

其中,$\bar{\rho}_i$ 表示相邻两圆弧的半径的平均值.

在这小闭区域内取圆周 $\rho=\bar{\rho}_i$ 上的一点$(\bar{\rho}_i,\bar{\theta}_i)$,该点的直角坐标为$(\xi_i,\eta_i)$,则由直角坐标与极坐标的关系有 $\xi_i=\bar{\rho}_i\cos\bar{\theta}_i$,$\eta_i=\bar{\rho}_i\sin\bar{\theta}_i$,于是有

$$\lim_{\lambda\to 0}\sum_{i=1}^{n} f(\xi_i,\eta_i)\Delta\sigma_i = \lim_{\lambda\to 0}\sum_{i=1}^{n} f(\bar{\rho}_i\cos\bar{\theta}_i,\bar{\rho}_i\sin\bar{\theta}_i)\bar{\rho}_i\Delta\rho_i\Delta\theta_i$$

即得

$$\iint_D f(x,y)\mathrm{d}\sigma = \iint_D f(\rho\cos\theta,\rho\sin\theta)\rho\mathrm{d}\rho\mathrm{d}\theta$$

也可写成

$$\iint_D f(x,y)\mathrm{d}x\mathrm{d}y = \iint_D f(\rho\cos\theta,\rho\sin\theta)\rho\mathrm{d}\rho\mathrm{d}\theta \tag{10.2.3}$$

这是二重积分的变量从直角坐标变换到极坐标的变换公式,其中 $\rho\mathrm{d}\rho\mathrm{d}\theta$ 是在极坐标下的面积元素.

公式(10.2.3)表明,要用极坐标计算二重积分,首先是用 $x=\rho\cos\theta$,$y=\rho\sin\theta$ 替换函数 $f(x,y)$ 中的变量 x,y,然后将直角坐标系中面积元素 $\mathrm{d}x\mathrm{d}y$ 换成极坐标系下的面积元素 $\rho\mathrm{d}\rho\mathrm{d}\theta$.

极坐标下计算二重积分,也是要化成二次积分来计算,它的关键步骤仍然是如何确定积分限,下面介绍定限方法.对于形如图 10.13 所示中的闭区域 D,在极坐标下的积分限仍然可用"夹"、"穿"的方法来确定,具体方法就是:

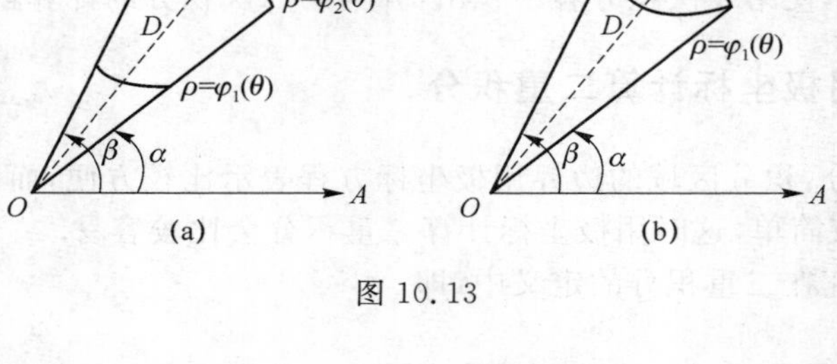

图 10.13

夹：如果可用从极点 O 出发的两条射线 $\theta=\alpha$，$\theta=\beta(\alpha<\beta)$ 恰好将区域 D 夹在中间，则变量 θ 的积分限是由 α 到 β，但要后积分；

穿：在区间 $[\alpha,\beta]$ 内任取一 θ，作从极点出发的射线，穿区域 D，如果穿入 D 的边界曲线的极坐标方程为 $\rho=\varphi_1(\theta)$，穿出 D 的边界曲线的极坐标方程为 $\rho=\varphi_2(\theta)$，则变量 ρ 的积分限是从 $\varphi_1(\theta)$ 到 $\varphi_2(\theta)$，要先积分.

综上，积分区域 D 可表示为

$$D:\begin{cases}\alpha\leqslant\theta\leqslant\beta\\ \varphi_1(\theta)\leqslant\rho\leqslant\varphi_2(\theta)\end{cases}$$

此时，二重积分化为二次积分

$$\iint_D f(x,y)\mathrm{d}x\mathrm{d}y=\int_\alpha^\beta\left(\int_{\varphi_1(\theta)}^{\varphi_2(\theta)}f(\rho\cos\theta,\rho\sin\theta)\rho\mathrm{d}\rho\right)\mathrm{d}\theta$$

上式一般写成下面的形式

$$\iint_D f(x,y)\mathrm{d}x\mathrm{d}y=\int_\alpha^\beta\mathrm{d}\theta\int_{\varphi_1(\theta)}^{\varphi_2(\theta)}f(\rho\cos\theta,\rho\sin\theta)\rho\mathrm{d}\rho$$

若积分区域如图 10.14(a)所示，用类似方法分析可知，此时 D 可表示为

$$D:\begin{cases}\alpha\leqslant\theta\leqslant\beta\\ 0\leqslant\rho\leqslant\varphi(\theta)\end{cases}$$

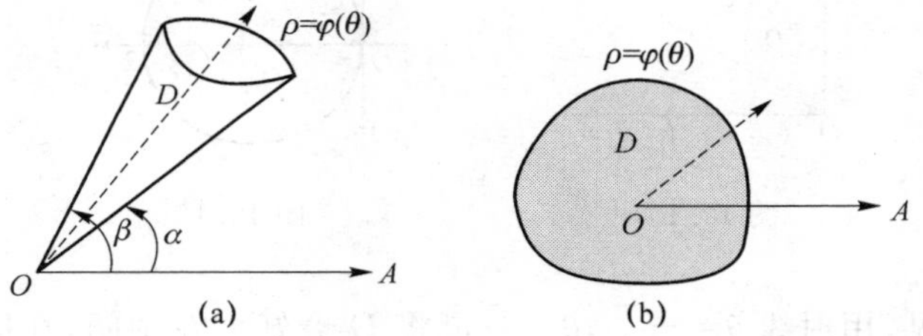

图 10.14

二重积分

$$\iint_D f(x,y)\mathrm{d}x\mathrm{d}y=\int_\alpha^\beta\mathrm{d}\theta\int_0^{\varphi(\theta)}f(\rho\cos\theta,\rho\sin\theta)\rho\mathrm{d}\rho$$

若积分区域如图 10.14(b)所示，此时闭区域 D 可表示为

$$D:\begin{cases}0\leqslant\theta\leqslant 2\pi\\ 0\leqslant\rho\leqslant\varphi(\theta)\end{cases}$$

二重积分

$$\iint_D f(x,y)\mathrm{d}x\mathrm{d}y=\int_0^{2\pi}\mathrm{d}\theta\int_0^{\varphi(\theta)}f(\rho\cos\theta,\rho\sin\theta)\rho\mathrm{d}\rho$$

【例 10.2.4】 计算二重积分 $\iint\limits_D\cos\sqrt{x^2+y^2}\,\mathrm{d}x\mathrm{d}y$，其中 D 是由圆 $x^2+y^2=1$ 及坐标轴所围成的在第一象限内的闭区域.

解：显然积分区域 D(图 10.15)可用从极点 O 出发的二射线 $\theta=0$，$\theta=\dfrac{\pi}{2}$ 恰好夹在中间，在区间 $\left[0,\dfrac{\pi}{2}\right]$ 内任取一 θ，作从极点出发的射线穿区域 D，穿入边界的方程为 $\rho=0$，穿出边

界的方程为 $\rho=1$，于是区域 D 可表示为

$$D:\begin{cases}O\leqslant\theta\leqslant\dfrac{\pi}{2}\\0\leqslant\rho\leqslant1\end{cases}$$

于是

$$\begin{aligned}\iint_D\cos\sqrt{x^2+y^2}\,\mathrm{d}x\mathrm{d}y&=\int_0^{\frac{\pi}{2}}\mathrm{d}\theta\int_0^1\rho\cos\rho\mathrm{d}\rho\\&=\frac{\pi}{2}\int_0^{\pi}\rho\mathrm{d}(\sin\rho)=\frac{\pi}{2}\left\{[\rho\sin\rho]_0^{\pi}-\int_0^{\pi}\sin\rho\mathrm{d}\rho\right\}\\&=\frac{\pi}{2}[-\cos\rho]_0^{\pi}=\pi\end{aligned}$$

【例 10.2.5】 计算二重积分 $\iint\limits_D x\,\mathrm{d}x\mathrm{d}y$，其中 D 是由 $x^2+y^2=2x$ 所围成的闭区域.

解：闭区域 D 的边界曲线为 $(x-1)^2+y^2=1$，它的极坐标方程为 $\rho=2\cos\theta$，如图 10.16 所示.

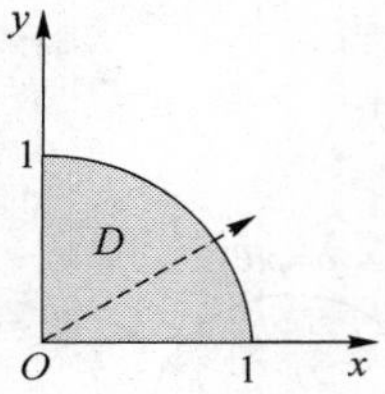

图 10.15

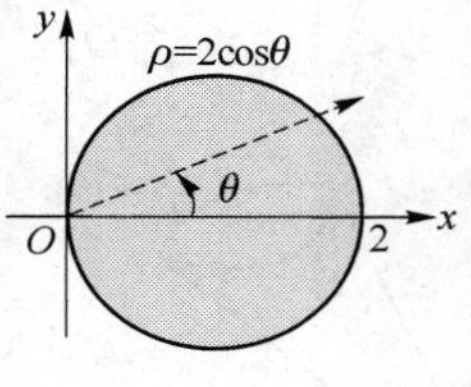

图 10.16

由图 10.16 可见，用射线 $\theta=-\dfrac{\pi}{2}$，$\theta=\dfrac{\pi}{2}$ 可将 D 恰好夹在中间，在区间 $\left[-\dfrac{\pi}{2},\dfrac{\pi}{2}\right]$ 内任取一 θ，作射线穿 D，从 $\rho=0$ 穿入，从 $\rho=2\cos\theta$ 穿出，故 D 可表示为

$$D:\begin{cases}-\dfrac{\pi}{2}\leqslant\theta\leqslant\dfrac{\pi}{2}\\0\leqslant\rho\leqslant2\cos\theta\end{cases}$$

于是有

$$\begin{aligned}\iint_D x\,\mathrm{d}x\mathrm{d}y&=\int_{-\frac{\pi}{2}}^{\frac{\pi}{2}}\mathrm{d}\theta\int_0^{2\cos\theta}\rho^2\cos\theta\mathrm{d}\rho=\int_{-\frac{\pi}{2}}^{\frac{\pi}{2}}\cos\theta\left[\frac{1}{3}\rho^3\right]_0^{2\cos\theta}\mathrm{d}\theta\\&=\frac{8}{3}\int_{-\frac{\pi}{2}}^{\frac{\pi}{2}}\cos^4\theta\mathrm{d}\theta=\frac{8}{3}\int_{-\frac{\pi}{2}}^{\frac{\pi}{2}}\left[\frac{1+\cos2\theta}{2}\right]^2\mathrm{d}\theta\\&=\frac{2}{3}\int_{-\frac{\pi}{2}}^{\frac{\pi}{2}}\left[1+2\cos2\theta+\frac{1+\cos4\theta}{2}\right]\mathrm{d}\theta\\&=\frac{2}{3}\int_{-\frac{\pi}{2}}^{\frac{\pi}{2}}\left[\frac{3}{2}+2\cos2\theta+\frac{1}{2}\cos4\theta\right]\mathrm{d}\theta=\pi\end{aligned}$$

【例 10.2.6】 计算二重积分 $\iint\limits_D \mathrm{e}^{-(x^2+y^2)}\,\mathrm{d}x\mathrm{d}y$，其中 D 是坐标轴及圆周 $x^2+y^2=R^2$ 所围成的区域在第一象限内的部分.

解:显然区域 D 可表示为

$$D:\begin{cases}0\leqslant\theta\leqslant\dfrac{\pi}{2}\\0\leqslant\rho\leqslant R\end{cases}$$

于是有

$$\iint_D e^{-(x^2+y^2)}\,dxdy=\int_0^{\frac{\pi}{2}}d\theta\int_0^R\rho e^{-\rho^2}\,d\rho$$

$$=\frac{\pi}{4}\left[-e^{-\rho^2}\right]_0^R=\frac{\pi}{4}(1-e^{-R^2})$$

即

$$\iint_D e^{-(x^2+y^2)}\,dxdy=\frac{\pi}{4}(1-e^{-R^2})\tag{10.2.4}$$

由于 $\int e^{-x^2}dx$ 不能用初等函数表示，故此题不能用直角坐标计算. 下面我们利用式(10.2.4)的结果来计算在广义积分$\int_0^{+\infty}e^{-x^2}dx$,通常称此积分为概率积分.

考虑二元函数 $e^{-(x^2+y^2)}$ 在第一象限内的积分，即积分$\int_0^{+\infty}\int_0^{+\infty}e^{-(x^2+y^2)}dxdy$，它是广义二重积分. 由于当 $R\to+\infty$时,第一象限的闭区域

$$D:\{(x,y)\mid x^2+y^2\leqslant R^2,x\geqslant 0,y\geqslant 0\}$$

可以覆盖第一象限,此广义二重积分可以用下面的方法计算

$$\int_0^{+\infty}\int_0^{+\infty}e^{-(x^2+y^2)}dxdy=\lim_{R\to+\infty}\iint_D e^{-(x^2+y^2)}dxdy$$

再由式(10.2.4),有

$$\int_0^{+\infty}\int_0^{+\infty}e^{-(x^2+y^2)}dxdy=\lim_{R\to+\infty}\iint_D e^{-(x^2+y^2)}dxdy$$

$$=\lim_{R\to+\infty}\frac{\pi}{4}(1-e^{-R^2})=\frac{\pi}{4}$$

另一方面，若记 $I=\int_0^{+\infty}e^{-x^2}dx$，则有

$$\int_0^{+\infty}\int_0^{+\infty}e^{-(x^2+y^2)}dxdy=\int_0^{+\infty}e^{-x^2}dx\int_0^{+\infty}e^{-y^2}dy=I^2$$

于是有 $I^2=\dfrac{\pi}{4}$,因而得到

$$I=\int_0^{+\infty}e^{-x^2}dx=\frac{\sqrt{\pi}}{2}$$

10.2.3　二重积分的几何应用

1. 用二重积分计算空间曲顶柱体的体积

【例 10.2.7】　计算由旋转抛物面 $z=x^2+y^2$,坐标面和平面 $x+y=1$ 所围成的立体的体积.

解:这里要求曲顶柱体的体积,如图 10.17 所示,它的顶为曲面 $z=x^2+y^2$,它在 xOy 面上的投影区域为

$$D:\begin{cases}0\leqslant x\leqslant 1\\ 0\leqslant y\leqslant 1-x\end{cases}$$

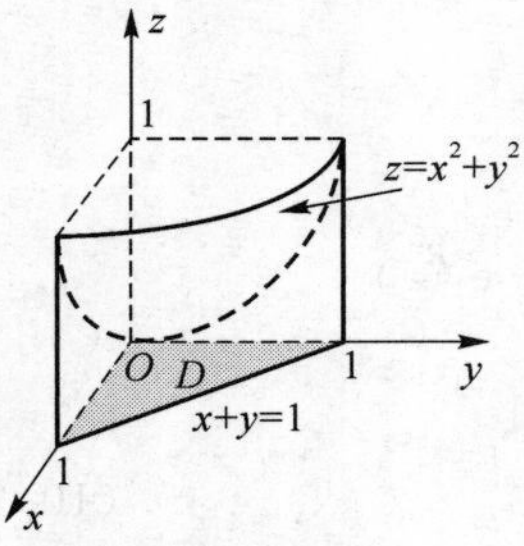

图 10.17

于是所求曲顶柱体的体积

$$V=\iint_D (x^2+y^2)\mathrm{d}\sigma=\int_0^1 \mathrm{d}x\int_0^{1-x}(x^2+y^2)\mathrm{d}y$$

$$=\int_0^1\left[x^2(1-x)+\frac{1}{3}(1-x)^3\right]\mathrm{d}x$$

$$=\frac{1}{3}\int_0^1(-4x^3+6x^2-3x+1)\mathrm{d}x$$

$$=\frac{1}{6}$$

2. 用二重积分计算曲面的面积

设曲面 Σ 的方程为 $z=f(x,y)$,它在 xOy 面上的投影区域为 D,并设函数 $f(x,y)$ 在 D 内具有一阶连续偏导数. 下面求曲面 Σ 的面积 A.

在区域 D 上任取一块直径很小的区域 $\mathrm{d}\sigma$,同时用 $\mathrm{d}\sigma$ 表示该小区域的面积. 在小区域 D 内任取一点 $P(x,y)$,对应于曲面 Σ 上的点为 $M(x,y,z(x,y))$,即点 M 在 xOy 上的投影为 P. 在点 M 处作曲面 Σ 的切平面,记为 T. 以小区域 D 的边界为准线作母线平行于 z 轴的柱面. 此柱面在曲面 Σ 上截下一小片曲面,在切平面 T 上截下一小片平面(图 10.18). 由于 $\mathrm{d}\sigma$ 的直径很小,故可用 T 上那一小片平面的面积近似代替相应曲面上的那一小片曲面的面积 $\mathrm{d}S$. 设在点 M 处曲面 Σ 上的法向量朝上,与 z 轴的夹角为 γ,则在切平面 T 上那一小片平面的面积为 $\frac{\mathrm{d}\sigma}{\cos\gamma}$,于是有

$$\mathrm{d}S=\frac{\mathrm{d}\sigma}{\cos\gamma}$$ ①

而
$$\cos\gamma=\frac{1}{\sqrt{1+f_x^2(x,y)+f_y^2(x,y)}}$$

---

① 设二平面 $\boldsymbol{\pi}_1,\boldsymbol{\pi}_2$ 的夹角为 γ(取锐角). $\boldsymbol{\pi}_1$ 上的区域 D 在 $\boldsymbol{\pi}_2$ 上的投影区域为 D',由 D 的面积 A 与 D' 的面积 σ 的面积之间有下列关系

$$A=\frac{\sigma}{\cos\gamma}$$

下面证明这一关系式成立. 先设 D 是矩形区域,且它的一边平行于 $\boldsymbol{\pi}_1,\boldsymbol{\pi}_2$ 的交线 l 且其边长为 a,另一边的长为 b,则 D' 也是矩形,它的边长分别为 a 和 $b\cos\gamma$(图 10.19),于是有

$$\sigma=ab\cos\gamma=A\cos\gamma,\text{即有 }A=\frac{\sigma}{\cos\gamma}$$

一般情况下,可将 D 分成 n 个上面那样的矩形,如果不计靠近边界的不规则部分(在下面的极限过程中趋于零),则小矩形的面积 A_k 与其投影区域的面积 σ_k 之间有关系式 $A_k=\frac{\sigma_k}{\cos\gamma}(k=1,2,\cdots,n)$,于是有 $\sum\limits_{k=1}^{n}A_k=\frac{\sum\limits_{k=1}^{n}\sigma_k}{\cos\gamma}$,令各小区域的直径的最大值趋于零,取极限得 $A=\frac{\sigma}{\cos\gamma}$.

因此

$$dS=\sqrt{1+f_x^2(x,y)+f_y^2(x,y)}\,d\sigma$$

这就是曲面 Σ 的面积元素. 以其为被积函数在区域 D 上积分,即得曲面 Σ 的面积 A

$$A=\iint_D \sqrt{1+f_x^2(x,y)+f_y^2(x,y)}\,d\sigma \tag{10.2.5}$$

式(10.2.5)也可表示为

$$A=\iint_D \sqrt{1+\left(\frac{\partial z}{\partial x}\right)^2+\left(\frac{\partial z}{\partial y}\right)^2}\,dxdy \tag{10.2.6}$$

如果曲面的方程为 $x=g(y,z)$ 或 $y=h(z,x)$,则可将曲面投影到 yOz 或 zOx 面上,记投影区域为 D_{yz} 或 D_{zx},类似可以得到

$$A=\iint_{D_{yz}} \sqrt{1+\left(\frac{\partial x}{\partial y}\right)^2+\left(\frac{\partial x}{\partial z}\right)^2}\,dydz$$

或

$$A=\iint_{D_{zx}} \sqrt{1+\left(\frac{\partial y}{\partial z}\right)^2+\left(\frac{\partial y}{\partial x}\right)^2}\,dzdx$$

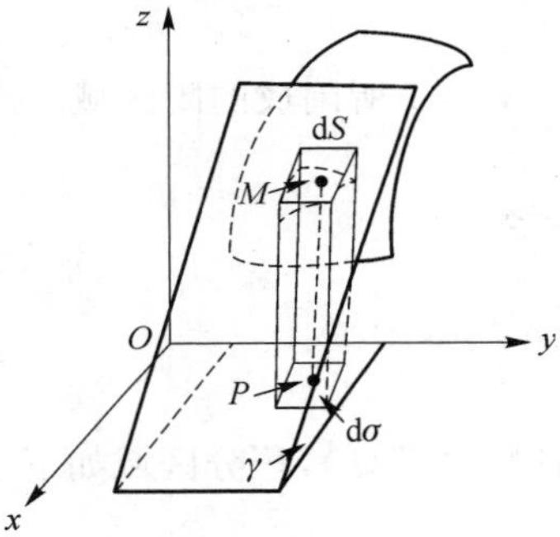

图 10.18

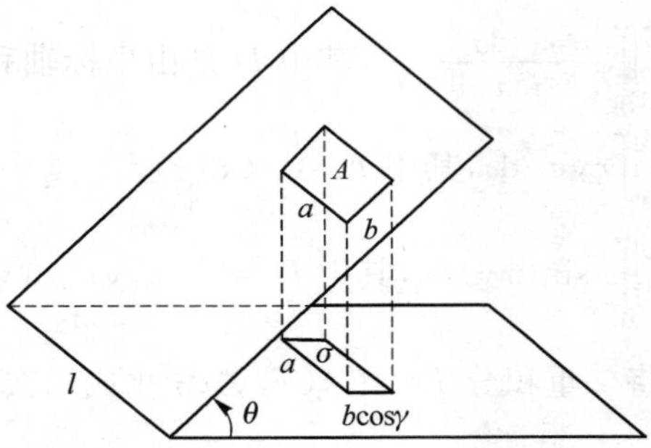

图 10.19

【例 10.2.8】 求半球面 $z=\sqrt{4-x^2-y^2}$ 被柱面 $x^2+y^2=2x$ 所割下的部分的曲面面积.

解:半球面 $z=\sqrt{4-x^2-y^2}$ 被柱面 $x^2+y^2=2x$ 所割下的部分的图形如图 10.20 所示,它在 xOy 面上的投影区域是曲线 $\begin{cases}x^2+y^2=2x\\ z=0\end{cases}$,所围成的区域 D. 计算得

$$\sqrt{1+\left(\frac{\partial z}{\partial x}\right)^2+\left(\frac{\partial z}{\partial y}\right)^2}=\frac{2}{\sqrt{4-x^2-y^2}}$$

由根据对称性,所求曲面的面积 A 等于它在第一卦限部分的面积 A_1 的二倍,设这部分曲面在 xOy 面上的投影区域为 D_1,于是

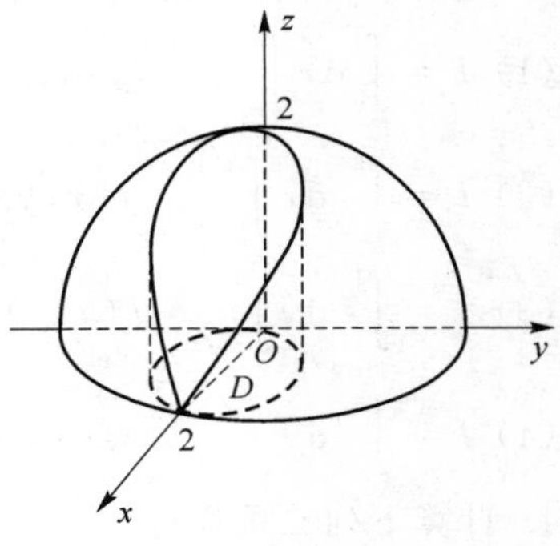

图 10.20

$$A=2A_1=2\iint\limits_{D_1}\frac{2}{\sqrt{4-x^2-y^2}}\mathrm{d}x\mathrm{d}y$$

$$=4\int_0^{\frac{\pi}{2}}\mathrm{d}\theta\int_0^{2\cos\theta}\frac{\rho}{\sqrt{4-\rho^2}}\mathrm{d}\rho$$

$$=8\int_0^{\frac{\pi}{2}}(1-\sin\theta)\mathrm{d}\theta=4\pi-8$$

习题 10.2

1. 计算下列二重积分

(1) $\iint\limits_D(x+3y^2)\mathrm{d}\sigma$,其中 $D=\{(x,y)\mid 0\leqslant x\leqslant 1,0\leqslant y\leqslant 2\}$.

(2) $\iint\limits_D\frac{\mathrm{d}\sigma}{(x+y)^2}$,其中 $D=\{(x,y)\mid 1\leqslant x\leqslant 2,2\leqslant y\leqslant 3\}$.

(3) $\iint\limits_D\mathrm{e}^{x+y}\mathrm{d}\sigma$,其中 $D=\{(x,y)\mid 0\leqslant x\leqslant \ln 2,0\leqslant y\leqslant \ln 3\}$.

(4) $\iint\limits_D\frac{\mathrm{d}\sigma}{(1+x+y)^2}$,其中 D 是由坐标轴和直线 $x+y=1$ 所围成的闭区域.

(5) $\iint\limits_D xy\mathrm{e}^{xy}\mathrm{d}\sigma$,其中 $D=\{(x,y)\mid 0\leqslant x\leqslant 1,0\leqslant y\leqslant 1\}$.

(6) $\iint\limits_D x\sin(xy)\mathrm{d}\sigma$,其中 $D=\{(x,y)\mid 0\leqslant x\leqslant \pi,0\leqslant y\leqslant 1\}$.

2. 将二重积分 $I=\iint\limits_D f(x,y)\mathrm{d}\sigma$ 化成二次积分(两种顺序都要),积分区域如下

(1) D 由 $2x+y=2,2x-y=2,x=0$ 围成的闭区域.

(2) D 由 $y=x,y=2x,x=1,x=2$ 所围成的闭区域.

(3) D 由 $y=x^2,y=2-x^2$ 所围成的闭区域.

(4) D 由 $(x-1)^2+(y-2)^2=4$ 所围成的闭区域.

3. 交换下列积分次序

(1) $I=\int_0^1\mathrm{d}x\int_{x^2}^{x}f(x,y)\mathrm{d}y$.

(2) $I=\int_{-2}^2\mathrm{d}x\int_0^{\sqrt{4-x^2}}f(x,y)\mathrm{d}y$.

(3) $I=\int_{-2}^1\mathrm{d}y\int_{-\sqrt{2-y}}^{y}f(x,y)\mathrm{d}x+\int_1^2\mathrm{d}y\int_{-\sqrt{2-y}}^{\sqrt{2-y}}f(x,y)\mathrm{d}x$.

(4) $I=\int_{-1}^0\mathrm{d}y\int_{-\sqrt{1-y^2}}^{\sqrt{1-y^2}}f(x,y)\mathrm{d}x+\int_0^1\mathrm{d}y\int_{-\sqrt{1-y}}^{\sqrt{1-y}}f(x,y)\mathrm{d}x$.

4. 计算下列二重积分

(1) $\iint\limits_D(x+2y)\mathrm{d}x\mathrm{d}y$,其中 D 是由 $y=x,y=2x,x=1$ 所围成的闭区域.

(2) $\iint\limits_D \frac{y}{x}\mathrm{d}x\mathrm{d}y$,其中 D 是由 $y=x^2,y=x,x=1,x=2$ 所围成的闭区域.

(3) $\iint\limits_D (x^2+2y)\mathrm{d}x\mathrm{d}y$,其中 D 是由 $y=x^2,xy=1,x=2$ 所围成的闭区域.

(4) $\iint\limits_D x^2y^2\sqrt{1-x^3-y^3}\,\mathrm{d}x\mathrm{d}y$,其中 D 是由坐标轴及 $x^3+y^3=1$ 所围成的闭区域.

(5) $\iint\limits_D \frac{2y}{1+x^2}\mathrm{d}x\mathrm{d}y$,其中 D 是由 $y=x^2,y=x$ 所围成的闭区域.

(6) $\iint\limits_D \cos(x+y)\mathrm{d}x\mathrm{d}y$,其中 D 是由 $x=0,y=\pi,y=x$ 所围成的闭区域.

(7) $\iint\limits_D \frac{y}{x+2}\mathrm{d}x\mathrm{d}y$,其中 D 是由 x 轴及 $y=1+x,x=1$ 所围成的闭区域.

(8) $\iint\limits_D y^2\mathrm{d}x\mathrm{d}y$,其中 D 是由 $x=y^2,2x-y=1$ 所围成的闭区域.

5. 利用极坐标计算下列二重积分

(1) $\iint\limits_D \mathrm{e}^{x^2+y^2}\mathrm{d}x\mathrm{d}y$,其中 D 是由圆 $x^2+y^2=1$ 所围成的闭区域.

(2) $\iint\limits_D xy\mathrm{d}x\mathrm{d}y$,其中 D 是由圆 $x^2+y^2=1$ 所围成的在第一象限的闭区域.

(3) $\iint\limits_D \arctan\frac{y}{x}\mathrm{d}x\mathrm{d}y$,其中 D 是由圆 $x^2+y^2=4,x^2+y^2=1$ 及直线 $y=0,y=x$ 所围成的在第一象限内的闭区域.

(4) $\iint\limits_D \frac{1}{1+x^2+y^2}\mathrm{d}x\mathrm{d}y$,其中 D 是由圆 $x^2+y^2=1$ 及直线 $y=0,y=x$ 所围成的在第一象限内的闭区域.

(5) $\iint\limits_D \sqrt{1-x^2-y^2}\,\mathrm{d}x\mathrm{d}y$,其中 D 是由圆 $x^2+y^2=x$ 所围成的闭区域.

(6) $\iint\limits_D \cos\sqrt{x^2+y^2}\,\mathrm{d}x\mathrm{d}y$,其中 $D=\{(x,y)\mid \pi^2\leqslant x^2+y^2\leqslant 4\pi^2,x\geqslant 0,y\geqslant 0\}$.

(7) $\iint\limits_D \frac{xy}{\sqrt{1-x^2-y^2}}\mathrm{d}x\mathrm{d}y$,其中 D 是由圆 $2(x^2+y^2)=1$ 所围成的在第一象限内的闭区域.

(8) $\iint\limits_D \sqrt{x^2+y^2}\,\mathrm{d}x\mathrm{d}y$,其中 D 是由圆 $x^2+y^2=y$ 所围成的闭区域.

6. 利用二重积分计算各曲面所围成的立体的体积

(1) 坐标面、平面 $x=1,y=1$ 及抛物面 $z=1+x^2+y^2$.

(2) 旋转抛物面 $z=x^2+y^2$、坐标面及平面 $x+y=1$.

(3) 抛物柱面 $z=4-x^2$、坐标面及平面 $2x+y=4$,在第一卦限的部分.

(4) 圆柱面 $x^2+y^2=R^2$ 和 $x^2+z^2=R^2$.

7. 求下列曲面的面积

(1) 平面 $\frac{x}{1}+\frac{y}{2}+\frac{z}{3}=1$ 被三个坐标面所割下的部分.

(2) 球面 $x^2+y^2+z^2=1$ 被平面 $z=\frac{1}{4}, z=\frac{1}{2}$ 所夹的部分.

(3) 锥面 $z=\sqrt{x^2+y^2}$ 被柱面 $z^2=2x$ 所割下的部分.

(4) 抛物面 $y=x^2$ 上由 $x=0$ 至 $x=\sqrt{2}$ 的一段曲线绕 y 轴旋转所得的旋转曲面.

10.3 三重积分的概念及其计算法

10.3.1 引例和定义

引例 设一非均匀的物体占有空间有界闭区域 $\boldsymbol{\Omega}$,在其上点 (x,y,z) 的密度为 $\mu(x,y,z)$,且 $\mu(x,y,z)$ 在 $\boldsymbol{\Omega}$ 上连续,要求此物体的质量 m.

如果物体是均匀的,则

$$\text{质量 } m = \text{密度 } \mu \times \text{体积 } V$$

现在密度不是常数,是随点而变化的,因此不能直接用上述公式计算,但由于密度 $\mu(x,y,z)$ 的 $\boldsymbol{\Omega}$ 上连续,在微小的一块小区域上是近似不变的,因此可用定积分的“整体大分小,局部常代变,先求近似和,然后取极限”的思想来解决它的质量的计算问题.

用一组曲面将 $\boldsymbol{\Omega}$ 分成 n 个小区域

$$\Delta v_1, \Delta v_2, \cdots, \Delta v_n$$

同时用 Δv_i 表示第 i 块小区域的体积.设 Δv_i 的质量为 Δm_i,于是此物体的质量

$$m = \sum_{i=1}^{n} \Delta m_i$$

在任一 Δv_i 上任取一点 (ξ_i, η_i, ζ_i),将 Δv_i 上的密度近似看作是常数 $\mu(\xi_i, \eta_i, \zeta_i)$,如图 10.21 所示,于是有

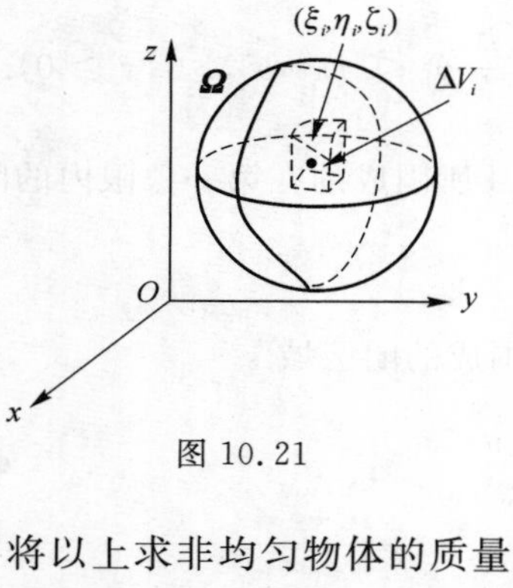

图 10.21

$$\Delta m_i \approx \mu(\xi_i, \eta_i, \zeta_i) \Delta v_i$$

将诸 Δm_i 求和,得该物体的质量的近似值,即

$$m = \sum_{i=1}^{n} \Delta m_i \approx \sum_{i=1}^{n} \mu(\xi_i, \eta_i, \zeta_i) \Delta v_i$$

记 $\lambda_i = \max\{|P_1P_2| \mid P_1P_2 \in \Delta v_i\}$ 为 Δv_i 的直径,$\lambda = \max\limits_{1 \leqslant i \leqslant n}\{\lambda_i\}$.当各个小区域直径的最大值 λ 趋于零时,对上式取极限,则得到该物体的质量的精确值 m,即有

$$m = \lim_{\lambda \to 0} \sum_{i=i}^{n} \mu(\xi_i, \eta_i, \zeta_i) \Delta v_i$$

将以上求非均匀物体的质量的计算过程抽象化,便是三重积分的定义.

定义 10.3.1 设 $f(x,y,z)$ 是空间闭区域 $\boldsymbol{\Omega}$ 上的有界函数.用一组曲面将 $\boldsymbol{\Omega}$ 分成 n 个小区域

$$\Delta v_i, \Delta v_2, \cdots, \Delta v_n$$

同时用 Δv_i 表示第 i 个小区域的体积.在每个小区域 Δv_i 上任取一点 (ξ_i, η_i, ζ_i),作乘积

$f(\xi_i,\eta_i,\zeta_i)\Delta v_i(i=1,2,\cdots,n)$，作和式 $\sum_{i=1}^{n} f(\xi_i,\eta_i,\zeta_i)\Delta v_i$. 如果当各个小区域的直径的最大值 λ 趋于零时,这和式的极限存在,则称函数 $f(x,y,z)$ 在闭区域 $\boldsymbol{\Omega}$ 上可积,称此极限为函数 $f(x,y,z)$ 区域 $\boldsymbol{\Omega}$ 上的三重积分，记作 $\iiint\limits_{\Omega} f(x,y,z)\mathrm{d}v$，即

$$\iiint\limits_{\Omega} f(x,y,z)\mathrm{d}v = \lim_{\lambda\to 0}\sum_{i=1}^{n} f(\xi_i,\eta_i,\zeta_i)\Delta v_i \tag{10.3.1}$$

其中,$f(x,y,z)$ 称为被积函数,$\boldsymbol{\Omega}$ 称为积分区域,$\mathrm{d}v$ 称为体积元素.

在直角坐标系下,如果用平行于坐标面的平面来分 $\boldsymbol{\Omega}$,则除了包含边界点的一些不规则的小区域外,其余小区域 Δv_i 都是长方体,设它的边长分别为 $\Delta x_j,\Delta y_k,\Delta z_l$,于是有 $\Delta v_i=\Delta x_j\Delta y_k\Delta z_l$. 因此在直角坐标系中,有时将体积元素 $\mathrm{d}v$ 记作 $\mathrm{d}x\mathrm{d}y\mathrm{d}z$,三重积分记作

$$\iiint\limits_{\Omega} f(x,y,z)\mathrm{d}x\mathrm{d}y\mathrm{d}z$$

其中,$\mathrm{d}x\mathrm{d}y\mathrm{d}z$ 称为在直角坐标系下的体积元素.

关于三重积分的存在性问题,类似于二重积分的存在性,即如果函数 $f(x,y,z)$ 在闭区域 $\boldsymbol{\Omega}$ 上连续,则式(10.3.1)右边的极限存在,即函数 $f(x,y,z)$ 在闭区域 $\boldsymbol{\Omega}$ 上可积. 以后我们总假定函数 $f(x,y,z)$ 在闭区域 $\boldsymbol{\Omega}$ 上连续.

三重积分的性质也与二重积分类似,这里不再重复叙述.

由定义 10.3.1,引例中物体的质量

$$m=\iiint\limits_{\Omega}\mu(x,y,z)\mathrm{d}v$$

10.3.2　在直角坐标系下计算三重积分

类似二重积分化为二次积分来计算,三重积分可化为三次积分来计算. 下面来介绍将三重积分化成三次积分的方法.

假设用平行于 z 轴的直线从下向上穿过闭区域 $\boldsymbol{\Omega}$ 的内部,且与 $\boldsymbol{\Omega}$ 的边界曲面 $\boldsymbol{\Sigma}$ 的交点不多于两个.

(1) 投影法

将区域 $\boldsymbol{\Omega}$ 投影到 xOy 面得一闭区域 D,如图 10.22 所示. 以 D 的边界为准线作母线平行 z 轴的柱面,这柱面与曲面 $\boldsymbol{\Sigma}$ 的交线将 $\boldsymbol{\Sigma}$ 分成上、下两部分分别为 $\boldsymbol{\Sigma}_1,\boldsymbol{\Sigma}_2$,它们的方程是

$$\boldsymbol{\Sigma}_1: z=z_1(x,y),\quad \boldsymbol{\Sigma}_2: z=z_2(x,y)$$

其中,$z_1(x,y)$,$z_2(x,y)$ 都是 D 上的连续函数,且 $z_1(x,y)\leqslant z_2(x,y)$. 过 D 内的任意一点 (x,y) 作平行 z 轴的直线从下向上穿闭过区域 $\boldsymbol{\Omega}$,穿入边界曲面的方程为 $z=z_1(x,y)$,穿出边界曲面的方程为 $z=z_2(x,y)$,则变量 z 的积分限就是从 $z_1(x,y)$ 到 $z_2(x,y)$. 在对变量 z 积分时,先将函数 $f(x,y,z)$ 中

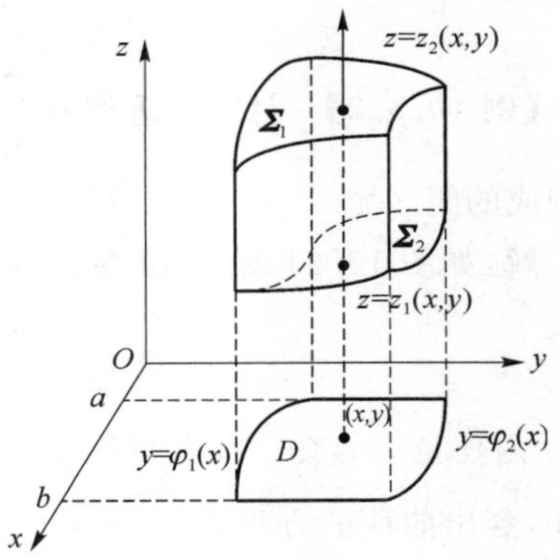

图 10.22

x,y 看作常数,积分的结果是 x,y 的函数,记为 $F(x,y)$,即

$$F(x,y)=\int_{z_1(x,y)}^{z_2(x,y)} f(x,y,z)\mathrm{d}z$$

然后再对 $F(x,y)$ 在区域 D 上作二重积分

$$\iint_D F(x,y)\mathrm{d}x\mathrm{d}y=\iint_D \int_{z_1(x,y)}^{z_2(x,y)} f(x,y,z)\mathrm{d}z$$

如果区域 D 是 $\boldsymbol{X}$-型区域(图 10.22),再将上面的二重积分化为二次积分,于是得三重积分化为三次积分的计算公式

$$\iiint_{\Omega} f(x,y,z)\mathrm{d}v=\int_a^b \mathrm{d}x\int_{\varphi_1(x)}^{\varphi_2(x)}\mathrm{d}y\int_{z_1(x,y)}^{z_2(x,y)} f(x,y,z)\mathrm{d}z \tag{10.3.2}$$

如果平行于 x 或平行于 y 轴的直线穿过区域 $\boldsymbol{\Omega}$ 的内部时交点不多于两个,则可以将 $\boldsymbol{\Omega}$ 投影到 yOz 或 zOx 面,将三重积分化为其他顺序的三次积分来计算. 如果不符合上述条件,则可将 $\boldsymbol{\Omega}$ 分成为若干部分区域,使在 $\boldsymbol{\Omega}$ 上的三重积分化为在各个部分区域上的三重积分的和.

习惯上投影到 xOy 上计算三重积分的情况要多一些,一定要熟练掌握.

【例 10.3.1】 计算三重积分 $\iiint_{\Omega} x\,\mathrm{d}x\mathrm{d}y\mathrm{d}z$,其中 $\boldsymbol{\Omega}$ 是由三个坐标面及平面 $x+2y+z=1$ 所围成的闭区域.

解:$\boldsymbol{\Omega}$ 的图形如图 10.23 所示. $\boldsymbol{\Omega}$ 在 xOy 面上的投影区域为

$$D:\begin{cases}0\leqslant x\leqslant 1\\ 0\leqslant y\leqslant \dfrac{1}{2}(1-x)\end{cases}$$

过 D 内任意一点 (x,y) 作平行于 z 轴的直线从下向上穿 $\boldsymbol{\Omega}$,穿入边界曲面的的方程为 $z=0$,穿出曲面的方程为 $z=1-x-2y$,于是有

$$\begin{aligned}\iiint_{\Omega} x\,\mathrm{d}v&=\int_0^1\mathrm{d}x\int_0^{\frac{1}{2}(1-x)}\mathrm{d}y\int_0^{1-x-2y}x\,\mathrm{d}z\\&=\int_0^1\mathrm{d}x\int_0^{\frac{1}{2}(1-x)}(1-x-2y)x\,\mathrm{d}y\\&=\frac{1}{4}\int_0^1(x^3-2x^2+x)\mathrm{d}x=\frac{1}{48}\end{aligned}$$

【例 10.3.2】 计算三重积分 $\iiint_{\Omega} z\,\mathrm{d}v$,其中 $\boldsymbol{\Omega}$ 是坐标面、锥面 $z=\sqrt{x^2+y^2}$ 及平面 $x+y=1$ 所围成的闭区域.

解:如图 10.24 所示,$\boldsymbol{\Omega}$ 在 xOy 面上的投影区域为

$$D:\begin{cases}0\leqslant x\leqslant 1\\ 0\leqslant y\leqslant 1-x\end{cases}$$

过 D 内任意一点 (x,y) 作平行于 z 轴的直线从下向上穿过 $\boldsymbol{\Omega}$,穿入边界曲面的的方程为 $z=0$,穿出曲面的方程为 $z=\sqrt{x^2+y^2}$,于是有

$$\iiint\limits_{\Omega} z\,\mathrm{d}v = \int_0^1 \mathrm{d}x \int_0^{1-x} \mathrm{d}y \int_0^{\sqrt{x^2+y^2}} z\,\mathrm{d}z$$

$$= \frac{1}{2}\int_0^1 \mathrm{d}x \int_0^{1-x} (x^2+y^2)\,\mathrm{d}y$$

$$= \frac{1}{2}\int_0^1 \left[x^2(1-x) + \frac{1}{3}(1-x)^3\right]\mathrm{d}x$$

$$= \frac{1}{2}\int_0^1 \left(-\frac{4}{3}x^3 + 2x^2 - x + \frac{1}{3}\right)\mathrm{d}x = \frac{1}{12}$$

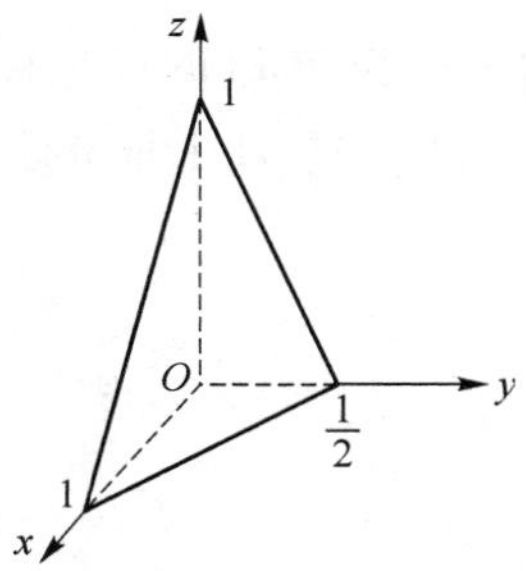

图 10.23

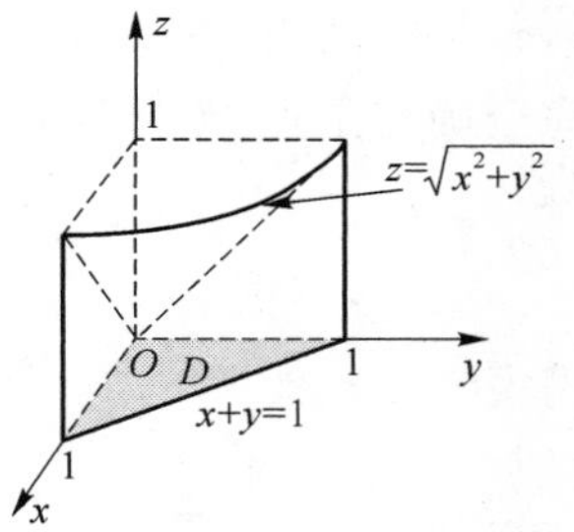

图 10.24

(2) 截面法

有时用所谓"截面法"计算三重积分，要简便一些. 下面介绍这种方法.

如果用两平面 $z=a$，$z=b$ 恰好将区域 $\boldsymbol{\Omega}$ 夹在中间，则变量 z 的积分限为 a 到 b，但要后积分；在区间 $[a,b]$ 内任取一点 z，作平行于 xOy 的平面，截 $\boldsymbol{\Omega}$ 得一区域 D_z，则 $f(x,y,z)$ 在区域 D_z 上将 z 看作常数先对 x，y 作二重积分，于是三重积分化为

$$\iiint\limits_{\Omega} f(x,y,z)\,\mathrm{d}v = \int_a^b \mathrm{d}z \iint\limits_{D_z} f(x,y,z)\,\mathrm{d}x\mathrm{d}y$$

【例 10.3.3】 计算三重积分 $\iiint\limits_{\Omega}\sqrt{1+z^3}\,\mathrm{d}v$，其中 $\boldsymbol{\Omega}$ 是曲面 $z=\sqrt{x^2+y^2}$ 及平面 $z=1$ 所围成的闭区域.

解：容易看到区域 $\boldsymbol{\Omega}$ 恰好夹在两平面 $z=0$，$z=1$ 中间，于是变量 z 的积分限为 0 到 1. 在区间 $[0,1]$ 内任取一点 z，作平行于 xOy 面的平面，截 $\boldsymbol{\Omega}$ 得一区域

$$D_z: \sqrt{x^2+y^2} \leqslant z$$

于是有三重积分

$$\iiint\limits_{\Omega}\sqrt{1+z^3}\,\mathrm{d}v = \int_0^1 \sqrt{1+z^3}\,\mathrm{d}z \iint\limits_{D_z}\mathrm{d}x\mathrm{d}y$$

$$= \pi\int_0^1 z^2\sqrt{1+z^3}\,\mathrm{d}z$$

$$= \frac{2}{9}\pi\left[(1+z^3)^{\frac{3}{2}}\right]_0^1 = \frac{2\pi}{9}(2\sqrt{2}-1)$$

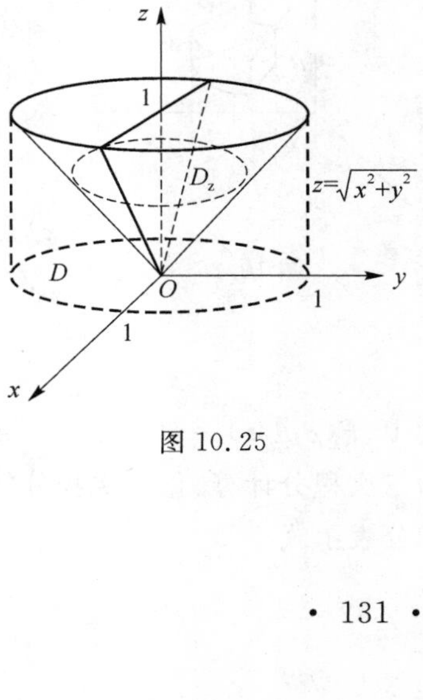

图 10.25

如果用投影法计算,$\boldsymbol{\Omega}$ 在 xOy 面的投影区域为 $D:x^2+y^2\leqslant 1$,则有

$$\iiint_{\Omega}\sqrt{1+z^3}\,\mathrm{d}v=\iint_D \mathrm{d}x\mathrm{d}y\int_{\sqrt{x^2+y^2}}^{1}\sqrt{1+z^3}\,\mathrm{d}z$$

容易看到内层积分 $\int_{\sqrt{x^2+y^2}}^{1}\sqrt{1+z^3}\,\mathrm{d}z$ 是不容易计算的,可见用截面法计算要简单一些. 不过,投影法仍是最基本的方法,要熟练掌握.

10.3.3 在柱面坐标下计算三重积分

设 $M(x,y,z)$ 是空间内的一点,并设 M 在 xOy 面上的投影 P 的极坐标为 ρ,θ,于是三个数 ρ,θ,z 就完全确定了点 M 在空间的位置,称 ρ,θ,z 为点 M 的柱面坐标. 规定 ρ,θ,z 的范围是

$$0\leqslant\rho<+\infty$$
$$0\leqslant\theta\leqslant 2\pi$$
$$-\infty<z<+\infty$$

三组坐标面分别为:

$\rho=$常数,是以 z 轴为轴的圆柱面;

$\theta=$常数,是过 z 轴的半平面;

$z=$常数,是平行于 z 轴的平面.

点 M 的直角坐标与柱面坐标的关系式为

$$\begin{aligned}x&=\rho\cos\theta\\ y&=\rho\sin\theta\\ z&=z\end{aligned}\tag{10.3.3}$$

为将三重积分 $\iiint_{\Omega}f(x,y,z)\mathrm{d}v$ 中变量变换为柱面坐标,用三组坐标面 $\rho=$常数、$\theta=$常数、$z=$常数,将 $\boldsymbol{\Omega}$ 分成若干个小闭区域,除了包含 $\boldsymbol{\Omega}$ 的边界点的一些不规则小闭区域外,其他小闭区域都是柱体. 下面计算当变量 ρ,θ,z 分别取得增量 $\mathrm{d}\rho,\mathrm{d}\theta,\mathrm{d}z$ 所产生的柱体的体积(图 10.26). 它的体积等于高与底面积的乘积. 这里高等于 $\mathrm{d}z$,底面积不计高阶无穷小,等于极坐标的面积元素 $\rho\mathrm{d}\rho\mathrm{d}\theta$,于是有

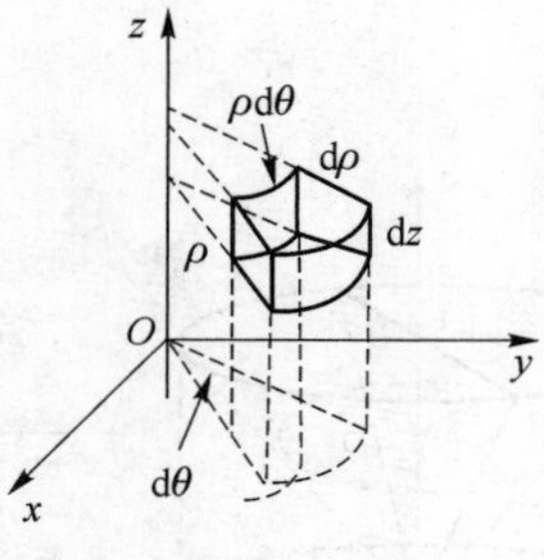

图 10.26

$$\mathrm{d}v=\rho\mathrm{d}\rho\mathrm{d}\theta\mathrm{d}z\tag{10.3.4}$$

这就是在柱面坐标下的体积元素. 再考虑到式(10.3.3),则三重积分

$$\iiint_{\Omega}f(x,y,z)\mathrm{d}x\mathrm{d}y\mathrm{d}z=\iiint_{\Omega}F(\rho,\theta,z)\rho\mathrm{d}\rho\mathrm{d}\theta\mathrm{d}z\tag{10.3.5}$$

其中,$F(\rho,\theta,z)=f(\rho\cos\theta,\rho\sin\theta,z)$. 在利用式(10.3.5)计算三重积分时,它的右边可以化为三次积分计算. 化三次积分的方法可概括如下:在直角坐标系下用投影法计算三重积分的积分表示式

$$\iiint_{\Omega} f(x,y,z)\mathrm{d}x\mathrm{d}y\mathrm{d}z = \iint_{D}\left(\int_{z_1(x,y)}^{z_2(x,y)} f(x,y,z)\mathrm{d}z\right)\mathrm{d}x\mathrm{d}y$$

中作下面几处变换就可化为三次积分：

(1) 将 $x=\rho\cos\theta, y=\rho\sin\theta$ 代入 $f(x,y,z)$ 中；

(2) 将体积元素换成 $\rho\mathrm{d}\rho\mathrm{d}\theta\mathrm{d}z$；

(3) 将穿入 $\boldsymbol{\Omega}$ 的边界曲面的方程 $z=z_1(x,y)$ 和穿出边界曲面的方程 $z=z_2(x,y)$ 分别换成各自的极坐标方程，这只需将 $x=\rho\cos\theta, y=\rho\sin\theta$ 分别代入 $z=z_1(x,y), z=z_2(x,y)$ 即可；

(4) 在投影区域 D 上作二重积分时用极坐标定限.

一般而言，当积分区域为旋转体，如圆柱体，圆锥体，旋转抛物面围成的区域或者是它们的一部分，或者积分区域在坐标面上的投影是圆域、环域或者是它们的一部分，而被积函数是 z 和 x^2+y^2 的函数时，用柱坐标计算三重积分通常比较简便.

【例 10.3.4】 利用柱面坐标计算三重积分 $\iiint\limits_{\Omega}\dfrac{\mathrm{d}x\mathrm{d}y\mathrm{d}z}{x^2+y^2+1}$，其中 $\boldsymbol{\Omega}$ 是由锥面 $z=\sqrt{x^2+y^2}$ 及平面 $z=1$ 所围成的闭区域.

解：$\boldsymbol{\Omega}$ 的图形如图 10.25 所示，它在 xOy 面上的投影区域为

$$D: x^2+y^2\leqslant 1$$

用极坐标表示为 $D: 0\leqslant\rho\leqslant 1, 0\leqslant\theta\leqslant 2\pi$，锥面 $z=\sqrt{x^2+y^2}$ 的柱面坐标方程为 $z=\rho$，于是

$$\begin{aligned}\iiint_{\Omega}\frac{\mathrm{d}x\mathrm{d}y\mathrm{d}z}{x^2+y^2+1} &= \iint_{D}\mathrm{d}x\mathrm{d}y\int_{\sqrt{x^2+y^2}}^{1}\frac{\mathrm{d}z}{x^2+y^2+1}\\ &= \int_0^{2\pi}\mathrm{d}\theta\int_0^1\mathrm{d}\rho\int_\rho^1\frac{\rho}{1+\rho^2}\mathrm{d}z = 2\pi\int_0^1\frac{\rho(1-\rho)}{1+\rho^2}\mathrm{d}\rho\\ &= 2\pi\int_0^1\left[\frac{\rho}{1+\rho^2}-1+\frac{1}{1+\rho^2}\right]\mathrm{d}\rho\\ &= 2\pi\left[\frac{1}{2}\ln(1+\rho^2)-\rho+\arctan\rho\right]_0^1\\ &= \pi\left(\ln 2-2+\frac{\pi}{2}\right)\end{aligned}$$

【例 10.3.5】 利用柱面坐标计算三重积分 $\iiint\limits_{\Omega} xyz\,\mathrm{d}x\mathrm{d}y\mathrm{d}z$，其中 $\boldsymbol{\Omega}$ 是由球面 $x^2+y^2+z^2=1$ 及平面 $x=0, y=0, z=0$ 所围成的第一卦限内的闭区域.

解：$\boldsymbol{\Omega}$ 的图形如图 10.27 所示，它在 xOy 面上的投影区域为 $D: x^2+y^2\leqslant 1, x\geqslant 0, y\geqslant 0$，用极坐标表示为 $D: 0\leqslant\theta\leqslant\dfrac{\pi}{2}, 0\leqslant\rho\leqslant 1$，上半球面 $z=\sqrt{1-x^2-y^2}$ 的极坐标方程为 $z=\sqrt{1-\rho^2}$，于是

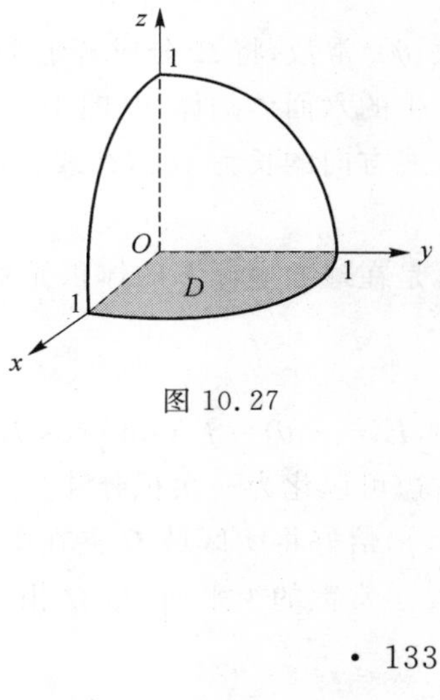

图 10.27

$$\iiint_{\Omega} xyz\,\mathrm{d}x\mathrm{d}y\mathrm{d}z = \iint_{D}\mathrm{d}x\mathrm{d}y\int_0^{\sqrt{1-x^2-y^2}} xyz\,\mathrm{d}z$$
$$= \int_0^{\frac{\pi}{2}}\mathrm{d}\theta\int_0^1\mathrm{d}\rho\int_0^{\sqrt{1-\rho^2}}\rho^3\sin\theta\cos\theta z\,\mathrm{d}z$$
$$= \frac{1}{2}\int_0^{\frac{\pi}{2}}\sin\theta\cos\theta\mathrm{d}\theta\int_0^1\rho^3(1-\rho^2)\mathrm{d}\rho$$
$$= \frac{1}{2}\left[\frac{1}{2}\sin^2\theta\right]_0^{\frac{\pi}{2}}\cdot\left[\frac{1}{4}\rho^4-\frac{1}{6}\rho^6\right]_0^1 = \frac{1}{48}$$

*10.3.4 在球面坐标中计算三重积分

设 $M(x,y,z)$ 是空间内的一点，则点 M 在空间的位置可用这样三个有次序的数 r,φ,θ 来确定，其中 r 为原点 O 与点 M 间的距离，φ 为向量 $\boldsymbol{OM}$ 与 z 轴正向的夹角，θ 为从正 z 轴来看，自 x 轴按逆时针方向转到有向线段 $\boldsymbol{OP}$ 的角. 这里 P 是点 M 在 xOy 面上的投影，如图 10.28 所示. 称 r,φ,θ 为点 M 的球面坐标. 规定 r,φ,θ 的范围是

$$0\leqslant r<+\infty$$
$$0\leqslant\varphi\leqslant\pi$$
$$0\leqslant\theta\leqslant 2\pi$$

三组坐标面分别为

$r=$ 常数，是以原点为中心的球面；

$\varphi=$ 常数，是以原点为顶点，以 z 轴为中心轴的锥面；

$\theta=$ 常数，是过 z 轴的半平面.

点 M 的直角坐标与球面坐标的关系式

$$\begin{cases} x=OP\cos\theta=r\sin\varphi\cos\theta \\ y=OP\sin\theta=r\sin\varphi\sin\theta \\ z=r\cos\varphi \end{cases} \tag{10.3.6}$$

为将三重积分 $\iiint_{\Omega} f(x,y,z)\mathrm{d}v$ 变换为球面坐标系下的形式，用三组坐标面 $r=$ 常数、$\varphi=$ 常数、$\theta=$ 常数，将 $\boldsymbol{\Omega}$ 分成若干个小闭区域. 下面计算当变量 r,φ,θ 分别取得增量 $\mathrm{d}r,\mathrm{d}\varphi,\mathrm{d}\theta$ 所产生的六面体的体积(图 10.29). 不计高阶无穷小，它的体积可看成是一长方体的体积，其经线方向的长为 $r\mathrm{d}\varphi$，纬线方向的宽为 $r\sin\varphi\mathrm{d}\theta$，向径方向的高为 $\mathrm{d}r$，于是有

$$\mathrm{d}v=r^2\sin\varphi\mathrm{d}r\mathrm{d}\varphi\mathrm{d}\theta \tag{10.3.7}$$

这就是在球面坐标下的体积元素. 再考虑到式(10.3.6)，则三重积分

$$\iiint_{\Omega} f(x,y,z)\mathrm{d}x\mathrm{d}y\mathrm{d}z = \iiint_{\Omega} F(r,\varphi,\theta)r^2\sin\varphi\mathrm{d}r\mathrm{d}\varphi\mathrm{d}\theta \tag{10.3.8}$$

其中，$F(r,\varphi,\theta)=f(r\sin\varphi\cos\theta,r\sin\varphi\sin\theta,r\cos\varphi)$. 在利用式(10.3.8)计算三重积分时，它的右边可以化为三次积分计算. 化三次积分的方法可概括如下：如果作两个半平面 $\theta=\alpha,\theta=\beta(\alpha<\beta)$ 恰好将闭区域 $\boldsymbol{\Omega}$ 夹在中间，则变量 θ 的积分限就是从 α 到 β；在区间 $[\alpha,\beta]$ 内任取一，θ 作 $\theta=$ 常数的半平面，与 $\boldsymbol{\Omega}$ 相交得一平面图形 D_θ. 在此半平面上，用 $\varphi=\varphi_1(\theta),\varphi=\varphi_2(\theta)$

$(\varphi_1(\theta)\leqslant\varphi_2(\theta))$恰好将 D_θ 夹在中间，则变量 φ 的积分限是从 $\varphi_1(\theta)$到 $\varphi_2(\theta)$；在区间$[\varphi_1(\theta),\varphi_2(\theta)]$内任取一 φ，作射线穿过区域 D_θ，如果穿入边界曲线的方程为 $\rho=r_1(\theta,\varphi)$，穿出边界曲线的方程为 $\rho=r_2(\theta,\varphi)$，则变量 r 的积分限从 $r_1(\theta,\varphi)$到 $r_2(\theta,\varphi)$，于是三重积分化为三次积分的表示式就是

$$\iiint\limits_{\Omega} f(x,y,z)\mathrm{d}x\mathrm{d}y\mathrm{d}z=\int_\alpha^\beta \mathrm{d}\theta\int_{\varphi_1(\theta)}^{\varphi_2(\theta)}\mathrm{d}\varphi\int_{r_1(\theta,\varphi)}^{r_2(\theta,\varphi)}F(r,\varphi,\theta)r^2\sin\varphi\mathrm{d}r$$

一般而言，当积分区域为球体、圆锥体或者是它们的一部分，而被积函数为含有 $x^2+y^2+z^2$ 的函数时，用球坐标计算三重积分通常比较简便.

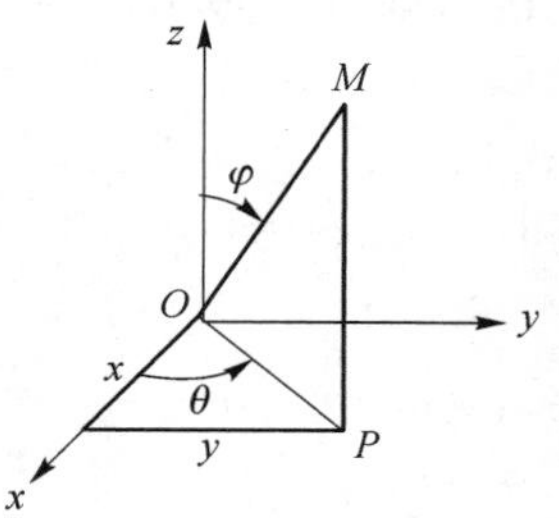

图 10.28

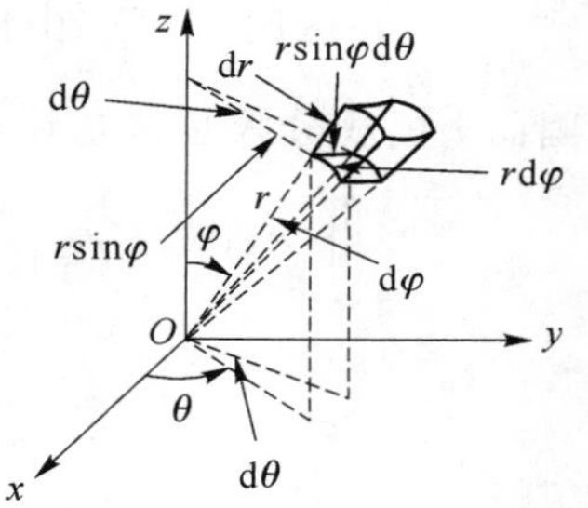

图 10.29

【例 10.3.6】 用球面坐标计算例 10.3.5 中的积分.

解：由图 10.30 容易看到，$\boldsymbol{\Omega}$ 可用半平面 $\theta=0,\theta=\frac{\pi}{2}$恰好夹在中间，于是 θ 的积分限是从 0 到$\frac{\pi}{2}$；在区间$\left[0,\frac{\pi}{2}\right]$内任取一 θ，作半平面与 $\boldsymbol{\Omega}$ 交一区域 D_θ，如图 10.30 所示，它是以原点为中心、半径为的 1 的四分之一的圆. 在此半平面上，用射线 $\varphi=0,\varphi=\frac{\pi}{2}$恰好将区域 D_θ 夹在中间，于是 φ 的积分限是 0 到$\frac{\pi}{2}$；在区间$\left[0,\frac{\pi}{2}\right]$上任取一 φ 作射线穿 D_θ，穿入边界的方程是 $r=0$，由于球面 $x^2+y^2+z^2=1$ 的球面坐标的方程为 $r=1$，穿出边界曲线的方程是 $r=1$，于是 r 的积分限是从 0 到 1. 综上三重积分

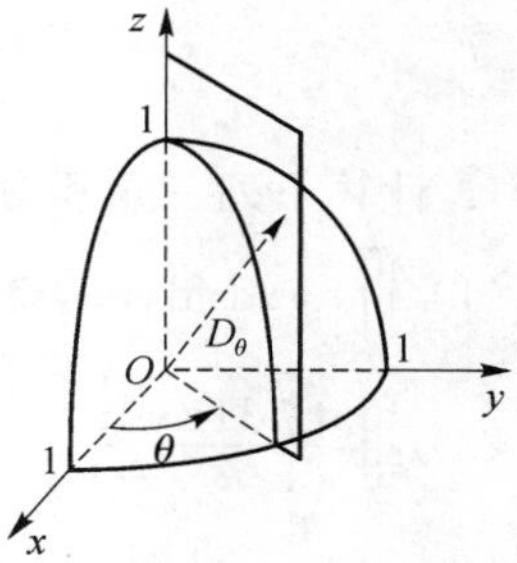

图 10.30

$$\begin{aligned}\iiint\limits_{\Omega} xyz\,\mathrm{d}x\mathrm{d}y\mathrm{d}z&=\int_0^{\frac{\pi}{2}}\mathrm{d}\theta\int_0^{\frac{\pi}{2}}\mathrm{d}\varphi\int_0^1 r^5\ \sin^3\varphi\cos\varphi\cos\theta\sin\theta\mathrm{d}r\\&=\int_0^{\frac{\pi}{2}}\cos\theta\sin\theta\mathrm{d}\theta\int_0^{\frac{\pi}{2}}\sin^3\varphi\cos\varphi\mathrm{d}\varphi\int_0^1 r^5\mathrm{d}r\\&=\left[\frac{1}{2}\sin^2\theta\right]_0^{\frac{\pi}{2}}\cdot\left[-\frac{1}{4}\cos^4\varphi\right]_0^{\frac{\pi}{2}}\cdot\left[\frac{1}{6}r^6\right]_0^1\\&=\frac{1}{48}\end{aligned}$$

【例 10.3.7】 用球面坐标计算三重积分$\iiint\limits_{\Omega} z\,\mathrm{d}x\mathrm{d}y\mathrm{d}z$，其中 $\boldsymbol{\Omega}$ 是由球面 $x^2+y^2+z^2=1$

与锥面 $z=\sqrt{x^2+y^2}$ 所围成的闭区域.

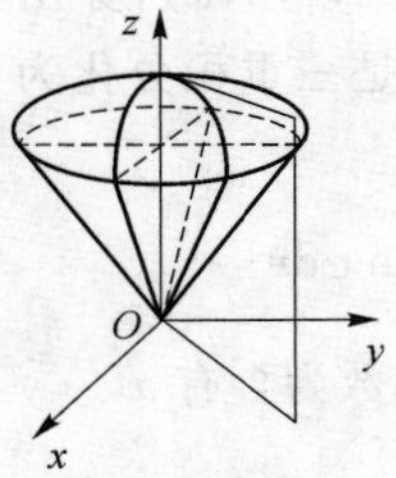

图 10.31

解:$\boldsymbol{\Omega}$ 的图形如图 10.31 所示.由于 $\boldsymbol{\Omega}$ 包围 z 轴,因此只能作两个半平面 $\theta=0,\theta=2\pi$ 才能将 $\boldsymbol{\Omega}$ 夹在中间,因而 θ 的积分限是从 0 到 2π;在区间$[0,2\pi]$内任取一 θ 作半平面 $\theta=$常数,与 $\boldsymbol{\Omega}$ 交一区域 D_θ. 它是一原点为圆心,一条半径在 z 轴上,中心角为$\frac{\pi}{4}$的扇形,它可用射线 $\varphi=0,\varphi=\frac{\pi}{4}$夹在中间,故 φ 的积分限从 0 到$\frac{\pi}{4}$;在区间$\left[0,\frac{\pi}{4}\right]$由任取一 φ 作射线穿区域 D_θ,容易看到从 $r=0$ 穿入,从$r=1$穿出,因而 r 的积分限是从 0 到 1. 于是

$$\begin{aligned}\iiint_{\Omega} z\,\mathrm{d}x\mathrm{d}y\mathrm{d}z &= \int_0^{2\pi}\mathrm{d}\theta\int_0^{\frac{\pi}{4}}\mathrm{d}\varphi\int_0^1 r^3\cos\varphi\sin\varphi\,\mathrm{d}r \\ &= 2\pi\int_0^{\frac{\pi}{4}}\cos\varphi\sin\varphi\,\mathrm{d}\varphi\int_0^1 r^3\,\mathrm{d}r \\ &= 2\pi\left[\frac{1}{2}\sin^2\varphi\right]_0^{\frac{\pi}{4}}\left[\frac{1}{4}r^4\right]_0^1=\frac{\pi}{8}\end{aligned}$$

习题 10.3

1. 计算下列三重积分

(1) $\iiint_{\Omega} xyz\,\mathrm{d}x\mathrm{d}y\mathrm{d}z$,$\boldsymbol{\Omega}$:$0\leqslant x\leqslant 1,0\leqslant y\leqslant 2,0\leqslant z\leqslant 3$.

(2) $\iiint_{\Omega}\frac{\mathrm{d}x\mathrm{d}y\mathrm{d}z}{(x+y+z)^3}$,$\boldsymbol{\Omega}$:$1\leqslant x\leqslant 2,1\leqslant y\leqslant 2,1\leqslant z\leqslant 2$.

(3) $\iiint_{\Omega}\frac{\mathrm{d}x\mathrm{d}y\mathrm{d}z}{(1+x+y+z)^3}$,$\boldsymbol{\Omega}$ 是由 $x=0,y=0,z=0,x+y=z=1$ 所围成的四面体.

(4) $\iiint_{\Omega} xyz\,\mathrm{d}x\mathrm{d}y\mathrm{d}z$,$\boldsymbol{\Omega}$ 是由平面 $y=0,z=0,y=x$ 和锥面 $z=\sqrt{x^2+y^2}$ 所围成的立体.

(5) $\iiint_{\Omega} x\sqrt{z}\,\mathrm{d}x\mathrm{d}y\mathrm{d}z$,$\boldsymbol{\Omega}$ 是由平面 $y=0,z=0,x+y=1$ 及抛物柱面 $x=\sqrt{z}$ 所围成的立体.

(6) $\iiint_{\Omega} z\,\mathrm{d}x\mathrm{d}y\mathrm{d}z$,$\boldsymbol{\Omega}$ 是由平面 $z=0,y=x$、圆柱面 $z=\sqrt{1-x^2}$ 及抛物柱面 $y=x^2$ 所围成的立体.

2. 利用柱面坐标或球面坐标计算下列三重积分

(1) $\iiint_{\Omega} xy\,\mathrm{d}x\mathrm{d}y\mathrm{d}z$,$\boldsymbol{\Omega}$ 是由 $x^2+y^2=2z,z=2,x=0,y=0$ 所围成的在第一卦限的区域.

(2) $\iiint_{\Omega}(x^2+y^2)\mathrm{d}x\mathrm{d}y\mathrm{d}z$,$\boldsymbol{\Omega}$ 是由柱面 $x^2+y^2=1$ 及平面 $z=0,z=1$ 所围成的区域.

(3) $\iiint\limits_{\Omega} \frac{dxdydz}{x^2+y^2+1}$，$\boldsymbol{\Omega}$ 是由锥面 $x^2+y^2=z^2$ 及平面 $z=1$ 所围成的区域.

(4) $\iiint\limits_{\Omega} z\,dxdydz$，$\boldsymbol{\Omega}$ 是由球面 $z=\sqrt{4-x^2-y^2}$、柱面 $(x-1)^2+y^2=1$ 及平面 $z=0$ 所围成的区域.

*(5) $\iiint\limits_{\Omega} xyz\,dxdydz$，$\boldsymbol{\Omega}$ 是由球面 $x^2+y^2+z^2=1$ 及平面 $x=0$，$y=0$，$z=0$ 所围成的在第一卦限内的区域.

*(6) $\iiint\limits_{\Omega} (x^2+y^2)dxdydz$，$\boldsymbol{\Omega}$ 是由半球面 $z=\sqrt{1-x^2-y^2}$，$z=\sqrt{4-x^2-y^2}$ 及平面 $z=0$ 所围成的区域.

10.4　本章小结

10.4.1　内容提要

一、二重积分的概念和性质

1. 二重积分的概念

设函数 $f(x,y)$ 在闭区域 D 上有界，将 D 任意分成 n 个小区域

$$\Delta\sigma_1, \Delta\sigma_2, \cdots, \Delta\sigma_n$$

同时用 $\Delta\sigma_i$ 表示相应小区域的面积. 在每个小区域 $\Delta\sigma_i$ 上任取一点 (ξ_i,η_i)，作函数值 $f(\xi_i,\eta_i)$ 与小区域的面积 $\Delta\sigma_i$ 的乘积 $f(\xi_i,\eta_i)\Delta\sigma_i(i=1,2,\cdots,n)$，并作和式

$$S=\sum_{i=1}^{n} f(\xi_i,\eta_i)\Delta\sigma_i$$

记 $\lambda=\max\{\lambda_1,\lambda_2,\cdots,\lambda_n\}$，其中 λ_i 表示 $\Delta\sigma_i(i=1,2,\cdots,n)$ 的直径，如果不论对 D 如何划分，也不论在小区域 $\Delta\sigma_i$ 上点 (ξ_i,η_i) 如何选取，只要当 $\lambda\to 0$ 时，和 S 总有确定的极限，则称此极限为函数 $f(x,y)$ 在区域 D 上的二重积分，记作 $\iint\limits_{D} f(x,y)d\sigma$，即

$$\iint\limits_{D} f(x,y)d\sigma=\lim_{\lambda\to 0}\sum_{i=1}^{n} f(\xi_i,\eta_i)\Delta\sigma_i$$

并称函数 $f(x,y)$ 在闭区域 D 上可积，称 $f(x,y)$ 为被积函数，$f(x,y)d\sigma$ 为被积表达式，x，y 为积分变量，D 为积分区域，$d\sigma$ 为面积元素，$\sum\limits_{i=1}^{n} f(\xi_i,\eta_i)\Delta\sigma_i$ 为积分和.

2. 可积性

如果函数 $f(x,y)$ 在闭区域 D 上连续，则 $f(x,y)$ 在 D 上可积.

3. 二重积分的几何意义

如果在闭区域 D 上，曲面 $z=f(x,y)$ 有一部分在 xOy 面的上方，也有一部分在 xOy 面

的下方,则二重积分$\iint\limits_D f(x,y)\mathrm{d}\sigma$表示在 xOy 面上方的柱体的体积减去在 xOy 面下方的柱体的体积.

4. 二重积分的性质

性质 1 $\iint\limits_D [f(x,y)\pm g(x,y)]\mathrm{d}\sigma=\iint\limits_D f(x,y)\mathrm{d}\sigma\pm\iint\limits_D g(x,y)\mathrm{d}\sigma$.

性质 2 $\iint\limits_D kf(x,y)\mathrm{d}\sigma=k\iint\limits_D f(x,y)\mathrm{d}\sigma$($k$ 为常数).

性质 3 如果闭区域 D 被有限条曲线分成为有限多个部分闭区域,则 $f(x,y)$在 D 上的二重积分等于 $f(x,y)$在各个部分闭区域上的二重积分的和,特别如果 D 被分成两个闭区域 D_1 和 D_2,则有

$$\iint\limits_D f(x,y)\mathrm{d}\sigma=\iint\limits_{D_1} f(x,y)\mathrm{d}\sigma+\iint\limits_{D_2} f(x,y)\mathrm{d}\sigma$$

性质 4 如果在闭区域 D 上 $f(x,y)\equiv 1$,D 的面积为 σ,则

$$\iint\limits_D 1\mathrm{d}\sigma=\iint\limits_D \mathrm{d}\sigma=\sigma$$

性质 5 如果在闭区域 D 上,$f(x,y)\geqslant 0$,则

$$\iint\limits_D f(x,y)\mathrm{d}\sigma\geqslant 0$$

推论 如果在闭区域 D 上,$f(x,y)\leqslant g(x,y)$,则

$$\iint\limits_D f(x,y)\mathrm{d}\sigma\leqslant\iint\limits_D g(x,y)\mathrm{d}\sigma$$

特别地

$$\left|\iint\limits_D f(x,y)\mathrm{d}\sigma\right|\leqslant\iint\limits_D |f(x,y)|\mathrm{d}\sigma$$

性质 6 设 M 和 m 分别是函数 $f(x,y)$在闭区域 D 上的最大值和最小值,D 的面积为 σ,则

$$\sigma m\leqslant\iint\limits_D f(x,y)\mathrm{d}\sigma\leqslant\sigma M$$

性质 7 如果函数 $f(x,y)$在闭区域 D 上连续,D 的面积为 σ,则在 D 上至少存在一点(ξ,η),使得

$$\iint\limits_D f(x,y)=f(\xi,\eta)\sigma$$

并称此公式为二重积分的中值公式.

二、二重积分的计算法

1. 在直角坐标系下计算二重积分$\iint\limits_D f(x,y)\mathrm{d}x\mathrm{d}y$

(1) 如果 D 是 X—型区域,即 D 可表示为$\begin{cases}a\leqslant x\leqslant b\\ \varphi_1(x)\leqslant y\leqslant\varphi_2(x)\end{cases}$,则

$$\iint\limits_D f(x,y)\mathrm{d}x\mathrm{d}y=\int_a^b\mathrm{d}x\int_{\varphi_1(x)}^{\varphi_2(x)}f(x,y)\mathrm{d}y$$

(2) 如果 D 是 Y一型区域，即 D 可表示为$\begin{cases}c\leqslant y\leqslant d\\ \psi_1(y)\leqslant x\leqslant\psi_2(y)\end{cases}$，则

$$\iint_D f(x,y)\mathrm{d}x\mathrm{d}y=\int_c^d\mathrm{d}y\int_{\psi_1(y)}^{\psi_2(y)}f(x,y)\mathrm{d}x$$

(3) 如果平面区域 D 既非 X一型区域又非 Y一型区域，则要将 D 分若干个 X一型区域或 Y一区域，分别积分然后相加即得 $\iint_D f(x,y)\mathrm{d}x\mathrm{d}y$.

(4) 若穿入或穿出 D 的边界曲线的方程不唯一时，则需要在交界点处用平行于坐标轴的线段将 D 分成若干个区域，分别积分然后相加即得 $\iint_D f(x,y)\mathrm{d}x\mathrm{d}y$.

2. 在极坐标系下计算二重积分 $\iint_D f(x,y)\mathrm{d}x\mathrm{d}y$

首先用 $x=\rho\cos\theta$, $y=\rho\sin\theta$ 分别替换变量 x, y，用 $\rho\mathrm{d}\theta\mathrm{d}\rho$ 替换 $\mathrm{d}\sigma$. 如果 D 可表示为 $\begin{cases}\alpha\leqslant\theta\leqslant\beta\\ \varphi_1(\theta)\leqslant\rho\leqslant\varphi_2(\theta)\end{cases}$，则

$$\iint_D f(x,y)\mathrm{d}\sigma=\int_\alpha^\beta\mathrm{d}\theta\int_{\varphi_1(\theta)}^{\varphi_2(\theta)}f(\rho\cos\theta,\rho\sin\theta)\rho\mathrm{d}\rho$$

(1) 如果极点在积分区域 D 的边界上，则 D 可表示为$\begin{cases}\alpha\leqslant\theta\leqslant\beta\\ 0\leqslant\rho\leqslant\varphi(\theta)\end{cases}$，则

$$\iint_D f(x,y)\mathrm{d}\sigma=\int_\alpha^\beta\mathrm{d}\theta\int_0^{\varphi(\theta)}f(\rho\cos\theta,\rho\sin\theta)\rho\mathrm{d}\rho$$

(2) 如果极点在积分区域 D 内，则 D 可表示为$\begin{cases}0\leqslant\theta\leqslant 2\pi\\ 0\leqslant\rho\leqslant\varphi(\theta)\end{cases}$，则

$$\iint_D f(x,y)\mathrm{d}\sigma=\int_0^{2\pi}\mathrm{d}\theta\int_0^{\varphi(\theta)}f(\rho\cos\theta,\rho\sin\theta)\rho\mathrm{d}\rho$$

三、二重积分的几何应用

1. 计算曲顶柱体的体积. 以 $z=f(x,y)$ $(f\geqslant 0)$ 为顶，以 D 为底的曲顶柱体的体积

$$V=\iint_D f(x,y)\mathrm{d}\sigma$$

2. 如果曲面 $\boldsymbol{\Sigma}$ 的方程为 $z=f(x,y)$，它在 xOy 面上的投影区域为 D_{xy}，则 $\boldsymbol{\Sigma}$ 的面积

$$A=\iint_{D_{xy}}\sqrt{1+\left(\frac{\partial z}{\partial x}\right)^2+\left(\frac{\partial z}{\partial y}\right)^2}\,\mathrm{d}x\mathrm{d}y$$

如果曲面 $\boldsymbol{\Sigma}$ 的方程为 $x=g(y,z)$，它在 yOz 面上的投影区域为 D_{yz}，则 $\boldsymbol{\Sigma}$ 的面积

$$A=\iint_{D_{yz}}\sqrt{1+\left(\frac{\partial x}{\partial y}\right)^2+\left(\frac{\partial x}{\partial z}\right)^2}\,\mathrm{d}y\mathrm{d}z$$

如果曲面 $\boldsymbol{\Sigma}$ 的方程为 $y=h(x,z)$，它在 zOx 面上的投影区域为 D_{zx}，则 $\boldsymbol{\Sigma}$ 的面积

$$A=\iint_{D_{zx}}\sqrt{1+\left(\frac{\partial y}{\partial z}\right)^2+\left(\frac{\partial y}{\partial x}\right)^2}\,\mathrm{d}z\mathrm{d}x$$

四、三重积分的概念和性质

1. 三重积分的概念

设 $f(x,y,z)$ 是空间闭区域 $\boldsymbol{\Omega}$ 上的有界函数.用一组曲面将 $\boldsymbol{\Omega}$ 分成 n 个小区域

$$\Delta v_i,\Delta v_2,\cdots,\Delta v_n$$

同时用 Δv_i 表示第 i 个小区域的体积.在每个小区域 Δv_i 上任取一点 (ξ_i,η_i,ζ_i),作乘积 $f(\xi_i,\eta_i,\zeta_i)\Delta v_i(i=1,2,\cdots,n)$,作和式 $\sum\limits_{i=1}^{n}f(\xi_i,\eta_i,\zeta_i)\Delta v_i$. 如果当各个小区域的直径的最大值 λ 趋于零时这和式的极限存在,则称函数 $f(x,y,z)$ 在闭区域 $\boldsymbol{\Omega}$ 上可积,称此极限为函数 $f(x,y,z)$ 区域 $\boldsymbol{\Omega}$ 上的三重积分,记作 $\iiint\limits_{\boldsymbol{\Omega}}f(x,y,z)\mathrm{d}v$, 即

$$\iiint\limits_{\boldsymbol{\Omega}}f(x,y,z)\mathrm{d}v=\lim_{\lambda\to 0}\sum_{i=1}^{n}f(\xi_i,\eta_i,\zeta_i)\Delta v_i$$

其中,$f(x,y,z)$ 称为被积函数,$\boldsymbol{\Omega}$ 称为积分区域,$\mathrm{d}v$ 称为体积元素.

2. 可积性

如果函数 $f(x,y,z)$ 在闭区域 $\boldsymbol{\Omega}$ 上连续,则 $f(x,y,z)$ 在 $\boldsymbol{\Omega}$ 上可积.

3. 三重积分的性质

三重积分有与二重积分类似的性质.

五、三重积分的计算法

1. 在直角坐标系下计算三重积分 $\iiint\limits_{\boldsymbol{\Omega}}f(x,y,z)\mathrm{d}x\mathrm{d}y\mathrm{d}z$

① 投影法

如果平行于 z 轴的直线与 $\boldsymbol{\Omega}$ 的边界的交点不多于两个,将区域 $\boldsymbol{\Omega}$ 投影到 xOy 面得一闭区域 D,以 D 的边界为准线作母线平行 z 轴的柱面,这柱面与曲面 $\boldsymbol{\Sigma}$ 的交线将 $\boldsymbol{\Sigma}$ 分成上、下两部分分别为 $\boldsymbol{\Sigma}_1,\boldsymbol{\Sigma}_2$,它们的方程是

$$\boldsymbol{\Sigma}_1:z=z_1(x,y),\quad \boldsymbol{\Sigma}_2:z=z_2(x,y)$$

则

$$\iiint\limits_{\boldsymbol{\Omega}}f(x,y,z)\mathrm{d}x\mathrm{d}y\mathrm{d}z=\iint\limits_{D}\mathrm{d}x\mathrm{d}y\int_{z_1(x,y)}^{z_2(x,y)}f(x,y,z)\mathrm{d}z$$

如果区域 D 是 $\boldsymbol{X}$－型区域,则

$$\iiint\limits_{\boldsymbol{\Omega}}f(x,y,z)\mathrm{d}v=\int_a^b\mathrm{d}x\int_{\varphi_1(x)}^{\varphi_2(x)}\mathrm{d}y\int_{z_1(x,y)}^{z_2(x,y)}f(x,y,z)\mathrm{d}z$$

如果区域 D 是 $\boldsymbol{Y}$－型区域,则

$$\iiint\limits_{\boldsymbol{\Omega}}f(x,y,z)\mathrm{d}v=\int_c^d\mathrm{d}y\int_{\psi_1(y)}^{\psi_2(y)}\mathrm{d}x\int_{z_1(x,y)}^{z_2(x,y)}f(x,y,z)\mathrm{d}z$$

如果平行于 x 或平行于 y 轴的直线穿过区域 $\boldsymbol{\Omega}$ 的内部时交点不多于两个,则可以将 $\boldsymbol{\Omega}$ 投影到 yOz 或 zOx 面,将三重积分化为其他顺序的三次积分来计算.如果不符合上述条件,

则可将 Ω 分成为若干部分区域，使在 Ω 上的三重积分化为在各个部分区域上的三重积分的和.

② 截面法

如果用两平面 $z=a$，$z=b$ 恰好将区域 Ω 夹在中间，则变量 z 的积分限为 a 到 b，在区间 $[a,b]$ 内任取一点 z，作平行于 xOy 的平面，截 Ω 得一区域 D_z，将 $f(x,y,z)$ 在区域 D_z 上将 z 看作常数，先对 x，y 作二重积分，然后将积分结果作为被积函数再对 z 积分，于是三重积分化为

$$\iiint_{\Omega} f(x,y,z)\mathrm{d}v = \int_a^b \mathrm{d}z \iint_{D_z} f(x,y,z)\mathrm{d}x\mathrm{d}y$$

2. 在柱面坐标系下计算三重积分 $\iiint_{\Omega} f(x,y,z)\mathrm{d}v$

用柱面坐标计算三重积分，实际上就是在计算公式

$$\iiint_{\Omega} f(x,y,z)\mathrm{d}x\mathrm{d}y\mathrm{d}z = \iint_{D}\mathrm{d}x\mathrm{d}y\int_{z_1(x,y)}^{z_2(x,y)} f(x,y,z)\mathrm{d}z$$

中，在 D 上作二重积分时用极坐标，并将 $z_1(x,y)$，$z_2(x,y)$ 用 $x=\rho\cos\theta$，$y=\rho\sin\theta$ 化为柱坐标方程，用体积元素 $\mathrm{d}v=\rho\mathrm{d}\rho\mathrm{d}\theta\mathrm{d}z$ 替换 $\mathrm{d}v$，如果 D 可表示为 $\begin{cases}\alpha\leqslant\theta\leqslant\beta\\ \varphi_1(\theta)\leqslant\rho\leqslant\varphi_2(\theta)\end{cases}$，则

$$\iiint_{\Omega} f(x,y,z)\mathrm{d}v = \int_{\alpha}^{\beta}\mathrm{d}\theta\int_{\varphi_1(\theta)}^{\varphi_2(\theta)}\mathrm{d}\rho\int_{z_1(\theta,\rho)}^{z_2(\theta,\rho)} f(\rho\cos\theta,\rho\sin\theta,z)\mathrm{d}z$$

3. * 在球面坐标下计算三重积分 $\iiint_{\Omega} f(x,y,z)\mathrm{d}v$

用球面坐标计算三重积分 $\iiint_{\Omega} f(x,y,z)\mathrm{d}v$，首先要用 $x=r\sin\varphi\cos\theta$，$y=r\sin\varphi\sin\theta$，$z=r\cos\varphi$ 来替换变量 x，y，z，用 $r^2\sin\varphi\mathrm{d}\theta\mathrm{d}\varphi\mathrm{d}r$ 替换体积元素 $\mathrm{d}v$.

如果作两个半平面 $\theta=\alpha$，$\theta=\beta(\alpha<\beta)$ 恰好将闭区域 Ω 夹在中间，则变量 θ 的积分限就是从 α 到 β；在区间 $[\alpha,\beta]$ 内任取一 θ，作 $\theta=$ 常数的半平面，与 Ω 相交得一平面图形 D_θ. 在此半平面上，$\varphi_1(\theta)\leqslant\varphi\leqslant\varphi_2(\theta)$，$r_1(\theta,\varphi)\leqslant r\leqslant r_2(\theta,\varphi)$，则三重积分化为三次积分的表示式就是

$$\iiint_{\Omega} f(x,y,z)\mathrm{d}x\mathrm{d}y\mathrm{d}z = \int_{\alpha}^{\beta}\mathrm{d}\theta\int_{\varphi_1(\theta)}^{\varphi_2(\theta)}\mathrm{d}\varphi\int_{r_1(\theta,\varphi)}^{r_2(\theta,\varphi)} f(r\sin\varphi\cos\theta,r\sin\varphi\sin\theta,r\cos\varphi)r^2\sin\varphi\mathrm{d}r$$

10.4.2　基本要求

(1) 理解二重、三重积分的概念和性质，了解二重积分的几何意义；
(2) 熟练掌握用直角坐标和极坐标计算二重积分的方法；
(3) 熟练掌握用直角坐标和柱面坐标计算三重积分的方法；
(4) 掌握用二重积分计算曲顶柱体的体积和曲面面积的方法.

综合练习题

一、单项选择题

1. 设 $f(x,y)$ 是连续函数，则 $\int_0^a dx\int_0^x f(x,y)dy$ 等于(　　).

(A) $\int_0^a dy\int_0^y f(x,y)dx$　　(B) $\int_0^a dy\int_y^a f(x,y)dx$

(C) $\int_0^a dy\int_a^y f(x,y)dx$　　(D) $\int_0^a dy\int_0^a f(x,y)dx$

2. 设有空间区域

$$\boldsymbol{\Omega}_1: x^2+y^2+z^2\leqslant R^2, z\geqslant 0$$

$$\boldsymbol{\Omega}_2: x^2+y^2+z^2\leqslant R^2, x\geqslant 0, y\geqslant 0, z\geqslant 0$$

则(　　).

(A) $\iiint\limits_{\boldsymbol{\Omega}_1} x dv = 4\iiint\limits_{\boldsymbol{\Omega}_2} x dv$　　(B) $\iiint\limits_{\boldsymbol{\Omega}_1} y dv = 4\iiint\limits_{\boldsymbol{\Omega}_2} y dv$

(C) $\iiint\limits_{\boldsymbol{\Omega}_1} z dv = 4\iiint\limits_{\boldsymbol{\Omega}_2} z dv$　　(D) $\iiint\limits_{\boldsymbol{\Omega}_1} xyz dv = 4\iiint\limits_{\boldsymbol{\Omega}_2} xyz dv$

3. 设 D 是 xOy 面上以 $(1,1),(-1,1),(-1,-1)$ 为顶点的三角形区域，D_1 是 D 在第一象限的部分，则 $\iint\limits_D (xy+\cos x\sin y)dxdy$ 等于(　　).

(A) $2\iint\limits_{D_1}\cos x\sin y dxdy$　　(B) $2\iint\limits_{D_1} xy dxdy$

(C) $4\iint\limits_{D_1}(xy+\cos x\sin y)dxdy$　　(D) 0

4. 累次积分 $\int_0^{\frac{\pi}{2}}d\theta\int_0^{\cos\theta} f(\rho\cos\theta,\rho\sin\theta)\rho d\rho$ 可以写成(　　).

(A) $\int_0^1 dy\int_0^{\sqrt{y-y^2}} f(x,y)dx$　　(B) $\int_0^1 dy\int_0^{\sqrt{1-y^2}} f(x,y)dx$

(C) $\int_0^1 dx\int_0^1 f(x,y)dy$　　(D) $\int_0^1 dx\int_0^{\sqrt{x-x^2}} f(x,y)dy$

5. 设

$$I_1=\iint\limits_D \ln(1+x+y)dxd\boldsymbol{y}, I_2=\iint\limits_D (x+y)dxdy$$

其中 $D=\{(x,y)\mid x\geqslant 0, y\geqslant 0, x+y\leqslant 1\}$，则(　　).

(A) $I_1\geqslant I_2$　　(B) $I_1=I_2$

(C) $I_1\leqslant I_2$　　(D) 无法比较大小

二、填空题

1. 交换积分次序$\int_0^1 dy\int_{\sqrt{y}}^{\sqrt{2-y^2}} f(x,y)dx=$ ________.

2. $\int_0^2 dx\int_x^2 e^{-y^2}dy=$ ________.

3. 设 $f(x)$ 有一阶连续导数,且 $f(0)=0,f(1)=2,D$ 是由圆周 $x^2+y^2=1$ 所围成的区域,则$\iint\limits_D f'(x^2+y^2)dxdy=$ ________.

4. 设 $\boldsymbol{\Omega}$ 为球面 $x^2+y^2+z^2=1$ 所围成的区域,则$\iiint\limits_{\Omega}\frac{z\ln(x^2+y^2+z^2+1)dxdydz}{x^2+y^2+z^2+1}=$ ________.

5. 设有一斜圆柱体,它被垂直于 z 轴的平面截得的区域的面积为 π,$\boldsymbol{\Omega}$ 是该斜圆柱体被平面 $z=0,z=1$ 所截下的区域,则$\iiint\limits_{\Omega} z^2 dxdydz=$ ________.

三、计算题与证明题

1. 计算二重积分 $I=\iint\limits_D y\,dxdy$,其中 D 是由 x 轴、y 轴与曲线$\sqrt{\frac{x}{a}}+\sqrt{\frac{y}{b}}=1$ 所围成的区域,$a>0,b>0$.

2. 设函数 $f(x)$ 在区间$[0,1]$上连续,且$\int_0^1 f(x)dx=A$,求$\int_0^1 dx\int_x^1 f(x)f(y)dy$.

3. 计算$\iint\limits_D |xy|\,d\sigma,D:x^2+y^2\leqslant a^2$.

4. 计算$\iint\limits_D |x^2+y^2-4|\,dxdy$,其中 D 是圆域 $x^2+y^2\leqslant 16$.

5. 计算$\iint\limits_D x[1+yf(x^2+y^2)]d\sigma$,其中 D 是由 $y=x^3,y=1,x=-1$ 所围成的区域 f 是一连续函数.

6. 计算$\iiint\limits_{\Omega}(x^2+y^2+z)dv$,其中 $\boldsymbol{\Omega}$ 是由曲线$\begin{cases}y^2=2z,\\ x=0\end{cases}$绕 z 轴旋转一周而成的曲面与平面 $z=4$ 所围成的区域.

7. 计算$\iiint\limits_{\Omega} z^2 dv$,其中 $\boldsymbol{\Omega}$ 是由二球面 $x^2+y^2+z^2=R^2,x^2+y^2+z^2=2Rz$ 所围成的区域.

8. 计算$\int_0^2 dx\int_0^{\sqrt{2x-x^2}}dy\int_0^a z\sqrt{x^2+y^2}dz$.

9. 计算$\int_{-R}^R dx\int_{-\sqrt{R^2-x^2}}^{\sqrt{R^2-x^2}}dy\int_0^{\sqrt{R^2-x^2-y^2}}\sqrt{x^2+y^2+z^2}dz$.

10. 已知 $F(t)=\iiint\limits_{\Omega} f(\sqrt{x^2+y^2+z^2})dv$,其中 $\boldsymbol{\Omega}:x^2+y^2+z^2\leqslant t^2$,$f$ 是连续函数,求

$F'(t)$.

11. 证明$\int_a^b dx\int_a^x (x-y)^{n-2}f(y)dy=\frac{1}{n-1}\int_a^b (b-y)^{n-1}f(y)dy$.

12. 设 f 是连续函数,证明$\iiint\limits_{\boldsymbol{\Omega}} f(z)dv=\pi\int_{-1}^1 (1-u^2)f(u)du$,其中$\boldsymbol{\Omega}$:$x^2+y^2+z^2\leqslant 1$.

13. 设 f 是连续函数,证明$\int_0^x dv\int_0^v du\int_0^u f(t)dt=\frac{1}{2}\int_0^x (x-t)^2 f(t)dt$.

14. 设 $f(x)$ 在区间$[a,b]$上连续,证明$\left[\int_a^b f(x)dx\right]^2\leqslant (b-a)\int_a^b f^2(x)dx$.

15. 设 $f(x)$ 在区间$[a,b]$上连续且恒大于零,试利用二重积分证明

$$\int_a^b f(x)dx\cdot\int_a^b \frac{1}{f(x)}dx\geqslant (b-a)^2$$

第 11 章　曲线积分和曲面积分

在第 10 章讲述了重积分的有关内容，重积分的积分范围是平面或空间上的闭区域. 本章将积分概念推广到积分范围为一段有限长度的曲线弧或一块有限面积的曲面的情形，这就是本章要讲述的曲线积分和曲面积分的有关内容.

11.1　对弧长的曲线积分

11.1.1　对弧长的曲线积分的概念和性质

1. 曲线形物体的质量

设有一曲线形物体，它所占的位置在 xOy 面上的一段曲线弧 L 上，它的端点为 A，B，如图 11.1 所示，它的线密度为 $\mu(x,y)$. 我们的问题是如何求曲线形物体的质量？

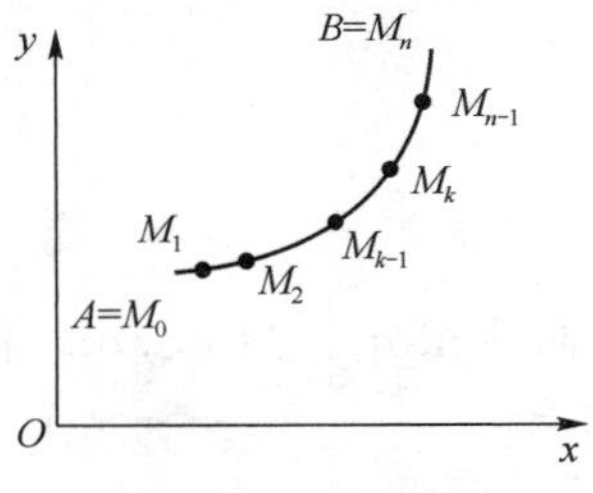

图 11.1

我们知道，如果它是均匀的，即线密度 μ 是常数，则它的质量可用公式

$$质量=密度\times弧长$$

来计算. 而该曲线形物体的密度 $\mu(x,y)$ 是随着曲线上的点 (x,y) 而变化的，故不能直接用上面公式计算，但当线密度函数 $\mu(x,y)$ 在 L 上连续时，我们仍然可用方法，"大分小，局部以常代变，求近似和，取极限"的方法来计算它的质量. 具体步骤叙述如下：

(1) 用一组分点 $M_1, M_2, \cdots, M_{n-1}$ (并记 $M_0=A, M_n=B$) 将曲线形物体 L 分成 n 个小弧段，见图 11.1，各小弧段的长度分为

$$\Delta s_1, \Delta s_2, \cdots, \Delta s_n$$

各小弧段的质量分别为

$$\Delta m_1, \Delta m_2, \cdots, \Delta m_n$$

(2) 在第 i 个小弧段 $\overset{\frown}{M_{i-1}M_i}$ 上任取一点 (ξ_i, η_i)，由于 $\mu(x,y)$ 在 L 上连续，故有

$$\Delta m_i \approx \mu(\xi_i, \eta_i)\Delta s_i, i=1,2,\cdots,n$$

(3) 把这样得到的 n 个小弧段的质量的近似值之和作为所求曲线形物体的质量 m 的近似值，即

$$m \approx \mu(\xi_1,\eta_1)\Delta s_1 + \mu(\xi_2,\eta_2)\Delta s_2 + \cdots + \mu(\xi_n,\eta_n)\Delta s_n = \sum_{i=1}^{n}\mu(\xi_i,\eta_i)\Delta s_i$$

(4) 为了实现无限细分,只需要求各个小弧段的长度 $\lambda_i\ (i=1,2,\cdots,n)$ 的最大值 $\lambda=\max\{\lambda_1,\lambda_2,\cdots,\lambda_n\}\to 0$,也就是说当 $\lambda\to 0$ 时,对上面的和式取极限,便得到曲线形物体的质量

$$m=\lim_{\lambda\to 0}\sum_{i=1}^{n}\mu(\xi_i,\eta_i)\Delta s_i$$

2. 对弧长的曲线积分的定义和性质

将1中计算曲线形物体的计算过程一般化,便得到对弧长的曲线积分的定义.

定义 11.1.1 设 L 是 xOy 面上的一条光滑曲线弧,函数 $f(x,y)$ 在 L 上有界,用一组分点 $M_1,M_2,\cdots,M_{n-1}$ 将 L 任意分成 n 个小弧段,各小弧段的长度分别为

$$\Delta s_1,\Delta s_2,\cdots,\Delta s_n$$

在各小弧段上任取一点 $(\xi_i,\eta_i)\ (i=1,2,\cdots,n)$,作和式 $\sum\limits_{i=1}^{n}f(\xi_i,\eta_i)\Delta s_i$,如果当各小弧段的长度的最大值 $\lambda\to 0$ 时,和式 $\sum\limits_{i=1}^{n}f(\xi_i,\eta_i)\Delta s_i$ 的极限存在,即

$$\lim_{\lambda\to 0}\sum_{i=1}^{n}f(\xi_i,\eta_i)\Delta s_i$$

存在,则称此极限为函数 $f(x,y)$ 在曲线弧 L 上对弧长的曲线积分,记作 $\int_L f(x,y)\,\mathrm{d}s$,即

$$\int_L f(x,y)\,\mathrm{d}s=\lim_{\lambda\to 0}\sum_{i=1}^{n}f(\xi_i,\eta_i)\Delta s_i$$

其中,$f(x,y)$ 称为被积函数,L 称为积分弧段.

对弧长的曲线积分也称为第一类曲线积分.

可以证明,当 $f(x,y)$ 在光滑曲线弧 L 上连续时,对弧长的曲线积分 $\int_L f(x,y)\,\mathrm{d}s$ 存在.以后总假定函数 $f(x,y)$ 在曲线弧 L 上连续.

由上述定义,当线密度 $\mu(x,y)$ 在光滑曲线弧 L 上连续时,曲线形物体的质量

$$m=\int_L \mu(x,y)\,\mathrm{d}s$$

上述定义可以推广到积分弧段为空间光滑曲线弧 $\boldsymbol{\Gamma}$ 的情形:设有空间光滑曲线弧 $\boldsymbol{\Gamma}$,三元函数 $f(x,y,z)$ 在 $\boldsymbol{\Gamma}$ 上对弧长的曲线积分

$$\int_{\boldsymbol{\Gamma}} f(x,y,z)\,\mathrm{d}s=\lim_{\lambda\to 0}\sum_{i=1}^{n}f(\xi_i,\eta_i,\zeta_i)\Delta s_i$$

如果 L(或 $\boldsymbol{\Gamma}$)是分段光滑的,则规定函数在弧段 L(或 $\boldsymbol{\Gamma}$)上的曲线积分等于函数在各光滑弧段上的积分之和.以后总假定积分弧段是分段光滑的.

如果曲线 L 是闭曲线,则函数 $f(x,y)$ 在闭曲线 L 上对弧长的曲线积分记为 $\oint_L f(x,y)\,\mathrm{d}s$.

由定义可以证明，函数对弧长的曲线积分有如下性质.

性质 1　设 α,β 为常数，则

$$\int_L[\alpha f(x,y)+\beta g(x,y)]\mathrm{d}s=\alpha\int_L f(x,y)\mathrm{d}s+\beta\int_L g(x,y)\mathrm{d}s$$

性质 2　若积分弧段 L 可分为两段曲线弧 L_1 和 L_2，则

$$\int_L f(x,y)\mathrm{d}s=\int_{L_1}f(x,y)\mathrm{d}s+\int_{L_2}f(x,y)\mathrm{d}s$$

性质 3　若在 L 上有 $f(x,y)\leqslant g(x,y)$，则

$$\int_L f(x,y)\mathrm{d}s\leqslant\int_L g(x,y)\mathrm{d}s$$

特别地，有

$$\left|\int_L f(x,y)\mathrm{d}s\right|\leqslant\int_L|f(x,y)|\mathrm{d}s$$

11.1.2　对弧长的曲线积分的计算法

定理 11.1.1　设函数 $f(x,y)$ 在曲线弧 L 有定义且连续，L 的参数方程为

$$\begin{cases}x=\varphi(t)\\ y=\psi(t)\quad(\alpha\leqslant t\leqslant\beta)\end{cases}$$

其中，$\varphi(t)$，$\psi(t)$ 在 $[\alpha,\beta]$ 上具有一阶连续导数，且 $\varphi'^2(t)+\psi'^2(t)\neq0$，则曲线积分 $\int_L f(x,y)\mathrm{d}s$ 存在，且

$$\int_L f(x,y)\mathrm{d}s=\int_\alpha^\beta f[\varphi(t),\psi(t)]\sqrt{\varphi'^2(t)+\psi'^2(t)}\,\mathrm{d}t\tag{11.1.1}$$

证明略.

注 1：式(11.1.1)是指，要计算 $\int_L f(x,y)\mathrm{d}s$，只要将 $x,y,\mathrm{d}s$ 分别换成 $\varphi(t)$，$\psi(t)$，$\sqrt{\varphi'^2(t)+\psi'^2(t)}\,\mathrm{d}t$，然后对 t 从 α 到 β 积分便可得到.

注 2：这里特别要注意的是 t 的积分下限 α 一定要小于积分上限 β，不论 L 的起点和终点对应的参数分别是 α,β 还是 β,α.

如果曲线 L 的方程由

$$y=y(x)\quad(a\leqslant x\leqslant b)$$

给出，此时把 x 作为参数，$\mathrm{d}s=\sqrt{1+y'^2(x)}\,\mathrm{d}x$，于是式(11.1.1)化为

$$\int_L f(x,y)\mathrm{d}s=\int_a^b f[x,y(x)]\sqrt{1+y'^2(x)}\,\mathrm{d}x\tag{11.1.2}$$

如果曲线 L 的方程由

$$x=x(y)\quad(c\leqslant y\leqslant d)$$

给出，此时把 y 作为参数，$\mathrm{d}s=\sqrt{1+x'^2(y)}\,\mathrm{d}y$，于是式(11.1.1)化为

$$\int_L f(x,y)\mathrm{d}s=\int_c^d f[x(y),y]\sqrt{1+x'^2(y)}\,\mathrm{d}y\tag{11.1.3}$$

式(11.1.1)可以推广到空间曲线 $\boldsymbol{\Gamma}$ 的参数方程为

$$x=\varphi(t),y=\psi(t),z=\omega(t)\quad(\alpha\leqslant t\leqslant\beta)$$

的情况,这时有

$$\int_L f(x,y,z)\mathrm{d}s=\int_\alpha^\beta f[\varphi(t),\psi(t),\omega(t)]\sqrt{\varphi'^2(t)+\psi'^2(t)+\omega'^2(t)}\,\mathrm{d}t\quad(11.1.4)$$

【例 11.1.1】 计算 $\int_L y\mathrm{d}s$,其中 L 为摆线 $\begin{cases}x=a(\theta-\sin\theta)\\y=a(1-\cos\theta)\end{cases}$ $(0\leqslant\theta\leqslant2\pi)$的一拱.

解:这里 θ 为参数,于是

$$\begin{aligned}\int_L y\mathrm{d}s&=\int_0^{2\pi}a(1-\cos\theta)\sqrt{a^2(1-\cos\theta)^2+a^2\sin^2\theta}\mathrm{d}\theta\\&=2a^2\int_0^{2\pi}(1-\cos\theta)\sin\frac{\theta}{2}\mathrm{d}\theta\\&=8a^2\int_0^{2\pi}\left(1-\cos^2\frac{\theta}{2}\right)\mathrm{d}\left(-\cos\frac{\theta}{2}\right)\\&=8a^2\left[\frac{1}{3}\cos^3\frac{\theta}{2}-\cos\frac{\theta}{2}\right]_0^{2\pi}=\frac{32}{3}a^2\end{aligned}$$

【例 11.1.2】 计算 $\int_L\sqrt{x}\,\mathrm{d}s$,其中 L 是曲线 $y=\frac{1}{4}x^2-\frac{1}{2}\ln x$ 上相应于 x 从 1 到 e 的一段弧.

解:这里 x 为参数,于是

$$\begin{aligned}\int_L\sqrt{x}\,\mathrm{d}s&=\int_1^e\sqrt{x}\sqrt{1+\left(\frac{1}{2}x-\frac{1}{2x}\right)^2}\mathrm{d}x=\int_1^e\sqrt{x}\left(\frac{1}{2}x+\frac{1}{2x}\right)\mathrm{d}x\\&=\int_1^e\left(\frac{1}{2}x^{\frac{3}{2}}+\frac{1}{2\sqrt{x}}\right)\mathrm{d}x=\frac{1}{5}\mathrm{e}^2\sqrt{\mathrm{e}}+\sqrt{\mathrm{e}}-\frac{6}{5}\end{aligned}$$

【例 11.1.3】 计算曲线积分 $\int_{\boldsymbol{\Gamma}}(x^2+y^2+z^2)\mathrm{d}s$,其中 $\boldsymbol{\Gamma}$ 为螺线 $x=a\cos t,y=a\sin t$,$z=kt(a,k>0)$相应于 t 从 0 到 2π 的一段弧.

解:这里 t 为参数,于是

$$\begin{aligned}\int_{\boldsymbol{\Gamma}}(x^2+y^2+z^2)\mathrm{d}s&=\int_0^{2\pi}(a^2\cos^2t+a^2\sin^2t+k^2t^2)\sqrt{(-a\sin t)^2+(a\cos t)^2+k^2}\,\mathrm{d}t\\&=\int_0^{2\pi}(a^2+k^2t^2)\sqrt{a^2+k^2}\,\mathrm{d}t\\&=\sqrt{a^2+k^2}\left[a^2t+\frac{1}{3}k^2t^3\right]_0^{2\pi}\\&=\frac{2}{3}\pi\sqrt{a^2+k^2}(3a^2+4\pi^2k^2)\end{aligned}$$

习题 11.1

1. 计算 $\int_L(x^2+y^2)\mathrm{d}s$,其中 L 是曲线 $x=\cos t+t\sin t,y=\sin t-t\cos t$ 从 $t=0$ 到

$t=2\pi$ 的一段弧.

2. 计算$\int_L x^2\mathrm{d}s$,其中 L 是摆线 $x=t-\sin t, y=1-\cos t$ 从 $t=0$ 到 $t=2\pi$ 的一段弧.

3. 计算$\int_L (x^{\frac{4}{3}}+y^{\frac{4}{3}})\mathrm{d}s$,其中 L 是内摆线 $x=a\cos^3 t, y=a\sin^3 t$ 在第一象限内的弧$\left(0\leqslant t\leqslant\frac{\pi}{2}\right)$.

4. 计算$\int_L x^2\mathrm{d}s$,其中 L 是双曲线 $xy=1$ 从$(1,1)$到$\left(\sqrt{3},\frac{1}{\sqrt{3}}\right)$的一段弧.

5. 计算$\int_L \sin x\cos x\mathrm{d}s$,其中 L 是曲线 $y=\sin x$ 从$(0,0)$到$\left(\frac{\pi}{2},1\right)$的一段弧.

6. 计算$\int \mathrm{e}^{\sqrt{x^2+y^2}}\mathrm{d}s$,其中 L 是圆周 $x^2+y^2=1$,直线 $y=x$ 及 x 轴所围成的在第一象限内的平面图形的边界.

7. 计算$\int_L \sqrt{x^2+y^2}\mathrm{d}s$,其中 L 是圆周 $x^2+y^2=x$.

8. 计算$\int_{\boldsymbol{\Gamma}} z\mathrm{d}s$,其中 $\boldsymbol{\Gamma}$ 是有界的螺线 $x=t\cos t, y=t\sin t, z=t$ 从 $t=0$ 到 $t=1$ 的一段弧.

9. 计算$\int_{\boldsymbol{\Gamma}} (x+y+z)\mathrm{d}s$,其中 $\boldsymbol{\Gamma}$ 是$(0,0,0)$到$(1,2,3)$的直线段.

11.2　对坐标的曲线积分

11.2.1　对坐标的曲线积分的概念和性质

1. 变力沿曲线所作的功

设有一质点在 xOy 平面内受力

$$\boldsymbol{F}(x,y)=P(x,y)\boldsymbol{i}+Q(x,y)\boldsymbol{j}$$

的作用,从点 A 沿光滑曲线弧 L 移动到点 B,其中函数 $P(x,y)$,$Q(x,y)$在 L 上连续.

我们的问题是要计算质点在移动过程中变力 $\boldsymbol{F}$ 所作的功. 我们知道,如果力 $\boldsymbol{F}$ 是恒力,且质点从 A 沿直线移动到 B,则 $\boldsymbol{F}$ 所作的功 W 等于向量 $\boldsymbol{F}$ 与向量$\boldsymbol{AB}$的数量积,即用公式

$$W=\boldsymbol{F}\cdot\boldsymbol{AB} \tag{11.2.1}$$

来计算. 而现在力 $\boldsymbol{F}(x,y)$的大小和方向都随着点(x,y)在曲线 L 上移动而变化,而质点是沿曲线 L 移动,因此力 W 不能直接用式(11.2.1)计算. 但当函数 $P(x,y)$,$Q(x,y)$在 L 上连续时,我们仍然可用方法,“大分小,局部以常代变,求近似和、取极限”的方法来计算 $\boldsymbol{F}$ 所作的功. 具体步骤叙述如下.

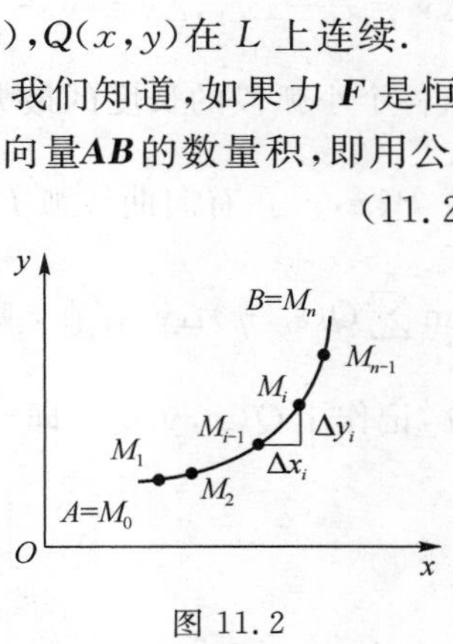

图 11.2

(1) 用一组分点 $M_1(x_1,y_1)$,$M_2(x_2,y_2)$,…,M_{n-1}

(x_{n-1},y_{n-1})(并记 $M_0(x_0,y_0)=A, M_n(x_n,y_n)=B$)将弧段 L 分成 n 个小弧段,如图 11.2 所示,变力 $\boldsymbol{F}(x,y)$ 沿有向弧段 $\overset{\frown}{\boldsymbol{M}_{i-1}\boldsymbol{M}_i}$ 所作的功为 $\Delta W_i(i=1,2,\cdots,n)$.

(2) 对每个小弧段 $\overset{\frown}{M_{i-1}M_i}$,由于它光滑且很短,可用有向线段

$$\boldsymbol{M}_{i-1}\boldsymbol{M}_i=(\Delta x_i)\boldsymbol{i}+(\Delta y_i)\boldsymbol{j}$$

来近似代替,其中 $\Delta x_i=x_i-x_{i-1}, \Delta y_i=y_i-y_{i-1}, i=1,2,\cdots,n$. 又由于函数 $P(x,y),Q(x,y)$ 在 L 上连续,可以用 $\overset{\frown}{M_{i-1}M_i}$ 上任意取定的一点 (ξ_i,η_i) 处的力

$$\boldsymbol{F}(\xi_i,\eta_i)=P(\xi_i,\eta_i)\boldsymbol{i}+Q(\xi_i,\eta_i)\boldsymbol{j}$$

来近似代替相应小弧段上各点的力. 于是,变力 $\boldsymbol{F}(x,y)$ 沿有向小弧段 $\overset{\frown}{M_{i-1}M_i}$ 所作的功 ΔW_i,可以近似等于恒力 $\boldsymbol{F}(\xi_i,\eta_i)$ 沿有向线段 $\boldsymbol{M}_{i-1}\boldsymbol{M}_i$ 所作的功,即

$$\Delta W_i\approx\boldsymbol{F}(\xi_i,\eta_i)\cdot\boldsymbol{M}_{i-1}\boldsymbol{M}_i=P(\xi_i,\eta_i)\Delta x_i+Q(\xi_i,\eta_i)\Delta y_i, i=1,2,\cdots,n$$

(3) 把这样得到的变力 $\boldsymbol{F}(x,y)$ 在 n 个有向小弧段上的所作的功的近似值之和作为 $\boldsymbol{F}(x,y)$ 将质点从 A 点沿 L 移动到 B 所作的功 W 的近似值,即

$$W\approx\sum_{i=1}^{n}\boldsymbol{F}(\xi_i,\eta_i)\cdot\boldsymbol{M}_{i-1}\boldsymbol{M}_i=\sum_{i=1}^{n}[P(\xi_i,\eta_i)\Delta x_i+Q(\xi_i,\eta_i)\Delta y_i]$$

(4) 为了实现无限细分,只需要求各个小弧段的长度 $\lambda_i(i=1,2,\cdots,n)$ 的最大值 $\lambda=\max\{\lambda_1,\lambda_2,\cdots,\lambda_n\}\to 0$,也就是说当 $\lambda\to 0$ 时,对上面的和式取极限,便得到变力 $\boldsymbol{F}(x,y)$ 将质点从 A 点沿 L 移动到 B 所作的功 W,即

$$W=\lim_{\lambda\to 0}\sum_{i=1}^{n}[P(\xi_i,\eta_i)\Delta x_i+Q(\xi_i,\eta_i)\Delta y_i]$$

2. 对坐标的曲线积分的定义和性质

将 1 中计算变力 $\boldsymbol{F}(x,y)$ 将质点从 A 点沿 L 移动到 B 所作的功 W 的计算过程一般化,便得到对坐标的曲线积分的定义.

定义 11.2.1 设 L 是 xOy 面上从点 A 到点 B 的一条有向光滑曲线弧,函数 $P(x,y)$,$Q(x,y)$ 在 L 上有界,在 L 上沿 L 的方向插入一组分点 $M_1(x_1,y_1), M_2(x_2,y_2),\cdots, M_{n-1}(x_{n-1},y_{n-1})$,将 L 任意分成 n 个有向小弧段

$$\overset{\frown}{M_{i-1}M_i}(i=1,2,\cdots,n, A=M_0, B=M_n)$$

设 $\Delta x_i=x_i-x_{i-1}, \Delta y_i=y_i-y_{i-1}, i=1,2,\cdots,n$. 在第个小弧段 $\overset{\frown}{M_{i-1}M_i}$ 上任取一点 (ξ_i,η_i),如果当各个小弧段的长度的最大值 $\lambda\to 0$ 时,和式 $\sum\limits_{i=1}^{n}P(\xi_i,\eta_i)\Delta x_i$ 的极限存在,则称此极限为函数 $P(x,y)$ 在有向曲线弧 L 上对坐标 x 的曲线积分,记作 $\int_L P(x,y)\mathrm{d}x$. 类似地,如果极限 $\lim\limits_{\lambda\to 0}\sum\limits_{i=1}^{n}Q(\xi_i,\eta_i)\Delta y_i$ 存在,则称此极限为函数 $Q(x,y)$ 在有向曲线弧 L 上对坐标 y 的曲线积分,记作 $\int_L Q(x,y)\mathrm{d}y$. 即

$$\int_L P(x,y)\mathrm{d}x=\lim_{\lambda\to 0}\sum_{i=1}^{n}P(\xi_i,\eta_i)\Delta x_i$$

$$\int_L Q(x,y)\mathrm{d}y=\lim_{\lambda\to 0}\sum_{i=1}^{n}Q(\xi_i,\eta_i)\Delta y_i$$

其中,$P(x,y)$,$Q(x,y)$称为被积函数,L 称为积分弧段.

对坐标的曲线积分也称为第二类曲线积分.

可以证明,当函数 $P(x,y)$,$Q(x,y)$在有向光滑曲线弧 L 上连续时,对坐标的曲线积分 $\int_L P(x,y)\mathrm{d}x$,$\int_L Q(x,y)\mathrm{d}y$ 都存在. 以后总假定函数 $P(x,y)$,$Q(x,y)$在有向曲线弧 L 上连续.

应用上经常出现形如

$$\int_L P(x,y)\mathrm{d}x+\int_L Q(x,y)\mathrm{d}y$$

合并使用的情况,为简便起见,将上式写成

$$\int_L P(x,y)\mathrm{d}x+Q(x,y)\mathrm{d}y \tag{11.2.2}$$

如果记

$$\boldsymbol{F}=P(x,y)\boldsymbol{i}+Q(x,y)\boldsymbol{j},\mathrm{d}\boldsymbol{r}=\mathrm{d}x\boldsymbol{i}+\mathrm{d}y\boldsymbol{j}$$

则可将式(11.2.2)表示为

$$\int_L \boldsymbol{F}\cdot\mathrm{d}\boldsymbol{r}$$

由上述定义,当函数 $P(x,y)$,$Q(x,y)$在有向光滑曲线弧 L 上连续时,变力 $\boldsymbol{F}(x,y)=P(x,y)\boldsymbol{i}+Q(x,y)\boldsymbol{j}$ 将质点从 A 点沿 L 移动到 B 所作的功 W

$$W=\int_L P(x,y)\mathrm{d}x+Q(x,y)\mathrm{d}y$$

上述定义可以推广到积分弧段为空间有向光滑曲线弧 $\boldsymbol{\Gamma}$ 的情形:设有空间有向光滑曲线弧 $\boldsymbol{\Gamma}$,三元函数 $P(x,y,z)$,$Q(x,y,z)$,$R(x,y,z)$在 $\boldsymbol{\Gamma}$ 上对坐标的曲线积分

$$\int_{\Gamma} P(x,y,z)\mathrm{d}x=\lim_{\lambda\to 0}\sum_{i=1}^{n}P(\xi_i,\eta_i,\zeta_i)\Delta x_i$$

$$\int_{\Gamma} Q(x,y,z)\mathrm{d}y=\lim_{\lambda\to 0}\sum_{i=1}^{n}Q(\xi_i,\eta_i,\zeta_i)\Delta y_i$$

$$\int_{\Gamma} R(x,y,z)\mathrm{d}z=\lim_{\lambda\to 0}\sum_{i=1}^{n}R(\xi_i,\eta_i,\zeta_i)\Delta z_i$$

类似地,将

$$\int_{\Gamma} P(x,y,z)\mathrm{d}x+\int_L Q(x,y,z)\mathrm{d}y+\int_L R(x.y.z)\mathrm{d}z$$

写成

$$\int_{\Gamma} P(x,y,z)\mathrm{d}x+Q(x,y,z)\mathrm{d}y+R(x.y.z)\mathrm{d}z$$

也可将上式表示成向量的形式

$$\int_{\Gamma} \boldsymbol{A}\cdot\mathrm{d}\boldsymbol{r}$$

其中 $\boldsymbol{A}=P(x,y,z)\boldsymbol{i}+Q(x,y,z)\boldsymbol{j}+R(x,y,z)\boldsymbol{k}$,$\mathrm{d}\boldsymbol{r}=\mathrm{d}x\boldsymbol{i}+\mathrm{d}y\boldsymbol{j}+\mathrm{d}z\boldsymbol{k}$.

如果 L(或 $\boldsymbol{\Gamma}$)是分段光滑的,则规定函数在有向弧段 L(或 $\boldsymbol{\Gamma}$)上对坐标的曲线积分等于函数在各有向光滑弧段上的积分之和. 以后总假定有向弧段是分段光滑的.

如果有向曲线 L 是闭曲线,则函数 $P(x,y)$在有向闭曲线 L 上对坐标 x 的曲线积分记

为$\oint_L P(x,y)\mathrm{d}x$,其他情况有类似的表示式.

由定义可以证明,函数对坐标的曲线积分有如下性质.

性质 1 设 α,β 为常数,则

$$\int_L [\alpha \boldsymbol{F}_1 + \beta \boldsymbol{F}_2]\cdot \mathrm{d}\boldsymbol{r} = \alpha\int_L \boldsymbol{F}_1\cdot \mathrm{d}\boldsymbol{r} + \beta\int_L \boldsymbol{F}_2\cdot \mathrm{d}\boldsymbol{r}$$

性质 2 若有向曲线弧段 L 可分为两段有向曲线弧 L_1 和 L_2,则

$$\int_L \boldsymbol{F}\cdot \mathrm{d}\boldsymbol{r} = \int_{L_1} \boldsymbol{F}\cdot \mathrm{d}\boldsymbol{r} + \int_{L_2} \boldsymbol{F}\cdot \mathrm{d}\boldsymbol{r}$$

性质 3 若 L 是有向曲线弧,L^- 是 L 的反向曲线弧,则

$$\int_L \boldsymbol{F}\cdot \mathrm{d}\boldsymbol{r} = -\int_{L^-} \boldsymbol{F}\cdot \mathrm{d}\boldsymbol{r}$$

只对性质 3 作如下说明:当 L 被分成 n 个小弧段时,L^- 也被分成了 n 个小弧段,不过当曲线弧的方向改变时,它们的有向小弧段在坐标轴上的投影,其绝对值不变,但要改变符号,因此取极限的结果符号相反.

特别要注意的是对坐标的曲线积分的性质 3,当积分曲线的方向改变时,积分的结果要改变符号,对弧长的曲线积分不具有此性质.另外对坐标的曲线积分不具有对弧长的曲线积分的性质 3.

11.2.2 对坐标的曲线积分的计算法

定理 11.2.1 设函数 $P(x,y)$,$Q(x,y)$在有向曲线弧 L 有定义且连续,L 的参数方程为

$$\begin{cases} x=\varphi(t) \\ y=\psi(t) \end{cases}$$

当参数 t 单调地由 α 变到 β 时,点 $M(x,y)$由 L 的起点 A 沿 L 运动到终点 B,$\varphi(t)$,$\psi(t)$在以 α 和 β 为端点的闭区间上具有一阶连续导数,且 $\varphi'^2(t)+\psi'^2(t)\neq 0$,则曲线积分 $\int_L P(x,y)\mathrm{d}x+Q(x,y)\mathrm{d}y$ 存在,且

$$\int_L P(x,y)\mathrm{d}x+Q(x,y)\mathrm{d}y = \int_\alpha^\beta \{P[\varphi(t),\psi(t)]\varphi'(t)+Q[\varphi(t),\psi(t)]\psi'(t)\}\mathrm{d}t \tag{11.2.3}$$

证明略.

注 1:式(11.2.3)是说,要计算$\int_L P(x,y)\mathrm{d}x+Q(x,y)\mathrm{d}y$,只要将 $x,y,\mathrm{d}x,\mathrm{d}y$ 分别换成 $\varphi(t)$,$\psi(t)$,$\varphi'(t)\mathrm{d}t$,$\psi'(t)\mathrm{d}t$,然后对 t 从起点对应的参数 α 到终点对应的参数 β 积分便可.

注 2:这里特别要注意的是 t 的积分下限 α 必须是 L 的起点对应的参数,积分上限 β 必须是 L 的终点对应的参数,不论大小.这一点是与计算对弧长的曲线积分的一个重要区别.

如果有向曲线 L 的方程由 $y=y(x)$给出,此时把 x 作为参数,若起点对应的参数为 a,终点对应的参数为 b,则式(11.2.3)化为

$$\int_L P(x,y)\mathrm{d}x+Q(x,y)\mathrm{d}y = \int_a^b \{P[x,y(x)]+Q[x,y(x)]y'(x)\}\mathrm{d}x$$

如果有向曲线 L 的方程由 $x=x(y)$ 给出，此时把 y 作为参数，若起点对应的参数为 c，终点对应的参数为 d，则式(11.2.3)化为

$$\int_L P(x,y)\mathrm{d}x+Q(x,y)\mathrm{d}y=\int_c^d\{P[x(y),y]x'(y)+Q[y,x(y)]\}\mathrm{d}\boldsymbol{y}$$

式 (11.2.3)可以推广到空间有向曲线 $\boldsymbol{\Gamma}$ 的参数方程为

$$x=\varphi(t),y=\psi(t),z=\omega(t)$$

的情况，这时有

$$\begin{aligned}&\int_{\boldsymbol{\Gamma}}P(x,y,z)\mathrm{d}x+Q(x,y,z)\mathrm{d}y+R(x,y,z)\mathrm{d}z\\&=\int_\alpha^\beta\{P[\varphi(t),\psi(t),\omega(t)]\varphi'(t)+Q[\varphi(t),\psi(t),\omega(t)]\psi'(t)\\&\quad+R[\varphi(t),\psi(t),\omega(t)]\omega'(t)\}\mathrm{d}t\end{aligned}\tag{11.2.4}$$

其中 α,β 分别是 L 的起点和终点对应的参数.

【例 11.2.1】 计算 $\int_L(x-y)\mathrm{d}y$，其中 L 是抛物线 $y=x^2$ 上从点 $A(-1,1)$到点 $B(1,1)$的一段弧.

解：如图 11.3 所示.

解法 1　选 x 作参数，L 的起点和终点对应的参数分别为 $-1,1$，于是

$$\int_L(x-y)\mathrm{d}y=\int_{-1}^1 2x(x-x^2)\mathrm{d}x=\frac{4}{3}$$

解法 2　选 y 作参数，但这里 $x=\pm\sqrt{y}$不是单值函数，于是需要将 L 分成两段有向光滑曲线弧$\widehat{AO}$和$\widehat{OB}$. 在$\widehat{AO}$上，$x=-\sqrt{y}$，参数 y 从 1 到 0；在$\widehat{OB}$上，$x=\sqrt{y}$，参数 y 从 0 到 1；于是

$$\begin{aligned}\int_L(x-y)\mathrm{d}y&=\int_{\widehat{AO}}(x-y)\mathrm{d}y+\int_{\widehat{OB}}(x-y)\mathrm{d}y\\&=\int_1^0(-\sqrt{y}-y)\mathrm{d}y+\int_0^1(\sqrt{y}-y)\mathrm{d}y\\&=2\int_0^1\sqrt{y}\,\mathrm{d}y=\frac{4}{3}\end{aligned}$$

【例 11.2.2】 计算 $\int_L y^2\mathrm{d}x+x^2\mathrm{d}y$，其中 L 为

(1) 从点 $O(0,0)$到 $A(1,1)$的直线段；

(2) 折线 OMA，点 O,M,A 的坐标依次为$(0,0)$，$(1,0)$，$(1,1)$.

解：如图 11.4 所示.

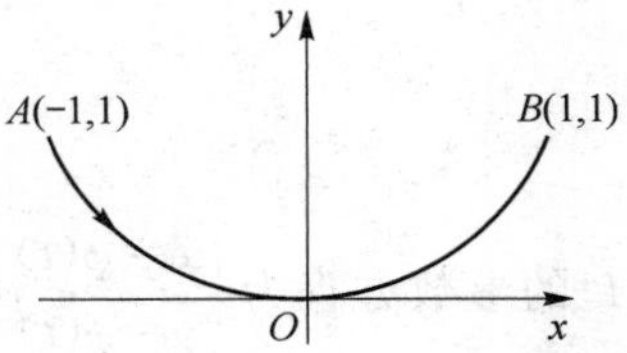

图 11.3

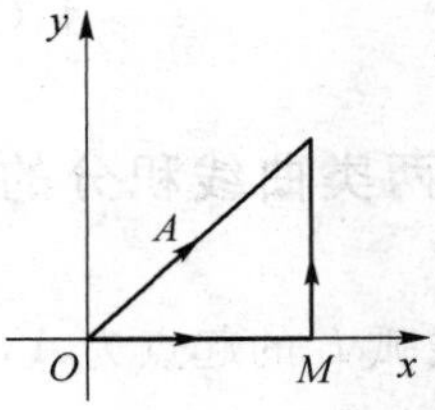

图 11.4

(1) 直线$\overline{OA}$的方程为$y=x$,取x作参数,从0到1,于是

$$\int_L y^2\mathrm{d}x+x^2\mathrm{d}y=\int_0^1 x^2\mathrm{d}x+x^2\mathrm{d}x=2\left[\frac{1}{3}x^3\right]_0^1=\frac{2}{3}$$

(2) 折线$OMA=\overline{OM}+\overline{MA}$,其中$\overline{OM}$的方程为$y=0$,$x$作参数,从0到1,$\mathrm{d}y=0$;$\overline{MA}$的方程为$x=1$,$y$作参数,从0到1,$\mathrm{d}x=0$,于是

$$\begin{aligned}\int_L y^2\mathrm{d}x+x^2\mathrm{d}y&=\int_{\overline{OM}}y^2\mathrm{d}x+x^2\mathrm{d}y+\int_{\overline{MA}}y^2\mathrm{d}x+x^2\mathrm{d}y\\&=\int_0^1 0\mathrm{d}x+\int_0^1 1\mathrm{d}y=1\end{aligned}$$

此例说明,即使被积函数相同,起点和终点相同,但由于积分路径不同,积分值可以不相等.

【例 11.2.3】 计算$\int_L y\mathrm{d}x+x\mathrm{d}y$,其中$L$为

(1) 直线$x+y=1$从$A(0,1)$到$B(1,0)$的线段;

(2) 圆周$x^2+y^2=1$从$A(0,1)$到$B(1,0)$的一段弧;

(3) 折线AOB,点A,O,B的坐标依次为$(0,1),(0,0),(0,1)$.

解:如图 11.5 所示.

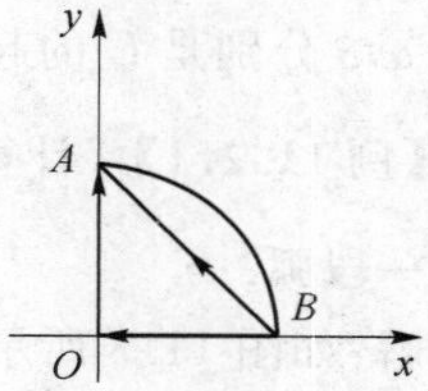

图 11.5

(1) 将直线方程$x+y=1$改写为$y=1-x$,以x为参数,从1到0,于是

$$\int_L y\mathrm{d}x+x\mathrm{d}y=\int_1^0(1-x)\mathrm{d}x=0$$

(2) 圆周$x^2+y^2=1$的参数方程为$x=\cos\theta,y=\sin\theta$,$\theta$从0到$\frac{\pi}{2}$,于是

$$\int_L y\mathrm{d}x+x\mathrm{d}y=\int_0^{\frac{\pi}{2}}(\cos^2\theta-\sin^2\theta)\mathrm{d}\theta=\int_0^{\frac{\pi}{2}}\cos 2\theta\mathrm{d}\theta=0$$

(3) $\overline{AO}$的方程为$y=0$,x作参数,从1到0,$\mathrm{d}y=0$;$\overline{OB}$的方程为$x=0$,y作参数,从0到1,$\mathrm{d}x=0$,于是

$$\int_L y\mathrm{d}x+x\mathrm{d}y=\int_{\overline{AO}}y\mathrm{d}x+x\mathrm{d}y+\int_{\overline{OB}}y\mathrm{d}x+x\mathrm{d}y=0$$

此例说明,当被积函数相同,起点和终点相同,即使积分路径不同,积分值也可以相等.

【例 11.2.4】 计算$\int_L y\mathrm{d}x+z\mathrm{d}y+x\mathrm{d}z$,其中$L$是曲线$x=\cos\theta,y=\sin\theta,z=\sin\theta+\cos\theta$从$\theta=0,\theta=\pi$的一段弧.

解:以θ作参数,从0到π,于是

$$\begin{aligned}\int_L y\mathrm{d}x+z\mathrm{d}y+x\mathrm{d}z&=\int_0^{\pi}[-\sin^2\theta+(\sin\theta+\cos\theta)\cos\theta+\cos\theta(\cos\theta-\sin\theta)]\mathrm{d}\theta\\&=\int_0^{\pi}(2\cos^2\theta-\sin^2\theta)\mathrm{d}\theta=\frac{\pi}{2}\end{aligned}$$

11.2.3 两类曲线积分的关系

设有向曲线弧L的起点为A,终点为B,曲线L的参数方程为$\begin{cases}x=\varphi(t)\\y=\psi(t)\end{cases}$,并设起点$A$和终点$B$分别对应参数$\alpha,\beta$,且$\alpha<\beta$,函数$\varphi(t),\psi(t)$在闭区域$[\alpha,\beta]$上有一阶连续导数,且$\varphi'^2(t)+\psi'^2(t)\neq 0$,又函数$P(x,y),Q(x,y)$在$L$上连续.在上述假定下,一方面由对坐标的

曲线积分的计算方法，有

$$\int_L P(x,y)\mathrm{d}x+Q(x,y)\mathrm{d}y=\int_\alpha^\beta\{P[\varphi(t),\psi(t)]\varphi'(t)+Q[\varphi(t),\psi(t)]\psi'(t)\}\mathrm{d}t$$

另一方面，由于向量 $\boldsymbol{\tau}=\varphi'(t)\boldsymbol{i}+\psi'(t)\boldsymbol{j}$ 是曲线 L 在点 $M(\varphi(t),\psi(t))$ 处的一个切向量，它指向参数增大的方向，当 $\alpha<\beta$ 时，它的指向与曲线弧 L 的方向一致，它的方向余弦为

$$\cos\alpha=\frac{\varphi'(t)}{\sqrt{\varphi'^2(t)+\psi'^2(t)}},\cos\beta=\frac{\psi'(t)}{\sqrt{\varphi'^2(t)+\psi'^2(t)}}$$

于是由对弧长的曲线积分的计算方法，有

$$\begin{aligned}&\int_L[P(x,y)\cos\alpha+Q(x,y)\cos\beta]\mathrm{d}s\\=&\int_\alpha^\beta\left[P[\varphi(t),\psi(t)]\frac{\varphi'(t)}{\sqrt{\varphi'^2(t)+\psi'^2(t)}}+Q[\varphi(t),\psi(t)]\frac{\psi'(t)}{\sqrt{\varphi'^2(t)+\psi'^2(t)}}\right]\\&\sqrt{\varphi'^2(t)+\psi'^2(t)}\,\mathrm{d}t\\=&\int_\alpha^\beta\{P[\varphi(t),\psi(t)]\varphi'(t)+Q[\varphi(t),\psi(t)]\psi'(t)\}\mathrm{d}t\end{aligned}$$

可见在平面曲线 L 上的两类曲线积分之间有关系式

$$\int_L P\mathrm{d}x+Q\mathrm{d}y=\int_L[P\cos\alpha+Q\cos\beta]\mathrm{d}s$$

其中，$\cos\alpha,\cos\beta$ 是有向曲线 L 在点 (x,y) 处切向量的方向余弦.

以上是在起点 A 和终点 B 对应的参数 α,β 满足 $\alpha<\beta$ 的条件下导出的结果，如果 $\alpha>\beta$ 可导出同样的结果，这只要在参数方程中令 $t=-s$，则 A,B 对应的参数分别为 $a=-\alpha$，$b=-\beta$，满足 $a<b$，重复上述步骤即可得到相同的结果.

类似地可以得到在空间曲线 $\boldsymbol{\Gamma}$ 上的两类曲线积分之间有关系式

$$\int_{\boldsymbol{\Gamma}}P\mathrm{d}x+Q\mathrm{d}y+R\mathrm{d}z=\int_{\boldsymbol{\Gamma}}[P\cos\alpha+Q\cos\beta+R\cos\gamma]\mathrm{d}s$$

其中，$\cos\alpha,\cos\beta,\cos\gamma$ 是有向曲线 $\boldsymbol{\Gamma}$ 在点 (x,y,z) 处切向量的方向余弦.

习题 11.2

1. 计算 $\int_L(x^2-y^2)\mathrm{d}x$，其中 L 是抛物线 $y=x^2$ 上从 $(1,1)$ 到 $(2,4)$ 的一段弧.

2. 计算 $\int_L x\mathrm{d}y$，其中 L 是曲线 $y=1+x^3$ 上从 $x=0$ 到 $x=1$ 的一段弧.

3. 计算 $\int_L x\mathrm{d}x+y\mathrm{d}y$，其中 L 是曲线 $y=\sin x$ 上从 $x=0$ 到 $x=\pi$ 的一段弧.

4. 计算 $\int_L x^2\mathrm{d}x+y^2\mathrm{d}y$，其中 L 是折 ABC，A,B,C 的坐标依次为 $(1,1)$，$(2,1)$，$(2,2)$.

5. 计算 $\int_L -x\cos y\mathrm{d}x+y\sin x\mathrm{d}y$，其中 L 是从点 $A(0,0)$ 到 $B(\pi,2\pi)$ 的直线段.

6. 计算 $\int_L(2-y)\mathrm{d}x-(1-y)\mathrm{d}y$，其中 L 为摆线 $x=t-\sin t,y=1-\cos t$ 从 $t=0$ 到 $t=2\pi$ 的一段弧.

7. 计算$\int_L (x+y)\mathrm{d}x+(x-y)\mathrm{d}y$,其中 L 是依逆时针方向绕椭圆$\frac{x^2}{a^2}+\frac{y^2}{b^2}=1$一圈的路径.

8. 计算$\int_\Gamma x^2\mathrm{d}x+y^2\mathrm{d}y+z^2\mathrm{d}z$,其中 $\boldsymbol{\Gamma}$ 是曲线 $x=a\cos t, y=a\sin t, z=bt$ 上从 $t=0$ 到 $t=2\pi$ 的一段弧.

9. 计算$\int_\Gamma y\mathrm{d}x+z\mathrm{d}y+x\mathrm{d}z$,其中 $\boldsymbol{\Gamma}$ 是点(1,1,1) 到(2,3,4) 的直线段.

10. 计算$\int_L (x^2+2xy-y^2)\mathrm{d}x+(x^2-2xy-y^2)\mathrm{d}y$,其中 L 是沿下面所给的从点 $O(0,0)$ 到点 $A(1,1)$ 的路径

(1) $y=x$;　(2) $y=x^2$;　(3) $x=y^2$;

(4) $y=x^3$;　(5) 折线 OMA,点 M 的坐标为(1,0).

11.3 格林公式及其应用

在一元函数积分学中,牛顿-莱布尼兹公式

$$\int_a^b F'(x)\mathrm{d}x=F(b)-F(a) \tag{11.3.1}$$

其中,$F'(x)$在区间$[a,b]$上的积分可以由它的原函数 $F(x)$在该区间端点上的值表达.

由此,提出这样的问题:在平面闭区域 D 上重积分能否由沿区域 D 的边界曲线 L 上曲线积分表达?

如果将式(11.3.1)改写为

$$\int_a^b \mathrm{d}F(x)=F(b)-F(a)$$

可以提出这样的问题:平面上沿曲线 L 从点 $A(x_1,y_1)$ 到 $B(x_2,y_2)$ 对坐标的曲线积分 $\int_L P(x,y)\mathrm{d}x+Q(x,y)\mathrm{d}y$ 能否写成$\int_L \mathrm{d}u(x,y)$ 的形式,其中 $u(x,y)$是某个二元函数,它的积分值能否用函数 $u(x,y)$在 L 的起点 $A(x_1,y_1)$和终点 $B(x_2,y_2)$的值来表达?

回答这些问题的关键就是下面首先要讲的“格林公式”. 在此之前,我们先介绍两个简单的概念.

称一个平面区域 G 是单连通域是指在 G 内的任一条闭曲线所围成的区域完全属于 G;称一个区域的边界曲线 L 的正向是指,当观察者沿 L 的这个方向行走时,D 内在他近傍的部分总在他的左边. 对于单连通区域的边界曲线简单地说就是沿逆时针方向即为正向. 不是单连通的区域称为复连通区域. 复连通区域直观上看就是有“洞”的区域. 对于复连通区域,它的边界包括它的所有外边界和内边界,边界曲线的正向仍如上述确定,也可简单地说就是外边界为逆时针方向,内边界为顺时针方向.

11.3.1 格林(Green)公式

定理 11.3.1 设闭区域 D 由分段光滑的曲线 L 围成,函数 $P(x,y)$及 $Q(x,y)$在 D 上具有一阶连续偏导数,则有

$$\iint\limits_D \left(\frac{\partial Q}{\partial x}-\frac{\partial P}{\partial y}\right)\mathrm{d}x\mathrm{d}y=\oint_L P\,\mathrm{d}x+Q\mathrm{d}y \tag{11.3.2}$$

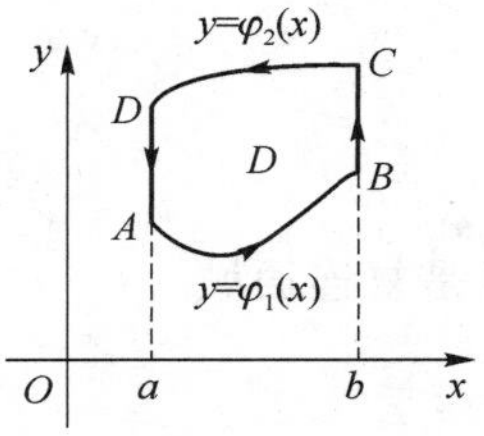

图 11.6

其中，L 是 D 的取正向的整个边界曲线.

公式(11.3.2)称为格林(Green)公式.

证：如果穿过区域 D 内部且平行于 y 轴的直线与 D 的边界曲线的交点恰好是两个，例如 D 是 X－型区域，如图 11.6 所示，它可表示为$\{(x,y)\mid a\leqslant x\leqslant b,\varphi_1(x)\leqslant y\leqslant\varphi_2(x)\}$，则由二重积分的计算方法，有

$$\begin{aligned}\iint\limits_D \frac{\partial P}{\partial y}\mathrm{d}x\mathrm{d}y&=\int_a^b\left\{\int_{\varphi_1(x)}^{\varphi_2(x)}\frac{\partial P(x,y)}{\partial y}\mathrm{d}y\right\}\mathrm{d}x\\&=\int_a^b\{P[x,\varphi_2(x)]-P[x,\varphi_1(x)]\}\mathrm{d}x\end{aligned}$$

另一方面，由对坐标的曲线积分的计算方法得

$$\begin{aligned}\oint_L P(x,y)\mathrm{d}x&=\int_{\widehat{AB}}P\,\mathrm{d}x+\int_{\overline{BC}}P\,\mathrm{d}x+\int_{\widehat{CD}}P\,\mathrm{d}x+\int_{\overline{DA}}P\,\mathrm{d}x\\&=\int_a^b P[x,\varphi_1(x)]\mathrm{d}x+0+\int_b^a P[x,\varphi_2(x)]\mathrm{d}x+0\\&=\int_a^b P[x,\varphi_1(x)]\mathrm{d}x-\int_a^b P[x,\varphi_2(x)]\mathrm{d}x\\&=\int_a^b\{P[x,\varphi_1(x)]-P[x,\varphi_2(x)]\}\mathrm{d}x\end{aligned}$$

因此有

$$-\iint\limits_D \frac{\partial P}{\partial y}\mathrm{d}x\mathrm{d}y=\oint_L P\,\mathrm{d}x \tag{11.3.3}$$

如果穿过区域 D 内部且平行于 x 轴的直线与 D 的边界曲线的交点恰好是两个，则类似地可以证明

$$\iint\limits_D \frac{\partial Q}{\partial x}\mathrm{d}x\mathrm{d}y=\oint_L \boldsymbol{Q}\,\mathrm{d}\boldsymbol{y} \tag{11.3.4}$$

如果区域 D 的边界曲线与穿过 D 的内部且平行于坐标轴(无论是平行于 x 轴还是 y 轴)的任何直线都恰好有两个交点，式(11.3.3)和式(11.3.4)均成立，二式相加得式(11.3.2).

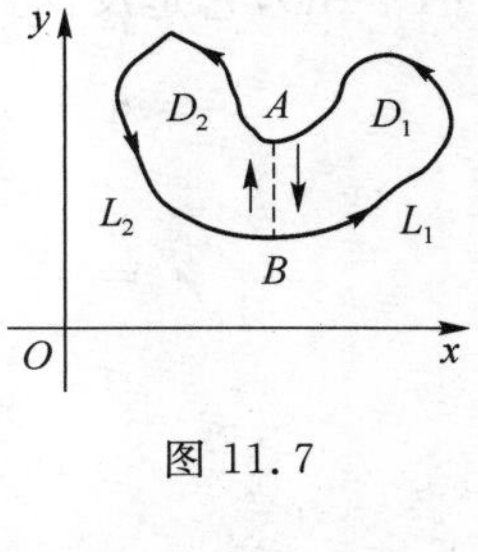

图 11.7

如果区域 D 的边界不满足上述条件，那么可在 D 的内部引进若干条辅助曲线将 D 分成有限个部分区域，使每个部分区域都满足上述条件. 例如图 11.7 所示的区域 D，可引一条平行于 y 轴的直线将 D 分成 D_1 和 D_2 两个部分区域，它们的边界曲线 L_1 和 L_2 都满足上述条件，对区域 D_1 和 D_2 应用式(11.3.2)，得到两个等式

$$\iint\limits_{D_1}\left(\frac{\partial Q}{\partial x}-\frac{\partial P}{\partial y}\right)\mathrm{d}x\mathrm{d}y=\oint_{L_1}P\mathrm{d}x+Q\mathrm{d}y$$

$$\iint\limits_{D_2}\left(\frac{\partial Q}{\partial x}-\frac{\partial P}{\partial y}\right)\mathrm{d}x\mathrm{d}y=\oint_{L_2}P\mathrm{d}x+Q\mathrm{d}y$$

以上两式相加,并注意到包含在 L_1 积分中的$\overline{AB}$段的积分与包含在 L_2 积分中$\overline{BA}$段的积分相互抵消,于是得到

$$\iint_D\left(\frac{\partial Q}{\partial x}-\frac{\partial P}{\partial y}\right)\mathrm{d}x\mathrm{d}y=\oint_L P\,\mathrm{d}x+Q\mathrm{d}y$$

这就证明了式(11.3.2)对图 11.7 中区域 D 成立.

这里要注意的是,格林公式中的区域 D 可以是单连通域也可以是复连通域.

下面是格林公式的一个简单应用.

如果在式(11.3.2)中取 $P(x,y)=-y,Q(x,y)=x$,则得

$$\oint_L x\,\mathrm{d}y-y\mathrm{d}x=2\iint_D\mathrm{d}x\mathrm{d}y$$

上式右边是区域 D 的面积 A 的二倍,于是有

$$A=\frac{1}{2}\oint x\mathrm{d}y-y\mathrm{d}x \tag{11.3.5}$$

【例 11.3.1】 利用格林公式计算曲线积分 $\oint_L(x^2-2xy)\mathrm{d}x+(y^2-2xy)\mathrm{d}y$,其中 L 是由曲线 $y=x^2$ 与直线 $y=x$ 所围成的闭区域 D 的正向边界.

解:这里 $P(x,y)=x^2-2xy,Q(x,y)=y^2-2xy$,区域 D 如图 11.8 所示,满足定理 11.3.1的条件,于是由格林公式,有

$$\begin{aligned}\oint_L(x^2-2xy)\mathrm{d}x+(y^2-2xy)\mathrm{d}y&=\iint_D\left(\frac{\partial Q}{\partial x}-\frac{\partial P}{\partial y}\right)\mathrm{d}x\mathrm{d}y\\&=\iint_D 2(x-y)\mathrm{d}x\mathrm{d}y=2\int_0^1\mathrm{d}x\int_{x^2}^{x}(x-y)\mathrm{d}y\\&=2\int_0^1\left(\frac{1}{2}x^4-x^3+\frac{1}{2}x^2\right)\mathrm{d}x=\frac{1}{30}\end{aligned}$$

【例 11.3.2】 计算摆线的一拱 $x=a(\theta-\sin\theta),y=a(1-\cos\theta)(0\leqslant\theta\leqslant 2\pi)$与 x 轴所围成的平面图形的面积.

解:当参数由 0 变到 2π,摆线的方向如图 11.9 所示,为利用格林公式,补直线段$\overline{AO}$,取 $L=\overset{\frown}{OA}+\overline{AO}$,它是反向边界曲线,其中$\overline{AO}$的方程为 $y=0$,于是由格林公式,所求面积

$$\begin{aligned}A&=\frac{1}{2}\oint_L y\mathrm{d}x-x\mathrm{d}y=\frac{1}{2}\left[\int_{\overset{\frown}{OA}}y\mathrm{d}x-x\mathrm{d}y+\int_{\overline{AO}}y\mathrm{d}x-x\mathrm{d}y\right]\\&=\frac{1}{2}\int_0^{2\pi}[a^2(1-\cos\theta)^2-a^2(\theta-\sin\theta)\sin\theta]\mathrm{d}\theta\\&=\frac{a^2}{2}\int_0^{2\pi}(1-2\cos\theta+\cos^2\theta-\theta\sin\theta+\sin^2\theta)\mathrm{d}\theta\\&=a^2\int_0^{2\pi}(2-2\cos\theta)\mathrm{d}\theta+a^2\int_0^{2\pi}\theta\mathrm{d}(\cos\theta)\\&=\frac{a^2}{2}\left\{[2\theta-2\sin\theta]_0^{2\pi}+[\theta\cos\theta]_0^{2\pi}-\int_0^{2\pi}\cos\theta\mathrm{d}\theta\right\}\\&=3\pi a^2\end{aligned}$$

而 $\int_{\overline{AO}}y\mathrm{d}x-x\mathrm{d}y=0$,不影响上述计算结果.

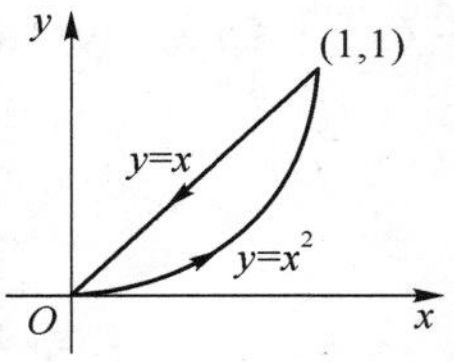

图 11.8

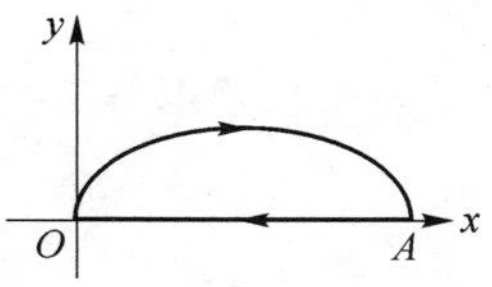

图 11.9

【例 11.3.3】　利用格林公式证明 $\int_{L_1} y^3\mathrm{d}x+3xy^2\mathrm{d}y=\int_{L_2} y^3\mathrm{d}x+3xy^2\mathrm{d}y$，其中 L_1 和 L_2 分别是由 $O(0,0)$，$M(1,0)$，$N(0,1)$，$A(1,1)$构成的折线 OMA 和 ONA，如图 11.10 所示.

证：这里 $P(x,y)=y^3$，$Q(x,y)=3xy^2$，取区域 D 的正向边界 $L=L_1+L_2^-$，满足定理 11.3.1 的条件，则由格林公式，有

$$\oint_L y^3\mathrm{d}x+3xy^2\mathrm{d}y=\iint_D\left(\frac{\partial Q}{\partial x}-\frac{\partial P}{\partial y}\right)\mathrm{d}x\mathrm{d}y=\iint_D(3y^2-3y^2)\mathrm{d}x\mathrm{d}y=0$$

而

$$\oint_L y^3\mathrm{d}x+3xy^2\mathrm{d}y=\int_{L_1} y^3\mathrm{d}x+3xy^2\mathrm{d}y-\int_{L_2} y^3\mathrm{d}x+3xy^2\mathrm{d}y=0$$

所以有

$$\int_{L_1} y^3\mathrm{d}x+3xy^2\mathrm{d}y=\int_{L_2} y^3\mathrm{d}x+3xy^2\mathrm{d}y$$

【例 11.3.4】　利用格林公式计算 $\int_L (x^2+2xy-y^2)\mathrm{d}x+(x^2+2xy-y^2)\mathrm{d}y$，其中 L 是 $(x-1)^2+y^2=1$ 从(0,0)到(1,1)的一段弧.

解：这里 $P(x,y)=Q(x,y)=x^2+2xy-y^2$. 如图 11.11 所示，$L$ 即$\overset{\frown}{OA}$，为利用格林公式，补充直线段$\overline{AO}$，并注意 $L'=\overset{\frown}{OA}+\overline{AO}$是顺时针的，$D$ 是由 L'所围成的平面区域，于是由格林公式

$$\oint_{L'}(x^2+2xy-y^2)\mathrm{d}x+(x^2+2xy-y^2)\mathrm{d}y$$

$$=-\iint_D[(2x+2y)-(2x-2y)]\mathrm{d}x\mathrm{d}y$$

$$=-4\int_0^1\mathrm{d}x\int_x^{\sqrt{2x-x^2}}y\mathrm{d}y=-4\int_0^1(x-x^2)\mathrm{d}x=-\frac{2}{3}$$

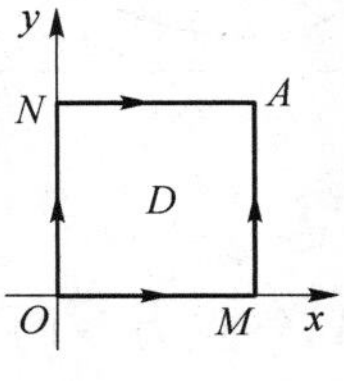

图 11.10

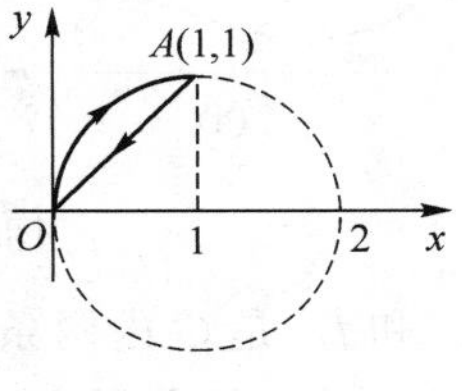

图 11.11

而对直线$\overline{OA}$，它的方程为 $y=x$，因此

$$\int_{\overline{OA}}(x^2+2xy-y^2)\mathrm{d}x+(x^2+2xy-y^2)\mathrm{d}y$$
$$=4\int_0^1 x^2\mathrm{d}x=\frac{4}{3}$$

于是有

$$\int_L(x^2+2xy-y^2)\mathrm{d}x+(x^2+2xy-y^2)\mathrm{d}y$$
$$=\int_{L'}(x^2+2xy-y^2)\mathrm{d}x+(x^2+2xy-y^2)\mathrm{d}y$$
$$+\int_{\overline{OA}}(x^2+2xy-y^2)\mathrm{d}x+(x^2+2xy-y^2)\mathrm{d}y=\frac{2}{3}$$

11.3.2 积分与路径无关的条件及全微分求积

由例11.3.3可见,由于$P(x,y)$,$Q(x,y)$满足$\frac{\partial Q}{\partial x}=\frac{\partial P}{\partial y}$,得到积分与路径无关,此结论是否一概成立?它的逆例题是否也成立?另外,若令$u(x,y)=xy^3$,我们发现,$P(x,y)=\frac{\partial u}{\partial x}$,$Q(x,y)=\frac{\partial u}{\partial y}$,$y^3\mathrm{d}x+3xy^2\mathrm{d}y=\mathrm{d}u(x,y)$,而且由于$u(x,y)$的二阶混合$\frac{\partial^2 u}{\partial x\partial y}$,$\frac{\partial^2 u}{\partial y\partial x}$连续,自然有$\frac{\partial Q}{\partial x}=\frac{\partial P}{\partial y}$,因而积分与路径无关,这是否普遍成立?我们用下面的定理回答这些问题.

定理 11.3.2 设G是二维平面上的单连通域,$P(x,y)$,$Q(x,y)$在G内具有一阶连续偏导数,则下列四个条件等价.

(1) 沿G内任意分段光滑闭曲线L,有$\oint_L P\mathrm{d}x+Q\mathrm{d}y=0$;

(2) 对G内任一分段光滑曲线,积分$\int_L P\mathrm{d}x+Q\mathrm{d}y$与路径无关,只与起点和终点有关;

(3) $P\mathrm{d}x+Q\mathrm{d}y$是某一函数$u(x,y)$的全微分,即$\mathrm{d}u(x,y)=P\mathrm{d}x+Q\mathrm{d}y$;

(4) 在G内每一点都有$\frac{\partial Q}{\partial x}=\frac{\partial P}{\partial y}$.

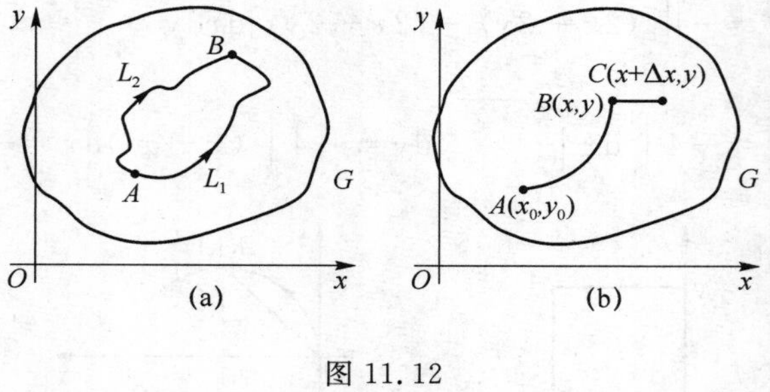

图 11.12

***证**:(1)⇒(2).设L_1和L_2是G内两条起点为A,终点为B的分段光滑的曲线段,如图11.12(a)所示.取$L=L_1+L_2^-$,它是分段光滑闭曲线,则由(1),有

$$\oint_L P\mathrm{d}x+Q\mathrm{d}y=0$$

而

$$\oint_L P\mathrm{d}x+Q\mathrm{d}y=\int_{L_1}P\mathrm{d}x+Q\mathrm{d}y+\int_{L_2^-}P\mathrm{d}x+Q\mathrm{d}y$$
$$=\int_{L_1}P\mathrm{d}x+Q\mathrm{d}y-\int_{L_2}P\mathrm{d}x+Q\mathrm{d}y=0$$

即得

$$\int_{L_1}P\mathrm{d}x+Q\mathrm{d}y=\int_{L_2}P\mathrm{d}x+Q\mathrm{d}y$$

以上假定 L_1 与 L_2 没有交点，如果它们之间有有限个交点，可类似证明结论成立.

(2)⇒(3). 在 G 内取一定点 $A(x_0,y_0)$ 和一动点 $B(x,y)$，由于在 G 内积分与路径无关，令

$$u(x,y)=\int_{(x_0,y_0)}^{(x,y)}P(x,y)\mathrm{d}x+Q(x,y)\mathrm{d}y \tag{11.3.6}$$

当自变量 x 获得增量 Δx 时，函数 $u(x,y)$ 的增量

$$u(x+\Delta x,y)-u(x,y)=\int_{\widehat{AB}+\overline{BC}}P\mathrm{d}x+Q\mathrm{d}y-\int_{\widehat{AB}}P\mathrm{d}x+Q\mathrm{d}y$$
$$=\int_{\overline{BC}}P\mathrm{d}x+Q\mathrm{d}y$$

在直线段$\overline{BC}$上，$y=$常数，因此，$\mathrm{d}y=0$，参数 x 从 x 到 $x+\Delta x$ 积分，并由 $P(x,y)$关于变量 x 连续及积分中值定理，有

$$u(x+\Delta x)-u(x)=\int_x^{x+\Delta x}P(x,y)\mathrm{d}x=P(x+\theta\Delta x,y)\Delta x$$

于是得到

$$\frac{\partial u}{\partial x}=\lim_{\Delta x\to 0}\frac{u(x+\Delta x)-u(x)}{\Delta x}=\lim_{\Delta x\to 0}P(x+\theta\Delta x,y)=P(x,y)$$

类似可以证明，$\dfrac{\partial u}{\partial y}=Q(x,y)$. 这就证明了

$$\mathrm{d}u=P\mathrm{d}x+Q\mathrm{d}y$$

即(3)成立.

(3)⇒(4). 由(3)有

$$\frac{\partial Q}{\partial x}=\frac{\partial}{\partial x}\left(\frac{\partial u}{\partial y}\right)=\frac{\partial^2 u}{\partial y\partial x},\quad \frac{\partial P}{\partial y}=\frac{\partial}{\partial y}\left(\frac{\partial u}{\partial x}\right)=\frac{\partial^2 u}{\partial x\partial y}$$

再由在区域 G 上 $P(x,y)$，$Q(x,y)$有一阶连续偏导数，有

$$\frac{\partial Q}{\partial x}=\frac{\partial^2 u}{\partial y\partial x}=\frac{\partial^2 u}{\partial x\partial y}=\frac{\partial P}{\partial y}$$

即(4)成立.

(4)⇒(1). 设 L 为 G 内任一分段光滑闭曲线，由于 G 是单连通域，L 所包围的区域 D 全部在 G 内，于是由(3)及格林公式有

$$\oint_L P\mathrm{d}x+Q\mathrm{d}y=\iint_D\left(\frac{\partial Q}{\partial x}-\frac{\partial P}{\partial y}\right)\mathrm{d}x\mathrm{d}y=0$$

即(1)成立.

在单连通域 G 内,上述四个相互等价的条件中,最容易验证的条件是:在 G 内 $\frac{\partial Q}{\partial x}=\frac{\partial P}{\partial y}$,它成为解题时主要要验证的条件. 解此类题目时的思路可用下面的关系图来表示. 设 G 为单连通区域,$P(x,y)$,$Q(x,y)$ 的 G 内有一阶连续偏导数,则在 G 内

存在二元函数 $u(x,y)$,使得 $du = Pdx + Qdy$ $\Leftrightarrow$ $\frac{\partial Q}{\partial x}=\frac{\partial P}{\partial y}$ $\Leftrightarrow$ 积分 $\int_L P\mathrm{d} + Q\mathrm{d}yx$ 与路径无关

$\Updownarrow$

沿任意光滑的闭曲线 L

积分 $\oint_L P\mathrm{d}x + Q\mathrm{d}y = 0$

如果 $P\mathrm{d}x+Q\mathrm{d}y$ 是某个 $u(x,y)$ 的全微分,则称 $u(x,y)$ 是 $P\mathrm{d}x+Q\mathrm{d}y$ 的一个原函数,由 $P\mathrm{d}x+Q\mathrm{d}y$ 计算 $u(x,y)$,称为全微分求积.

如果积分与路径无关而只与积分路径的起点和终点有关,则 $\int_L P\mathrm{d}x + Q\mathrm{d}y$ 可表为 $\int_{(x_1,y_1)}^{(x_2,y_2)} P\mathrm{d}x + Q\mathrm{d}y$,其中 (x_1,y_1),(x_2,y_2) 分别是 L 的起点和终点.

【例 11.3.5】 证明在 xOy 面上,积分 $\int_L (x^2+2xy-y^2)\mathrm{d}x+(x^2-2xy-y^2)\mathrm{d}y$ 只与 L 的起点和终点有关而与所取的路径无关,并求 $\int_{(0,0)}^{(1,2)}(x^2+2xy-y^2)\mathrm{d}x+(x^2-2xy-y^2)\mathrm{d}y$.

解:这里 $P(x,y)=x^2+2xy-y^2$,$Q(x,y)=x^2-2xy-y^2$. 容易看到 P,Q 有一阶连续偏导数,且

$$\frac{\partial Q}{\partial x}=2x-2y,\frac{\partial P}{\partial y}=2x-2y$$

可见 $\frac{\partial Q}{\partial x}=\frac{\partial P}{\partial y}$,故在 xOy 面上,积分 $\int_L (x^2+2xy-y^2)\mathrm{d}x+(x^2-2xy-y^2)\mathrm{d}y$ 与路径无关.

为计算

$$\int_{(0,0)}^{(1,2)}(x^2+2xy-y^2)\mathrm{d}x+(x^2-2xy-y^2)\mathrm{d}y$$

可以选择使得计算过程能简单一些的从 $O(0,0)$ 到 $A(1,2)$ 的路径,通常选如图 11.13 所示的折线 OMA 或 ONA 来计算.

如果选择折线 OMA 计算,$\overline{OM}$ 的方程为 $y=0$,因此 $\mathrm{d}y=0$,x 为参数,从 0 到 1 积分;$\overline{MA}$ 的方程为 $x=1$,因此 $\mathrm{d}x=0$,y 为参数,从 0 到 2 积分,于是

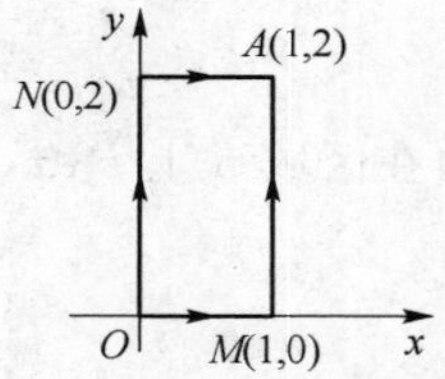

图 11.13

$$\begin{aligned}&\int_{(0,0)}^{(1,2)}(x^2+2xy-y^2)\mathrm{d}x+(x^2-2xy-y^2)\mathrm{d}y\\&=\int_{\overline{OM}}P\mathrm{d}x+Q\mathrm{d}y+\int_{\overline{MA}}P\mathrm{d}x+Q\mathrm{d}y\\&=\int_0^1 x^2\mathrm{d}x+\int_0^2(1-2y-y^2)\mathrm{d}y=-\frac{13}{3}\end{aligned}$$

如果选择折线 ONA 计算,$\overline{ON}$ 的方程为 $x=0$,因此 $\mathrm{d}x=0$,y 为参数,从 0 到 2 积分;$\overline{NA}$ 的方程为 $y=2$,因此 $\mathrm{d}y=0$,x 为参数,从 0 到 1 积分,于是

$$
\begin{aligned}
&\int_{(0,0)}^{(1,2)}(x^2+2xy-y^2)\mathrm{d}x+(x^2-2xy-y^2)\mathrm{d}y\\
&=\int_{\overline{ON}}P\mathrm{d}x+Q\mathrm{d}y+\int_{\overline{NA}}P\mathrm{d}x+Q\mathrm{d}y\\
&=\int_0^2-y^2\mathrm{d}y+\int_0^1(x^2+4x-4)\mathrm{d}x=-\frac{13}{3}
\end{aligned}
$$

【例 11.3.6】 证明在 xOy 面上不包含 $O(0,0)$ 的任意单连通区域内，积分 $\int_L\frac{x\mathrm{d}x+y\mathrm{d}y}{\sqrt{x^2+y^2}}$ 只与 L 的起点和终点有关而与所取的路径无关，并求 $\int_{(-1,0)}^{(1,0)}\frac{x\mathrm{d}x+y\mathrm{d}y}{\sqrt{x^2+y^2}}$.

解：这里 $P(x,y)=\frac{x}{\sqrt{x^2+y^2}}$，$Q(x,y)=\frac{y}{\sqrt{x^2+y^2}}$，于是有

$$\frac{\partial Q}{\partial x}=-\frac{xy}{(x^2+y^2)^{3/2}},\frac{\partial P}{\partial y}=-\frac{xy}{(x^2+y^2)^{3/2}}$$

可见在不包含 $O(0,0)$ 的任何单连通域内，$P(x,y)$，$Q(x,y)$ 有一阶连续偏导数，且 $\frac{\partial Q}{\partial x}=\frac{\partial P}{\partial y}$，因而积分与路径无关.

为计算 $\int_{(-1,0)}^{(1,0)}\frac{x\mathrm{d}x+y\mathrm{d}y}{\sqrt{x^2+y^2}}$，可以选如图 11.14 所示的上半圆周 $\widehat{AMB}$，显然可以取一单连通域包含 $\widehat{AMB}$. $\widehat{AMB}$ 的参数方程为 $x=\cos\theta$，$y=\sin\theta$，θ 为参数，从 π 到 0 积分，于是

$$\int_{(-1,0)}^{(1,0)}\frac{x\mathrm{d}x+y\mathrm{d}y}{\sqrt{x^2+y^2}}=\int_{\pi}^{0}(-\cos\theta\sin\theta+\sin\theta\cos\theta)\mathrm{d}\theta=0$$

如果在单连通域 G 内有 $\frac{\partial Q}{\partial x}=\frac{\partial P}{\partial y}$，则在 G 内，$P\mathrm{d}x+Q\mathrm{d}y$ 是某个 $u(x,y)$ 的全微分，且 $u(x,y)$ 可由式(11.3.6)给出. 如果在 G 内，选折线 AMB，则

$$u(x,y)=\int_{x_0}^{x}P(x,y_0)\mathrm{d}x+\int_{y_0}^{y}Q(x,y)\mathrm{d}y \tag{11.3.7}$$

如果选折线 ANB，则

$$u(x,y)=\int_{y_0}^{y}Q(x_0,y)\mathrm{d}y+\int_{x_0}^{x}P(x,y)\mathrm{d}x \tag{11.3.8}$$

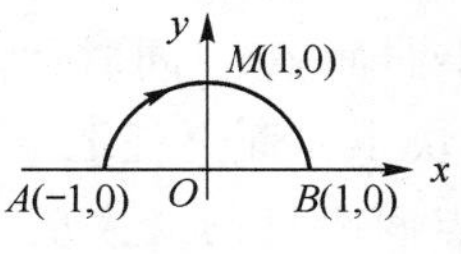

图 11.14

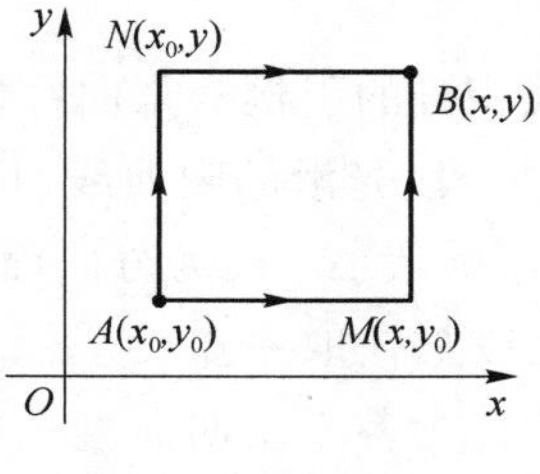

图 11.15

习题 11.3

1. 利用格林公式计算下列曲线积分

(1) $\oint_L(x^2-y^2)\mathrm{d}x+2xy\mathrm{d}y$，其中 L 是由曲线 $y=x^2$，$y=x$ 所围成闭区域的正向边界.

(2) $\oint(x-y)\mathrm{d}x+xy\mathrm{d}y$,其中 L 是由曲线 $x=y^2$,$x+y=2$ 所围成闭区域的正向边界.

(3) $\oint_L xy^2\mathrm{d}y-x^2y\mathrm{d}x$,其中 L 是依逆时针方向绕圆周 $x^2+y^2=a^2$ 一圈的路径.

(4) $\oint(x-x^2y)\mathrm{d}x+(y+xy^2)\mathrm{d}y$,其中 L 是取逆时针方向的圆周由曲线 $x^2+y^2=x$.

2. 利用格林公式计算 $\int_L(\mathrm{e}^x\cos y-y)\mathrm{d}x+(1-\mathrm{e}^x\sin y)\mathrm{d}y$,其中 L 是由点(1,0)到点(0,-1)的上半圆周 $y=\sqrt{1-x^2}$.

3. 证明下列曲线积分与路径无关,并求所给积分的值

(1) $\int_L(x+y)\mathrm{d}x+(x-y)\mathrm{d}y$,并求 $\int_{(0,1)}^{(2,3)}(x+y)\mathrm{d}x+(x-y)\mathrm{d}y$.

(2) $\int_L(3x^2+y)\mathrm{d}x+(3y^2+x)\mathrm{d}y$,并求 $\int_{(-2,-1)}^{(3,0)}(x^4+4xy^3)\mathrm{d}x+(6x^2y^2-5y^4)\mathrm{d}y$.

(3) $\int_L\mathrm{e}^x(\cos y\mathrm{d}x-\sin y\mathrm{d}y)$,并求 $\int_{(0,0)}^{(a,\frac{\pi}{2})}\mathrm{e}^x(\cos y\mathrm{d}x-\sin y\mathrm{d}y)$.

(4) $\int_L\dfrac{(x-y)\mathrm{d}x+(x+y)\mathrm{d}y}{x^2+y^2}(x>0)$,并求 $\int_{(1,1)}^{(2,2\sqrt{3})}\dfrac{(x-y)\mathrm{d}x+(x+y)\mathrm{d}y}{x^2+y^2}$.

4. 证明下列表示式是某个函数 $u(x,y)$ 的全微分,并求这样的一个函数 $u(x,y)$

(1) $(4x^3-9x^2y+3y^3)\mathrm{d}x-(3x^3-9xy^2+4y^3)\mathrm{d}y$.

(2) $(2x\cos y-y^2\sin x)\mathrm{d}x+(2y\cos x-x^2\sin y)\mathrm{d}y$.

5. 利用曲线积分计算星形线所围成的平面图形的面积:$x=a\cos^3t$,$y=a\sin^3t$.

11.4 对面积的曲面积分

11.4.1 对面积的曲面积分的概念和性质

将对弧长的曲线积分的引例一求曲线形物体 L 的质量改为求曲面形物体 $\boldsymbol{\Sigma}$ 的质量,并假定曲面 $\boldsymbol{\Sigma}$ 的边界是分段光滑的闭曲线,且面积有限,将线密度 $\mu(x,y)$ 改为面密度 $\mu(x,y,z)$,将分曲线为 n 个小弧段 Δs_i 改为分曲面为 n 块小曲面 ΔS_i(同时代表第 i 块小曲面的面积),改在第 i 个小弧段上任取一点(ξ_i,η_i)为在第 i 块小曲面上任取一点(ξ_i,η_i,ζ_i),改 λ 为各小弧段长度的最大值为各小块曲面直径(任意两点间距离的最大值)的最大值,当面密度 $\mu(x,y,z)$连续时,则曲面形物体的质量

$$m=\lim_{\lambda\to0}\sum_{i=1}^{n}\mu(\xi_i,\eta_i,\zeta_i)\Delta S_i$$

将上面计算曲面形物体质量的计算过程一般化,便得到对面积的曲面积分的定义.

定义 11.4.1 设 $\boldsymbol{\Sigma}$ 是光滑曲面①,函数 $f(x,y,z)$在 $\boldsymbol{\Sigma}$ 上有界,将 $\boldsymbol{\Sigma}$ 任意分成 n 小块曲

① 称曲面是光滑的,是指在曲面上各点处都具有切平面,且当点在曲面上连续移动时,切平面也连续转动.

面 ΔS_i（同时 ΔS_i 表示第 i 小块曲面的面积），在各小块曲面上任取一点$(\xi_i,\eta_i,\zeta_i)(i=1,2,\cdots,n)$，作和式 $\sum\limits_{i=1}^{n} f(\xi_i,\eta_i,\zeta_i)\Delta S_i$，如果当各小块曲面的直径的最大值 $\lambda\to 0$ 时，和式 $\sum\limits_{i=1}^{n} f(\xi_i,\eta_i,\zeta_i)\Delta S_i$ 的极限存在，即

$$\lim_{\lambda\to 0}\sum_{i=1}^{n} f(\xi_i,\eta_i,\zeta_i)\Delta S_i$$

存在，则称此极限为函数 $f(x,y,z)$ 在曲面 $\boldsymbol{\Sigma}$ 上对面积的曲面积分，记作$\iint\limits_{\boldsymbol{\Sigma}} f(x,y,z)\mathrm{d}S$，即

$$\iint_{\boldsymbol{\Sigma}} f(x,y,z)\mathrm{d}S=\lim_{\lambda\to 0}\sum_{i=1}^{n} f(\xi_i,\eta_i,\zeta_i)\Delta S_i$$

其中，$f(x,y,z)$ 称为被积函数，$\boldsymbol{\Sigma}$ 称为积分曲面.

对面积的曲面积分也称为第一类曲面积分.

可以证明，当 $f(x,y,z)$ 在光滑曲面 $\boldsymbol{\Sigma}$ 上连续时，对面积的曲面积分 $\iint\limits_{\boldsymbol{\Sigma}} f(x,y,z)\mathrm{d}S$ 存在. 以后总假定函数 $f(x,y,z)$ 在曲面 $\boldsymbol{\Sigma}$ 上连续.

由上述定义，当面密度 $\mu(x,y,z)$ 在光滑曲面 $\boldsymbol{\Sigma}$ 上连续时，曲面形物体的质量

$$m=\iint_{\boldsymbol{\Sigma}}\mu(x,y,z)\mathrm{d}S$$

当曲面 $\boldsymbol{\Sigma}$ 是分片光滑时，则规定函数在 $\boldsymbol{\Sigma}$ 上的曲面积分等于函数在光滑的各片曲面上的曲面积分的和. 例如，如果 $\boldsymbol{\Sigma}$ 可分为两块光滑曲面 $\boldsymbol{\Sigma}_1,\boldsymbol{\Sigma}_2$，则

$$\iint_{\boldsymbol{\Sigma}} f(x,y,z)\mathrm{d}S=\iint_{\boldsymbol{\Sigma}_1} f(x,y,z)\mathrm{d}S+\iint_{\boldsymbol{\Sigma}_2} f(x,y,z)\mathrm{d}S$$

对面积的曲面积分有与对弧长的曲线积分完全类似的性质，这里不再重复.

11.4.2　对面积的曲面积分的计算法

我们将对面积的曲面积分的计算法作为定理给出，而略去它的证明.

定理 11.4.1　设被积函数 $f(x,y,z)$ 在 $\boldsymbol{\Sigma}$ 上连续，$\boldsymbol{\Sigma}$ 的方程为 $z=z(x,y)$，$\boldsymbol{\Sigma}$ 在 xOy 面上的投影区域为 D_{xy}，且函数 $z=z(x,y)$ 在 D_{xy} 上有一阶连续偏导数，则

$$\iint_{\boldsymbol{\Sigma}} f(x,y,z)\mathrm{d}S=\iint_{D_{xy}} f[x,y,z(x,y)]\sqrt{1+z_x^2(x,y)+z_y^2(x,y)}\,\mathrm{d}x\mathrm{d}y \quad (11.4.1)$$

这个公式很容易记忆：要计算 $\iint\limits_{\boldsymbol{\Sigma}} f(x,y,z)\mathrm{d}S$，只要将 z 换成 $z(x,y)$，将 $\mathrm{d}S$ 换成 $\sqrt{1+z_x^2(x,y)+z_y^2(x,y)}\,\mathrm{d}x\mathrm{d}y$，在 $\boldsymbol{\Sigma}$ 的投影区域 D_{xy} 上计算二重积分就可以了.

如果积分曲面 $\boldsymbol{\Sigma}$ 的方程由 $x=x(y,z)$ 或 $y=y(z,x)$ 给出，则只要将 $\boldsymbol{\Sigma}$ 投影到 yOz 面或 zOx 面上，就可将对面积的曲面积分分别化成二重积分

$$\iint_{\boldsymbol{\Sigma}} f(x,y,z)\mathrm{d}S=\iint_{D_{yz}} f[x(y,z),y,z]\sqrt{1+x_y^2(y,z)+x_z^2(y,z)}\,\mathrm{d}y\mathrm{d}z \quad (11.4.2)$$

$$\iint_{\Sigma} f(x,y,z)\mathrm{d}S = \iint_{D_{zx}} f[x,y(z,x),z]\sqrt{1+y_z^2(z,x)+y_x^2(z,x)}\,\mathrm{d}z\mathrm{d}x \quad (11.4.3)$$

【例 11.4.1】 计算曲面积分 $\iint_{\Sigma}\dfrac{\mathrm{d}S}{1+x^2+y^2+z^2}$,其中 $\boldsymbol{\Sigma}$ 是锥面 $z=\sqrt{x^2+y^2}$ 夹在平面 $z=1$ 和 $z=0$ 之间的部分.

解:$\boldsymbol{\Sigma}$ 在 xOy 面上的投影区域 $D_{xy}=\{(x,y)\mid x^2+y^2\leqslant 1\}$,如图 11.16 所示.

$$\sqrt{1+z_x^2+z_y^2}=\sqrt{1+\left(\frac{x}{\sqrt{x^2+y^2}}\right)^2+\left(\frac{y}{\sqrt{x^2+y^2}}\right)^2}=\sqrt{2}$$

$\mathrm{d}S=\sqrt{2}\,\mathrm{d}x\mathrm{d}y$,于是

$$\iint_{\Sigma}\frac{\mathrm{d}S}{1+x^2+y^2+z^2}=\iint_{D_{xy}}\frac{\sqrt{2}\,\mathrm{d}x\mathrm{d}y}{1+2(x^2+y^2)}$$

$$=\sqrt{2}\int_0^{2\pi}\mathrm{d}\theta\int_0^1\frac{\rho\mathrm{d}\rho}{1+2\rho^2}=\frac{\sqrt{2}\pi}{2}\ln 3$$

【例 11.4.2】 计算 $\oiint_{\Sigma}(R^2-x^2-y^2)\mathrm{d}S$,其中 $\boldsymbol{\Sigma}$ 是由坐标面和上半球面 $z=\sqrt{R^2-x^2-y^2}$ 所围成的在第一卦限的闭曲面(记号 $\oiint_{\Sigma}$ 表示在闭曲面 $\boldsymbol{\Sigma}$ 上的积分).

解:将 $\boldsymbol{\Sigma}$ 分成四块曲面 $\boldsymbol{\Sigma}_1,\boldsymbol{\Sigma}_2,\boldsymbol{\Sigma}_3,\boldsymbol{\Sigma}_4$,如图 11.17 所示.$\boldsymbol{\Sigma}_1$ 的方程为 $z=0$,$\mathrm{d}S=\mathrm{d}x\mathrm{d}y$,它在 xOy 面上投影区域就是它自已 $\{(x,y)\mid x^2+y^2\leqslant R^2, x\geqslant 0, y\geqslant 0\}$,于是

$$\iint_{\Sigma_1}(R^2-x^2-y^2)\mathrm{d}S=\int_0^{\frac{\pi}{2}}\mathrm{d}\theta\int_0^R\rho(R^2-\rho^2)\mathrm{d}\rho=\frac{\pi R^4}{8}$$

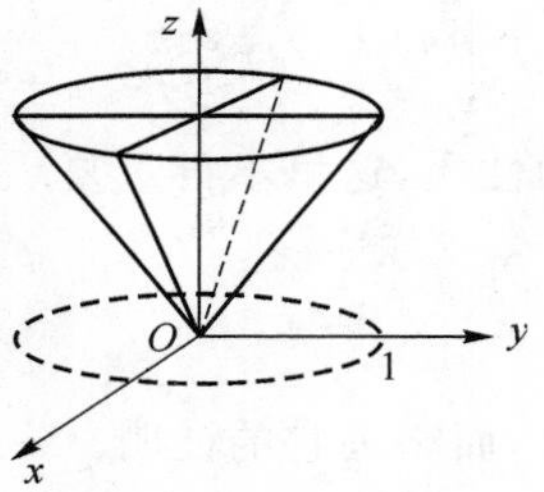

图 11.16

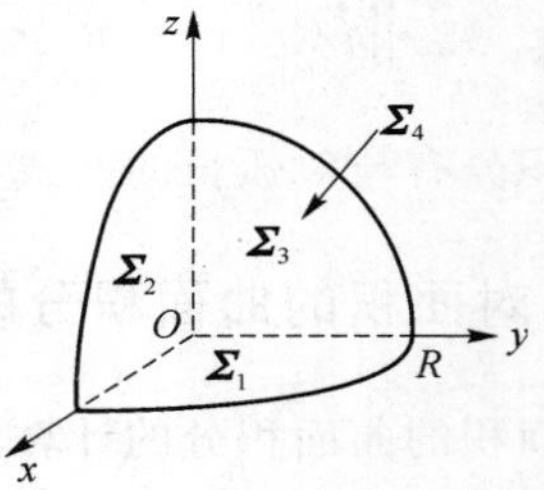

图 11.17

$\boldsymbol{\Sigma}_2$ 的方程为 $y=0$,$\mathrm{d}S=\mathrm{d}z\mathrm{d}x$,它在 zOx 面上的投影区域为 $\{(z,x)\mid z^2+x^2\leqslant R^2, z\geqslant 0, x\geqslant 0\}$,于是

$$\iint_{\Sigma_2}(R^2-x^2-y^2)\mathrm{d}S=\int_0^{\frac{\pi}{2}}\mathrm{d}\theta\int_0^R\rho(R^2-\rho^2\sin^2\theta)\mathrm{d}\rho=\frac{3\pi R^4}{16}$$

由对称性

$$\iint_{\Sigma_3}(R^2-x^2-y^2)\mathrm{d}S=\frac{3\pi R^4}{16}$$

$\boldsymbol{\Sigma}_4$ 的方程为 $z=\sqrt{R^2-x^2-y^2}$,$\mathrm{d}S=\dfrac{R}{\sqrt{R^2-x^2-y^2}}\mathrm{d}x\mathrm{d}y$,它在 xOy 面的投影区域为 $\boldsymbol{\Sigma}_1$,

于是

$$\iint_{\Sigma_4}(R^2-x^2-y^2)\mathrm{d}S=R\int_0^{\frac{\pi}{2}}\mathrm{d}\theta\int_0^R\rho\sqrt{R^2-\rho^2}\,\mathrm{d}\rho=\frac{\pi R^4}{6}$$

综上得

$$\iint_{\Sigma}(R^2-x^2-y^2)\mathrm{d}S=\sum_{i=1}^{4}\iint_{\Sigma_i}(R^2-x^2-y^2)\mathrm{d}S$$

$$=\frac{\pi R^4}{8}+\frac{3\pi R^4}{16}+\frac{3\pi R^4}{16}+\frac{\pi R^4}{6}=\frac{2\pi R^4}{3}$$

习题 11.4

1. 计算 $\iint_{\Sigma}(x+y+z)\mathrm{d}S$,其中 $\boldsymbol{\Sigma}$ 为平面 $x+\frac{y}{2}+\frac{z}{3}=1$ 在第一卦限的部分.

2. 计算 $\iint_{\Sigma}x^2y^2\mathrm{d}S$, 其中 $\boldsymbol{\Sigma}$ 是上半球面 $z=\sqrt{1-x^2-y^2}$.

3. 计算 $\iint_{\Sigma}(x^2+y^2)\mathrm{d}S$, 其中 $\boldsymbol{\Sigma}$ 是锥面 $z=\sqrt{x^2+y^2}$ 及平面 $z=1$ 所围成的立体的表面.

4. 计算 $\iint_{\Sigma}\frac{\mathrm{d}S}{x^2+y^2+z^2}$, 其中 $\boldsymbol{\Sigma}$ 是圆柱面 $x^2+y^2=1$ 被平面 $z=0,z=1$ 截下的部分.

5. 计算 $\iint_{\Sigma}(x+y+z)\mathrm{d}S$, 其中 $\boldsymbol{\Sigma}$ 上锥面 $z=\sqrt{x^2+y^2}$ 被柱面 $x^2+y^2=x$ 截下的部分.

11.5　对坐标的曲面积分

11.5.1　对坐标的曲面积分的概念和性质

由于产生对坐标的曲面积分的实际背景是研究流体流过曲面的流量问题. 为了确定流向,需要对曲面作下面一些说明. 通常假定曲面是光滑的.

另外,假定曲面是双侧的. 例如,在空间直角坐标系下,由方程 $z=z(x,y)$ 所确定的曲面,有上侧和下侧之分;由方程 $y=y(z,x)$ 所确定的曲面有右侧和左侧之分,由方程 $x=x(y,z)$ 所确定的曲面有前侧和后侧之分; 一张包围某一空间区域的闭曲面有内侧和外侧之分等.

在讨论对坐标的曲面积分时,需要指定曲面的侧. 我们可以通过指定曲面上法向量的指向来确定曲面的侧. 例如,在空间直角坐标系下,如果指定由方程 $z=z(x,y)$ 所确定的曲面的法向量 $\boldsymbol{n}$ 是朝上的,就是认为曲面取上侧;如果指定由方程 $y=y(z,x)$ 所确定的曲面的法向量 $\boldsymbol{n}$ 是朝右的,就是认为曲面取右侧; 如果指定由方程 $x=x(y,z)$ 所确定的曲面的法向

量 $\boldsymbol{n}$ 是朝前的,就是认为曲面取前侧;对一张包围某一空间区域的闭曲面,如果指定曲面的法向量 $\boldsymbol{n}$ 是朝内,就是认为曲面取内侧等. 这种由取定法向量规定了侧的曲面,称为有向曲面.

在讨论对坐标的曲面积分时,还需要有向曲面在坐标面上的投影区域的相应概念. 设 $\boldsymbol{\Sigma}$ 为有向曲面. 在 $\boldsymbol{\Sigma}$ 上任取一小块曲面 ΔS,将其投影到 xOy 面上得一投影区域. 记这投影区域的面积为 $(\Delta\sigma)_{xy}$;假定 ΔS 上各点的法向量与 z 轴的夹角 γ 的余弦 $\cos\gamma$ 有相同的符号,即 $\cos\gamma$ 全为正或全为负. 规定 ΔS 在 xOy 面上的投影 $(\Delta S)_{xy}$ 为

$$(\Delta S)_{xy}=\begin{cases}(\Delta\sigma)_{xy}, & \text{当 } \cos\gamma>0 \text{ 时}\\ -(\Delta\sigma)_{xy}, & \text{当 } \cos\gamma<0 \text{ 时}\\ 0, & \text{当 } \cos\gamma=0 \text{ 时}\end{cases}$$

其中,$\cos\gamma=0$ 就是 $(\Delta\sigma)_{xy}=0$ 的情况. 实际上,ΔS 在 xOy 面的投影就是它在 xOy 面上的投影区域的面积 $(\Delta\sigma)_{xy}$ 前面按照 $\cos\gamma\gtrless 0$ 加上 $\pm$ 号. 类似可以定义 ΔS 的 yOz 面和 zOx 面上的投影 $(\Delta S)_{yz}$ 和 $(\Delta S)_{zx}$.

我们通过下面的实例来引进对坐标的曲面积分的概念.

流向曲面一侧的流量　设稳定流动的不可压缩(假定密度)①的流体的流速所构成的速度场由

$$\boldsymbol{v}(x,y,z)=P(x,y,z)\boldsymbol{i}+Q(x,y,z)\boldsymbol{j}+R(x,y,z)\boldsymbol{k}$$

给出,$\boldsymbol{\Sigma}$ 是速度场中的一片有向光滑曲面,函数 $P(x,y,z),Q(x,y,z),R(x,y,z)$ 在 $\boldsymbol{\Sigma}$ 上连续,下面来计算在单位时间内流向 $\boldsymbol{\Sigma}$ 指定侧的流量 $\boldsymbol{\Phi}$.

如果流体流过空间一平面上面积为 A 的一个区域,且设流体在这区域内各点处的流速为常向量 $\boldsymbol{v}$,又设 $\boldsymbol{n}$ 是该平面与 $\boldsymbol{v}$ 指向同一侧的单位法向量,则在单位时间内流过该区域的流量构成一底面积为 A、斜高为 $|\boldsymbol{v}|$ 的斜柱体,如图 11.18 所示. 这斜柱体的体积为

$$A|\boldsymbol{v}|\cos\theta=A\boldsymbol{v}\cdot\boldsymbol{n}$$②

现在的问题是所考虑的不是平面区域而是一片曲面,而且流速 $\boldsymbol{v}$ 是随着点 (x,y,z) 在曲面上移动而(方向和大小)变化的向量,因此不能直接用上面的公式计算流量. 过去我们用积分解决实际问题的方法,仍可用来解决现在的问题. 将曲面 $\boldsymbol{\Sigma}$ 分成 n 小块曲面 ΔS_i,同时用 ΔS_i 表示第 i 小块曲面的面积.

由于 $\boldsymbol{\Sigma}$ 光滑且 $\boldsymbol{v}$ 在 $\boldsymbol{\Sigma}$ 上连续,只要 ΔS_i 的直径很小,我们可以用 ΔS_i 上任一点 (ξ_i,η_i,ζ_i) 处的流速

$$\boldsymbol{v}_i=\boldsymbol{v}(\xi_i,\eta_i,\zeta_i)=P(\xi_i,\eta_i,\zeta_i)\boldsymbol{i}+Q(\xi_i,\eta_i,\zeta_i)\boldsymbol{j}+R(\xi_i,\eta_i,\zeta_i)\boldsymbol{k}$$

来代替 ΔS_i 上其他各点处的流速,以该点 (ξ_i,η_i,ζ_i) 处曲面 $\boldsymbol{\Sigma}$ 的单位法向量 $\boldsymbol{n}_i=\cos\alpha_i\boldsymbol{i}+\cos\beta_i\boldsymbol{j}+\cos\gamma_i\boldsymbol{k}$ 来代替 ΔS_i 上其他各点处的单位法向量,如图 11.19 所示. 综上所述,可以得到通过 ΔS_i 流向指定侧的流量近似等于

① 这里“稳定流体”是指“流速与时间无关”;“不可压缩”是指在流动过程中流体的“密度是不变的”.

② 如果 $\boldsymbol{n}$ 是该平面与 $\boldsymbol{v}$ 指向不同侧的单位法向量,则 $A\boldsymbol{v}\cdot\boldsymbol{n}<0$,这说明实际流量是与 $\boldsymbol{v}$ 指向相反的,这一点说明了规定曲面“侧”的意义.

$$\boldsymbol{v}_i \cdot \boldsymbol{n}_i \Delta S_i, i=1,2,\cdots,n$$

从而得到通过 $\boldsymbol{\Sigma}$ 流向指定侧的流量

$$\begin{aligned}\boldsymbol{\Phi} &\approx \sum_{i=1}^{n} \boldsymbol{v}_i \cdot \boldsymbol{n}_i \Delta S_i \\ &= \sum_{i=1}^{n} [P(\xi_i,\eta_i,\zeta_i)\cos\alpha_i + Q(\xi_i,\eta_i,\zeta_i)\cos\beta_i + R(\xi_i,\eta_i,\zeta_i)\cos\gamma_i]\Delta S_i\end{aligned}$$

但

$$\cos\alpha_i \Delta S_i \approx (\Delta S_i)_{yz}, \cos\beta_i \Delta S_i \approx (\Delta S_i)_{zx}, \cos\gamma_i \Delta S_i \approx (\Delta S_i)_{xy}$$

上式也可写成

$$\boldsymbol{\Phi} \approx \sum_{i=1}^{n} [P(\xi_i,\eta_i,\zeta_i)(\Delta S_i)_{yz} + Q(\xi_i,\eta_i,\zeta_i)(\Delta S_i)_{zx} + R(\xi_i,\eta_i,\zeta_i)(\Delta S_i)_{xy}]$$

令各小块曲面的直径的最大值 $\lambda \to 0$ 取极限，便得到 $\boldsymbol{\Phi}$ 的精确值，即

$$\boldsymbol{\Phi} = \lim_{\lambda\to 0}\sum_{i=1}^{n} [P(\xi_i,\eta_i,\zeta_i)(\Delta S_i)_{yz} + Q(\xi_i,\eta_i,\zeta_i)(\Delta S_i)_{zx} + R(\xi_i,\eta_i,\zeta_i)(\Delta S_i)_{xy}]$$

将上述计算过程一般化，就可得到下面的对坐标的曲面积分的概念.

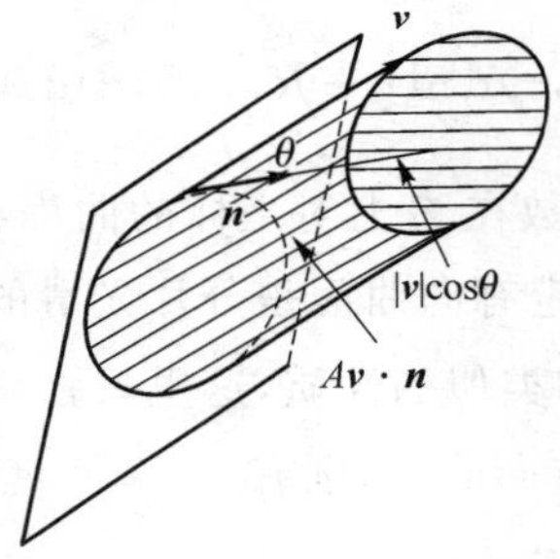

图 11.18

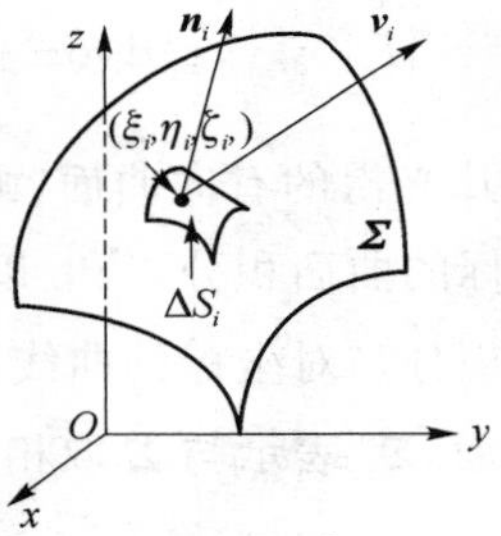

图 11.19

定义 11.5.1 设 $\boldsymbol{\Sigma}$ 是光滑的有向曲面，函数 $R(x,y,z)$ 在 $\boldsymbol{\Sigma}$ 上有界. 将 $\boldsymbol{\Sigma}$ 分成 n 小块曲面 ΔS_i，同时用 ΔS_i 表示相应小曲面的面积，ΔS_i 在 xOy 面上的投影为 $(\Delta S_i)_{xy}$，在 ΔS_i 上任取一点 (ξ_i,η_i,ζ_i)，如果极限

$$\lim_{\lambda\to 0}\sum_{i=1}^{n} R(\xi_i,\eta_i,\zeta_i)(\Delta S_i)_{xy}$$

存在，则称此极限为函数 $R(x,y,z)$ 在有向曲面 $\boldsymbol{\Sigma}$ 上对坐标 x,y 的曲面积分，记作 $\iint\limits_{\boldsymbol{\Sigma}} R(x,y,z)\mathrm{d}x\mathrm{d}y$，即

$$\iint\limits_{\boldsymbol{\Sigma}} R(x,y,z)\mathrm{d}x\mathrm{d}y = \lim_{\lambda\to 0}\sum_{i=1}^{n} R(\xi_i,\eta_i,\zeta_i)(\Delta S_i)_{xy} \tag{11.5.1}$$

其中，$R(x,y,z)$ 称为被积函数，$\boldsymbol{\Sigma}$ 称为积分曲面.

类似可以定义函数 $P(x,y,z)$ 在有向曲面 $\boldsymbol{\Sigma}$ 上对坐标 y,z 的曲面积分 $\iint\limits_{\boldsymbol{\Sigma}} P(x,y,z)\mathrm{d}y\mathrm{d}z$，函数 $Q(x,y,z)$ 在有向曲面 $\boldsymbol{\Sigma}$ 上对坐标 z,x 的曲面积分 $\iint\limits_{\boldsymbol{\Sigma}} Q(x,y,z)\mathrm{d}z\mathrm{d}x$

分别为

$$\iint_{\Sigma} P(x,y,z)\mathrm{d}y\mathrm{d}z = \lim_{\lambda \to 0}\sum_{i=1}^{n} P(\xi_i,\eta_i,\zeta_i)(\Delta S_i)_{yz} \tag{11.5.2}$$

$$\iint_{\Sigma} Q(x,y,z)\mathrm{d}z\mathrm{d}x = \lim_{\lambda \to 0}\sum_{i=1}^{n} R(\xi_i,\eta_i,\zeta_i)(\Delta S_i)_{zx} \tag{11.5.3}$$

以上对坐标的曲面积分也称为第二类曲面积分.

关于存在性问题,可以证明:当函数 $P(x,y,z)$,$Q(x,y,z)$,$R(x,y,z)$在有向曲面 $\boldsymbol{\Sigma}$ 上连续时,上述对坐标的曲面积分存在.以后总假定函数 P,Q,R 在 $\boldsymbol{\Sigma}$ 上连续.

在实际问题中,经常用到形如

$$\iint_{\Sigma} P(x,y,z)\mathrm{d}y\mathrm{d}z + \iint_{\Sigma} Q(x,y,z)\mathrm{d}z\mathrm{d}x + \iint_{\Sigma} R(x,y,z)\mathrm{d}x\mathrm{d}y \tag{11.5.4}$$

的表达式,为简便起见,我们将式(11.5.4)表示为

$$\iint_{\Sigma} P(x,y,z)\mathrm{d}y\mathrm{d}z + Q(x,y,z)\mathrm{d}z\mathrm{d}x + R(x,y,z)\mathrm{d}x\mathrm{d}y$$

例如上面流向 $\boldsymbol{\Sigma}$ 指定侧的流量

$$\boldsymbol{\Phi} = \iint_{\Sigma} P(x,y,z)\mathrm{d}y\mathrm{d}z + Q(x,y,z)\mathrm{d}z\mathrm{d}x + R(x,y,z)\mathrm{d}x\mathrm{d}y$$

当曲面 $\boldsymbol{\Sigma}$ 是分片光滑的有向曲面,则规定函数在 $\boldsymbol{\Sigma}$ 上对坐标的曲面积分等于函数在各片光滑曲面上对坐标的曲面积分之和.以后总假定有向曲面是分片光滑的.

对坐标的曲面积分与对坐标的曲线积分有相类似的性质,这里只强调下面的性质.

设 $\boldsymbol{\Sigma}$ 为有向曲面,$\boldsymbol{\Sigma}^-$ 表示与 $\boldsymbol{\Sigma}$ 取相反侧的有向曲面,则有

$$\iint_{\Sigma} P(x,y,z)\mathrm{d}y\mathrm{d}z = -\iint_{\Sigma^-} P(x,y,z)\mathrm{d}y\mathrm{d}z$$

$$\iint_{\Sigma} Q(x,y,z)\mathrm{d}z\mathrm{d}x = -\iint_{\Sigma^-} Q(x,y,z)\mathrm{d}z\mathrm{d}x$$

$$\iint_{\Sigma} R(x,y,z)\mathrm{d}x\mathrm{d}y = -\iint_{\Sigma^-} R(x,y,z)\mathrm{d}x\mathrm{d}y$$

这条性质是说:当曲面改变为相反侧时,对坐标的曲面积分要改变符号.这也告诉我们,在下面计算对坐标的曲面积分时,要特别注意曲面所取的“侧”.

11.5.2 对坐标的曲面积分的计算法

下面以 $\iint_{\Sigma} R(x,y,z)\mathrm{d}x\mathrm{d}y$ 为例说明对坐标的曲面积分的计算方法.

设积分曲面 $\boldsymbol{\Sigma}$ 由方程 $z=z(x,y)$ 给出,且取上侧,$\boldsymbol{\Sigma}$ 在 xOy 上的投影区域为 D_{xy},函数 $z=z(x,y)$ 在 D_{xy} 上具有一阶连续偏导数,被积函数 $R(x,y,z)$ 在 $\boldsymbol{\Sigma}$ 上连续.

由对坐标的曲面积分的定义式(11.5.1),

$$\iint_{\Sigma} R(x,y,z)\mathrm{d}x\mathrm{d}y = \lim_{\lambda\to 0}\sum_{i=1}^{n} R(\xi_i,\eta_i,\zeta_i)(\Delta S_i)_{xy}$$

这里 $\boldsymbol{\Sigma}$ 取上侧，$\cos\gamma>0$，因此

$$(\Delta S_i)_{xy}=(\Delta\sigma_i)_{xy}$$

又(ξ_i,η_i,ζ_i)是 $\boldsymbol{\Sigma}$ 上的一点，故 $\zeta_i=z(\xi_i,\eta_i)$，于是有

$$\sum_{i=1}^{n} R(\xi_i,\eta_i,\zeta_i)(\Delta S_i)_{xy} = \sum_{i=1}^{n} R[\xi_i,\eta_i,z(\xi_i,\eta_i)](\Delta\sigma_i)_{xy}$$

当 $\lambda\to 0$ 时，式(11.5.1)化为

$$\iint_{\Sigma} R(x,y,z)\mathrm{d}x\mathrm{d}y = \lim_{\lambda\to 0}\sum_{i=1}^{n} R[\xi_i,\eta_i,z(\xi_i,\eta_i)](\Delta\sigma_i)_{xy} = \iint_{D_{xy}} R[x,y,z(x,y)]\mathrm{d}x\mathrm{d}y$$

即

$$\iint_{\Sigma} R(x,y,z)\mathrm{d}x\mathrm{d}y = \iint_{D_{xy}} R[x,y,z(x,y)]\mathrm{d}x\mathrm{d}y \tag{11.5.5}$$

式(11.5.5)就是当 $\boldsymbol{\Sigma}$ 由方程 $z=z(x,y)$ 给出，且取上侧，对坐标的曲面积分 $\iint_{\Sigma} R(x,y,z)\mathrm{d}x\mathrm{d}y$ 化为二重积分的计算公式，这只要将其中的变量 z 换成 $z(x,y)$，并在 $\boldsymbol{\Sigma}$ 的 xOy 面上的投影区域 D_{xy} 上作二重积分即可. 当 $\boldsymbol{\Sigma}$ 取下侧时，则要在二重积分前加负号，即

$$\iint_{\Sigma} R(x,y,z)\mathrm{d}x\mathrm{d}y = -\iint_{D_{xy}} R[x,y,z(x,y)]\mathrm{d}x\mathrm{d}y$$

当 $\cos\gamma=0$ 时，$(\Delta S_i)_{xy}=0$，$i=1,2,\cdots,n$，因此 $\iint_{\Sigma} R(x,y,z)\mathrm{d}x\mathrm{d}y=0$

概括以上三式，即有

$$\iint_{\Sigma} R(x,y,z)\mathrm{d}x\mathrm{d}y = \begin{cases} \iint_{D_{xy}} R[x,y,z(x,y)]\mathrm{d}x\mathrm{d}y, & \boldsymbol{\Sigma}\text{ 取上侧}, \cos\gamma>0 \\ 0 & \cos\gamma=0 \\ -\iint_{D_{xy}} R[x,y,z(x,y)]\mathrm{d}x\mathrm{d}y & \boldsymbol{\Sigma}\text{ 取下侧}, \cos\gamma<0 \end{cases}$$

类似地，如果曲面 $\boldsymbol{\Sigma}$ 由方程 $x=x(y,z)$ 给出，则有

$$\iint_{\Sigma} P(x,y,z)\mathrm{d}y\mathrm{d}z = \begin{cases} \iint_{D_{yz}} P[x(y,z),y,z]\mathrm{d}y\mathrm{d}z & \boldsymbol{\Sigma}\text{ 取前侧}, \cos\alpha>0 \\ 0 & \cos\alpha=0 \\ -\iint_{D_{yz}} P[x(y,z),y,z]\mathrm{d}y\mathrm{d}z & \boldsymbol{\Sigma}\text{ 取后侧}, \cos\alpha<0 \end{cases}$$

如果曲面 $\boldsymbol{\Sigma}$ 由方程 $y=y(z,x)$ 给出，则

$$\iint\limits_{\Sigma} Q(x,y,z)\mathrm{d}z\mathrm{d}x = \begin{cases} \iint\limits_{D_{zx}} Q[x,y(z,x),z]\mathrm{d}z\mathrm{d}x & \boldsymbol{\Sigma}\text{ 取左侧},\cos\beta > 0 \\ 0 & \cos\beta = 0 \\ -\iint\limits_{D_{zx}} Q[x,y(z,x),z]\mathrm{d}z\mathrm{d}x & \boldsymbol{\Sigma}\text{ 取右侧},\cos\beta < 0 \end{cases}$$

【例 11.5.1】 计算曲面积分

$$\iint\limits_{\Sigma}(1-x)\mathrm{d}y\mathrm{d}z + (1-y)\mathrm{d}z\mathrm{d}x + (1-z)\mathrm{d}x\mathrm{d}y$$

其中,$\boldsymbol{\Sigma}$ 是由坐标面及平面 $x+y+z=1$ 所围成的立体的表面外侧.

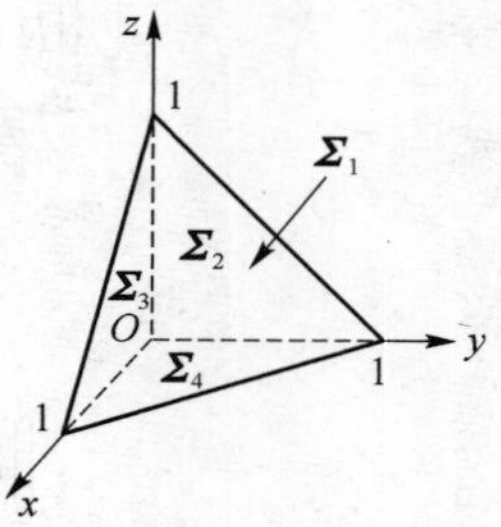

图 11.20

解:将 $\boldsymbol{\Sigma}$ 分成 $\boldsymbol{\Sigma}_1,\boldsymbol{\Sigma}_2,\boldsymbol{\Sigma}_3,\boldsymbol{\Sigma}_4$,如图 11.20 所示.

$\boldsymbol{\Sigma}_1$ 的方程为 $x+y+z=1$,取上侧,它在 yOz 面、zOx 面、xOy 面的投影区域分别为

$$D_{yz}=\{(y,z)\,|\,0\leqslant y\leqslant 1,0\leqslant z\leqslant 1-y\}$$
$$D_{zx}=\{(z,x)\,|\,0\leqslant z\leqslant 1,0\leqslant x\leqslant 1-z\}$$
$$D_{xy}=\{(x,y)\,|\,0\leqslant x\leqslant 1,0\leqslant y\leqslant 1-x\}$$

再考虑到对称性,于是有

$$\begin{aligned}&\iint\limits_{\Sigma_1}(1-x)\mathrm{d}y\mathrm{d}z + (1-y)\mathrm{d}z\mathrm{d}x + (1-z)\mathrm{d}x\mathrm{d}y \\ &= \iint\limits_{D_{yz}}(y+z)\mathrm{d}y\mathrm{d}z + \iint\limits_{D_{zx}}(z+x)\mathrm{d}z\mathrm{d}x + \iint\limits_{D_{xy}}(x+y)\mathrm{d}x\mathrm{d}y \\ &= 3\iint\limits_{D_{xy}}(x+y)\mathrm{d}x\mathrm{d}y = 3\int_0^1\mathrm{d}x\int_0^{1-x}(x+y)\mathrm{d}y = \frac{3}{2}\int_0^1(1-x^2)\mathrm{d}x = 1\end{aligned}$$

$\boldsymbol{\Sigma}_2$ 的方程为 $x=0$,取后侧,它在 zOx 面和 xOy 面上的投影均为零,它在 yOz 面上的投影区域为 D_{yz},于是

$$\iint\limits_{\Sigma_2}(1-x)\mathrm{d}y\mathrm{d}z + (1-y)\mathrm{d}z\mathrm{d}x + (1-z)\mathrm{d}x\mathrm{d}y = -\iint\limits_{D_{yz}}\mathrm{d}y\mathrm{d}z = -\frac{1}{2}$$

由对称性,同样可以得到

$$\iint\limits_{\Sigma_3}(1-x)\mathrm{d}y\mathrm{d}z + (1-y)\mathrm{d}z\mathrm{d}x + (1-z)\mathrm{d}x\mathrm{d}y = -\frac{1}{2}$$

$$\iint\limits_{\Sigma_4}(1-x)\mathrm{d}y\mathrm{d}z + (1-y)\mathrm{d}z\mathrm{d}x + (1-z)\mathrm{d}x\mathrm{d}y = -\frac{1}{2}$$

综上可得

$$\begin{aligned}&\iint\limits_{\Sigma}(1-x)\mathrm{d}y\mathrm{d}z + (1-y)\mathrm{d}z\mathrm{d}x + (1-z)\mathrm{d}x\mathrm{d}y \\ &= \sum_{i=1}^{4}\iint\limits_{\Sigma_i}(1-x)\mathrm{d}y\mathrm{d}z + (1-y)\mathrm{d}z\mathrm{d}x + (1-z)\mathrm{d}x\mathrm{d}y = -\frac{1}{2}\end{aligned}$$

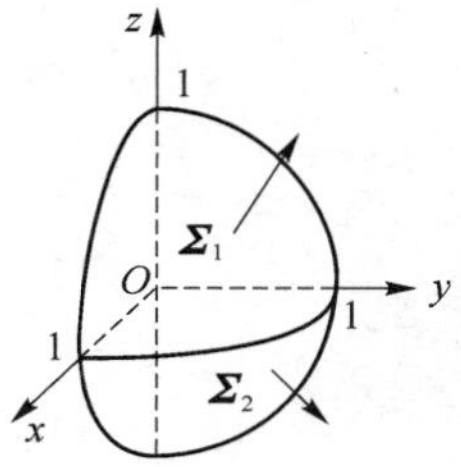

图 11.21

【例 11.5.2】 计算曲面积分 $\iint\limits_{\Sigma}(x+y)z\mathrm{d}x\mathrm{d}y$，其中 $\boldsymbol{\Sigma}$ 是球面 $x^2+y^2+z^2=1$ 在 $x\geqslant 0, y\geqslant 0$ 的部分，取外侧.

解：将 $\boldsymbol{\Sigma}$ 分成 $\boldsymbol{\Sigma}_1,\boldsymbol{\Sigma}_2$ 两部分. 如图 11.21 所示，$\boldsymbol{\Sigma}_1,\boldsymbol{\Sigma}_2$ 的方程分别为 $z=\sqrt{1-x^2-y^2}, z=-\sqrt{1-x^2-y^2}$，它们分别取上侧、下侧，在 xOy 面上的投影区域均为

$$D_{xy}=\{(x,y)\mid x^2+y^2\leqslant 1, x\geqslant 0, y\geqslant 0\}$$

于是有

$$\begin{aligned}\iint\limits_{\Sigma}(x+y)z\mathrm{d}x\mathrm{d}y &= \iint\limits_{\Sigma_1}(x+y)z\mathrm{d}x\mathrm{d}y+\iint\limits_{\Sigma_2}(x+y)z\mathrm{d}x\mathrm{d}y\\ &= \iint\limits_{D_{xy}}(x+y)\sqrt{1-x^2-y^2}\,\mathrm{d}x\mathrm{d}y-\iint\limits_{D_{xy}}(x+y)(-\sqrt{1-x^2-y^2})\mathrm{d}x\mathrm{d}y\\ &= 2\iint\limits_{D_{xy}}(x+y)\sqrt{1-x^2-y^2}\,\mathrm{d}x\mathrm{d}y\\ &= 2\int_0^{\frac{\pi}{2}}\mathrm{d}\theta\int_0^1\rho^2(\cos\theta+\sin\theta)\sqrt{1-\rho^2}\,\mathrm{d}\rho \quad (\text{设 } \rho=\sin\varphi)\\ &= 2\int_0^{\frac{\pi}{2}}(\cos\theta+\sin\theta)\mathrm{d}\theta\int_0^{\frac{\pi}{2}}\sin^2\varphi\cos^2\varphi\mathrm{d}\varphi\\ &= \int_0^{\frac{\pi}{2}}\sin^2 2\varphi\mathrm{d}\varphi=\frac{\pi}{4}\end{aligned}$$

11.5.3 两类曲面积分的关系

设有向曲面 $\boldsymbol{\Sigma}$ 的方程为 $z=z(x,y)$，且取上侧，$\boldsymbol{\Sigma}$ 在 xOy 面上的投影区域为 D_{xy}，函数 $z=z(x,y)$ 在 D_{xy} 上有一阶连续偏导数，又设 $R(x,y,z)$ 在 $\boldsymbol{\Sigma}$ 上连续，一方面由对坐标的曲面积分的计算方法，有

$$\iint\limits_{\Sigma}R(x,y,z)\mathrm{d}x\mathrm{d}y=\iint\limits_{D_{xy}}R[x,y,z(x,y)]\mathrm{d}x\mathrm{d}y$$

另一方面，由于 $\boldsymbol{\Sigma}$ 取上侧，故 $\boldsymbol{\Sigma}$ 的法向量的方向余弦为

$$\cos\alpha=-\frac{z_x}{\sqrt{1+z_x^2+x_y^2}},\cos\beta=-\frac{z_y}{\sqrt{1+z_x^2+x_y^2}},\cos\gamma=\frac{1}{\sqrt{1+z_x^2+x_y^2}}$$

于是由对面积的曲面积分的计算方法，有

$$\iint\limits_{\Sigma}R(x,y,z)\cos\gamma\mathrm{d}S=\iint\limits_{D_{xy}}R[x,y,z(x,y)]\mathrm{d}x\mathrm{d}y$$

可见

$$\iint\limits_{\Sigma}R(x,y,z)\mathrm{d}x\mathrm{d}y=\iint\limits_{\Sigma}R(x,y,z)\cos\gamma\mathrm{d}S \tag{11.5.6}$$

如果 $\boldsymbol{\Sigma}$ 取下侧，则有

$$\iint\limits_{\Sigma}R(x,y,z)\mathrm{d}x\mathrm{d}y=-\iint\limits_{D_{xy}}R[x,y,z(x,y)]\mathrm{d}x\mathrm{d}y$$

但此时 $\cos\gamma=-\dfrac{1}{\sqrt{1+z_x^2+z_y^2}}$,因此式(11.5.6)仍成立.

类似可以证明

$$\iint_{\Sigma}P(x,y,z)\mathrm{d}y\mathrm{d}z=\iint_{\Sigma}P(x,y,z)\cos\alpha\mathrm{d}S \tag{11.5.7}$$

$$\iint_{\Sigma}Q(x,y,z)\mathrm{d}y\mathrm{d}z=\iint_{\Sigma}Q(x,y,z)\cos\beta\mathrm{d}S \tag{11.5.8}$$

合并式(11.5.6)~式(11.5.8),得两类曲面积分有如下关系

$$\iint_{\Sigma}P\mathrm{d}y\mathrm{d}z+Q\mathrm{d}z\mathrm{d}x+R\mathrm{d}x\mathrm{d}y=\iint_{\Sigma}(P\cos\alpha+Q\cos\beta+R\cos\gamma)\mathrm{d}S$$

其中,$\cos\alpha,\cos\beta,\cos\gamma$ 是有向曲面 $\boldsymbol{\Sigma}$ 上点 (x,y,z) 处的法向量的方向余弦.

习题 11.5

1. 计算 $\displaystyle\iint_{\Sigma}\frac{\mathrm{d}x\mathrm{d}y}{(1+x+y)^2}$,其中 $\boldsymbol{\Sigma}$ 是平面 $x+y+z=1$ 在第一卦限部分的上侧.

2. 计算 $\displaystyle\iint_{\Sigma}(x^2+y^2+z^2)\mathrm{d}x\mathrm{d}y$,其中 $\boldsymbol{\Sigma}$ 是锥面 $z=\sqrt{x^2+y^2}$ 被平面 $z=1$ 割下的部分的下侧.

3. 计算 $\displaystyle\iint_{\Sigma}(x+y+z)\mathrm{d}y\mathrm{d}z$,其中 $\boldsymbol{\Sigma}$ 是柱面 $x^2+y^2=1$ 被平面 $z=0,z=1$ 所截下的部分的外侧.

4. 计算 $\displaystyle\iint_{\Sigma}(xy+y^2)\mathrm{d}z\mathrm{d}x$,其中 $\boldsymbol{\Sigma}$ 是旋转抛物面 $z=x^2+y^2$ 被平面 $z=1$ 所截下部分的下侧.

5. 计算 $\displaystyle\iint_{\Sigma}x\mathrm{d}y\mathrm{d}z+y\mathrm{d}z\mathrm{d}x+z\mathrm{d}x\mathrm{d}y$,其中 $\boldsymbol{\Sigma}$ 是由平面 $x=0,y=0.z=0.x=1,y=1$,$z=1$ 所围成的立体的表面外侧.

6. 计算 $\displaystyle\iint_{\Sigma}x^2\mathrm{d}y\mathrm{d}z+y^2\mathrm{d}z\mathrm{d}x+z^2\mathrm{d}x\mathrm{d}y$,其中 $\boldsymbol{\Sigma}$ 是上半球 $z=\sqrt{1-x^2-y^2}$ 与 $z=0$ 所围成立体的表面外侧.

7. 计算 $\displaystyle\iint_{\Sigma}yz\mathrm{d}x\mathrm{d}y+zx\mathrm{d}y\mathrm{d}z+xy\mathrm{d}z\mathrm{d}x$,其中 $\boldsymbol{\Sigma}$ 是圆柱面 $x^2+y^2=1$ 和平面 $x=0,y=0,z=0,z=1$ 所围成的在第一卦限中的立体的表面外侧.

8. 计算 $\displaystyle\iint_{\Sigma}y^2z\mathrm{d}x\mathrm{d}y+zx\mathrm{d}y\mathrm{d}z+x^2y\mathrm{d}z\mathrm{d}x$,其中 $\boldsymbol{\Sigma}$ 是由旋转抛物面 $z=x^2+y^2$,柱面 $x^2+y^2=1$ 和坐标面所围成的在第一卦限中的立体的外侧.

11.6　高斯公式、通量和散度

11.6.1　高斯(Gauss)公式

格林公式揭示了在平面区域上的二重积分与在其边界曲线上的曲线积分之间的关系，本节要讲述的高斯公式揭示的是在空间区域上的三重积分与在其边界曲面上的曲面积分之间的关系.

定理 11.6.1　设空间闭区域 $\boldsymbol{\Omega}$ 是由分片光滑的闭曲面 $\boldsymbol{\Sigma}$ 所围成，函数 $P(x,y,z)$，$Q(x,y,z)$，$R(x,y,z)$ 在 $\boldsymbol{\Omega}$ 上具有一阶连续偏导数，则有

$$\iiint_{\boldsymbol{\Omega}}\left(\frac{\partial P}{\partial x}+\frac{\partial Q}{\partial y}+\frac{\partial R}{\partial z}\right)\mathrm{d}v=\oiint_{\boldsymbol{\Sigma}}P\,\mathrm{d}y\mathrm{d}z+Q\mathrm{d}z\mathrm{d}x+R\mathrm{d}x\mathrm{d}y \tag{11.6.1}$$

或

$$\iiint_{\boldsymbol{\Omega}}\left(\frac{\partial P}{\partial x}+\frac{\partial Q}{\partial y}+\frac{\partial R}{\partial z}\right)\mathrm{d}v=\oiint_{\boldsymbol{\Sigma}}(P\cos\alpha+Q\cos\beta+R\cos\gamma)\mathrm{d}S \tag{11.6.2}$$

这里曲面积分取闭曲面 $\boldsymbol{\Sigma}$ 的外侧，$\cos\alpha,\cos\beta,\cos\gamma$ 是 $\boldsymbol{\Sigma}$ 上点(x,y,z)处的法向量的方向余弦.

证：由两类曲面积分之间的关系，知式(11.6.1)和式(11.6.2)的右端相等，故下面只证式(11.6.1)成立即可.

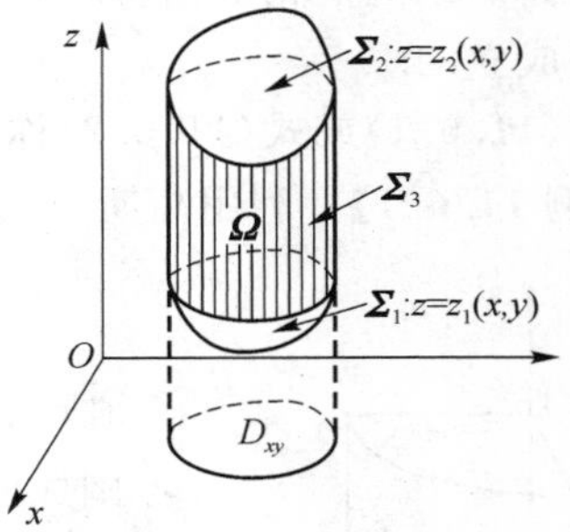

图 11.22

设闭区域 $\boldsymbol{\Omega}$ 在 xOy 面上的投影区域为 D_{xy}，又穿过 $\boldsymbol{\Omega}$ 的内部且平行于 z 轴的直线与 $\boldsymbol{\Omega}$ 的边界曲面 $\boldsymbol{\Sigma}$ 的交点恰好有两个. 这样可设 $\boldsymbol{\Sigma}$ 由 $\boldsymbol{\Sigma}_1$，$\boldsymbol{\Sigma}_2$，$\boldsymbol{\Sigma}_3$ 三个部组成，如图 11.22 所示，其中 $\boldsymbol{\Sigma}_1$，$\boldsymbol{\Sigma}_2$ 的方程分别为 $z=z_1(x,y)$，$z=z_2(x,y)$（$z_1(x,y)\leqslant z_2(x,y)$），$\boldsymbol{\Sigma}_1$ 取下侧，$\boldsymbol{\Sigma}_2$ 取上侧，$\boldsymbol{\Sigma}_3$ 是以 D_{xy} 的边界为准线母线平行于 z 轴的柱面上的一部分，取外侧.

一方面，由三重积分的计算方法，有

$$\begin{aligned}\iiint_{\boldsymbol{\Omega}}\frac{\partial R}{\partial z}\mathrm{d}v&=\iint_{D_{xy}}\left(\int_{z_1(x,y)}^{z_2(x,y)}\frac{\partial R}{\partial z}\mathrm{d}z\right)\mathrm{d}x\mathrm{d}y\\&=\iint_{D_{xy}}\{R[x,y,z_2(x,y)]-R[x,y,z_1(x,y)]\}\mathrm{d}x\mathrm{d}y\end{aligned} \tag{11.6.3}$$

另一方面，由对坐标的曲面积分的计算法，有

$$\iint_{\boldsymbol{\Sigma}_1}R(x,y,z)\mathrm{d}x\mathrm{d}y=-\iint_{D_{xy}}R[x,y,z_1(x,y)]\mathrm{d}x\mathrm{d}y$$

$$\iint_{\boldsymbol{\Sigma}_2}R(x,y,z)\mathrm{d}x\mathrm{d}y=\iint_{D_{xy}}R[x,y,z_2(x,y)]\mathrm{d}x\mathrm{d}y$$

而 $\boldsymbol{\Sigma}_3$ 在 xOy 面上的投影为零，因而 $\iint_{\boldsymbol{\Sigma}_3}R(x,y,z)\mathrm{d}x\mathrm{d}y=0$，于是有

$$\begin{aligned}\iint_{\Sigma} R(x,y,z)\mathrm{d}x\mathrm{d}y &= \sum_{i=1}^{3}\iint_{\Sigma_i} R(x,y,z)\mathrm{d}x\mathrm{d}y \\ &= \iint_{D_{xy}} \{R[x,y,z_2(x,y)] - R[x,y,z_1(x,y)]\}\mathrm{d}x\mathrm{d}y\end{aligned} \tag{11.6.4}$$

比较式(11.6.3)和式(11.6.4),即得

$$\iiint_{\Omega} \frac{\partial R}{\partial z}\mathrm{d}v = \oiint_{\Sigma} R(x,y,z)\mathrm{d}x\mathrm{d}y \tag{11.6.5}$$

如果穿过 $\boldsymbol{\Omega}$ 的内部且平行于 x 轴的直线以及平行于 y 轴的直线与 $\boldsymbol{\Omega}$ 的边界曲面 $\boldsymbol{\Sigma}$ 的交点恰好有两个,类似可证得

$$\iiint_{\Omega} \frac{\partial P}{\partial x}\mathrm{d}v = \oiint_{\Sigma} P(x,y,z)\mathrm{d}y\mathrm{d}z \tag{11.6.6}$$

$$\iiint_{\Omega} \frac{\partial Q}{\partial y}\mathrm{d}v = \oiint_{\Sigma} Q(x,y,z)\mathrm{d}z\mathrm{d}x \tag{11.6.7}$$

将式(11.6.5)~式(11.6.7)两边分别相加,即得式(11.6.1).

在上述证明中,我们要求穿过 $\boldsymbol{\Omega}$ 的内部且平行于坐标轴的直线与 $\boldsymbol{\Omega}$ 的边界曲面 $\boldsymbol{\Sigma}$ 的交点恰好有两个,如果 $\boldsymbol{\Omega}$ 不满足这样的条件,我们可以引进若干个辅助曲面把 $\boldsymbol{\Omega}$ 分成有限个部分区域,使得在每个部分区域上满足这样的条件,并注意到沿辅助曲面的正反两侧的两个曲面积分的绝对值相等而符号相反,在相加时相互抵消,就可以证明式(11.6.1)对这样的区域也是成立的.

式(11.6.1)或式(11.6.2)称为高斯(Gauss)公式.

【例 11.6.1】 利用高斯公式计算曲面积分

$$\oiint_{\Sigma} zx\,\mathrm{d}y\mathrm{d}z + xy\,\mathrm{d}z\mathrm{d}x + yz\,\mathrm{d}x\mathrm{d}y$$

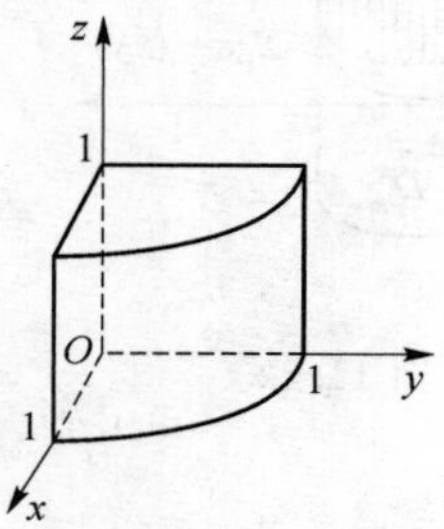

图 11.23

其中,$\boldsymbol{\Sigma}$ 是圆柱面 $x^2+y^2=1$ 和平面 $x=0,y=0,z=0,z=1$ 所围成的在第一卦限内的立体 $\boldsymbol{\Omega}$ 的表面外侧.

解:$\boldsymbol{\Omega}$ 及 $\boldsymbol{\Sigma}$ 的图形如图 11.23 所示. 这里

$$P=zx, Q=xy, R=yz$$

$$\frac{\partial P}{\partial x}=z, \frac{\partial Q}{\partial y}=x, \frac{\partial R}{\partial z}=y$$

于是由高斯公式并用柱面坐标计算在 $\boldsymbol{\Omega}$ 上的三重积分,有

$$\begin{aligned}&\oiint_{\Sigma} zx\,\mathrm{d}y\mathrm{d}z + xy\,\mathrm{d}z\mathrm{d}x + yz\,\mathrm{d}x\mathrm{d}y \\ &= \iiint_{\Omega}(x+y+z)\mathrm{d}x\mathrm{d}y\mathrm{d}z \\ &= \int_0^{\frac{\pi}{2}}\mathrm{d}\theta\int_0^1\rho\mathrm{d}\rho\int_0^1(\rho\cos\theta+\rho\sin\theta+z)\mathrm{d}z \\ &= \int_0^{\frac{\pi}{2}}\mathrm{d}\theta\int_0^1\rho\left(\rho\cos\theta+\rho\sin\theta+\frac{1}{2}\right)\mathrm{d}\rho \\ &= \int_0^{\frac{\pi}{2}}(\cos\theta+\sin\theta)\mathrm{d}\theta\int_0^1\rho^2\mathrm{d}\rho+\frac{\pi}{8} = \frac{2}{3}+\frac{\pi}{8}\end{aligned}$$

【例 11.6.2】 计算曲面积分

$$\iint\limits_{\Sigma} x\,\mathrm{d}y\mathrm{d}z + y\mathrm{d}z\mathrm{d}x + z\mathrm{d}x\mathrm{d}y$$

其中，$\boldsymbol{\Sigma}$ 是锥面 $z=\sqrt{x^2+y^2}$ 介于平面 $z=1$ 和 $z=0$ 之间的部分的下侧.

解：这里 $\boldsymbol{\Sigma}$ 不构成闭曲面，补充曲面 $\boldsymbol{\Sigma}_1: z=1(x^2+y^2\leqslant 1)$ 并取上侧，如图 11.24 所示，则 $\boldsymbol{\Sigma}'=\boldsymbol{\Sigma}+\boldsymbol{\Sigma}_1$ 构成闭曲面，取外侧，记它所包围的立体为 $\boldsymbol{\Omega}$. 这里

$$P=x, Q=y, R=z$$

则由高斯公式，有

$$\iint\limits_{\Sigma'} x\,\mathrm{d}y\mathrm{d}z + y\mathrm{d}z\mathrm{d}x + z\mathrm{d}x\mathrm{d}y = \iiint\limits_{\Omega} 3\mathrm{d}v = \pi$$

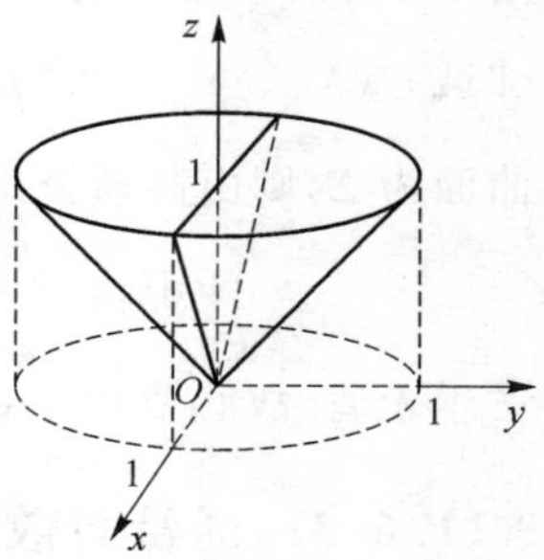

图 11.24

$\boldsymbol{\Sigma}_1$ 在 xOy 面上的投影区域为

$D_{xy}=\{(x,y)\mid x^2+y^2\leqslant 1\}$，在 yOz 面、zOx 面上的投影均为零，于是

$$\iint\limits_{\Sigma_1} x\mathrm{d}y\mathrm{d}z + y\mathrm{d}z\mathrm{d}x + z\mathrm{d}x\mathrm{d}y = \iint\limits_{D_{xy}} \mathrm{d}x\mathrm{d}y = \pi$$

要求的曲面积分

$$\iint\limits_{\Sigma} x\,\mathrm{d}y\mathrm{d}z + y\mathrm{d}z\mathrm{d}x + z\mathrm{d}x\mathrm{d}y$$

$$= \iint\limits_{\Sigma'} x\,\mathrm{d}y\mathrm{d}z + y\mathrm{d}z\mathrm{d}x + z\mathrm{d}x\mathrm{d}y - \iint\limits_{\Sigma_1} x\mathrm{d}y\mathrm{d}z + y\mathrm{d}z\mathrm{d}x + z\mathrm{d}x\mathrm{d}y = 0$$

*11.6.2　沿任意闭曲面的曲面积分为零的条件

下面讨论与本章第三节相类似的问题，这就是：在什么条件下，曲面积分

$$\iint\limits_{\Sigma} P\,\mathrm{d}y\mathrm{d}z + Q\mathrm{d}z\mathrm{d}x + R\mathrm{d}x\mathrm{d}y$$

只与 $\boldsymbol{\Sigma}$ 的边界曲线有关而与曲面 $\boldsymbol{\Sigma}$ 无关，这问题相当于，何时沿任意闭曲面的曲面积分为零？

由高斯公式就可以解决这一问题，这就是下面的结论. 为本节以及下一节的需要，先介绍空间单连通域的概念. 如果三维空间内的开区域 G 内的任一闭曲面所包围的区域完全属于 G，则称 G 是二维单连通域；如果三维空间内的开区域 G 内的任一闭曲线总可以张成一片完全属于 G 的曲面，则称 G 是一维单连通域. 例如，区域 $G=\{(x,y)\mid 0<x^2+y^2<1\}$ 是一维单连通域，但不是二维单连通域；环面所围成的区域是二维单连通域，但不是一维单连通域；球面所围成的区域既是一维单连通域，又是二维单边通域.

定理 11.6.2　设空间开区域 G 是二维单连通域，$P(x,y,z)$，$Q(x,y,z)$，$R(x,y,z)$ 在 G 内有一阶连续偏导数，则曲面积分 $\iint\limits_{\Sigma} P\,\mathrm{d}y\mathrm{d}z+Q\mathrm{d}z\mathrm{d}x+R\mathrm{d}x\mathrm{d}y$ 只与 $\boldsymbol{\Sigma}$ 的边界曲线有关而与曲面 $\boldsymbol{\Sigma}$ 无关（即沿 G 内任意闭曲面的曲面积分为零）的充要条件是等式

$$\frac{\partial P}{\partial x}+\frac{\partial Q}{\partial y}+\frac{\partial R}{\partial z}=0 \tag{11.6.8}$$

在 G 内恒成立.

证:由高斯公式,充分性显然成立.下证必要性.若式(11.6.8)在 G 内不恒成立,则在 G 内至少存在一点 M_0,使得 $\left(\frac{\partial P}{\partial x}+\frac{\partial Q}{\partial y}+\frac{\partial R}{\partial z}\right)_{M_0}=a\neq 0$,不妨设 $a>0$(对 $a<0$ 可类似给出证明).由于 P,Q,R 在 G 内有一阶连续偏导数,而且 G 是单连通的,必存在 M_0 的完全属于 G 的闭邻域 $U(M_0,\delta)$,使当 $M\in U(M_0,\delta)$ 时,$\left(\frac{\partial P}{\partial x}+\frac{\partial Q}{\partial y}+\frac{\partial R}{\partial z}\right)_M>\frac{a}{2}$.记 $U(M_0,\delta)$ 为 $\boldsymbol{\Omega}$,它的边界曲面为 $\boldsymbol{\Sigma}$,则由高斯公式

$$\iint_{\boldsymbol{\Sigma}}P\,\mathrm{d}y\mathrm{d}z+Q\mathrm{d}z\mathrm{d}x+R\mathrm{d}x\mathrm{d}y=\iiint_{\boldsymbol{\Omega}}\left(\frac{\partial P}{\partial x}+\frac{\partial Q}{\partial y}+\frac{\partial R}{\partial z}\right)\mathrm{d}v>0$$

于是产生矛盾,故必要性成立.

*11.6.3 通量与散度

下面来说明高斯公式

$$\iiint_{\boldsymbol{\Omega}}\left(\frac{\partial P}{\partial x}+\frac{\partial Q}{\partial y}+\frac{\partial R}{\partial z}\right)\mathrm{d}v=\oiint_{\boldsymbol{\Sigma}}P\,\mathrm{d}y\mathrm{d}z+Q\mathrm{d}z\mathrm{d}x+R\mathrm{d}x\mathrm{d}y$$

的物理意义,并导出向量场的散度的概念.

考虑 11.5 节的引例.设稳定流动的不可压缩(假定密度为 1)的流体的流速构成的速度场

$$\boldsymbol{v}(x,y,z)=P(x,y,z)\boldsymbol{i}+Q(x,y,z)\boldsymbol{j}+R(x,y,z)\boldsymbol{k}$$

$\boldsymbol{\Sigma}$ 是速度场中的一片有向曲面,函数 $P(x,y,z),Q(x,y,z),R(x,y,z)$ 具有一阶连续偏导数,则在单位时间内流向 $\boldsymbol{\Sigma}$ 指定侧的流量

$$\boldsymbol{\Phi}=\iint_{\boldsymbol{\Sigma}}P\,\mathrm{d}y\mathrm{d}z+Q\mathrm{d}z\mathrm{d}x+R\mathrm{d}x\mathrm{d}y$$

现在取 $\boldsymbol{\Sigma}$ 是高斯公式中 $\boldsymbol{\Omega}$ 的边界曲面,并取外侧,则高斯公式中的右边是单位时间内从 $\boldsymbol{\Omega}$ 向外流出的流体的总质量.由于流体是不可压缩的,且流动是稳定的,现在既然有液体从 $\boldsymbol{\Omega}$ 向外流出,则在 $\boldsymbol{\Omega}$ 内必然有产生流体的"源头",因此高斯公式的左边可解释为分布在 $\boldsymbol{\Omega}$ 内的"源"在单位时间内所产生的流体的总质量.

在高斯公式的两边同除 $\boldsymbol{\Omega}$ 的体积 V,得

$$\frac{1}{V}\iiint_{\boldsymbol{\Omega}}\left(\frac{\partial P}{\partial x}+\frac{\partial Q}{\partial y}+\frac{\partial R}{\partial z}\right)\mathrm{d}v=\frac{1}{V}\oiint_{\boldsymbol{\Sigma}}P\,\mathrm{d}y\mathrm{d}z+Q\mathrm{d}z\mathrm{d}x+R\mathrm{d}x\mathrm{d}y \qquad (11.6.9)$$

此式的左边表示 $\boldsymbol{\Omega}$ 内的源在单位时间内单位体积所产生的流体质量的平均值.

对式(11.6.9)的左边用积分中值定理,得

$$\left(\frac{\partial P}{\partial x}+\frac{\partial Q}{\partial y}+\frac{\partial R}{\partial z}\right)_{(\xi,\eta,\zeta)}=\frac{1}{V}\oiint_{\boldsymbol{\Sigma}}P\,\mathrm{d}y\mathrm{d}z+Q\mathrm{d}z\mathrm{d}x+R\mathrm{d}x\mathrm{d}y$$

其中,$(\xi,\eta,\zeta)\in\boldsymbol{\Omega}$.在 $\boldsymbol{\Omega}$ 内任意取定一点 $M(x,y,z)$,当 $\boldsymbol{\Omega}$ 缩向点 M 时,对上式两边取极限,由于 P,Q,R 有一阶连续偏导数,且 $(\xi,\eta,\zeta)\to(x,y,z)$,于是有

$$\begin{aligned}\lim_{\boldsymbol{\Omega}\to M}\left(\frac{\partial P}{\partial x}+\frac{\partial Q}{\partial y}+\frac{\partial R}{\partial z}\right)_{(\xi,\eta,\zeta)}&=\left(\frac{\partial P}{\partial x}+\frac{\partial Q}{\partial y}+\frac{\partial R}{\partial z}\right)_{(x,y,z)}\\&=\lim_{\boldsymbol{\Omega}\to M}\frac{1}{V}\oiint_{\boldsymbol{\Sigma}}P\,\mathrm{d}y\mathrm{d}z+Q\mathrm{d}z\mathrm{d}x+R\mathrm{d}x\mathrm{d}y\end{aligned}$$

即

$$\frac{\partial P}{\partial x}+\frac{\partial Q}{\partial y}+\frac{\partial R}{\partial z}=\lim_{\Omega\to M}\frac{1}{V}\oiint_{\Sigma}P\,\mathrm{d}y\mathrm{d}z+Q\mathrm{d}z\mathrm{d}x+R\mathrm{d}x\mathrm{d}y$$

上式左边表示稳定流动的不可压缩的流体在点 M 处单位时间内单位体积所产生的流体的质量，称为在点 M 处源的强度或流体在点 M 处的"散度"，记作 $\mathrm{div}\,\boldsymbol{v}$，即

$$\mathrm{div}\,\boldsymbol{v}=\frac{\partial P}{\partial x}+\frac{\partial Q}{\partial y}+\frac{\partial R}{\partial z}.$$

如果 $\mathrm{div}\,\boldsymbol{v}>0$，则表示在点 M 有正源，即有流体"溢出". 如果 $\mathrm{div}\boldsymbol{v}<0$，则表示在点 M 处有负源，即有"洞"，吸收流体. 如果 $\mathrm{div}\boldsymbol{v}=0$，称在点 M 处无源.

一般地，设有向量场

$$\boldsymbol{A}(x,y,z)=P(x,y,z)\boldsymbol{i}+Q(x,y,z)\boldsymbol{j}+R(x,y,z)\boldsymbol{k}$$

$\boldsymbol{\Sigma}$ 是速度场中的有向曲面，函数 $P(x,y,z)$，$Q(x,y,z)$，$R(x,y,z)$ 具有一阶连续偏导数，则称

$$\boldsymbol{\Phi}=\iint_{\Sigma}P\,\mathrm{d}y\mathrm{d}z+Q\mathrm{d}z\mathrm{d}x+R\mathrm{d}x\mathrm{d}y$$

是向量场 $\boldsymbol{A}$ 通过曲面 $\boldsymbol{\Sigma}$ 的指定侧的通量或流量，称

$$\mathrm{div}\boldsymbol{A}=\frac{\partial P}{\partial x}+\frac{\partial Q}{\partial y}+\frac{\partial R}{\partial z}$$

为向量场 $\boldsymbol{A}$ 的散度.

高斯公式可以表示为

$$\iiint_{\Omega}\mathrm{div}\boldsymbol{A}\mathrm{d}v=\oiint_{\Sigma}P\,\mathrm{d}y\mathrm{d}z+Q\mathrm{d}z\mathrm{d}x+R\mathrm{d}x\mathrm{d}y$$

【例 11.6.3】 求向量场 $\boldsymbol{A}=xy\boldsymbol{i}+yz\boldsymbol{j}+zx\boldsymbol{k}$ 的散度及通过球面 $x^2+y^2+z^2=1$ 在第一卦限部分 $\boldsymbol{\Sigma}$ 的上侧的流量.

解：容易算得向量场 $\boldsymbol{A}$ 的散度

$$\mathrm{div}\boldsymbol{A}=\frac{\partial P}{\partial x}+\frac{\partial Q}{\partial y}+\frac{\partial R}{\partial z}=x+y+z$$

$\boldsymbol{\Sigma}$ 在 xOy 面上的投影区域为 $D_{xy}=\{(x,y)\,|\,x^2+y^2\leqslant 1,x\geqslant 0,y\geqslant 0\}$. 由对称性，向量场 $\boldsymbol{A}$ 通过 $\boldsymbol{\Sigma}$ 上侧的流量

$$\begin{aligned}\boldsymbol{\Phi}&=\iint_{\Sigma}xy\,\mathrm{d}y\mathrm{d}z+yz\,\mathrm{d}z\mathrm{d}x+zx\,\mathrm{d}x\mathrm{d}y\\&=3\iint_{\Sigma}zx\,\mathrm{d}x\mathrm{d}y=3\iint_{D_{xy}}x\sqrt{1-x^2-y^2}\,\mathrm{d}x\mathrm{d}y\\&=3\int_0^{\frac{\pi}{2}}\mathrm{d}\theta\int_0^1\cos\theta\rho^2\sqrt{1-\rho^2}\,\mathrm{d}\rho\\&=3\int_0^{\frac{\pi}{2}}\cos\theta\mathrm{d}\theta\int_0^1\rho^2\sqrt{1-\rho^2}\,\mathrm{d}\rho\qquad(\text{设 }\rho=\sin\varphi)\\&=3\int_0^{\frac{\pi}{2}}\sin^2\varphi\cos^2\varphi\mathrm{d}\varphi\\&=\frac{3}{4}\int_0^{\frac{\pi}{2}}\frac{1-\cos 2\varphi}{2}\mathrm{d}\varphi=\frac{3}{16}\pi\end{aligned}$$

习题 11.6

1. 利用高斯公式计算下列曲面积分

(1) $\oiint\limits_{\Sigma} x\mathrm{d}y\mathrm{d}z+y\mathrm{d}z\mathrm{d}x+z\mathrm{d}x\mathrm{d}y$,其中 $\boldsymbol{\Sigma}$ 是锥面 $z=\sqrt{x^2+y^2}$ 与平面 $z=2$ 所围成的立体的表面外侧.

(2) $\oiint\limits_{\Sigma}(x-y)\mathrm{d}x\mathrm{d}y+(y-z)x\mathrm{d}y\mathrm{d}z$,其中 $\boldsymbol{\Sigma}$ 是柱面 $x^2+y^2=1$ 及平面 $z=0,z=3$ 所围成的立体的表面外侧.

(3) $\oiint\limits_{\Sigma} x^3\mathrm{d}y\mathrm{d}z+y^3\mathrm{d}z\mathrm{d}x+z^3\mathrm{d}x\mathrm{d}y$,其中 $\boldsymbol{\Sigma}$ 是球面 $x^2+y^2+z^2=a^2$ 的外侧.

2. 利用高斯公式计算下面的曲面积分

(1) $\iint\limits_{\Sigma} zx\mathrm{d}x\mathrm{d}y+xy\mathrm{d}y\mathrm{d}z+yz\mathrm{d}z\mathrm{d}x$,其中 $\boldsymbol{\Sigma}$ 是平面 $x+y+z=1$ 在第一卦限的部分的上侧.

(2) $\iint\limits_{\Sigma} x^2\mathrm{d}x\mathrm{d}y+y^2\mathrm{d}y\mathrm{d}z+z^2\mathrm{d}z\mathrm{d}x$,其中 $\boldsymbol{\Sigma}$ 是锥面 $z=\sqrt{x^2+y^2}$ 被平面 $z=1$ 截下的部分的下侧.

*3. 求向量场 $\boldsymbol{A}=x^2yz\boldsymbol{i}+xy^2z\boldsymbol{j}+xyz^2\boldsymbol{k}$ 流过球面 $x^2+y^2+z^2=1$ 在第一卦限部分上侧的流量.

*4. 求向量场 $\boldsymbol{A}=x\boldsymbol{i}+y\boldsymbol{j}+z\boldsymbol{k}$ 流过锥面 $x^2+y^2=z^2(0\leqslant z\leqslant 1)$ 下侧的流量.

*5. 求向量场 $\boldsymbol{A}=xy^2\boldsymbol{i}+yz^2\boldsymbol{j}+zx^2\boldsymbol{k}$ 的散度.

*11.7 斯托克斯公式、环流量和旋度

11.7.1 斯托克斯(Stokes)公式

格林公式表达了在平面区域上的二重积分与在其边界曲线上曲线积分之间的关系,下面给出的斯托克斯公式表达了在曲面 $\boldsymbol{\Sigma}$ 上的曲面积分与沿着 $\boldsymbol{\Sigma}$ 的边界曲线上的曲线积分之间的关系,可见斯托克斯公式是格林公式的推广.我们不加证明地给出下面的定理.

定理 11.7.1 设 $\boldsymbol{\Gamma}$ 是空间分段光滑的有向闭曲线,$\boldsymbol{\Sigma}$ 是以 $\boldsymbol{\Gamma}$ 为边界的分片光滑的有向曲面,$\boldsymbol{\Gamma}$ 的正向与 $\boldsymbol{\Sigma}$ 的侧符合右手规则(即当右手除拇指外的四指依 $\boldsymbol{\Gamma}$ 的绕行方向时,拇指所指的方向与 $\boldsymbol{\Sigma}$ 上法向量的方向一致),函数 $P(x,y,z),Q(x,y,z),R(x,y,z)$ 在包含曲面 $\boldsymbol{\Sigma}$ 在内的一空间区域内具有一阶连续偏导数,则有

$$\iint\limits_{\Sigma}\left(\frac{\partial R}{\partial y}-\frac{\partial Q}{\partial z}\right)\mathrm{d}y\mathrm{d}z+\left(\frac{\partial P}{\partial z}-\frac{\partial R}{\partial x}\right)\mathrm{d}z\mathrm{d}x+\left(\frac{\partial Q}{\partial x}-\frac{\partial P}{\partial y}\right)\mathrm{d}x\mathrm{d}y=\oint\limits_{\Gamma}P\mathrm{d}x+Q\mathrm{d}y+R\mathrm{d}z \tag{11.7.1}$$

称式(11.7.1)为斯托克斯公式.

为了便于记忆,将式(11.7.1)的右边表示为行列式的形式,于是斯托克斯公式可写成

$$\iint\begin{vmatrix} \mathrm{d}y\mathrm{d}z & \mathrm{d}z\mathrm{d}x & \mathrm{d}x\mathrm{d}y \\ \dfrac{\partial}{\partial x} & \dfrac{\partial}{\partial y} & \dfrac{\partial}{\partial z} \\ P & Q & R \end{vmatrix}=\oint P\mathrm{d}x+Q\mathrm{d}y+R\mathrm{d}z$$

上式左边的行列式按第一行展开时,将$\dfrac{\partial}{\partial y}$与 R 的乘积理解为$\dfrac{\partial R}{\partial y}$,将$\dfrac{\partial}{\partial z}$与 Q 的乘积理解为$\dfrac{\partial Q}{\partial z}$等,则此行列式即为

$$\left(\frac{\partial R}{\partial y}-\frac{\partial Q}{\partial z}\right)\mathrm{d}y\mathrm{d}z+\left(\frac{\partial P}{\partial z}-\frac{\partial R}{\partial x}\right)\mathrm{d}z\mathrm{d}x+\left(\frac{\partial Q}{\partial x}-\frac{\partial P}{\partial y}\right)\mathrm{d}x\mathrm{d}y$$

如果 $\boldsymbol{\Sigma}$ 是 xOy 面上的一块平面区域,则斯托克斯公式就化为格林公式,即格林公式是斯托克斯公式的特殊情况.

【例 11.7.1】 利用斯托克斯公式计算曲线积分$\oint\limits_{\boldsymbol{\Gamma}} z\mathrm{d}x+x\mathrm{d}y+y\mathrm{d}z$,其中 $\boldsymbol{\Gamma}$ 是圆柱面 $x^2+y^2=1$ 与平面 $x+z=1$ 的交线,从 Ox 轴的正向看,取逆时针方向.

解:这里 $P=z,Q=x,R=y$,于是

$$\begin{vmatrix} \mathrm{d}y\mathrm{d}z & \mathrm{d}z\mathrm{d}x & \mathrm{d}x\mathrm{d}y \\ \dfrac{\partial}{\partial x} & \dfrac{\partial}{\partial y} & \dfrac{\partial}{\partial z} \\ z & x & y \end{vmatrix}=\mathrm{d}y\mathrm{d}z+\mathrm{d}z\mathrm{d}x+\mathrm{d}x\mathrm{d}y$$

于是由斯托克斯公式有

$$\oint\limits_{\boldsymbol{\Gamma}} z\mathrm{d}x+x\mathrm{d}y+y\mathrm{d}z=\iint\limits_{\boldsymbol{\Sigma}}\mathrm{d}y\mathrm{d}z+\mathrm{d}z\mathrm{d}x+\mathrm{d}x\mathrm{d}y$$

其中 $\boldsymbol{\Sigma}$ 是 $\boldsymbol{\Gamma}$ 所包围的平面 $x+z=1$ 上的椭圆区域,法向量向上.$\boldsymbol{\Sigma}$ 在 zOx 面上投影为零,在 yOz 面上的投影区域为 $D_{yz}=\{(y,z)\mid y^2+(z-1)^2\leqslant 1\}$,$\boldsymbol{\Sigma}$ 在 xOy 面的投影区域为 $D=\{(x,y)\mid x^2+y^2\leqslant 1\}$,如图 11.25 所示,于是

$$\begin{aligned}\oint\limits_{\boldsymbol{\Gamma}} z\mathrm{d}x+x\mathrm{d}y+y\mathrm{d}z&=\iint\limits_{\boldsymbol{\Sigma}}\mathrm{d}y\mathrm{d}z+\mathrm{d}z\mathrm{d}x+\mathrm{d}x\mathrm{d}y\\&=\iint\limits_{D_{yz}}\mathrm{d}y\mathrm{d}z+\iint\limits_{D_{xy}}\mathrm{d}x\mathrm{d}y\\&=2\pi\end{aligned}$$

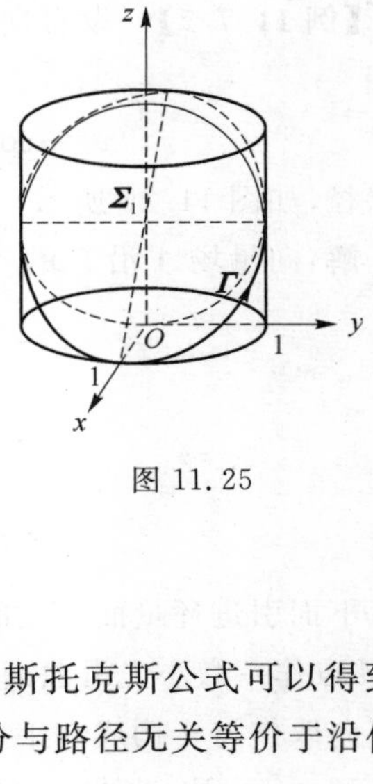

图 11.25

11.7.2　空间曲线积分与路径无关的条件

由格林公式可得到平面曲线积分与路径无关的条件,类似由斯托克斯公式可以得到空间曲线积分与路径无关的条件.与平面的情况类似,空间曲线积分与路径无关等价于沿任意闭曲线的曲线积分为零.我们给出下面的结论,证明略.

定理 11.7.2 设空间开区域 G 是一维单连通域，函数 $P(x,y,z)$，$Q(x,y,z)$，$R(x,y,z)$ 在 G 内具有一阶连续偏导数，则空间曲线积分 $\int_\Gamma P\mathrm{d}x+Q\mathrm{d}y+R\mathrm{d}x$ 在 G 内与路径无关（即沿任意闭曲线的曲线积分为零）的充要条件是等式

$$\frac{\partial P}{\partial y}=\frac{\partial Q}{\partial x},\quad \frac{\partial Q}{\partial z}=\frac{\partial R}{\partial y},\quad \frac{\partial R}{\partial x}=\frac{\partial P}{\partial z}$$

在 G 内恒成立.

11.7.3 环流量与旋度

设斯托克斯公式中的有向曲面 $\boldsymbol{\Sigma}$ 上点 (x,y,z) 处的单位法向量为

$$\boldsymbol{n}=\cos\alpha\boldsymbol{i}+\cos\beta\boldsymbol{j}+\cos\gamma\boldsymbol{k}$$

$\boldsymbol{\Sigma}$ 的边界曲线 $\boldsymbol{\Gamma}$ 上在点 (x,y,z) 处的单位切向量为

$$\boldsymbol{\tau}=\cos\lambda\boldsymbol{i}+\cos\mu\boldsymbol{j}+\cos\nu\boldsymbol{k}$$

则斯托克斯公式也可表示为

$$\begin{aligned}&\iint_{\Sigma}\left[\left(\frac{\partial R}{\partial y}-\frac{\partial Q}{\partial z}\right)\cos\alpha+\left(\frac{\partial P}{\partial z}-\frac{\partial R}{\partial x}\right)\cos\beta+\left(\frac{\partial Q}{\partial x}-\frac{\partial P}{\partial y}\right)\cos\gamma\right]\mathrm{d}S\\&=\oint_{\Gamma}(P\cos\lambda+Q\cos\mu+R\cos\nu)\mathrm{d}s\end{aligned}\tag{11.7.2}$$

定义 11.7.1 设有向量场

$$\boldsymbol{A}(x,y,z)=P(x,y,z)\boldsymbol{i}+Q(x,y,z)\boldsymbol{j}+R(x,y,z)\boldsymbol{k}$$

称沿有向曲线 $\boldsymbol{\Gamma}$ 的曲线积分

$$\Delta l\overset{\Delta}{=}\oint_{\Gamma}P\mathrm{d}x+Q\mathrm{d}y+R\mathrm{d}z=\oint_{\Gamma}\boldsymbol{A}\cdot\boldsymbol{\tau}\mathrm{d}s$$

为向量场 $\boldsymbol{A}$ 沿有向闭曲线 $\boldsymbol{\Gamma}$ 的环流量.

【例 11.7.2】 设有向量场 $\boldsymbol{A}=z\boldsymbol{i}+x\boldsymbol{j}+y\boldsymbol{k}$，$\boldsymbol{\Gamma}$ 是从 y 轴的正向看去依逆时针方向绕椭圆

$$x=a\cos\theta,y=a\sin\theta,z=a(1-\sin\theta)\text{一圈}(0\leqslant\theta\leqslant2\pi)$$

的路径，如图 11.26 所示，求向量场 $\boldsymbol{A}$ 沿 $\boldsymbol{\Gamma}$ 的环流量.

解:向量场 $\boldsymbol{A}$ 沿 $\boldsymbol{\Gamma}$ 的环流量

$$\begin{aligned}l&=\int_{\Gamma}z\mathrm{d}x+x\mathrm{d}y+y\mathrm{d}z\\&=\int_0^{2\pi}a^2[-(1-\sin\theta)\sin\theta+\cos^2\theta-\sin\theta\cos\theta]\mathrm{d}\theta\\&=a^2\int_0^{2\pi}(1-\sin\theta-\sin\theta\cos\theta)\mathrm{d}\theta=2\pi a^2\end{aligned}$$

下面引进环量面密度的概念. 设 M 是向量场 $\boldsymbol{A}$ 中的一点，在 M 点取定一个向量 $\boldsymbol{n}$，并过 M 点作一微小光滑曲面 $\Delta\boldsymbol{\Sigma}$，以 $\boldsymbol{n}$ 为其在 M 点的法向量，其面积记为 ΔS，其边界曲面 $\Delta\boldsymbol{\Gamma}$ 的正向取作与 $\boldsymbol{n}$ 构成右手系，如图 11.27 所示. 若向量场沿 $\Delta\boldsymbol{\Gamma}$ 的正向的环流量 Δl 与 $\Delta\boldsymbol{\Sigma}$ 的面积 ΔS 之比，当曲面 $\Delta\boldsymbol{\Sigma}$ 在 M 点处保持以 $\boldsymbol{n}$ 为法向量的前提下，以任何方式缩向 M 点

时,若极限

$$\lim_{\Delta\Sigma\to M}\frac{\Delta l}{\Delta S}=\lim_{\Delta\Sigma\to M}\frac{\oint_{\Delta\Gamma}A\cdot\tau\mathrm{d}s}{\Delta S}$$

存在,则称此极限为向量场 $\boldsymbol{A}$ 在点 M 处沿方向 $\boldsymbol{n}$ 的环量面密度,它表示环量对面积的变化率.

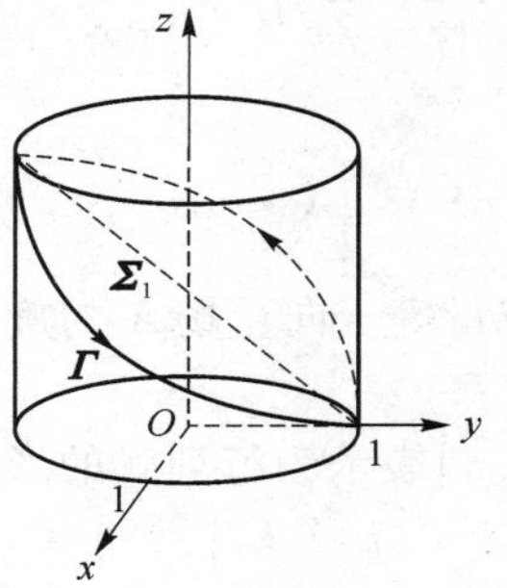

图 11.26

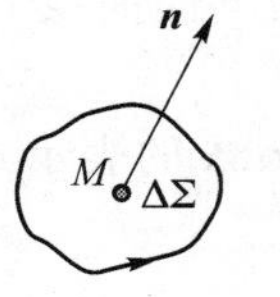

图 11.27

设 $P(x,y,z),Q(x,y,z),R(x,y,z)$ 有一阶连续偏导数,则由式(11.7.2)

$$\begin{aligned}\Delta l&=\oint_{\Delta\Gamma}\boldsymbol{A}\cdot\tau\mathrm{d}s=\oint_{\Delta\Gamma}P\,\mathrm{d}x+Q\mathrm{d}y+R\mathrm{d}z\\&=\iint_{\Delta\Sigma}\left[\left(\frac{\partial R}{\partial y}-\frac{\partial Q}{\partial z}\right)\cos\alpha+\left(\frac{\partial P}{\partial z}-\frac{\partial R}{\partial x}\right)\cos\beta+\left(\frac{\partial Q}{\partial x}-\frac{\partial P}{\partial y}\right)\cos\gamma\right]\mathrm{d}S\end{aligned}$$

再由积分中值定理有

$$\Delta l=\left[\left(\frac{\partial R}{\partial y}-\frac{\partial Q}{\partial z}\right)\cos\alpha+\left(\frac{\partial P}{\partial z}-\frac{\partial R}{\partial x}\right)\cos\beta+\left(\frac{\partial Q}{\partial x}-\frac{\partial P}{\partial y}\right)\cos\gamma\right]_{(\xi,\eta,\zeta)}\Delta S$$

其中,(ξ,η,ζ) 为 $\Delta\boldsymbol{\Sigma}$ 上的某一点,当 $\Delta\boldsymbol{\Sigma}\to M$ 时有 $(\xi,\eta,\zeta)\to M$,于是

$$\lim_{\Delta\Sigma\to M}\frac{\Delta l}{\Delta S}=\left(\frac{\partial R}{\partial y}-\frac{\partial Q}{\partial z}\right)\cos\alpha+\left(\frac{\partial P}{\partial z}-\frac{\partial R}{\partial x}\right)\cos\beta+\left(\frac{\partial Q}{\partial x}-\frac{\partial P}{\partial y}\right)\cos\gamma\qquad(11.7.3)$$

其中,$\cos\alpha,\cos\beta,\cos\gamma$ 是点 M 处 $\boldsymbol{n}$ 的方向余弦.

式(11.7.3)是向量场 $\boldsymbol{A}$ 在点 M 沿方向 $\boldsymbol{n}$ 的环量面密度的计算公式.

若记

$$\boldsymbol{R}=\left(\frac{\partial R}{\partial y}-\frac{\partial Q}{\partial z}\right)\boldsymbol{i}+\left(\frac{\partial P}{\partial z}-\frac{\partial R}{\partial x}\right)\boldsymbol{j}+\left(\frac{\partial Q}{\partial x}-\frac{\partial P}{\partial y}\right)\boldsymbol{k}$$

$$\boldsymbol{n}^{\circ}=\cos\alpha\boldsymbol{i}+\cos\beta\boldsymbol{j}+\cos\gamma\boldsymbol{k}$$

其中,$\boldsymbol{n}^{\circ}$ 是与方向 $\boldsymbol{n}$ 同向的单位向量. 由式(11.7.3)有

$$\lim_{\Delta\Sigma\to M}\frac{\Delta l}{\Delta S}=\boldsymbol{R}\cdot\boldsymbol{n}^{\circ}=|\boldsymbol{R}|\cos(\widehat{\boldsymbol{R},\boldsymbol{n}})$$

上式表示,在给定点处,$\boldsymbol{R}$ 在任一方向 $\boldsymbol{n}$ 上的投影,就给出了在该方向上的环量面密度. 同时又可以看出 $\boldsymbol{R}$ 的方向是环量面密度取最大值的方向,它的值是最大环量面密度的值,称此向量 $\boldsymbol{R}$ 为向量场 $\boldsymbol{A}$ 的旋度. 这就是下面的定义.

定义 11.7.2 设有向量场

$$\boldsymbol{A}(x,y,z)=P(x,y,z)\boldsymbol{i}+Q(x,y,z)\boldsymbol{j}+R(x,y,z)\boldsymbol{k}$$

称向量

$$\left(\frac{\partial R}{\partial y}-\frac{\partial Q}{\partial z}\right)\boldsymbol{i}+\left(\frac{\partial P}{\partial z}-\frac{\partial R}{\partial x}\right)\boldsymbol{j}+\left(\frac{\partial Q}{\partial x}-\frac{\partial P}{\partial y}\right)\boldsymbol{k}$$

为向量场 $\boldsymbol{A}$ 的旋度,记为 $\mathrm{rot}\boldsymbol{A}$,即

$$\mathrm{rot}\boldsymbol{A}=\left(\frac{\partial R}{\partial y}-\frac{\partial Q}{\partial z}\right)\boldsymbol{i}+\left(\frac{\partial P}{\partial z}-\frac{\partial R}{\partial x}\right)\boldsymbol{j}+\left(\frac{\partial Q}{\partial x}-\frac{\partial P}{\partial y}\right)\boldsymbol{k} \tag{11.7.4}$$

这样,式(11.7.2)可表示为向量的形式

$$\iint_{\boldsymbol{\Sigma}}\mathrm{rot}\boldsymbol{A}\cdot\boldsymbol{n}^{\circ}\mathrm{d}S=\oint_{\boldsymbol{\Gamma}}\boldsymbol{A}\cdot\tau\mathrm{d}s \tag{11.7.5}$$

上式表示:向量场 $\boldsymbol{A}$ 沿有向闭曲线 $\boldsymbol{\Gamma}$ 的环流量等于向量场 $\boldsymbol{A}$ 的旋度场通过 $\boldsymbol{\Gamma}$ 所张的曲面 $\boldsymbol{\Sigma}$ 的通量.

为了便于记忆,将 $\mathrm{rot}\boldsymbol{A}$ 的表示式(11.7.4)表示为行列式的形式

$$\mathrm{rot}\boldsymbol{A}=\begin{vmatrix}\boldsymbol{i} & \boldsymbol{j} & \boldsymbol{k}\\ \dfrac{\partial}{\partial x} & \dfrac{\partial}{\partial y} & \dfrac{\partial}{\partial z}\\ P & Q & R\end{vmatrix}$$

这里要强调的是:旋度 $\mathrm{rot}\boldsymbol{A}$ 的方向是环量面密度取最大值的方向,它的值是最大环量面密度的值.旋度与环量面密度的这种关系和梯度与方向导数的关系是一样的.

如果向量场 $\boldsymbol{A}$ 的旋度 $\mathrm{rot}\boldsymbol{A}$ 处处为零,则称向量场 $\boldsymbol{A}$ 是无旋的.一个无源、无旋的向量场称为调和场.

【例 11.7.3】 求向量场 $\boldsymbol{A}=yz\boldsymbol{i}+zx\boldsymbol{j}+xy\boldsymbol{k}$ 的旋度.

解:

$$\mathrm{rot}\boldsymbol{A}=\begin{vmatrix}\boldsymbol{i} & \boldsymbol{j} & \boldsymbol{k}\\ \dfrac{\partial}{\partial x} & \dfrac{\partial}{\partial y} & \dfrac{\partial}{\partial z}\\ xy & yz & zx\end{vmatrix}=-y\boldsymbol{i}-z\boldsymbol{j}-x\boldsymbol{k}$$

*习题 11.7

1. 求向量场 $\boldsymbol{A}=-y\boldsymbol{i}+x\boldsymbol{j}+c\boldsymbol{k}$($c$ 为常数)沿下列曲线的环流量(从 z 轴看去曲线取逆时针)

(1) 圆周 $x^2+y^2=R^2$,$z=0$;

(2) 圆周 $(x-2)^2+y^2=R^2$,$z=0$.

2. 利用斯托克斯公式计算下列曲线积分

(1) $\oint_{\boldsymbol{\Gamma}}y\mathrm{d}x+xz\mathrm{d}y+yz\mathrm{d}z$,其中 $\boldsymbol{\Gamma}$ 为圆周 $x^2+y^2=4$,$z=2$,从 z 轴正向看去这圆周取逆时针方向.

(2) $\oint_{\boldsymbol{\Gamma}}y\mathrm{d}x+2x\mathrm{d}y+yz\mathrm{d}z$,其中 $\boldsymbol{\Gamma}$ 为圆周 $x^2+y^2+z^2=10$,$z=3$,从 z 轴正向看去这圆

周取逆时针方向.

3. 求下列向量场的旋度

(1) $\boldsymbol{A}=x^2\boldsymbol{i}+y^2\boldsymbol{j}+z^2\boldsymbol{k}$;

(2) $\boldsymbol{A}=y^2z\boldsymbol{i}+zx\boldsymbol{j}+x^2y\boldsymbol{k}$.

11.8 本章小结

11.8.1 内容提要

1. 对弧长的曲线积分的概念、性质和计算法

(1) 对弧长的曲线积分的概念

设有平面曲线 L,二元函数 $f(x,y)$在 L 对弧长的曲线积分

$$\int_L f(x,y)\mathrm{d}s=\lim_{\lambda\to 0}\sum_{i=1}^{n}f(\xi_i,\eta_i)\Delta s_i$$

对弧长的曲线积分也称为第一类曲线积分.

(2) 可积性

当 $f(x,y)$在光滑曲线弧 L 上连续时,对弧长的曲线积分 $\int_L f(x,y)\mathrm{d}s$ 存在.

设有空间曲线弧 $\boldsymbol{\Gamma}$,三元函数 $f(x,y,z)$在 $\boldsymbol{\Gamma}$ 上对弧长的曲线积分

$$\int_{\Gamma} f(x,y,z)\mathrm{d}s=\lim_{\lambda\to 0}\sum_{i=1}^{n}f(\xi_i,\eta_i,\zeta_i)\Delta s_i$$

如果 L(或 $\boldsymbol{\Gamma}$)是分段光滑的,则规定函数在弧段 L(或 $\boldsymbol{\Gamma}$)上的曲线积分等于函数在各光滑弧段上的积分之和.

(3) 对弧长的曲线积分的性质

性质 1　设 α,β 为常数,则

$$\int_L[\alpha f(x,y)+\beta g(x,y)]\mathrm{d}s=\alpha\int_L f(x,y)\mathrm{d}s+\beta\int_L g(x,y)\mathrm{d}s$$

性质 2　若积分弧段 L 可分为两段光滑曲线弧 L_1 和 L_2,则

$$\int_L f(x,y)\mathrm{d}s=\int_{L_1}f(x,y)\mathrm{d}s+\int_{L_2}f(x,y)\mathrm{d}s$$

性质 3　若在 L 上有 $f(x,y)\leqslant g(x,y)$,则

$$\int_L f(x,y)\mathrm{d}s\leqslant\int_L g(x,y)\mathrm{d}s$$

特别地,有

$$\left|\int_L f(x,y)\mathrm{d}s\right|\leqslant\int_L|f(x,y)|\mathrm{d}s$$

(4) 对弧长的曲线积分的计算法

设函数 $f(x,y)$在曲线弧 L 有定义且连续,L 的参数方程为

$$\begin{cases}x=\varphi(t)\\ y=\psi(t)\end{cases}\quad(\alpha\leqslant t\leqslant\beta)$$

其中,$\varphi(t)$,$\psi(t)$在$[\alpha,\beta]$上具有一阶连续导数,且$\varphi'^2(t)+\psi'^2(t)\neq 0$,则曲线积分$\int_L f(x,y)\mathrm{d}s$存在,且

$$\int_L f(x,y)\mathrm{d}s=\int_\alpha^\beta f[\varphi(t),\psi(t)]\sqrt{\varphi'^2(t)+\psi'^2(t)}\,\mathrm{d}t$$

设函数$f(x,y,z)$在曲线弧$\boldsymbol{\Gamma}$有定义且连续,$\boldsymbol{\Gamma}$的参数方程为

$$\begin{cases}x=\varphi(t)\\ y=\psi(t)\quad(\alpha\leqslant t\leqslant\beta)\\ z=\omega(t)\end{cases}$$

其中,$\varphi(t)$,$\psi(t)$,$\omega(t)$在$[\alpha,\beta]$上具有一阶连续导数,且$\varphi'^2(t)+\psi'^2(t)+\omega'^2(t)\neq 0$,则曲线积分$\int_{\boldsymbol{\Gamma}} f(x,y,z)\mathrm{d}s$存在,且

$$\int_L f(x,y,z)\mathrm{d}s=\int_\alpha^\beta f[\varphi(t),\psi(t),\omega(t)]\sqrt{\varphi'^2(t)+\psi'^2(t)+\omega'^2(t)}\,\mathrm{d}t$$

2. 对坐标的曲线积分的概念、性质和计算法

(1) 对坐标的曲线积分的概念

设L是xOy面上的一条有向光滑曲线弧,则函数$P(x,y)$,$Q(x,y)$在L上对坐标的曲线积分分别为

$$\int_L P(x,y)\mathrm{d}x=\lim_{\lambda\to 0}\sum_{i=1}^n P(\xi_i,\eta_i)\Delta x_i$$

$$\int_L Q(x,y)\mathrm{d}y=\lim_{\lambda\to 0}\sum_{i=1}^n Q(\xi_i,\eta_i)\Delta y_i$$

对坐标的曲线积分也称为第二类曲线积分.

(2) 可积性

可以证明,当函数$P(x,y)$,$Q(x,y)$在有向光滑曲线弧L上连续时,对坐标的曲线积分$\int_L P(x,y)\mathrm{d}x$,$\int_L Q(x,y)\mathrm{d}y$都存在.

$\boldsymbol{\Gamma}$设有空间有向曲线弧$\boldsymbol{\Gamma}$,三元函数$P(x,y,z)$,$Q(x,y,z)$,$R(x,y,z)$在$\boldsymbol{\Gamma}$上对坐标的曲线积分

$$\int_{\boldsymbol{\Gamma}} P(x,y,z)\mathrm{d}x=\lim_{\lambda\to 0}\sum_{i=1}^n P(\xi_i,\eta_i,\zeta_i)\Delta x_i$$

$$\int_{\boldsymbol{\Gamma}} Q(x,y,z)\mathrm{d}y=\lim_{\lambda\to 0}\sum_{i=1}^n Q(\xi_i,\eta_i,\zeta_i)\Delta y_i$$

$$\int_{\boldsymbol{\Gamma}} R(x,y,z)\mathrm{d}z=\lim_{\lambda\to 0}\sum_{i=1}^n R(\xi_i,\eta_i,\zeta_i)\Delta z_i$$

如果L(或$\boldsymbol{\Gamma}$)是分段光滑的,则规定函数在有向弧段L(或$\boldsymbol{\Gamma}$)上对坐标的曲线积分等于函数在各有向光滑弧段上的积分之和.

(3) 对坐标的曲线积分的性质

性质1 设α,β为常数,则

$$\int_L[\alpha\boldsymbol{F}_1+\beta\boldsymbol{F}_2]\cdot\mathrm{d}\boldsymbol{r}=\alpha\int_L\boldsymbol{F}_1\cdot\mathrm{d}\boldsymbol{r}+\beta\int_L\boldsymbol{F}_2\cdot\mathrm{d}\boldsymbol{r}$$

性质2 若有向曲线弧段L可分为两段光滑的有向曲线弧L_1和L_2,则

$$\int_L \boldsymbol{F} \cdot \mathrm{d}\boldsymbol{r} = \int_{L_1} \boldsymbol{F} \cdot \mathrm{d}\boldsymbol{r} + \int_{L_2} \boldsymbol{F} \cdot \mathrm{d}\boldsymbol{r}$$

性质 3　若 L 是有向光滑曲线弧，L^- 是 L 的反向曲线弧，则

$$\int_{L^-} \boldsymbol{F} \cdot \mathrm{d}\boldsymbol{r} = -\int_L \boldsymbol{F} \cdot \mathrm{d}\boldsymbol{r}$$

(4) 对坐标的曲线积分的计算法

设函数 $P(x,y)$，$Q(x,y)$ 在有向曲线弧 L 有定义且连续，L 的参数方程为

$$\begin{cases} x=\varphi(t) \\ y=\psi(t) \end{cases}$$

L 的起点和终点对应的参数分别为 α，β，$\varphi(t)$，$\psi(t)$ 在以 α 和 β 为端点的闭区间上具有一阶连续导数，且 $\varphi'^2(t)+\psi'^2(t)\neq 0$，则曲线积分 $\int_L P(x,y)\mathrm{d}x+Q(x,y)\mathrm{d}y$ 存在，且

$$\int_L P(x,y)\mathrm{d}x+Q(x,y)\mathrm{d}y = \int_\alpha^\beta \{P[\varphi(t),\psi(t)]\varphi'(t)+Q[\varphi(t),\psi(t)]\psi'(t)\}\mathrm{d}t$$

设空间有向曲线 $\boldsymbol{\Gamma}$ 的参数方程为

$$x=\varphi(t),\quad y=\psi(t), z=\omega(t)$$

的情况，这时有

$$\begin{aligned} &\int_L P(x,y,z)\mathrm{d}x+Q(x,y,z)\mathrm{d}y+R(x,y,z)\mathrm{d}z \\ =&\int_\alpha^\beta \{P[\varphi(t),\psi(t),\omega(t)]\varphi'(t) \\ &+Q[\varphi(t),\psi(t),\omega(t)]\psi'(t)+R[\varphi(t),\psi(t),\omega(t)]\omega'(t)\}\mathrm{d}t \end{aligned}$$

其中，α，β 分别是 L 的起点和终点对应的参数.

3. 格林公式及曲线积分与路径无关的条件

(1) 格林公式

设闭区域 D 由分段光滑的曲线 L 围成，函数 $P(x,y)$ 及 $Q(x,y)$ 在 D 上具有一阶连续偏导数，则有

$$\iint_D \left(\frac{\partial Q}{\partial x}-\frac{\partial P}{\partial y}\right)\mathrm{d}x\mathrm{d}y = \oint_L P\mathrm{d}x+Q\mathrm{d}y$$

其中，L 是 D 的取正向的整个边界曲线.

*(2) 积分与路径无关的条件

设 G 为单连通区域，$P(x,y)$，$Q(x,y)$ 的 G 内有一阶连续偏导数，则在 G 内

存在二元函数 $u(x,y)$，使得 $\mathrm{d}u = P\mathrm{d}x+Q\mathrm{d}y$　$\Leftrightarrow$　$\dfrac{\partial Q}{\partial x}=\dfrac{\partial P}{\partial y}$　$\Leftrightarrow$　积分 $\int_L P\mathrm{d}x+Q\mathrm{d}y$ 与路径无关

$\Updownarrow$

沿任意光滑的闭曲线 L 积分 $\oint_L P\mathrm{d}x+Q\mathrm{d}y=0$

4. 对面积的曲面积分的概念、性质和计算法

(1) 对面积的曲面积分的概念

$\boldsymbol{\Sigma}$ 是光滑曲面，则函数 $f(x,y,z)$ 在 $\boldsymbol{\Sigma}$ 上对面积的曲面积分为

$$\iint\limits_{\Sigma} f(x,y,z)\mathrm{d}S=\lim_{\lambda\to 0}\sum_{i=1}^{n} f(\xi_i,\eta_i,\zeta_i)\Delta S_i$$

对面积的曲面积分也称为第一类曲面积分.

(2) 可积性

可以证明,当 $f(x,y,z)$ 在光滑曲面 $\boldsymbol{\Sigma}$ 上连续时,对面积的曲面积分 $\iint\limits_{\Sigma} f(x,y,z)\mathrm{d}S$ 存在.

当曲面 $\boldsymbol{\Sigma}$ 是分片光滑时,则规定函数在 $\boldsymbol{\Sigma}$ 上的曲面积分等于函数在光滑的各片曲面上的曲面积分的和. 例如,如果 $\boldsymbol{\Sigma}$ 可分为两块光滑曲面 $\boldsymbol{\Sigma}_1$,$\boldsymbol{\Sigma}_2$,则

$$\iint\limits_{\Sigma} f(x,y,z)\mathrm{d}S=\iint\limits_{\Sigma_1} f(x,y,z)\mathrm{d}S+\iint\limits_{\Sigma_2} f(x,y,z)\mathrm{d}S$$

对面积的曲面积分有与对弧长的曲线积分完全类似的性质.

(3) 对面积的曲面积分的计算法

设被函数 $f(x,y,z)$ 在 $\boldsymbol{\Sigma}$ 上连续,$\boldsymbol{\Sigma}$ 的方程为 $z=z(x,y)$,$\boldsymbol{\Sigma}$ 在 xOy 面上的投影区域为 D_{xy},且函数 $z=z(x,y)$ 在 D_{xy} 上有一阶连续偏导数,则

$$\iint\limits_{\Sigma} f(x,y,z)\mathrm{d}S=\iint\limits_{D_{xy}} f[x,y,z(x,y)]\sqrt{1+z_x^2(x,y)+z_y^2(x,y)}\,\mathrm{d}x\mathrm{d}y$$

如果积分曲面 $\boldsymbol{\Sigma}$ 的方程由 $x=x(y,z)$ 或 $y=y(z,x)$ 给出,则只要将 $\boldsymbol{\Sigma}$ 投影到 yOz 面或 zOx 面上,就可将对面积的曲面积分分别化成二重积分

$$\iint\limits_{\Sigma} f(x,y,z)\mathrm{d}S=\iint\limits_{D_{yz}} f[x(y,z),y,z]\sqrt{1+x_y^2(y,z)+x_z^2(y,z)}\,\mathrm{d}y\mathrm{d}z$$

$$\iint\limits_{\Sigma} f(x,y,z)\mathrm{d}S=\iint\limits_{D_{zx}} f[x,y(z,x),z]\sqrt{1+y_z^2(z,x)+y_x^2(z,x)}\,\mathrm{d}z\mathrm{d}x$$

5. 对坐标的曲面积分的概念、性质和计算法

(1) 对坐标的曲面积分的概念

设 $\boldsymbol{\Sigma}$ 是光滑的有向曲面,函数 $R(x,y,z)$ 在 $\boldsymbol{\Sigma}$ 上对坐标 x,y 的曲面积分为

$$\iint\limits_{\Sigma} R(x,y,z)\mathrm{d}x\mathrm{d}y=\lim_{\lambda\to 0}\sum_{i=1}^{n} R(\xi_i,\eta_i,\zeta_i)\,(\Delta S_i)_{xy}$$

函数 $P(x,y,z)$ 在有向曲面 $\boldsymbol{\Sigma}$ 上对坐标 y,z 的曲面积分 $\iint\limits_{\Sigma} P(x,y,z)\mathrm{d}y\mathrm{d}z$,函数 $Q(x,y,z)$ 在有向曲面 $\boldsymbol{\Sigma}$ 上对坐标 z,x 的曲面积分 $\iint\limits_{\Sigma} Q(x,y,z)\mathrm{d}z\mathrm{d}x$ 分别为

$$\iint\limits_{\Sigma} P(x,y,z)\mathrm{d}y\mathrm{d}z=\lim_{\lambda\to 0}\sum_{i=1}^{n} P(\xi_i,\eta_i,\zeta_i)\,(\Delta S_i)_{yz}$$

$$\iint\limits_{\Sigma} Q(x,y,z)\mathrm{d}z\mathrm{d}x=\lim_{\lambda\to 0}\sum_{i=1}^{n} Q(\xi_i,\eta_i,\zeta_i)\,(\Delta S_i)_{zx}$$

以上对坐标的曲面积分也称为第二类曲面积分.

(2) 可积性

可以证明:当函数 $P(x,y,z)$,$Q(x,y,z)$,$R(x,y,z)$ 在有向曲面 $\boldsymbol{\Sigma}$ 上连续时,上述对坐

标的曲面积分存在.

在实际问题中,经常用到形如

$$\iint\limits_{\Sigma}P(x,y,z)\mathrm{d}y\mathrm{d}z+\iint\limits_{\Sigma}Q(x,y,z)\mathrm{d}z\mathrm{d}x+\iint\limits_{\Sigma}R(x,y,z)\mathrm{d}x\mathrm{d}y$$

的表达式,为简便起见,我们上式表示为

$$\iint\limits_{\Sigma}P(x,y,z)\mathrm{d}y\mathrm{d}z+Q(x,y,z)\mathrm{d}z\mathrm{d}x+R(x,y,z)\mathrm{d}x\mathrm{d}y$$

当曲面 $\boldsymbol{\Sigma}$ 是分片光滑的有向曲面,则规定函数在 $\boldsymbol{\Sigma}$ 上对坐标的曲面积分等于函数在各片光滑曲面上对坐标的曲面积分之和.

对坐标的曲面积分与对坐标的曲线积分有相类似的性质,这里只强调下面的性质.

设 $\boldsymbol{\Sigma}$ 上有向曲面,$\boldsymbol{\Sigma}^{-}$ 表示与 $\boldsymbol{\Sigma}$ 取相反侧的有向曲面,则有

$$\iint\limits_{\Sigma}P(x,y,z)\mathrm{d}y\mathrm{d}z=-\iint\limits_{\Sigma^{-}}P(x,y,z)\mathrm{d}y\mathrm{d}z$$

$$\iint\limits_{\Sigma}Q(x,y,z)\mathrm{d}z\mathrm{d}x=-\iint\limits_{\Sigma^{-}}Q(x,y,z)\mathrm{d}z\mathrm{d}x$$

$$\iint\limits_{\Sigma}R(x,y,z)\mathrm{d}x\mathrm{d}y=-\iint\limits_{\Sigma^{-}}R(x,y,z)\mathrm{d}x\mathrm{d}y$$

(3) 对坐标的曲面积分的计算法

设积分曲面 $\boldsymbol{\Sigma}$ 由方程 $z=z(x,y)$ 给出,$\boldsymbol{\Sigma}$ 在 xOy 上的投影区域为 D_{xy},则

$$\iint\limits_{\Sigma}R(x,y,z)\mathrm{d}x\mathrm{d}y=\begin{cases}\iint\limits_{D_{xy}}R[x,y,z(x,y)]\mathrm{d}x\mathrm{d}y, & \cos\gamma>0\\ 0, & \cos\gamma=0\\ -\iint\limits_{D_{xy}}R[x,y,z(x,y)]\mathrm{d}x\mathrm{d}y, & \cos\gamma<0\end{cases}$$

如果曲面 $\boldsymbol{\Sigma}$ 由方程 $x=x(y,z)$ 给出,$\boldsymbol{\Sigma}$ 在 yOz 面上的投影区域为 D_{yz},则

$$\iint\limits_{\Sigma}P(x,y,z)\mathrm{d}y\mathrm{d}z=\begin{cases}\iint\limits_{D_{yz}}P[x(y,z),y,z]\mathrm{d}y\mathrm{d}z, & \cos\alpha>0\\ 0, & \cos\alpha=0\\ -\iint\limits_{D_{yz}}P[x(y,z),y,z]\mathrm{d}y\mathrm{d}z, & \cos\alpha<0\end{cases}$$

如果曲面 $\boldsymbol{\Sigma}$ 由方程 $y=y(z,x)$ 给出,$\boldsymbol{\Sigma}$ 在 zOx 面上的投影区域为 D_{zx},则

$$\iint\limits_{\Sigma}Q(x,y,z)\mathrm{d}z\mathrm{d}x=\begin{cases}\iint\limits_{D_{zx}}Q[x,y(z,x),z]\mathrm{d}z\mathrm{d}x, & \cos\beta>0\\ 0, & \cos\beta=0\\ -\iint\limits_{D_{zx}}Q[x,y(z,x),z]\mathrm{d}z\mathrm{d}x, & \cos\beta<0\end{cases}$$

6. 高斯公式、通量和散度

设空间闭区域 $\boldsymbol{\Omega}$ 是由分片光滑的闭曲面 $\boldsymbol{\Sigma}$ 所围成，函数 $P(x,y,z),Q(x,y,z),R(x,y,z)$ 在 $\boldsymbol{\Omega}$ 上具有一阶连续偏导数，则有

$$\iiint\limits_{\boldsymbol{\Omega}}\left(\frac{\partial P}{\partial x}+\frac{\partial Q}{\partial y}+\frac{\partial R}{\partial z}\right)\mathrm{d}v=\oint\!\!\!\oint\limits_{\boldsymbol{\Sigma}}P\,\mathrm{d}y\mathrm{d}z+Q\mathrm{d}z\mathrm{d}x+R\mathrm{d}x\mathrm{d}y$$

或

$$\iiint\limits_{\boldsymbol{\Omega}}\left(\frac{\partial P}{\partial x}+\frac{\partial Q}{\partial y}+\frac{\partial R}{\partial z}\right)\mathrm{d}v=\oint\!\!\!\oint\limits_{\boldsymbol{\Sigma}}(P\cos\alpha+Q\cos\beta+R\cos\gamma)\mathrm{d}S$$

这里曲面积分取闭曲面 $\boldsymbol{\Sigma}$ 的外侧，$\cos\alpha,\cos\beta,\cos\gamma$ 是 $\boldsymbol{\Sigma}$ 上在点 (x,y,z) 处的法向量的方向余弦. 以上两式称为高斯公式.

向量场

$$\boldsymbol{A}(x,y,z)=P(x,y,z)\boldsymbol{i}+Q(x,y,z)\boldsymbol{j}+R(x,y,z)\boldsymbol{k}$$

$\boldsymbol{\Sigma}$ 是速度场中的一片有向曲面，函数 $P(x,y,z),Q(x,y,z),R(x,y,z)$ 具有一阶连续偏导数，则称

$$\boldsymbol{\Phi}=\iint\limits_{\boldsymbol{\Sigma}}P\,\mathrm{d}y\mathrm{d}z+Q\mathrm{d}z\mathrm{d}x+R\mathrm{d}x\mathrm{d}y$$

是向量场 $\boldsymbol{A}$ 通过曲面 $\boldsymbol{\Sigma}$ 的指定侧的通量或流量，称

$$\mathrm{div}\boldsymbol{A}=\frac{\partial P}{\partial x}+\frac{\partial Q}{\partial y}+\frac{\partial R}{\partial z}$$

为向量场 $\boldsymbol{A}$ 的散度.

***7. 斯托克斯公式、环流量和旋度**

设 $\boldsymbol{\Gamma}$ 是分段光滑的空间有向闭曲线，$\boldsymbol{\Sigma}$ 上以 $\boldsymbol{\Gamma}$ 为边界的分片光滑的有向曲面，$\boldsymbol{\Gamma}$ 的正向与 $\boldsymbol{\Sigma}$ 的侧符合右手规则，函数 $P(x,y,z),Q(x,y,z),R(x,y,z)$ 在包含曲面 $\boldsymbol{\Sigma}$ 在内的一空间区域内具有一阶连续偏导数，则成立斯托克斯公式

$$\iint\begin{vmatrix}\mathrm{d}y\mathrm{d}z & \mathrm{d}z\mathrm{d}x & \mathrm{d}x\mathrm{d}y\\ \dfrac{\partial}{\partial x} & \dfrac{\partial}{\partial y} & \dfrac{\partial}{\partial z}\\ P & Q & R\end{vmatrix}=\oint P\mathrm{d}x+Q\mathrm{d}y+R\mathrm{d}z$$

称向量场

$$\boldsymbol{A}(x,y,z)=P(x,y,z)\boldsymbol{i}+Q(x,y,z)\boldsymbol{j}+R(x,y,z)\boldsymbol{k}$$

沿有向曲线 $\boldsymbol{\Gamma}$ 的曲线积分

$$\Delta l\overset{\Delta}{=}\oint\limits_{\boldsymbol{\Gamma}}P\,\mathrm{d}x+Q\mathrm{d}y+R\mathrm{d}z=\oint\limits_{\boldsymbol{\Gamma}}\boldsymbol{A}\cdot\boldsymbol{\tau}\mathrm{d}s$$

为向量场 $\boldsymbol{A}$ 沿有向闭曲线 $\boldsymbol{\Gamma}$ 的环流量，称向量

$$\mathrm{rot}\boldsymbol{A}=\left(\frac{\partial R}{\partial y}-\frac{\partial Q}{\partial z}\right)\boldsymbol{i}+\left(\frac{\partial P}{\partial z}-\frac{\partial R}{\partial x}\right)\boldsymbol{j}+\left(\frac{\partial Q}{\partial x}-\frac{\partial P}{\partial y}\right)\boldsymbol{k}=\begin{vmatrix}\boldsymbol{i} & \boldsymbol{j} & \boldsymbol{k}\\ \dfrac{\partial}{\partial x} & \dfrac{\partial}{\partial y} & \dfrac{\partial}{\partial z}\\ P & Q & R\end{vmatrix}$$

为向量场 $\boldsymbol{A}$ 的旋度.

11.8.2 基本要求

(1) 理解两类曲线积分及两类曲面积分的概念和性质；

(2) 掌握两类曲线积分及两类曲面积分的计算方法；

(3) 理解林公式及曲线积分与路径无关的条件，并能运用格林公式和积分与路径无关的条件计算曲线积分，会求二元函数全微分的原函数；

(4) 掌握用高斯公式计算对坐标的曲面积分的方法.

综合练习题

一、单项选择题

1. 设 L 是圆周 $x^2+y^2=a^2$ 在第一象限内的弧段，则 $\int_L e^{\sqrt{x^2+y^2}}\,ds=$ (　　).

(A) πe^a　　(B) $\frac{\pi}{2}a$　　(C) $\frac{\pi}{2}ae^a$　　(D) $\frac{\pi}{2}e^a$

2. 设 L 是圆周 $\begin{cases}x^2+y^2+z^2=1\\ x=y\end{cases}$，则 $\int_L \sqrt{2x^2+z^2}\,ds=$ (　　).

(A) π　　(B) 2π　　(C) $2\sqrt{\pi}$　　(D) $\sqrt{2}$

3.设 L 是由点$(4,0)$到点$(0,0)$的上半圆周 $x^2+y^2=4x$，则 $\int_L (y+2xy)dx+(x^2+2x+y^2)dy=$ (　　).

(A) 2π　　(B) π　　(C) 2　　(D) 1

4. 设 L 是抛物线 $y=x^2$ 上从点$(\sqrt{3},3)$到点$(1,1)$的曲线弧，则 $\int_L \arctan\frac{y}{x}dy-dx=$ (　　).

(A) $-\frac{5}{6}\pi$　　(B) $-\frac{5}{6}\pi-\sqrt{2}(1-\sqrt{3})$

(C) $-\frac{5}{6}\pi-2(1-\sqrt{3})$　　(D) $-\frac{7}{6}\pi-2(1-\sqrt{3})$

5. 设 $\boldsymbol{\Sigma}$ 是平面 $y+z=5$ 被柱面 $x^2+y^2=25$ 所截下的部分，则 $\iint\limits_{\boldsymbol{\Sigma}}(x+y+z)dS=$ (　　).

(A) $\sqrt{5}\pi$　　(B) 25π　　(C) $5\sqrt{5}\pi$　　(D) $125\sqrt{5}\pi$

6. 设曲面 $\boldsymbol{\Sigma}$ 是锥面 $z^2=x^2+y^2$ 被平面 $z=0, z=1$ 截下的部分，则曲面积分 $\iint\limits_{\boldsymbol{\Sigma}}(x^2+y^2)dS=$ (　　).

(A) $\sqrt{2}\int_0^{\pi}\mathrm{d}\theta\int_0^1\rho^3\mathrm{d}\rho$　　(B) $\sqrt{2}\int_0^{2\pi}\mathrm{d}\theta\int_0^1\rho^3\mathrm{d}\rho$

(C) $\sqrt{2}\int_0^{\pi}\mathrm{d}\theta\int_0^1\rho^2\mathrm{d}\rho$　　(D) $\int_0^{2\pi}\mathrm{d}\theta\int_0^1\rho^2\mathrm{d}\rho$

7. 设 $\boldsymbol{\Sigma}$ 是锥面 $z=\sqrt{x^2+y^2}$ 被平面 $z=1$ 割下在第一卦限内的部分且取下侧，则 $\iint\limits_{\Sigma}(x^2+y^2)\mathrm{d}z\mathrm{d}x+z\mathrm{d}x\mathrm{d}y=$ (　　).

(A) $\frac{1}{2}-\frac{\pi}{3}$　　(B) $\frac{\pi}{3}$　　(C) $\frac{1}{2}-\frac{\pi}{12}$　　(D) $\frac{1}{4}-\frac{\pi}{6}$

8. 设 $\boldsymbol{\Sigma}$ 是平面 $x+y+z=1$ 在第一卦限内的部分且取下侧，则 $\iint\limits_{\Sigma}(x^2+y^2+z)\mathrm{d}x\mathrm{d}y=$ (　　).

(A) $-\int_0^1\mathrm{d}x\int_0^{1-x}(x^2+y^2-x-y+1)\mathrm{d}y$

(B) $\int_0^1\mathrm{d}x\int_0^{1-x}(x^2+y^2-x-y+1)\mathrm{d}y$

(C) $-\int_0^{1-x}\mathrm{d}y\int_0^1(x^2+y^2+z)\mathrm{d}x$

(D) $\int_0^{1-x}\mathrm{d}y\int_0^1(x^2+y^2+z)\mathrm{d}x$

9. 设 $\boldsymbol{\Sigma}$ 是锥面 $z=2-\sqrt{x^2+y^2}$ 上 xOy 上方的部分，$\cos\alpha,\cos\beta,\cos\gamma$ 是 $\boldsymbol{\Sigma}$ 上侧法线的方向余弦，则 $\iint\limits_{\Sigma}[(-6xy-y)\cos\alpha+(3y^2-1)\cos\beta+x^2\cos\gamma]\mathrm{d}S=$ (　　).

(A) 6π　　(B) 12π　　(C) 2π　　(D) $\frac{\pi}{2}$

10. 设 $\boldsymbol{A}=y\boldsymbol{i}+z\boldsymbol{j}+x\boldsymbol{k}$，则 $\mathrm{rot}\boldsymbol{A}=$ (　　).

(A) $\boldsymbol{i}+\boldsymbol{j}+\boldsymbol{k}$　　(B) $\boldsymbol{i}-\boldsymbol{j}+\boldsymbol{k}$　　(C) $-(\boldsymbol{i}+\boldsymbol{j}+\boldsymbol{k})$　　(D) $\boldsymbol{i}+\boldsymbol{j}-\boldsymbol{k}$

11. $\int_{(2,1)}^{(1,2)}\frac{y\mathrm{d}x-x\mathrm{d}y}{x^2}=$ (　　).

(A) 0　　(B) $\frac{2}{3}$　　(C) $\frac{3}{2}$　　(D) $-\frac{3}{2}$

二、填空题

1. 设 L 是曲线 $\begin{cases}x=\ln(1+t^2)\\ y=2\arctan t-t+3\end{cases}$，上由 $t=0$ 到 $t=1$ 的一段弧，则 $\int_L y\mathrm{e}^{-x}\mathrm{d}s=$ ________.

2. 设 L 是曲线 $\begin{cases}x=a\cos t\\ y=a\sin t\\ z=bt\end{cases}$，上由 $t=0$ 到 $t=2\pi$ 的一段弧，则 $\int_L\frac{z^2}{x^2+y^2}\mathrm{d}s=$ ________.

3. 设 L 是沿单位圆 $x^2+y^2=1$ 的上半圆周从点 $(1,0)$ 到点 $(-1,0)$ 的一段弧，则 $\int_L\frac{y^2}{\sqrt{1+x^2}}\mathrm{d}x+[4x+2y\ln(x+\sqrt{1+x^2})]\mathrm{d}y=$ ________.

4. 设 $\boldsymbol{\Gamma}$ 是从点 (1,1,1) 到 (4,4,4) 的直线段，则 $\int_{\Gamma}\dfrac{x\mathrm{d}x+y\mathrm{d}y+z\mathrm{d}z}{\sqrt{x^2+y^2+z^2-x-y+2z}}$ = ________.

5. 设曲面 $\boldsymbol{\Sigma}$ 为 $x^2+y^2+z^2=4$，则 $\iint\limits_{\Sigma}(x^2+y^2)\mathrm{d}S=$ ________.

6. 设 $\boldsymbol{\Sigma}$ 是平面 $x+y+z=4$ 被圆柱面 $x^2+y^2=1$ 截下的有限部分，则 $\iint\limits_{\Sigma}y\mathrm{d}S$ = ________.

7. 设 $\boldsymbol{\Sigma}$ 是平面 $x+2z-4=0$ 被柱面 $\dfrac{x^2}{16}+\dfrac{y^2}{4}=1$ 所截下部分的上侧，则 $\iint\limits_{\Sigma}\mathrm{e}^{x^2+4y^2}\mathrm{d}y\mathrm{d}z+\sin(x+y)\mathrm{d}z\mathrm{d}x=$ ________.

8. 设 $\boldsymbol{\Sigma}$ 是圆柱面 $x^2+y^2=R^2$ 及两平面 $z=R,z=-R(R>0)$ 所围立体表面的外侧，则 $\iint\limits_{\Sigma}\dfrac{x\mathrm{d}y\mathrm{d}z+z^2\mathrm{d}x\mathrm{d}y}{x^2+y^2+z^2}=$ ________.

9. 设 $\boldsymbol{\Sigma}$ 是球面 $x^2+y^2+z^2=9$ 的外侧，则 $\iint\limits_{\Sigma}(y^2+z^2)\mathrm{d}y\mathrm{d}z+x^5y^8\mathrm{d}z\mathrm{d}x+z\mathrm{d}x\mathrm{d}y$ = ________.

10. 设曲线积分 $\int_L xy^2\mathrm{d}x+y\varphi(x)\mathrm{d}y$ 与路径无关，其中 $\varphi(x)$ 具有连续的导数，且 $\varphi(0)=0$，则 $\varphi(x)=$ ________.

*11. 设有数量场 $u=\ln\sqrt{x^2+y^2+z^2}$，则 $\mathrm{div}(\mathrm{grad}\,u)=$ ________.

三、计算题和证明题

1. 在过点 $O(0,0)$ 和 $A(\pi,0)$ 的曲线族 $y=a\sin x(a>0)$ 中，求一条曲线 L，使沿该曲线从 O 到 A 的积分 $\int_L(1+y^3)\mathrm{d}x+(2x+y)\mathrm{d}y$ 的值最小.

2. 设函数 $Q(x,y)$ 在 xOy 面上具有一阶连续偏导数，曲线积分 $\int_L 2xy\mathrm{d}x+Q(x,y)\mathrm{d}y$ 与路径无关，并且对任意的 t 都有

$$\int_{(0,0)}^{(t,1)}2xy\mathrm{d}x+Q(x,y)\mathrm{d}y=\int_{(0,0)}^{(1,t)}2xy\mathrm{d}x+Q(x,y)\mathrm{d}y$$

求 $Q(x,y)$.

3. 设 $f(u)$ 有连续导函数，计算 $\int_L[f(x^2+y^2)x-y]\mathrm{d}x+[f(x^2+y^2)y+x]\mathrm{d}y$，其中 L 为正向圆周 $x^2+y^2=a^2$.

4. 计算曲面积分

$$I=\iint\limits_{\Sigma}(8y+1)x\mathrm{d}y\mathrm{d}z+2(1-y^2)\mathrm{d}z\mathrm{d}x-4yz\mathrm{d}x\mathrm{d}y$$

其中 $\boldsymbol{\Sigma}$ 是由曲线 $\begin{cases}z=\sqrt{y-1}\\x=0\end{cases}(1\leqslant y\leqslant 3)$ 绕 y 轴旋转一周所成的曲面，它的法向量与 y 轴

的正向的夹角恒大于$\frac{\pi}{2}$.

5. 计算曲面积分 $I=\iint\limits_{\Sigma}-y\mathrm{d}y\mathrm{d}z+(z+1)\mathrm{d}x\mathrm{d}y$,其中 $\boldsymbol{\Sigma}$ 是圆柱面 $x^2+y^2=4$ 被平面 $x+z=2$ 和 $z=0$ 所截下部分的外侧.

6. 设 $f(u)$ 有连续二阶导数,计算

$$\oiint\limits_{\Sigma}\frac{1}{y}f\left(\frac{x}{y}\right)\mathrm{d}y\mathrm{d}z+\frac{1}{x}f\left(\frac{x}{y}\right)\mathrm{d}z\mathrm{d}x+z\mathrm{d}x\mathrm{d}y$$

其中,$\boldsymbol{\Sigma}$ 是球体 $(x-1)^2+(y-1)^2+(z-1)^2=4$ 的表面外侧.

7. 设 $f(x)$ 在 $(-\infty,\infty)$ 内有连续的导函数,求

$$\int_L\frac{1+y^2f(xy)}{y}\mathrm{d}x+\frac{x}{y^2}[y^2f(xy)-1]\mathrm{d}y$$

其中,L 是从点 $A\left(3,\frac{2}{3}\right)$ 到 $B(1,2)$ 的直线段.

8. 在变力 $\boldsymbol{F}=yz\boldsymbol{i}+zx\boldsymbol{j}+xy\boldsymbol{k}$ 的作用下,质点由原点沿直线运动到椭球面 $\frac{x^2}{a^2}+\frac{y^2}{b^2}+\frac{z^2}{c^2}=1$ 上第一卦限的点 (ξ,η,ζ),问当 (ξ,η,ζ) 取何值时,力 $\boldsymbol{F}$ 所作的功最大?并求出功的最大值.

9. 设 $f_1(x)$,$f_2(x)$ 具有连续的导函数,对于表达式

$$yf_1(xy)\mathrm{d}x+xf_2(xy)\mathrm{d}y$$

(1) 若它是某个二元函数 $u(x,y)$ 的全微分,求 $f_1(x)-f_2(x)$;

(2) 若 $\varphi(x)$ 是 $f_1(x)$ 的原函数,求 $u(x,y)$.

*10. 计算向量场 $\boldsymbol{A}=2y\boldsymbol{i}-z\boldsymbol{j}-x\boldsymbol{k}$ 沿闭曲线 $\boldsymbol{\Gamma}:\begin{cases}x^2+y^2+z^2=R^2,\\x+z=R\end{cases}$ 的环流量,其中 $\boldsymbol{\Gamma}$ 的正向为从 x 轴的正向看去取逆时针.

*11. 设 $P(x,y)$,$Q(x,y)$,$\eta(x,y)$ 在平面区域 D 上有一阶连续偏导数,L 是 D 的正向边界曲线,证明

$$\iint\limits_{D}\left(P\frac{\partial\eta}{\partial x}+Q\frac{\partial\eta}{\partial y}\right)\mathrm{d}\sigma=\oint_L P\eta\mathrm{d}y-Q\eta\mathrm{d}x-\iint\limits_{D}\eta\left(\frac{\partial P}{\partial x}+\frac{\partial Q}{\partial y}\right)\mathrm{d}\sigma$$

*12. 设有向量场 $\boldsymbol{A}=P(x,y)\boldsymbol{i}+Q(x,y)\boldsymbol{j}+R(x,y)\boldsymbol{k}$,函数 $P(x,y)$,$Q(x,y)$,$R(x,y)$ 具有连续的二阶偏导数,$\boldsymbol{\Sigma}$ 是任意光滑闭曲面,$\boldsymbol{n}=\cos\alpha\boldsymbol{i}+\cos\beta\boldsymbol{j}+\cos\gamma\boldsymbol{k}$ 是曲面的单位法向量,证明

$$\oiint\limits_{\Sigma}\mathrm{rot}\boldsymbol{A}\cdot\boldsymbol{n}\mathrm{d}S=0$$

第12章　无穷级数

无穷级数是高等数学的重要内容之一，无论是函数的表示、研究函数的性质，还是进行数值计算，无穷级数都是非常有效的工具. 本章首先介绍常数项级数的概念、性质及其审敛法，然后讨论函数项级数，主要是幂级数和傅里叶级数的相关知识. 这些知识对于学生学习电子技术、通信原理等等相关后续课程将是至关重要，不可或缺的.

12.1　常数项级数的概念和性质

12.1.1　常数项级数的概念

人们认识事物的数量特性，往往有一个从近似到精确的过程，在此过程中，会遇到从有限个数相加到无穷多个数相加的问题. 我们先看以下两个引例：

引例一　用圆内接正多边形面积逼近圆面积.

要计算一个半径为 R 的圆的面积 A. 做法如下：作圆的内接正六边形，用 a_1 表示它的面积，这是圆面积 A 的一个粗糙近似，为了较精确地计算圆面积，我们以这个正六边形的每一边为底分别作一个顶点在圆周上的等腰三角形，记这六个等腰三角形的面积之和为 a_2，则 a_1+a_2（即圆的内接正十二边形的面积）是圆面积的一个较好的近似. 同样地，以这个正十二边形的每一边为底分别作一个顶点在圆周上的等腰三角形，记这十二个等腰三角形的面积之和为 a_3，则 $a_1+a_2+a_3$（即圆的内接正二十四边形的面积）是圆面积的一个更好的近似. 如此继续 n 次，作圆内接正 3×2^n 边形，其面积为 $a_1+a_2+\cdots+a_n$. 这样，我们用圆的内接正 3×2^n 边形面积逐步逼近圆的面积 A：$A\approx a_1$，$A\approx a_1+a_2$，$A\approx a_1+a_2+a_3$，…，$A\approx a_1+a_2+\cdots+a_n$. 当 n 无限增大时，这个和的极限就是我们要求的圆面积 A. 即

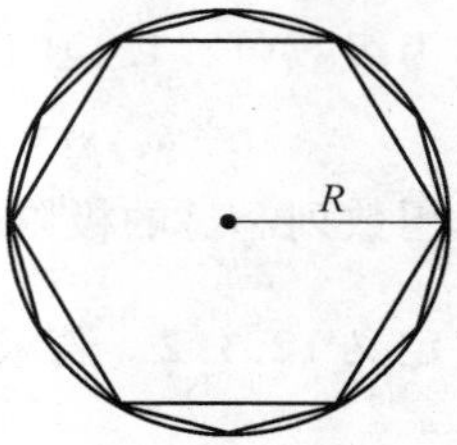

图 12.1

$$A=\lim_{n\to\infty}(a_1+a_2+\cdots+a_n)=a_1+a_2+\cdots+a_n+\cdots$$

引例二　用简单的数来逼近一个比较复杂的数.

我们知道，一个循环小数可以表示成一个分数. 同时，它也可以按如下方式表示.

例如：表示 0.262 626…

记 $a_1=0.26=26\cdot\dfrac{1}{100}$，$a_2=0.002\,6=26\cdot\left(\dfrac{1}{100}\right)^2$，$a_3=0.000\,026=26\cdot\left(\dfrac{1}{100}\right)^3$，…，

$a_n=26\cdot\left(\frac{1}{100}\right)^n\cdots$，则 $0.262\,626\cdots\approx a_1+a_2+\cdots+a_n$. 如果 n 无限增大，则 $a_1+a_2+\cdots+a_n$ 的极限就是 $0.262\,626\cdots$，即

$$0.262\,626\cdots=\lim_{n\to\infty}(a_1+a_2+\cdots+a_n)=a_1+a_2+\cdots+a_n+\cdots$$

上述两个引例中，都出现无穷多个数相加的数学式子：$a_1+a_2+\cdots+a_n+\cdots$，如何定义这样的式子，它具有什么性质，怎样计算等等是本章要研究的问题.

定义 12.1.1 给定一个数列

$$u_1,u_2,u_3,\cdots,u_n,\cdots$$

则由此数列构成的表达式

$$u_1+u_2+u_3+\cdots+u_n+\cdots \tag{12.1.1}$$

称为**常数项无穷级数**，简称为**级数**，记为 $\sum\limits_{n=1}^{\infty}u_n$，即

$$\sum_{n=1}^{\infty}u_n=u_1+u_2+u_3+\cdots+u_n+\cdots$$

其中，第 n 项 u_n 称作级数的**一般项**，或**通项**.

上述级数的定义只是一个形式上的定义，怎样理解无穷级数中无穷多个数相加呢？联系上面的两个例子，我们可以从有限项的和出发，观察它们的变化趋势，由此来理解无穷多个数相加的定义.

作级数(12.1.1)的前 n 项的和

$$s_n=u_1+u_2+u_3+\cdots+u_n=\sum_{k=1}^{n}u_k \tag{12.1.2}$$

s_n 称为级数(12.1.1)的**部分和**，当 n 依次取 $1,2,3,\cdots$ 时，它们构成一个新的数列

$$s_1=u_1,s_2=u_1+u_2,s_3=u_1+u_2+u_3,\cdots,s_n=u_1+u_2+u_3+\cdots+u_n,\cdots$$

我们用数列 $\{s_n\}$ 的极限是否存在，来定义无穷级数(12.1.1)的收敛与发散.

定义 12.1.2 若级数 $\sum\limits_{n=1}^{\infty}u_n$ 的部分和数列 $\{s_n\}$ 有极限 s，即

$$\lim_{n\to\infty}s_n=s$$

则称无穷级数 $\sum\limits_{n=1}^{\infty}u_n$ **收敛**，这时极限 s 称作这级数的和，并写成

$$s=u_1+u_2+u_3+\cdots+u_n+\cdots$$

若数列 $\{s_n\}$ 没有极限，则称级数 $\sum\limits_{n=1}^{\infty}u_n$ **发散**.

当级数收敛时，其部分和 s_n 是级数的和 s 的近似值，它们之间的差值

$$r_n=s-s_n=u_{n+1}+u_{n+2}+\cdots$$

称为级数的**余项**，用近似值 s_n 代替和 s 所产生的误差为 $|r_n|$.

由定义 12.1.2 可知，级数 $\sum\limits_{n=1}^{\infty}u_n$ 与数列 $\{s_n\}$ 同时收敛或同时发散，且在收敛时，有

$$\sum_{n=1}^{\infty}u_n=\lim_{n\to\infty}s_n$$

即

$$\sum_{n=1}^{\infty} u_n = \lim_{n\to\infty}\sum_{k=1}^{n} u_k$$

【例 12.1.1】 判定级数

$$\sum_{n=1}^{\infty}\frac{1}{n(n+1)}=\frac{1}{1\cdot 2}+\frac{1}{2\cdot 3}+\cdots+\frac{1}{n(n+1)}+\cdots$$

的收敛性，若是收敛的，求它的和.

解：因为

$$u_n=\frac{1}{n(n+1)}=\frac{1}{n}-\frac{1}{n+1}$$

所以部分和

$$\begin{aligned} s_n &=\frac{1}{1\cdot 2}+\frac{1}{2\cdot 3}+\cdots+\frac{1}{n(n+1)} \\ &=\left(1-\frac{1}{2}\right)+\left(\frac{1}{2}-\frac{1}{3}\right)+\cdots+\left(\frac{1}{n}-\frac{1}{n+1}\right) \\ &=1-\frac{1}{n+1} \end{aligned}$$

故

$$\lim_{n\to\infty}s_n=\lim_{n\to\infty}\left(1-\frac{1}{n}\right)=1$$

由定义知，级数收敛，且其和为 1.

【例 12.1.2】 无穷级数

$$\sum_{n=1}^{\infty} aq^n = a + aq + aq^2 + \cdots + aq^n + \cdots \tag{12.1.3}$$

称作**等比级数**（又称为**几何级数**），其中 $a\neq 0$，q 称为级数的**公比**. 试讨论级数(12.1.3)的收敛性.

解：若 $q\neq 1$，则部分和

$$s_n=a+aq+aq^2+\cdots+aq^{n-1}=\frac{a-aq^n}{1-q}=\frac{a}{1-q}-\frac{aq^n}{1-q}$$

当 $|q|<1$ 时，因为 $\lim\limits_{n\to\infty} q^n=0$，所以 $\lim\limits_{n\to\infty}s_n=\dfrac{a}{1-q}$，故级数(12.1.3)收敛，其和为 $\dfrac{a}{1-q}$.

当 $|q|>1$ 时，因为 $\lim\limits_{n\to\infty} q^n=\infty$，所以 $\lim\limits_{n\to\infty} s_n=\infty$，这时级数发散.

若 $|q|=1$，则当 $q=1$ 时，$s_n=na\to\infty$，因此级数(12.1.3)发散；当 $q=-1$ 时，级数(12.1.3)成为

$$a-a+a-a+\cdots$$

n 为奇数时，$s_n=a$；n 为偶数时，$s_n=0$，故 $\lim\limits_{n\to\infty}s_n$ 不存在，因此级数(12.1.3)也发散.

综合以上的结果，我们得到.

当等比级数(12.1.3)的公比的绝对值 $|q|<1$ 时，级数收敛，其和为 $\dfrac{a}{1-q}$；当 $|q|\geqslant 1$ 时，级数发散.

【例 12.1.3】 证明:级数

$$\sum_{n=1}^{\infty} \frac{1}{n} = 1 + \frac{1}{2} + \frac{1}{3} + \cdots + \frac{1}{n} + \cdots \tag{12.1.4}$$

发散.

证明:用反证法.

假设级数(12.1.4)收敛,设它的部分和为 s_n,且 $s_n \to s(n\to\infty)$. 显然,对级数(12.1.4)的部分和 s_{2n},也有 $s_{2n}\to s(n\to\infty)$. 于是

$$s_{2n} - s_n \to s - s = 0(n\to\infty)$$

但另一方面

$$s_{2n} - s_n = \frac{1}{n+1} + \frac{1}{n+2} + \cdots + \frac{1}{2n} > \underbrace{\frac{1}{2n} + \frac{1}{2n} + \cdots + \frac{1}{2n}}_{n\text{项}} = \frac{1}{2}$$

故

$$s_{2n} - s_n \not\to 0(n\to\infty)$$

与假设级数(12.1.4)收敛矛盾!这说明级数(12.1.4)必定发散.

级数(12.1.4)称为调和级数.

由以上的讨论,我们得到判断级数收敛或发散的步骤:

(1) 求出 s_n,并化简;

(2) 求 $\lim\limits_{n\to\infty} s_n$,若极限存在,则级数收敛,否则级数发散.

12.1.2 收敛级数的基本性质

根据无穷级数收敛、发散及和的概念,我们可以得到收敛级数的几个基本性质.

性质 1 设 k 为常数,如果级数 $\sum\limits_{n=1}^{\infty} u_n$ 收敛于和 s,则级数 $\sum\limits_{n=1}^{\infty} ku_n$ 也收敛,且其和为 ks.

证明:设级数 $\sum\limits_{n=1}^{\infty} u_n$ 与 $\sum\limits_{n=1}^{\infty} ku_n$ 的部分和分别为 s_n 和 σ_n,则

$$\sigma_n = ku_1 + ku_2 + \cdots + ku_n = ks_n$$

于是

$$\lim_{n\to\infty}\sigma_n = \lim_{n\to\infty} ks_n = k\lim_{n\to\infty} s_n = ks$$

这就表明级数 $\sum\limits_{n=1}^{\infty} ku_n$ 也收敛,且其和为 ks.

由关系式 $\sigma_n = ks_n$ 知道,如果数列 $\{s_n\}$ 没有极限且 $k\neq 0$,那么 $\{\sigma_n\}$ 也没有极限. 由此我们得到以下结论:级数的每一项同乘一个不为零的常数后,它的收敛性不变.

性质 2 如果级数 $\sum\limits_{n=1}^{\infty} u_n$、$\sum\limits_{n=1}^{\infty} v_n$ 分别收敛于 s 和 σ,则级数 $\sum\limits_{n=1}^{\infty}(u_n \pm v_n)$ 也收敛,且其和为 $s\pm\sigma$.

证明:设级数 $\sum\limits_{n=1}^{\infty} u_n$ 与 $\sum\limits_{n=1}^{\infty} v_n$ 的部分和分别为 s_n 和 σ_n,则级数 $\sum\limits_{n=1}^{\infty}(u_n \pm v_n)$ 的部分和为

$$\begin{aligned}\tau_n &= (u_1 \pm v_1) + (u_2 \pm v_2) + \cdots + (u_n \pm v_n) \\ &= (u_1 + u_2 + \cdots + u_n) \pm (v_1 + v_2 + \cdots + v_n) = s_n \pm \sigma_n\end{aligned}$$

于是
$$\lim_{n\to\infty}\tau_n = \lim_{n\to\infty}(s_n \pm \sigma_n) = s \pm \sigma$$

这表明级数 $\sum\limits_{n=1}^{\infty}(u_n \pm v_n)$ 收敛，且其和为 $s \pm \sigma$.

性质 2 也可说成:收敛级数可以逐项相加与逐项相减.

性质 3　在级数中去掉、加上或改变有限项,不会改变级数的收敛性.

证明:我们只需证明“在级数的前面部分去掉、加上有限项,不会改变级数的收敛性”,因为其他情形(即在级数中去掉、加上或改变有限项的情形)都可以看成在级数的前面部分先去掉有限项,然后再加上有限项的结果.

以去掉 k 项为例. 设级数为

$$u_1 + u_2 + \cdots + u_k + u_{k+1} + u_{k+2} + \cdots + u_{k+n} + \cdots$$

去掉前 k 项,得级数

$$u_{k+1} + u_{k+2} + \cdots + u_{k+n} + \cdots$$

由此得

$$\sigma_n = u_{k+1} + u_{k+2} + \cdots + u_{k+n} = s_{n+k} - s_k$$

其中,s_{k+n}是原级数的前 $k+n$ 项的和,由于 s_k 为常数,故当 $n\to\infty$时,σ_n 与 s_{k+n}同时有极限,或同时没有极限,即级数

$$u_1 + u_2 + \cdots + u_k + u_{k+1} + u_{k+2} + \cdots + u_{k+n} + \cdots$$

与

$$u_{k+1} + u_{k+2} + \cdots + u_{k+n} + \cdots$$

同时收敛或同时发散.

类似地,可以证明在级数前面加上有限项,不会改变级数的收敛性.

性质 4　若级数 $\sum\limits_{n=1}^{\infty}u_n$ 收敛，则对此级数的项任意加括号后所成的级数

$$(u_1 + \cdots + u_{n_1}) + (u_{n_1+1} + \cdots + u_{n_2}) + \cdots + (u_{n_{k-1}+1} + \cdots + u_{n_k}) + \cdots \tag{12.1.5}$$

仍然收敛,且其和不变.

证明:设级数 $\sum\limits_{n=1}^{\infty}u_n$ 前 n 项的部分和为 s_n,加括号后所成的级数(12.1.5)前 k 项的部分和为 A_k,则

$$A_1 = u_1 + \cdots + u_{n_1} = s_{n_1}$$
$$A_2 = (u_1 + \cdots + u_{n_1}) + (u_{n_1+1} + \cdots + u_{n_2}) = s_{n_2}$$
$$\cdots$$
$$A_k = (u_1 + \cdots + u_{n_1}) + (u_{n_1+1} + \cdots + u_{n_2}) + \cdots + (u_{n_{k-1}+1} + \cdots + u_{n_k}) = s_{n_k}$$

可见,数列$\{A_k\}$是数列$\{s_n\}$的一个子数列. 由数列$\{s_n\}$的收敛性以及收敛数列与其子数列的关系可知,数列$\{A_k\}$必定收敛,且有

$$\lim_{k\to\infty}A_k = \lim_{n\to\infty}s_n$$

即:加括号后所成的级数收敛,且其和不变.

注意:

(1) 如果加括号后所得的级数发散,则原级数也发散(性质 4 的逆否命题).

【例 12.1.4】 判断级数

$$\frac{1}{\sqrt{2}-1}-\frac{1}{\sqrt{2}+1}+\frac{1}{\sqrt{3}-1}-\frac{1}{\sqrt{3}+1}+\frac{1}{\sqrt{4}-1}-\frac{1}{\sqrt{4}+1}+\cdots$$

的收敛性.

解:考虑加括号后的级数

$$\left(\frac{1}{\sqrt{2}-1}-\frac{1}{\sqrt{2}+1}\right)+\left(\frac{1}{\sqrt{3}-1}-\frac{1}{\sqrt{3}+1}\right)+\left(\frac{1}{\sqrt{4}-1}-\frac{1}{\sqrt{4}+1}\right)+\cdots$$

设

$$a_n=\frac{1}{\sqrt{n}-1}-\frac{1}{\sqrt{n}+1}=\frac{2}{n-1}$$

$\sum\limits_{n=2}^{\infty}a_n=2\sum\limits_{n=1}^{\infty}\frac{1}{n}$,而$\sum\limits_{n=1}^{\infty}\frac{1}{n}$为调和级数,是发散的,再由(1)可知原级数发散.

(2) 如果加括号后所得的级数收敛,则不能断定原级数也收敛. 换言之,如果级数发则加括号后所得的级数可能收敛,也可能发散.

例如:级数

$$(1-1)+(1-1)+\cdots$$

收敛于零,但级数

$$1-1+1-1+\cdots$$

却是发散的.

性质 5(级数收敛的必要条件) 如果级数$\sum\limits_{n=1}^{\infty}u_n$收敛,则它的一般项 u_n 趋于零,即

$$\lim_{n\to\infty}u_n=0$$

证明:由于级数$\sum\limits_{n=1}^{\infty}u_n$收敛,故其前 n 项和数列$\{s_n\}$收敛,即$\lim\limits_{n\to\infty}s_n=s$. 又由于

$$u_n=s_{n+1}-s_n$$

得

$$\lim_{n\to\infty}u_n=\lim_{n\to\infty}(s_{n+1}-s_n)=\lim_{n\to\infty}s_{n+1}-\lim_{n\to\infty}s_n=s-s=0$$

由性质 5 可知,如果级数的一般项不趋于零,则该级数必定发散.

【例 12.1.5】 判断级数

$$\frac{1}{2}-\frac{2}{3}+\frac{3}{4}-\cdots+(-1)^{n-1}\frac{n}{n+1}+\cdots$$

的收敛性.

解:由于该级数的一般项 $u_n=(-1)^{n-1}\frac{n}{n+1}$,故$\lim\limits_{k\to\infty}u_{2k+1}=1$,而$\lim\limits_{k\to\infty}u_{2k}=-1$,所以$\lim\limits_{n\to\infty}u_n$不存在,当然也不是趋于零的,因此该级数发散.

【例 12.1.6】 判断级数

$$\frac{1}{2}+\frac{1}{\sqrt{2}}+\frac{1}{\sqrt[3]{2}}+\frac{1}{\sqrt[4]{2}}+\frac{1}{\sqrt[5]{2}}+\cdots$$

的收敛性.

解:级数的一般项 $a_n=\frac{1}{\sqrt[n]{2}}$,因为

$$\lim_{n\to\infty}a_n=\lim_{n\to\infty}\frac{1}{\sqrt[n]{2}}=1\neq 0$$

由级数收敛的必要条件知,级数发散.

注意:级数的一般项趋于零不是级数收敛的充分条件! 即:性质 5 的逆命题不真,例如:调和级数

$$\sum_{n=1}^{\infty}\frac{1}{n}=1+\frac{1}{2}+\frac{1}{3}+\cdots+\frac{1}{n}+\cdots$$

一般项 $u_n=\frac{1}{n}\to 0(n\to\infty)$,但级数 $\sum_{n=1}^{\infty}\frac{1}{n}$ 发散.

习题 12.1

1. 写出下列级数的前五项

(1) $\sum_{n=2}^{\infty}\frac{n!}{1+n^2}$;　　(2) $\sum_{n=1}^{\infty}\frac{1\cdot 3\cdots(2n+1)}{2\cdot 4\cdots(2n)}$;

(3) $\sum_{n=1}^{\infty}\frac{(-1)^{n-1}}{3^n}$;　　(4) $\sum_{n=0}^{\infty}\frac{x^n}{2n+1}$.

2. 写出下列级数的一般项

(1) $\frac{1}{3}+\frac{1}{6}+\frac{1}{9}+\frac{1}{12}+\frac{1}{15}+\cdots$;

(2) $1-\frac{1}{2}+\frac{1}{4}-\frac{1}{6}+\frac{1}{8}-\cdots$;

(3) $\frac{\sqrt{x}}{1\cdot 3}+\frac{x}{3\cdot 5}+\frac{x\sqrt{x}}{5\cdot 7}+\frac{x^2}{7\cdot 9}+\frac{x^2\sqrt{x}}{9\cdot 11}+\cdots$;

(4) $\frac{a}{3}-\frac{a^2}{5}+\frac{a^3}{7}-\frac{a^4}{9}+\frac{a^5}{11}-\cdots$.

3. 根据级数收敛与发散的定义判定下列级数的收敛性

(1) $\sum_{n=1}^{\infty}(\sqrt{n+1}-\sqrt{n})$;

(2) $\frac{1}{1\cdot 3}+\frac{1}{3\cdot 5}+\frac{1}{5\cdot 7}+\cdots+\frac{1}{(2n-1)\cdot(2n+1)}+\cdots$;

(3) $\ln\frac{2}{1}+\ln\frac{3}{2}+\cdots+\ln\frac{n+1}{n}+\cdots$.

4. 判定下列级数的收敛性

(1) $-\frac{3}{5}+\frac{3^2}{5^2}-\frac{3^3}{5^3}+\cdots+(-1)^n\frac{3^n}{5^n}+\cdots$;

(2) $-\frac{\sin\sqrt{2\pi}}{2}+\frac{\sin^2\sqrt{2\pi}}{2^2}-\frac{\sin^3\sqrt{2\pi}}{2^3}+\cdots+(-1)^n\frac{\sin^n\sqrt{2\pi}}{2^n}+\cdots$;

(3) $\frac{1}{3}+\frac{1}{6}+\frac{1}{9}\cdots+\frac{1}{3n}+\cdots$;

(4) $\frac{1}{1}+\frac{1}{\sqrt{2}}+\frac{1}{\sqrt[3]{3}}+\cdots+\frac{1}{\sqrt[n]{n}}+\cdots$;

(5) $\left(\frac{1}{2}+\frac{1}{3}\right)+\left(\frac{1}{2^2}+\frac{1}{3^2}\right)+\left(\frac{1}{2^3}+\frac{1}{3^3}\right)+\cdots+\left(\frac{1}{2^n}+\frac{1}{3^n}\right)+\cdots$;

(6) $1-\frac{1}{4}+\frac{1}{2}-\frac{1}{8}+\cdots+\frac{1}{n}-\frac{1}{4n}+\cdots$.

5. 将循环小数 0.535 353 53…写成无穷级数的形式,并用分数表示.

12.2 常数项级数的审敛法

12.2.1 正项级数及其审敛法

一般的常数项级数,它的各项可以是正数、负数或者零. 现在我们先讨论各项都是正数或零的级数,这种级数称为正项级数. 这种级数特别重要,以后我们将看到很多级数的收敛性问题可以归结为正项级数的收敛性问题.

如果 $u_n\geqslant 0$, $n=1,2,\cdots$,则级数

$$u_1+u_2+\cdots+u_n+\cdots \tag{12.2.1}$$

称为**正项级数**. 显然,对于正项级数,其前 n 项和数列 $\{s_n\}$ 是一个单调增加数列

$$0<s_1\leqslant s_2\leqslant\cdots\leqslant s_n\leqslant\cdots$$

如果数列 $\{s_n\}$ 有界,即存在常数 $M>0$, $s_n\leqslant M$,根据单调有界数列必有极限的准则,级数(12.2.1)必收敛于和 s,且 $s_n\leqslant s\leqslant M$. 反之,如果正项级数(12.2.1)收敛于和 s,即$\lim\limits_{n\to\infty}s_n=s$,根据收敛数列的有界性可知,数列 $\{s_n\}$ 有界,因此得到.

定理 12.2.1 正项级数 $\sum\limits_{n=1}^{\infty}u_n$ 收敛的充分必要条件是:它的部分和数列 $\{s_n\}$ 有界.

由定理 12.2.1 可知,如果正项级数 $\sum\limits_{n=1}^{\infty}u_n$ 发散,则它的部分和数列 $s_n\to+\infty(n\to\infty)$,记为 $\sum\limits_{n=1}^{\infty}u_n=+\infty$.

根据定理 12.2.1,我们可以得到关于正项级数的一个基本的审敛法.

定理 12.2.2(比较审敛法) 设 $\sum\limits_{n=1}^{\infty}u_n$ 和 $\sum\limits_{n=1}^{\infty}v_n$ 都是正项级数,且 $u_n\leqslant v_n(n=1,2,\cdots)$.

(1) 若级数 $\sum\limits_{n=1}^{\infty}v_n$ 收敛,则级数 $\sum\limits_{n=1}^{\infty}u_n$ 也收敛;

(2) 若级数 $\sum\limits_{n=1}^{\infty}u_n$ 发散,则级数 $\sum\limits_{n=1}^{\infty}v_n$ 也发散.

证明:(1) 设级数 $\sum_{n=1}^{\infty} v_n$ 收敛于和 σ,则级数 $\sum_{n=1}^{\infty} u_n$ 的部分和

$$s_n = u_1 + u_2 + \cdots + u_n \leqslant v_1 + v_2 + \cdots + v_n \leqslant \sigma \quad (n=1,2,\cdots)$$

即部分和数列 $\{s_n\}$ 有界,由定理 12.2.1,级数 $\sum_{n=1}^{\infty} u_n$ 也收敛.

(2) 如果级数 $\sum_{n=1}^{\infty} u_n$ 发散,则 $\lim\limits_{n\to\infty} s_n = +\infty$,从而其部分和数列 $\{s_n\}$ 无界. 又由于

$$s_n = u_1 + u_2 + \cdots + u_n \leqslant v_1 + v_2 + \cdots + v_n = \sigma_n$$

得级数 $\sum_{n=1}^{\infty} v_n$ 的部分和数列 $\{\sigma_n\}$ 也无界,故级数 $\sum_{n=1}^{\infty} v_n$ 发散.

注意到级数的每一项同乘不为零的常数 k 以及去掉级数前面的有限项不会影响级数的收敛性,我们可以得到如下推论:

推论　设 $\sum_{n=1}^{\infty} u_n$ 和 $\sum_{n=1}^{\infty} v_n$ 都是正项级数,

(1) 若级数 $\sum_{n=1}^{\infty} v_n$ 收敛,且存在正整数 N,使当 $n \geqslant N$ 时,有 $u_n \leqslant kv_n$ 成立,则级数 $\sum_{n=1}^{\infty} u_n$ 也收敛;

(2) 若级数 $\sum_{n=1}^{\infty} v_n$ 发散,且存在正整数 N,使当 $n \geqslant N$ 时,有 $u_n \geqslant kv_n (k > 0)$ 成立,则级数 $\sum_{n=1}^{\infty} u_n$ 也发散.

【例 12.2.1】　讨论 p—级数

$$1 + \frac{1}{2^p} + \frac{1}{3^p} + \frac{1}{4^p} + \cdots + \frac{1}{n^p} + \cdots \tag{12.2.2}$$

的收敛性,其中常数 $p>0$.

解:当 $p\leqslant 1$ 时,此时级数的各项不小于调和级数的对应项:$\frac{1}{n^p} \geqslant \frac{1}{n}$,由于级数 $\sum_{n=1}^{\infty} \frac{1}{n}$ 发散,根据比较审敛法,级数 (12.2.2)发散.

当 $p>1$,由于当 $k-1 \leqslant x \leqslant k$ 时,有 $\frac{1}{k^p} \leqslant \frac{1}{x^p}$,因此

$$\frac{1}{k^p} = \int_{k-1}^{k} \frac{1}{k^p} \mathrm{d}x \leqslant \int_{k-1}^{k} \frac{1}{x^p} \mathrm{d}x \ (n = 2,3,\cdots)$$

从而

$$\begin{aligned} s_n &= 1 + \sum_{k=2}^{n} \frac{1}{k^p} \leqslant 1 + \sum_{k=2}^{n} \int_{k-1}^{k} \frac{1}{x^p} \mathrm{d}x \\ &= 1 + \int_{1}^{n} \frac{1}{x^p} \mathrm{d}x = 1 + \frac{1}{p-1}\left(1 - \frac{1}{n^{p-1}}\right) < 1 + \frac{1}{p-1} \quad (n = 2,3,\cdots) \end{aligned}$$

因此,数列 $\{s_n\}$ 有界,所以,级数(12.2.2)当 $p>1$ 时收敛.

综合以上结果,得:p—级数 $\sum_{n=1}^{\infty} \frac{1}{n^p}$ 当 $p > 1$ 时收敛,$p\leqslant 1$ 时发散.

【例 12.2.2】 证明：级数$\sum\limits_{n=1}^{\infty}\dfrac{1}{\sqrt{n(n+1)}}$发散.

证明：由于$n(n+1)<(n+1)^2$，得$\dfrac{1}{\sqrt{n(n+1)}}>\dfrac{1}{n+1}$. 又由于级数

$$\sum_{n=1}^{\infty}\frac{1}{n+1}=\frac{1}{2}+\frac{1}{3}+\cdots+\frac{1}{n+1}+\cdots$$

是发散的(调和级数去掉第一项)，由比较审敛法知道，级数$\sum\limits_{n=1}^{\infty}\dfrac{1}{\sqrt{n(n+1)}}$发散.

比较审敛法是非常重要的审敛法，但它要求将两个级数从第一项(或某一项)开始逐项比较，而我们知道级数的收敛性主要取决于当$n\to\infty$时，一般项u_n的变化趋势，于是我们得到以下比较审敛法的极限形式.

定理 12.2.3(比较审敛法的极限形式) 设$\sum\limits_{n=1}^{\infty}u_n$和$\sum\limits_{n=1}^{\infty}v_n$都是正项级数，且$\lim\limits_{n\to\infty}\dfrac{u_n}{v_n}=l$，则

(1) 如果$0<l<+\infty$，$\sum\limits_{n=1}^{\infty}u_n$与$\sum\limits_{n=1}^{\infty}v_n$同时收敛或同时发散；

(2) 如果$l=0$，$\sum\limits_{n=1}^{\infty}v_n$收敛时，$\sum\limits_{n=1}^{\infty}u_n$也收敛；

(3) 如果$l=+\infty$，$\sum\limits_{n=1}^{\infty}v_n$发散时，$\sum\limits_{n=1}^{\infty}u_n$也发散.

证明：(1) 若$0<l<+\infty$，因为$\lim\limits_{n\to\infty}\dfrac{u_n}{v_n}=l$存在，取$\varepsilon=\dfrac{l}{2}>0$，存在正整数$N$，当$n>N$时

$$\left|\frac{u_n}{v_n}-l\right|<\frac{l}{2}\quad\text{或}\quad\frac{l}{2}=l-\frac{l}{2}<\frac{u_n}{v_n}<l+\frac{l}{2}=\frac{3l}{2}$$

即

$$\frac{l}{2}v_n<u_n<\frac{3l}{2}v_n\quad(n>N)$$

得：如果$\sum\limits_{n=1}^{\infty}v_n$收敛，因为$u_n<\dfrac{3l}{2}v_n$，由比较审敛法的推论，$\sum\limits_{n=1}^{\infty}u_n$也收敛；如果$\sum\limits_{n=1}^{\infty}u_n$收敛，因为$\dfrac{l}{2}v_n<u_n$，同样由比较审敛法的推论，$\sum\limits_{n=1}^{\infty}v_n$也收敛；如果$\sum\limits_{n=1}^{\infty}v_n$发散，因为$\dfrac{l}{2}v_n<u_n$，$\sum\limits_{n=1}^{\infty}u_n$也发散；如果$\sum\limits_{n=1}^{\infty}u_n$发散，因为$u_n<\dfrac{3l}{2}v_n$，$\sum\limits_{n=1}^{\infty}v_n$也发散. 故$\sum\limits_{n=1}^{\infty}u_n$与$\sum\limits_{n=1}^{\infty}v_n$同时收敛或同时发散.

(2) 若$\lim\limits_{n\to\infty}\dfrac{u_n}{v_n}=l=0$，取$\varepsilon=1$，则存在正整数$N$，当$n>N$时

$$\left|\frac{u_n}{v_n}\right|<1$$

即

$$-v_n<u_n<v_n\quad(n>N)$$

如果 $\sum_{n=1}^{\infty} v_n$ 收敛，由比较审敛法的推论，$\sum_{n=1}^{\infty} u_n$ 也收敛；

(3) 若 $\lim_{n\to\infty}\frac{u_n}{v_n}=+\infty$，则 $\lim_{n\to\infty}\frac{v_n}{u_n}=0$，已知级数 $\sum_{n=1}^{\infty} v_n$ 发散，假设 $\sum_{n=1}^{\infty} u_n$ 收敛，由(2)知，$\sum_{n=1}^{\infty} v_n$ 也收敛，与已知矛盾！故 $\sum_{n=1}^{\infty} u_n$ 发散.

对于一个正项级数来说，要判断它是否收敛，除了要注意它的一般项是否趋于零以外，还要关注它的一般项趋于零的"快慢"程度. 由定理 12.2.3 知，对于两个正项级数 $\sum_{n=1}^{\infty} u_n$ 和 $\sum_{n=1}^{\infty} v_n$，设 $\lim_{n\to\infty} u_n=0$ 且 $\lim_{n\to\infty} v_n=0$，若 u_n 是 v_n 同阶无穷小，则级数 $\sum_{n=1}^{\infty} u_n$ 和 $\sum_{n=1}^{\infty} v_n$ 同时收敛或同时发散；若 u_n 是 v_n 高阶无穷小，则当级数 $\sum_{n=1}^{\infty} v_n$ 收敛时，级数 $\sum_{n=1}^{\infty} u_n$ 必然收敛；若 u_n 是 v_n 低阶无穷小，则当级数 $\sum_{n=1}^{\infty} v_n$ 发散时，级数 $\sum_{n=1}^{\infty} u_n$ 必然发散.

【例 12.2.3】 判定级数 $\sum_{n=1}^{\infty}\sin\frac{1}{n}$ 的收敛性.

解：因为

$$\lim_{n\to\infty}\frac{\sin\frac{1}{n}}{\frac{1}{n}}=1>0$$

而 $\sum_{n=1}^{\infty}\frac{1}{n}$ 发散(调和级数)，由定理 12.2.3 知，级数 $\sum_{n=1}^{\infty}\sin\frac{1}{n}$ 发散.

【例 12.2.4】 与等比级数作比较，判定下列级数的收敛性.

(1) $\sum_{n=1}^{\infty}\frac{1}{5^n-3^n}$ (2) $\sum_{n=1}^{\infty}2^n\sin\frac{\pi}{3^n}$

解：(1) 级数的一般项

$$u_n=\frac{1}{5^n-3^n}=\frac{1}{5^n}\cdot\frac{1}{1-\left(\frac{3}{5}\right)^n}$$

令 $v_n=\frac{1}{5^n}$，则由于

$$\lim_{n\to\infty}\frac{u_n}{v_n}=\lim_{n\to\infty}\frac{\frac{1}{5^n}\cdot\frac{1}{1-\left(\frac{3}{5}\right)^n}}{\frac{1}{5^n}}=\lim_{n\to\infty}\frac{1}{1-\left(\frac{3}{5}\right)^n}=1>0$$

而级数 $\sum_{n=1}^{\infty}\frac{1}{5^n}$ 收敛(公比为 $\frac{1}{5}$ 的等比级数)，由定理 12.2.3 知，级数 $\sum_{n=1}^{\infty}\frac{1}{5^n-3^n}$ 收敛.

(2) 因为当 $n\to\infty$ 时，$\sin\frac{\pi}{3^n}\sim\frac{\pi}{3^n}$，令 $v_n=\left(\frac{2}{3}\right)^n$，则

$$\lim_{n\to\infty}\frac{u_n}{v_n}=\lim_{n\to\infty}\frac{2^n\cdot\sin\frac{\pi}{3^n}}{\left(\frac{2}{3}\right)^n}=\lim_{n\to\infty}\frac{\sin\frac{\pi}{3^n}}{\frac{\pi}{3^n}}\cdot\pi=\pi>0$$

而等比级数 $\sum_{n=1}^{\infty}\left(\frac{2}{3}\right)^n$ 收敛(公比为 $\frac{2}{3}$),所以由定理 12.2.3 知,级数 $\sum_{n=1}^{\infty}2^n\sin\frac{\pi}{3^n}$ 收敛.

【例 12.2.5】 与 p—级数作比较,判定下列级数的收敛性.

(1) $\sum_{n=1}^{\infty}\left(1-\cos\frac{1}{n}\right)$　　(2) $\sum_{n=1}^{\infty}\ln\left(1+\frac{1}{n}\right)$

解:(1) 当 $n\to\infty$时,$1-\cos\frac{1}{n}\sim\frac{1}{2}\cdot\frac{1}{n^2}$,即

$$\lim_{n\to\infty}\frac{1-\cos\frac{1}{n}}{\frac{1}{2n^2}}=1>0$$

而 $\sum_{n=1}^{\infty}\frac{1}{2n^2}$ 收敛,由定理 12.3.2 知,级数 $\sum_{n=1}^{\infty}\left(1-\cos\frac{1}{n}\right)$收敛.

(2) 当 $n\to\infty$时,$\ln\left(1+\frac{1}{n}\right)\sim\frac{1}{n}$,即

$$\lim_{n\to\infty}\frac{\ln\left(1+\frac{1}{n}\right)}{\frac{1}{n}}=1>0$$

而 $\sum_{n=1}^{\infty}\frac{1}{n}$ 发散(调和级数),由定理 12.3.2 知,级数 $\sum_{n=1}^{\infty}\ln\left(1+\frac{1}{n}\right)$发散.

注意:在使用比较审敛法时,需要适当选取一个其收敛性为已知的级数 $\sum_{n=1}^{\infty}v_n$ 作为比较的基准,这也是比较审敛法使用时的难点所在. 从前面的例子可以看出,我们常常选取等比级数和 p—级数作为比较的基准级数.

将所给正项级数与 p—级数作比较,可以得到在使用上更加方便的极限审敛法.

定理 12.2.4(极限审敛法)　设 $\sum_{n=1}^{\infty}u_n$ 为正项级数.

(1) 如果 $\lim_{n\to\infty}n\cdot u_n=l>0$(或 $\lim_{n\to\infty}n\cdot u_n=+\infty$),则级数 $\sum_{n=1}^{\infty}u_n$ 发散;

(2) 如果存在常数 $p>1$,使得 $\lim_{n\to\infty}n^p\cdot u_n=l(0\leqslant l<+\infty)$,则级数 $\sum_{n=1}^{\infty}u_n$ 收敛.

证明:(1) 在极限形式的比较审敛法中,取 $v_n=\frac{1}{n}$,由于调和级数 $\sum_{n=1}^{\infty}\frac{1}{n}$ 发散,故级数 $\sum_{n=1}^{\infty}u_n$ 发散.

(2) 在极限形式的比较审敛法中,取 $v_n=\frac{1}{n^p}$,则当 $p>1$时,由于 p—级数 $\sum_{n=1}^{\infty}\frac{1}{n^p}$ 收敛,

故级数 $\sum_{n=1}^{\infty} u_n$ 收敛.

【例 12.2.6】 判别级数 $\sum_{n=1}^{\infty} \ln(1+\frac{1}{n^2})$ 的收敛性.

解:因为 $\ln\left(1+\frac{1}{n^2}\right) \sim \frac{1}{n^2}(n\to\infty)$,故

$$\lim_{n\to\infty} n^2 \cdot u_n = \lim_{n\to\infty} n^2 \cdot \ln\left(1+\frac{1}{n^2}\right) = \lim_{n\to\infty} n^2 \cdot \frac{1}{n^2} = 1$$

由极限审敛法知,所给级数收敛.

【例 12.2.7】 判别级数 $\sum_{n=1}^{\infty} \sqrt{n+1}\left(1-\cos\frac{\pi}{n}\right)$ 的收敛性.

解:因为

$$\lim_{n\to\infty} n^{\frac{3}{2}} \cdot u_n = \lim_{n\to\infty} n^{\frac{3}{2}} \cdot \sqrt{n+1}\left(1-\cos\frac{\pi}{n}\right)$$

$$= \lim_{n\to\infty} n^2 \cdot \sqrt{\frac{n+1}{n}} \cdot \frac{1}{2}\left(\frac{\pi}{n}\right)^2 = \frac{1}{2}\pi^2$$

由极限审敛法知,所给级数收敛.

将所给的级数与等比级数比较,我们能得到在实用上很方便的比值审敛法和根值审敛法.

定理 12.2.5(比值审敛法,达朗贝尔(d'Alembert)判别法)　设 $\sum_{n=1}^{\infty} u_n$ 为正项级数,如果

$$\lim_{n\to\infty} \frac{u_{n+1}}{u_n} = \rho$$

则当 $\rho<1$ 时级数收敛;当 $\rho>1$(或 $\lim_{n\to\infty}\frac{u_{n+1}}{u_n}=\infty$)时级数发散;当 $\rho=1$ 时级数可能收敛也可能发散.

* **证明**:(1) 当 $\rho<1$ 时,由于 $\lim_{n\to\infty}\frac{u_{n+1}}{u_n}=\rho$,存在 $\varepsilon>0$(例如:取 $\varepsilon=\frac{1-p}{2}>0$),使得 $\rho+\varepsilon=r<1$,由极限定义,存在正整数 N,当 $n>N$ 时

$$\left|\frac{u_{n+1}}{u_n}\right| < \rho+\varepsilon = r < 1$$

即

$$u_{N+1} < ru_N, u_{N+2} < ru_{N+1} < r^2 u_N, \cdots, u_{N+k} < ru_{N+k-1} < r^k u_N, \cdots$$

由于 $\sum_{k=1}^{\infty} r^k u_N$ 收敛(公比 $r<1$),由定理 12.2.2 的推论,得 $\sum_{k=1}^{\infty} u_{N+k}$ 收敛,从而 $\sum_{n=1}^{\infty} u_n$ 收敛.

(2) 当 $\rho>1$ 时,由于 $\lim_{n\to\infty}\frac{u_{n+1}}{u_n}=\rho$,存在 $\varepsilon>0$(例如:取 $\varepsilon=\frac{p-1}{2}>0$),使得 $\rho-\varepsilon=r>1$,由极限定义,存在正整数 N,当 $n>N$ 时

$$\frac{u_{n+1}}{u_n} > \rho-\varepsilon = r > 1$$

即

$$u_{n+1}>u_n$$

因此，当 $n>N$ 时，级数的一般项 u_n 逐渐增大，从而 $\lim\limits_{n\to\infty}u_n\neq 0$，由级数收敛的必要条件，级数 $\sum\limits_{n=1}^{\infty}u_n$ 发散.

类似地，可以证明当 $\lim\limits_{n\to\infty}\dfrac{u_{n+1}}{u_n}=\infty$ 时，级数 $\sum\limits_{n=1}^{\infty}u_n$ 发散.

(3) 当 $\rho=1$ 时级数可能收敛也可能发散，例如：对于 p－级数 $\sum\limits_{n=1}^{\infty}\dfrac{1}{n^p}$，不论 p 为何值，都有

$$\lim_{n\to\infty}\frac{u_{n+1}}{u_n}=\lim_{n\to\infty}\frac{\dfrac{1}{(n+1)^p}}{\dfrac{1}{n^p}}=\lim_{n\to\infty}\left(\frac{n}{n+1}\right)^p=1$$

但我们知道，级数 $\sum\limits_{n=1}^{\infty}\dfrac{1}{n^p}$ 当 $p>1$ 时收敛，当 $p\leqslant 1$ 时发散. 所以当 $\rho=1$ 时不能判定级数的收敛性.

【例 12.2.8】 证明级数

$$1+\frac{1}{1}+\frac{1}{1\cdot 2}+\frac{1}{1\cdot 2\cdot 3}+\cdots+\frac{1}{(n-1)!}+\cdots$$

收敛.

解：因为

$$\lim_{n\to\infty}\frac{u_{n+1}}{u_n}=\lim_{n\to\infty}\frac{\dfrac{1}{n!}}{\dfrac{1}{(n-1)!}}=\lim_{n\to\infty}\frac{(n-1)!}{n!}=\lim_{n\to\infty}\frac{1}{n}=0<1$$

由比值审敛法知，级数收敛.

【例 12.2.9】 判定级数

$$\sum_{n=1}^{\infty}\frac{n^n}{n!}$$

的收敛性.

解：由于

$$\lim_{n\to\infty}\frac{u_{n+1}}{u_n}=\lim_{n\to\infty}\frac{\dfrac{(n+1)^{n+1}}{(n+1)!}}{\dfrac{n^n}{n!}}=\lim_{n\to\infty}\left(1+\frac{1}{n}\right)^n=e>1$$

由比值审敛法知，级数 $\sum\limits_{n=1}^{\infty}\dfrac{n^n}{n!}$ 是发散的.

* **定理 12.2.6**(根值审敛法、柯西(Cauchy)判别法) 设 $\sum\limits_{n=1}^{\infty}u_n$ 为正项级数，如果

$$\lim_{n\to\infty}\sqrt[n]{u_n}=\rho$$

则当 $\rho<1$ 时级数收敛；当 $\rho>1$（或 $\lim\limits_{n\to\infty}\sqrt[n]{u_n}=+\infty$）时级数发散；当 $\rho=1$ 时级数可能收敛也可能发散.

定理 12.2.6 的证明与定理 12.2.5 的证明类似，从略.

【例 12.2.10】 判别级数 $\sum\limits_{n=1}^{\infty}\dfrac{2+(-1)^n}{2^n}$ 的收敛性.

解：因为

$$\lim_{n\to\infty}\sqrt[n]{u_n}=\lim_{n\to\infty}\sqrt[n]{\frac{2+(-1)^n}{2^n}}=\frac{1}{2}\lim_{n\to\infty}\sqrt[n]{2+(-1)^n}$$

因为 $1\leqslant\sqrt[n]{2+(-1)^n}\leqslant\sqrt[n]{3}$，且 $\lim\limits_{n\to\infty}\sqrt[n]{3}=1$，由夹逼定理可知 $\lim\limits_{n\to\infty}\sqrt[n]{2+(-1)^n}=1$，从而得

$$\lim_{n\to\infty}\sqrt[n]{u_n}=\frac{1}{2}\lim_{n\to\infty}\sqrt[n]{2+(-1)^n}=\frac{1}{2}<1$$

由根值审敛法知，所给级数收敛.

12.2.2　交错级数及其审敛法

如果 $u_n>0,n=1,2,\cdots$ 则称

$$\sum_{n=1}^{\infty}(-1)^{n-1}u_n=u_1-u_2+u_3-u_4+\cdots \tag{12.2.3}$$

或

$$\sum_{n=1}^{\infty}(-1)^{n}u_n=-u_1+u_2-u_3+u_4-\cdots \tag{12.2.4}$$

称为交错级数. 交错级数就是各项正负交错的级数.

关于交错级数有一个重要的审敛法——莱布尼茨审敛法.

定理 12.2.7（莱布尼茨（Leibniz）定理）　如果交错级数 $\sum\limits_{n=1}^{\infty}(-1)^{n-1}u_n$ 满足条件.

(1) $u_n\geqslant u_{n+1}\quad(n=1,2,3,\cdots)$；

(2) $\lim\limits_{n\to\infty}u_n=0$.

则级数收敛.

证明：先证明前 $2n$ 项的和 s_{2n} 的极限存在. 由于

$$s_{2n}=(u_1-u_2)+(u_3-u_4)+\cdots+(u_{2n-1}-u_{2n}) \tag{12.2.5}$$

以及

$$s_{2n}=u_1-(u_2-u_3)-(u_4-u_5)-\cdots-(u_{2n-2}-u_{2n-1})-u_{2n} \tag{12.2.6}$$

根据条件 (1) 知道上述两式中所有括号中的差都是非负的. 由式(12.2.5)可知，数列 $\{s_{2n}\}$ 单调增加，又由式(12.2.6)知，$s_{2n}\leqslant u_1$，根据单调有界数列必有极限的准则知道

$$\lim_{n\to\infty}s_{2n}=s\leqslant u_1$$

又由于

$$s_{2n+1}=s_{2n}+u_{2n+1}$$

得

$$\lim_{n\to\infty}s_{2n+1}=\lim_{n\to\infty}(s_{2n}+u_{2n+1})=s$$

由于级数的前偶数项的和与奇数项的和趋于同一个极限 s，因此得 $\lim\limits_{n\to\infty}s_n=s$，即级数 $\sum\limits_{n=1}^{\infty}(-1)^{n-1}u_n$ 收敛于和 s. 证明完毕.

满足定理 12.2.7 条件的交错级数有一个有用的结果.

该交错级数的和不大于首项，即 $s\leqslant u_1$；若用前 n 项和代替级数和所产生的误差不会大于第 $n+1$ 项的绝对值，即 $|r_n|\leqslant u_{n+1}$.

事实上，在上述定理证明中已得到 $s\leqslant u_1$. 另外，余项 r_n 可以写成

$$r_n=\pm(u_{n+1}-u_{n+2}+\cdots)$$

故误差为

$$|r_n|=u_{n+1}-u_{n+2}+\cdots$$

上式右端也是一个交错级数，它满足定理 12.2.7 的两个条件，所以其和不大于级数的第一项，即

$$|r_n|\leqslant u_{n+1}$$

例如：交错级数

$$1-\frac{1}{2}+\frac{1}{3}-\frac{1}{4}+\cdots+(-1)^n\frac{1}{n}+\cdots$$

满足条件

(1) $u_n=\dfrac{1}{n}>\dfrac{1}{n+1}=u_{n+1}\quad(n=1,2,3,\cdots)$；

(2) $\lim\limits_{n\to\infty}u_n=\lim\limits_{n\to\infty}\dfrac{1}{n}=0$.

所以，级数收敛，且其和 $s<1$. 若取前 n 项的和

$$s_n=1-\frac{1}{2}+\frac{1}{3}-\frac{1}{4}+\cdots+(-1)^n\frac{1}{n}$$

作为和 s 的近似值，所产生的误差为：$|r_n|\leqslant\dfrac{1}{n+1}$.

【例 12.2.11】 判别级数 $\sum\limits_{n=2}^{\infty}\dfrac{(-1)^n}{\ln n}$ 的收敛性.

解：所给级数为交错级数. 因为 $\ln x$ 为单调增函数，所以 $\dfrac{1}{\ln x}$ 为单调减函数，且当 $x\to+\infty$ 时，$\ln x\to+\infty$，于是有

(1) $\dfrac{1}{\ln n}>\dfrac{1}{\ln(n+1)}(n=2,3,\cdots)$；

(2) $\lim\limits_{n\to\infty}\dfrac{1}{\ln n}=0$.

由定理 12.2.7 知，级数 $\sum\limits_{n=2}^{\infty}\dfrac{(-1)^n}{\ln n}$ 收敛，且其和 $s\leqslant\dfrac{1}{\ln 2}$.

最后需要指出的是：莱布尼茨定理的条件是交错级数收敛的充分条件，并非必要条件，即若交错级数收敛，则该交错级数不一定满足定理 12.2.7 的条件(2).

例如，交错级数

$$\frac{1}{2}-\frac{1}{3}+\frac{1}{2^2}-\frac{1}{3^2}+\frac{1}{2^3}-\frac{1}{3^3}+\cdots$$

显然不满足定理 12.2.7 的条件(2)但它却是收敛的,因为部分和

$$s_{2n}=\frac{1}{2}-\frac{1}{3}+\frac{1}{2^2}-\frac{1}{3^2}+\cdots+\frac{1}{2^n}-\frac{1}{3^n}=\frac{\frac{1}{2}\left(1-\frac{1}{2^n}\right)}{1-\frac{1}{2}}-\frac{\frac{1}{3}\left(1-\frac{1}{3^n}\right)}{1-\frac{1}{3}}$$

$$=\frac{1}{2}-\frac{1}{2^n}+\frac{1}{2\cdot 3^n}\to\frac{1}{2}(n\to\infty)$$

$$s_{2n+1}=s_{2n}+\frac{1}{2^{n+1}}\to\frac{1}{2}(n\to\infty)$$

故 $s_n\to\frac{1}{2}(n\to\infty)$,即上述交错级数收敛.

12.2.3　绝对收敛与条件收敛

现在我们讨论一般的级数

$$u_1+u_2+\cdots+u_n+\cdots$$

它的各项为任意实数. 如果级数 $\sum_{n=1}^{\infty}u_n$ 各项的绝对值所构成的正项级数 $\sum_{n=1}^{\infty}\left|u_n\right|$ 收敛,则级数 $\sum_{n=1}^{\infty}u_n$ **绝对收敛**;如果级数 $\sum_{n=1}^{\infty}u_n$ 收敛,但是正项级数 $\sum_{n=1}^{\infty}\left|u_n\right|$ 发散,则称级数 $\sum_{n=1}^{\infty}u_n$ **条件收敛**.

例如:级数 $\sum_{n=1}^{\infty}(-1)^{n-1}\frac{1}{n}$ 条件收敛,而级数 $\sum_{n=1}^{\infty}(-1)^{n-1}\frac{1}{n^2}$ 是绝对收敛的.

定理 12.2.8　如果级数 $\sum_{n=1}^{\infty}u_n$ 绝对收敛,则级数 $\sum_{n=1}^{\infty}u_n$ 必定收敛.

证明:令

$$v_n=\frac{1}{2}(u_n+|u_n|)\ (n=1,2,3,\cdots)$$

则 $v_n\geqslant 0$ 且 $v_n\leqslant|u_n|$. 又由于 $\sum_{n=1}^{\infty}\left|u_n\right|$ 收敛,由比较审敛法知道,级数 $\sum_{n=1}^{\infty}v_n$ 收敛,从而级数 $\sum_{n=1}^{\infty}2v_n$ 也收敛.

又由于

$$u_n=2v_n-|u_n|$$

得

$$\sum_{n=1}^{\infty}u_n=\sum_{n=1}^{\infty}2v_n-\sum_{n=1}^{\infty}|u_n|$$

故级数 $\sum_{n=1}^{\infty}u_n$ 收敛.

定理 12.2.8 说明,对于一般的级数 $\sum\limits_{n=1}^{\infty}u_n$,如果我们用正项级数的审敛法判定级数 $\sum\limits_{n=1}^{\infty}\left|u_n\right|$ 收敛,则此级数收敛. 这就使得一大类级数的收敛性判定问题,转化为正项级数的收敛性判定问题.

【例 12.2.12】 判定级数 $\sum\limits_{n=1}^{\infty}\dfrac{\sin n\alpha}{n^2}$ 的收敛性.

解:因为 $\left|\dfrac{\sin n\alpha}{n^2}\right|\leqslant\dfrac{1}{n^2}$,而且正项级数 $\sum\limits_{n=1}^{\infty}\dfrac{1}{n^2}$ 收敛,故级数 $\sum\limits_{n=1}^{\infty}\left|\dfrac{\sin n\alpha}{n^2}\right|$ 收敛,因此由定理 12.2.8 知,级数 $\sum\limits_{n=1}^{\infty}\dfrac{\sin n\alpha}{n^2}$ 收敛且绝对收敛.

【例 12.2.13】 试问级数 $\sum\limits_{n=1}^{\infty}(-1)^{n-1}\sin\dfrac{\pi}{2n}$ 是否收敛?若收敛,是绝对收敛还是条件收敛?

解:首先考查绝对值级数 $\sum\limits_{n=1}^{\infty}\left|(-1)^{n-1}\sin\dfrac{\pi}{2n}\right|=\sum\limits_{n=1}^{\infty}\sin\dfrac{\pi}{2n}$ 的收敛性.

因为
$$\lim_{n\to\infty}nu_n=\lim_{n\to\infty}n\sin\frac{\pi}{2n}=\lim_{n\to\infty}\frac{\sin\dfrac{\pi}{2n}}{\dfrac{\pi}{2n}}\cdot\frac{\pi}{2}=\frac{\pi}{2}>0$$

因此,由极限审敛法可知正项级数 $\sum\limits_{n=1}^{\infty}\sin\dfrac{\pi}{2n}$ 发散,也就是说所给级数不是绝对收敛.

不难验证所给级数为交错级数,且有 $\lim\limits_{n\to\infty}u_n=\lim\limits_{n\to\infty}\sin\dfrac{\pi}{2n}=0$ 及 $u_n=\sin\dfrac{\pi}{2n}>\sin\dfrac{\pi}{2(n+1)}=u_{n+1}(n=1,2,\cdots)$,因而由莱布尼茨审敛法可知原级数收敛且是条件收敛.

习题 12.2

1. 用比较审敛法或其极限形式判定下列级数的收敛性

(1) $\sum\limits_{n=1}^{\infty}\dfrac{2}{3n+1}$;　　(2) $\sum\limits_{n=1}^{\infty}\dfrac{3}{2^n+1}$;

(3) $\sum\limits_{n=1}^{\infty}\dfrac{1+n}{1+n^2}$;　　(4) $\sum\limits_{n=1}^{\infty}\dfrac{n+3}{n(n+1)(n+2)}$;

(5) $\sum\limits_{n=1}^{\infty}\dfrac{1}{n\sqrt[n]{n}}$;　　(6) $\sum\limits_{n=1}^{\infty}\dfrac{1}{n\sqrt{n+2}}$;

(7) $\sum\limits_{n=1}^{\infty}\dfrac{1}{n^n}$;　　(8) $\sum\limits_{n=1}^{\infty}\left(\dfrac{n}{3n+2}\right)^n$;

(9) $\sum\limits_{n=1}^{\infty}\sin\dfrac{\pi}{3^n}$;　　(10) $\sum\limits_{n=1}^{\infty}\dfrac{1}{1+a^n}$ $(a>0)$.

2. 用比值审敛法判定下列级数的收敛性

(1) $\sum\limits_{n=1}^{\infty}\dfrac{4^n}{n\cdot 3^n}$;　　(2) $\sum\limits_{n=1}^{\infty}\dfrac{2^n}{n!}$;

(3) $\sum_{n=1}^{\infty}\frac{n^n}{n!}$；　(4) $\sum_{n=1}^{\infty}\frac{n^2}{2^n}$；

(5) $\sum_{n=1}^{\infty}n\tan\frac{\pi}{2^{n+1}}$；　(6) $\sum_{n=1}^{\infty}\frac{2^n\cdot n!}{n^n}$.

3. 用根值审敛法判定下列级数的收敛性

(1) $\sum_{n=1}^{\infty}\left(\frac{n}{3n-1}\right)^n$；　(2) $\sum_{n=1}^{\infty}\left(\sqrt{\frac{3n-1}{4n+1}}\right)^n$；

(3) $\sum_{n=1}^{\infty}\left(\frac{n}{2n+1}\right)^{2n-1}$；　(4) $\sum_{n=1}^{\infty}\frac{1}{[\ln(n+1)]^n}$.

4. 用适当的方法判定下列级数的收敛性

(1) $\sum_{n=1}^{\infty}n\cdot\frac{2^n}{3^n}$；　(2) $\sum_{n=1}^{\infty}\frac{n^3}{n!}$；

(3) $\sum_{n=1}^{\infty}\frac{n+1}{n(n+2)}$；　(4) $\sum_{n=1}^{\infty}2^n\cdot\sin\frac{\pi}{3^n}$；

(5) $\sum_{n=1}^{\infty}\frac{1}{n^2}\cos^2\left(\frac{n\pi}{3}\right)$.

5. 利用级数收敛的必要条件证明：$\lim\limits_{n\to\infty}\frac{2^n\cdot n!}{n^n}=0$.

6. 设 $a_n\leqslant b_n\leqslant c_n(n=1,2,\cdots)$，并且级数 $\sum_{n=1}^{\infty}a_n$ 和 $\sum_{n=1}^{\infty}c_n$ 都收敛，证明：级数 $\sum_{n=1}^{\infty}b_n$ 收敛.

7. 讨论下列交错级数的收敛性

(1) $\sum_{n=1}^{\infty}(-1)^{n-1}\frac{1}{\sqrt{n}}$；　(2) $\sum_{n=1}^{\infty}(-1)^{n-1}\ln(1+\frac{1}{n})$；

(3) $\sum_{n=1}^{\infty}(-1)^n\sqrt{\frac{n}{3n+1}}$；　(4) $\sum_{n=1}^{\infty}(-1)^{n-1}\sin\frac{1}{n}$.

8. 判定下列级数是否收敛？如果收敛，是绝对收敛还是条件收敛？

(1) $\sum_{n=1}^{\infty}(-1)^{n-1}\frac{1}{(2n-1)^2}$；　(2) $\sum_{n=1}^{\infty}(-1)^n\frac{n}{2^n}$；

(3) $\sum_{n=1}^{\infty}\frac{1}{n}\cdot\sin\frac{n\pi}{2}$；　(4) $\sum_{n=1}^{\infty}(-1)^n\left(1-\cos\frac{1}{n}\right)$；

(5) $\sum_{n=1}^{\infty}(-1)^n\frac{n}{2n+1}$.

12.3　幂级数

12.3.1　函数项级数的概念

给定一个定义在区间 I 上的函数列

$$u_1(x),u_2(x),u_3(x),\cdots,u_n(x)\cdots$$

则由这函数列构成的表达式

$$u_1(x)+u_2(x)+u_3(x)+\cdots+u_n(x)+\cdots \tag{12.3.1}$$

称为定义在区间 I 上的(**函数项**)**无穷级数**,简称为(**函数项**)**级数**. 可记为 $\sum\limits_{n=1}^{\infty}u_n(x)$.

对于每一个确定的值 $x_0\in I$,函数项级数(12.3.1)成为常数项级数

$$u_1(x_0)+u_2(x_0)+u_3(x_0)+\cdots+u_n(x_0)+\cdots \tag{12.3.2}$$

如果常数项级数(12.3.2)收敛,则 x_0 称为函数项级数(12.3.1)的**收敛点**;如果常数项级数(12.3.2)发散,则 x_0 称为函数项级数(12.3.1)的**发散点**. 函数项级数(12.3.1)的收敛点的全体称为函数项级数(12.3.1)的**收敛域**;发散点的全体称为函数项级数(12.3.1)的**发散域**.

对于函数项级数(12.3.1)的收敛域内的任意点 x,函数项级数

$$u_1(x)+u_2(x)+\cdots+u_n(x)+\cdots$$

成为一个收敛的常数项级数,因而有确定的和 s,且它是定义在函数项级数(12.3.1)的收敛域上的函数 $s(x)$,通常称 $s(x)$ 为函数项级数(12.3.1)的**和函数**,它的定义域即为函数项级数(12.3.1)的收敛域,即当 x 属于级数(12.3.1)的收敛域时,有

$$s(x)=u_1(x)+u_2(x)+\cdots+u_n(x)+\cdots$$

设函数项级数(12.3.1)的前 n 项和为 $s_n(x)$,则在函数项级数(12.3.1)的收敛域上有

$$\lim_{n\to\infty}s_n(x)=s(x)$$

设 $r_n(x)=s(x)-s_n(x)$ 为函数项级数(12.3.1)的余项,则在函数项级数(12.3.1)的收敛域上有

$$\lim_{n\to\infty}r_n(x)=0$$

12.3.2 幂级数及其收敛性

函数项级数中最简单而常见的一类级数就是各项都是幂函数的函数项级数,即形如

$$\sum_{n=0}^{\infty}a_nx^n=a_0+a_1x+a_2x^2+a_3x^3+\cdots+a_nx^n+\cdots \tag{12.3.3}$$

的函数项级数称为**幂级数**. 其中 $a_0,a_1,a_2,a_3,\cdots,a_n,\cdots$ 称为幂级数(12.3.3)的系数. 幂级数常记为 $\sum\limits_{n=0}^{\infty}a_nx^n$. 例如

$$\sum_{n=0}^{\infty}x^n=1+x+x^2+x^3+\cdots+x^n+\cdots$$

$$\sum_{n=0}^{\infty}\frac{x^n}{n!}=1+x+\frac{1}{2!}x^2+\frac{1}{3!}x^3+\cdots+\frac{1}{n!}x^n+\cdots$$

$$\sum_{n=1}^{\infty}\frac{(-1)^{n-1}x^{2n-1}}{(2n-1)!}=x-\frac{1}{3!}x^3+\frac{1}{5!}x^5-\frac{1}{7!}x^7+\cdots+\frac{(-1)^{n-1}}{(2n-1)!}x^{2n-1}+\cdots$$

都是幂级数.

先看一个例子. 考查幂级数

$$\sum_{n=0}^{\infty}x^n=1+x+x^2+x^3+\cdots+x^n+\cdots$$

的收敛性. 这可以看成一个公比为 x 的等比级数,由第一节例 12.1.3 知,当 $|x|<1$ 时,级数收敛于和 $\frac{1}{1-x}$;当 $|x|\geqslant1$ 时,级数发散. 因此该级数的收敛域为 $(-1,1)$,发散域

为$(-\infty,1]$及$[1,+\infty)$，并有

$$1+x+x^2+x^3+\cdots+x^{n-1}+\cdots=\frac{1}{1-x}\ (-1<x<1)$$

从上述例子我们可以看到，此级数的收敛域是一个区间．事实上，这个结论对于一般的幂级数也成立．我们有如下定理．

定理 12.3.1（阿贝尔（Abel）定理）　如果幂级数 $\sum\limits_{n=0}^{\infty}a_nx^n$ 在 $x=x_0(x_0\neq 0)$ 处收敛，则对于满足不等式 $|x|<|x_0|$ 的一切 x，幂级数 $\sum\limits_{n=0}^{\infty}a_nx^n$ 绝对收敛；如果幂级数 $\sum\limits_{n=0}^{\infty}a_nx^n$ 在 $x=x_0(x_0\neq 0)$ 处发散，则对于满足不等式 $|x|>|x_0|$ 的一切 x，幂级数 $\sum\limits_{n=0}^{\infty}a_nx^n$ 都发散．

证明：设 x_0 是幂级数(12.3.3)的收敛点，即级数

$$a_0+a_1x_0+a_2x_0{}^2+\cdots+a_nx_0{}^n+\cdots$$

收敛，由级数收敛的必要条件，得

$$\lim_{n\to\infty}a_nx_0^n=0$$

因此，存在常数 M，使得

$$|a_nx_0^n|\leqslant M,(n=1,2,\cdots)$$

又由于

$$|a_nx^n|=\left|a_nx_0^n\cdot\frac{x^n}{x_0^n}\right|=|a_nx_0^n|\cdot\left|\frac{x^n}{x_0^n}\right|\leqslant M\cdot\left|\frac{x}{x_0}\right|^n$$

因为当$|x|<|x_0|$时，等比级数 $\sum\limits_{n=0}^{\infty}M\cdot\left|\frac{x}{x_0}\right|^n$ 收敛（公比$\left|\frac{x}{x_0}\right|<1$），因此级数$\sum\limits_{n=0}^{\infty}|a_nx^n|$收敛，即级数$\sum\limits_{n=0}^{\infty}a_nx^n$，当$|x|<|x_0|$时绝对收敛．

定理 12.3.1 的第二部分用反证法证明．假设幂级数$\sum\limits_{n=0}^{\infty}a_nx^n$ 在 $x=x_0$ 点发散，而有一点 x_1，满足$|x_1|>|x_0|$使得级数$\sum\limits_{n=0}^{\infty}a_nx_1{}^n$收敛，由定理12.3.1的第一部分知道，级数$\sum\limits_{n=0}^{\infty}a_nx^n$ 在$x=x_0$点一定是收敛的，这与定理 12.3.1 的条件矛盾，故对于一切满足 $|x|>|x_0|$ 的 x，级数$\sum\limits_{n=0}^{\infty}a_nx^n$发散．

由阿贝尔定理知道，如果在 $x=x_0$ 处幂级数(12.3.3)收敛，则在开区间$(-|x_0|,|x_0|)$内幂级数(12.3.3)收敛；如果在 $x=x_1$ 处幂级数(12.3.3)发散，则在闭区间$[-|x_1|,|x_1|]$外幂级数(12.3.3)都是发散的．

设已知幂级数在数轴上既有收敛点（不仅是原点）也有发散点．现在从原点沿数轴向右方走，最初只遇到收敛点，然后就只遇到发散点．这两部分的交界点可能是收敛点也可能是发散点．从原点沿数轴向左方走情形也是如此．两个分界点 P 与 P'在原点的两侧，且有定理 12.3.1 可以证明它们到原点的距离相等（图 12.2）．

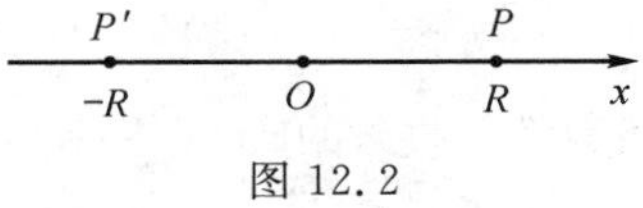

图 12.2

从以上的几何说明，可以得到．

推论 如果幂级数 $\sum\limits_{n=0}^{\infty}a_nx^n$ 不是只在 $x=0$ 一点收敛,也不是在整个数轴上都收敛,则必存在一个确定的正数 R,使得

当 $|x|<R$ 时,幂级数绝对收敛;

当 $|x|>R$ 时,幂级数发散;

当 $x=R$ 及 $x=-R$ 时,幂级数可能收敛也可能发散.

正数 R 称为幂级数(12.3.3)的**收敛半径**. 开区间 $(-R,R)$ 称为幂级数(12.3.3)的收敛区间. 再由幂级数在 $x=\pm R$ 的收敛性就可以决定它的收敛域是 $(-R,R)$,$[-R,R)$,$(-R,R]$ 或 $[-R,R]$ 这四个区间之一.

如果幂级数(12.3.3)只在 $x=0$ 处收敛,这时收敛域只有一点 $x=0$,为了方便起见,规定这时收敛半径 $R=0$;如果幂级数(12.3.3)对一切的 x 都收敛,则规定收敛半径 $R=+\infty$,这时收敛域为 $(-\infty,+\infty)$.

关于幂级数的收敛半径的求法,有下面的定理.

定理 12.3.2 如果

$$\lim_{n\to\infty}\left|\frac{a_{n+1}}{a_n}\right|=\rho$$

其中,a_n,a_{n+1} 为幂级数 $\sum\limits_{n=0}^{\infty}a_nx^n$ 的相邻两项的系数,则幂级数的收敛半径

$$R=\begin{cases}\dfrac{1}{\rho}, & \rho\neq 0\\ +\infty, & \rho=0\\ 0, & \rho=+\infty\end{cases}$$

证明:考查幂级数(12.3.3)的各项取绝对值所成的正项级数

$$|a_0|+|a_1x|+|a_2x^2|+\cdots+|a_{n-1}x^{n-1}|+|a_nx^n|+\cdots \tag{12.3.4}$$

此级数的相邻两项之比为

$$\frac{|a_{n+1}x^{n+1}|}{|a_nx^n|}=\left|\frac{a_{n+1}}{a_n}\right||x|$$

(1) 如果 $\lim\limits_{n\to\infty}\left|\dfrac{a_{n+1}}{a_n}\right|=\rho(\rho\neq 0)$ 存在,由比值审敛法,则当 $\rho\,|\,x\,|<1$,也就是 $|\,x\,|<\dfrac{1}{\rho}$ 时,幂级数(12.3.4) 收敛,从而级数(12.3.3) 绝对收敛;当 $\rho\,|\,x\,|>1$,也就是 $|\,x\,|>\dfrac{1}{\rho}$ 时,幂级数(12.3.4) 发散,可以推得幂级数(12.3.3) 也必发散. 若不然,存在 $x_1\left(|\,x_1\,|>\dfrac{1}{\rho}\right)$ 使 $\sum\limits_{n=0}^{\infty}a_nx_1^n$ 收敛,则对满足 $|\,x_1\,|>|\,x\,|>\dfrac{1}{\rho}$ 的 x,由阿贝尔定理可知 $\sum\limits_{n=0}^{\infty}a_nx^n$ 应绝对收敛,这便与上面结果:当 $|\,x\,|>\dfrac{1}{\rho}$ 时,$\sum\limits_{n=0}^{\infty}|\,a_nx_2^n\,|$ 发散相矛盾,于是收敛半径为 $R=\dfrac{1}{\rho}$.

(2) 如果 $\rho=0$,则对于任何 $x\neq 0$,$\lim\limits_{n\to\infty}\dfrac{|a_{n+1}x^{n+1}|}{|a_nx^n|}=\lim\limits_{n\to\infty}\left|\dfrac{a_{n+1}}{a_n}\right||x|=0<1$,级数(12.3.4)收敛,从而幂级数(12.3.3)绝对收敛,且注意到对 $x=0$,任何幂级数都是收敛的,于是 $R=+\infty$.

(3) 如果 $\rho=+\infty$,则除 $x=0$ 外,$\lim\limits_{n\to\infty}\dfrac{|\,a_{n+1}x^{n+1}\,|}{|\,a_nx^n\,|}=\lim\limits_{n\to\infty}\left|\dfrac{a_{n+1}}{a_n}\right||\,x\,|=+\infty$,故级数

(12.3.4) 发散，从而对任何 $x\neq 0$ 级数(12.3.3)发散，若不然，存在 $x_1(|x_1|>0)$ 使 $\sum_{n=0}^{\infty}a_nx_1^n$ 收敛，由阿贝尔定理可知，对满足 $0<|x|<|x_1|$ 的 x，$\sum_{n=0}^{\infty}a_nx^n$ 绝对收敛，这便与上面的结果矛盾，因此 $R=0$.

【例 12.3.1】 求幂级数 $\sum_{n=1}^{\infty}(-1)^{n-1}\frac{x^n}{n}$ 的收敛半径与收敛域.

解：因为

$$\rho=\lim_{n\to\infty}\left|\frac{a_{n+1}}{a_n}\right|=\lim_{n\to\infty}\frac{\frac{1}{n+1}}{\frac{1}{n}}=1$$

所以收敛半径为 $R=\frac{1}{\rho}=1$.

对于端点 $x=1$，级数成为交错级数

$$1-\frac{1}{2}+\frac{1}{3}-\cdots+(-1)^{n-1}\frac{1}{n}+\cdots$$

由莱布尼茨审敛法知，级数收敛；

对于端点 $x=-1$，级数成为级数

$$-1-\frac{1}{2}-\frac{1}{3}-\cdots-\frac{1}{n}-\cdots$$

此级数发散. 故级数的收敛域为 $(-1,1]$.

【例 12.3.2】 求幂级数 $\sum_{n=0}^{\infty}\frac{x^n}{n!}$ 的收敛域.

解：因为

$$\rho=\lim_{n\to\infty}\left|\frac{a_{n+1}}{a_n}\right|=\lim_{n\to\infty}\frac{\frac{1}{(n+1)!}}{\frac{1}{n!}}=\lim_{n\to\infty}\frac{1}{n+1}=0$$

所以收敛半径为 $R=+\infty$，收敛域为 $(-\infty,+\infty)$.

【例 12.3.3】 求幂级数 $\sum_{n=0}^{\infty}\frac{(-1)^{n-1}}{3^n}x^{2n}$ 的收敛半径.

解：方法 1　级数不含奇数幂的项，定理 12.3.2 不能直接应用. 我们对级数逐项取绝对值，得到正项级数

$$\sum_{n=0}^{\infty}\left|\frac{(-1)^{n-1}}{3^n}x^{2n}\right|=\sum_{n=0}^{\infty}\frac{|x|^{2n}}{3^n}$$

因为

$$\lim_{n\to\infty}\frac{\frac{|x|^{2n+2}}{3^{n+1}}}{\frac{|x|^{2n}}{3^n}}=\frac{x^2}{3}$$

根据正项级数的比值审敛法，当 $\frac{x^2}{3}<1$，即 $|x|<\sqrt{3}$ 时，级数收敛；当 $\frac{x^2}{3}>1$，即 $|x|>\sqrt{3}$ 时，级数发散. 所以收敛半径为 $R=\sqrt{3}$.

方法 2 令 $x^2=t$,原级数化为 $\sum_{n=0}^{\infty}\frac{(-1)^{n-1}}{3^n}t^n$,于是由定理 12.3.2 得

$$\rho=\lim_{n\to\infty}\left|\frac{a_{n+1}}{a_n}\right|=\lim_{n\to\infty}\frac{\frac{1}{3^{n+1}}}{\frac{1}{3^n}}=\frac{1}{3}$$

收敛半径 $R=\frac{1}{\rho}=3$,于是,当 $|t|<3$,即 $x^2<3$,也即 $|x|<\sqrt{3}$ 时,原级数收敛;当 $|t|>3$,即 $x^2>3$,也即 $|x|>\sqrt{3}$ 时,原级数发散,故原级数的收敛半径为 $R=\sqrt{3}$.

【例 12.3.4】 求幂级数 $\sum_{n=1}^{\infty}\frac{(x+1)^n}{n^2}$ 的收敛域.

解:这个幂级数与前面出现的幂级数稍有不同,它的每一项不是 x 的幂,而是 $x+1$ 的幂,因此我们可以令 $t=x+1$,则上述级数变为

$$\sum_{n=1}^{\infty}\frac{t^n}{n^2}$$

因为

$$\rho=\lim_{n\to\infty}\left|\frac{a_{n+1}}{a_n}\right|=\lim_{n\to\infty}\frac{\frac{1}{(n+1)^2}}{\frac{1}{n^2}}=\lim_{n\to\infty}\frac{n^2}{(n+1)^2}=1$$

所以收敛半径为 $R=1$,收敛区间为 $|t|<1$,即 $|x+1|<1$,也即 $-2<x<0$.

当 $x=-2$ 时,级数成为 $\sum_{n=1}^{\infty}\frac{(-1)^n}{n^2}$,该级数收敛;当 $x=0$ 时,级数成为 $\sum_{n=1}^{\infty}\frac{1}{n^2}$,该级数也收敛,故原级数的收敛域为 $[-2,0]$.

12.3.3 幂级数的性质

下面我们给出幂级数一些重要的性质,不予证明.

1. 幂级数的代数运算性质

所谓幂级数的代数运算性质是指幂级数的四则运算性质,这里只介绍幂级数的加减法与乘法.

设幂级数

$$\sum_{n=0}^{\infty}a_nx^n=a_0+a_1x+a_2x^2+\cdots+a_nx^n+\cdots$$

及

$$\sum_{n=0}^{\infty}b_nx^n=b_0+b_1x+b_2x^2+\cdots+b_nx^n+\cdots$$

分别在 $(-R_1,R_1)$ 及 $(-R_2,R_2)$ 内收敛,对于这两个幂级数,在区间 $(-R,R)$ 内可进行加减法与乘法的运算,其中 $R=\min\{R_1,R_2\}$.

(1) 加减法

$$(a_0+a_1x+a_2x^2+\cdots+a_nx^n+\cdots)\pm(b_0+b_1x+b_2x^2+\cdots+b_nx^n+\cdots)$$
$$=(a_0\pm b_0)+(a_1\pm b_1)x+(a_2\pm b_2)x^2+\cdots+(a_n\pm b_n)x^n+\cdots$$

即

$$\sum_{n=0}^{\infty} a_n x^n \pm \sum_{n=0}^{\infty} b_n x^n = \sum_{n=0}^{\infty} (a_n \pm b_n) x^n$$

（2）乘法

$$\begin{aligned}&(a_0+a_1x+a_2x^2+\cdots+a_nx^n+\cdots)\cdot(b_0+b_1x+b_2x^2+\cdots+b_nx^n+\cdots)\\=&a_0b_0+(a_0b_1+a_1b_0)x+(a_0b_2+a_1b_1+a_2b_0)x^2+\cdots+\\&(a_0b_n+a_1b_{n-1}+\cdots+a_nb_0)x^n+\cdots\end{aligned}$$

即

$$\left(\sum_{n=0}^{\infty} a_n x^n\right)\left(\sum_{n=0}^{\infty} b_n x^n\right) = \sum_{n=0}^{\infty} (a_0 b_n + a_1 b_{n-1} + \cdots + a_n b_0) x^n$$

2. 幂级数的解析性质

所谓幂级数的解析性质是指幂级数的连续性、可导性及可积性等.

（1）连续性：幂级数 $\sum\limits_{n=0}^{\infty} a_n x^n$ 的和函数 $s(x)$ 在其收敛域上连续.

（2）可导性：幂级数 $\sum\limits_{n=0}^{\infty} a_n x^n$ 的和函数 $s(x)$ 在收敛区间 $(-R,R)$ 内可导，且对该区间内任意一点 x 有

$$s'(x) = \left(\sum_{n=0}^{\infty} a_n x^n\right)' = \sum_{n=0}^{\infty} (a_n x^n)' = \sum_{n=1}^{\infty} n a_n x^{n-1} (|x| < R) \tag{12.3.5}$$

式(12.3.5)表明：幂级数在其收敛区间内可逐项求导，且逐项求导后所得到的幂级数和原级数有相同的收敛半径.

反复应用上述结论可得：幂级数 $\sum\limits_{n=0}^{\infty} a_n x^n$ 的和函数 $s(x)$ 在其收敛区间 $(-R,R)$ 内具有任意阶导数.

（3）可积性：幂级数 $\sum\limits_{n=0}^{\infty} a_n x^n$ 的和函数 $s(x)$ 在收敛区间 $(-R,R)$ 内可积分，且对该区间内任意一点 x 有

$$\begin{aligned}\int_0^x s(x)\mathrm{d}x &= \int_0^x \left(\sum_{n=0}^{\infty} a_n x^n\right)\mathrm{d}x = \sum_{n=0}^{\infty} \int_0^x (a_n x^n)\mathrm{d}x \\ &= \sum_{n=0}^{\infty} \frac{a_n}{n+1} x^{n+1}\end{aligned} \tag{12.3.6}$$

式(12.3.6)表明：幂级数在其收敛区间内可逐项积分，且逐项积分后所得到的幂级数和原级数有相同的收敛半径.

注意：幂级数 $\sum\limits_{n=0}^{\infty} a_n x^n$ 经逐项求导或逐项积分后，收敛半径不变，但收敛域可能变化. 也就是说，经逐项求导或逐项积分后的级数在端点处的收敛性可能会发生变化.

例如，幂级级 $\sum\limits_{n=0}^{\infty} (-1)^n x^n = 1 - x + x^2 - x^3 + \cdots$，逐项积分后所得的幂级数为 $\int_0^x \left(\sum\limits_{n=0}^{\infty} (-1)^n x^n\right)\mathrm{d}x = \sum\limits_{n=0}^{\infty} (-1)^n \dfrac{x^{n+1}}{n+1} = 1 - \dfrac{x^2}{2} + \dfrac{x^3}{3} - \dfrac{x^4}{4} + \cdots$. 不难求得它们的收敛半径均为 $R=1$，但前者的收敛域为 $(-1,1)$，而后者的收敛域却为 $(-1,1]$.

利用幂级数逐项求导和逐项积分的性质求幂级数的和函数是一种常用的方法.

【例 12.3.5】 求幂级数 $\sum_{n=0}^{\infty}\frac{x^n}{n+1}$ 的和函数.

解:先求收敛域. 由于

$$\lim_{n\to\infty}\left|\frac{a_{n+1}}{a_n}\right|=\lim_{n\to\infty}\frac{n+1}{n+2}=1$$

得收敛半径 $R=1$.

在端点 $x=-1$ 处,幂级数成为 $\sum_{n=0}^{\infty}\frac{(-1)^n}{n+1}$,交错级数,由莱布尼茨审敛法知,级数收敛;在端点 $x=1$ 处,幂级数成为 $\sum_{n=0}^{\infty}\frac{1}{n+1}$,发散,故幂级数 $\sum_{n=0}^{\infty}\frac{x^n}{n+1}$ 的收敛域为 $[-1,1)$.

设和函数为 $s(x)$,即

$$s(x)=\sum_{n=0}^{\infty}\frac{x^n}{n+1},x\in[-1,1)$$

于是

$$xs(x)=\sum_{n=0}^{\infty}\frac{x^{n+1}}{n+1}$$

利用性质 12.3.2,逐项求导,并且由

$$\frac{1}{1-x}=1+x+x^2+\cdots+x^n+\cdots\quad(-1<x<1)$$

得

$$[xs(x)]'=\left(\sum_{n=0}^{\infty}\frac{x^{n+1}}{n+1}\right)'=\sum_{n=0}^{\infty}\left(\frac{x^{n+1}}{n+1}\right)'=\sum_{n=0}^{\infty}x^n=\frac{1}{1-x},x\in(-1,1)$$

对上式两端从 0 到 x 积分,得

$$xs(x)=\int_0^x[xs(x)]'\mathrm{d}x=\int_0^x\frac{1}{1-x}\mathrm{d}x=-\ln(1-x),x\in(-1,1)$$

因为由性质 12.3.1 可知 $s(x)$ 在其收敛域 $[-1,1)$ 上连续,即有

$$\begin{aligned}s(x)\big|_{x=-1}&=\lim_{x\to-1^+}s(x)=\lim_{x\to-1^+}\left[-\frac{1}{x}\ln(1-x)\right]\\&=\left[-\frac{1}{x}\ln(1-x)\right]_{x=-1}=\ln 2\end{aligned}$$

因此,当 $x\in[-1,1)$ 但 $x\neq0$ 时

$$s(x)=-\frac{1}{x}\ln(1-x)$$

而 $s(0)$ 同样可由和函数的连续性得到

$$s(0)=\lim_{x\to0}s(x)=\lim_{x\to0}\left[-\frac{1}{x}\ln(1-x)\right]=1$$

故和函数为

$$s(x)=\begin{cases}-\frac{1}{x}\ln(1-x), & x\in[-1,1),x\neq0\\1, & x=0\end{cases}$$

习题 12.3

1. 求下列级数的收敛区间

(1) $\sum_{n=1}^{\infty} nx^n$；　　(2) $\sum_{n=1}^{\infty} \frac{x^n}{2 \cdot 4 \cdots (2n)}$；

(3) $\sum_{n=1}^{\infty} (-1)^{n-1} \frac{x^n}{n^2}$；　　(4) $\sum_{n=1}^{\infty} \frac{x^n}{n \cdot 2^n}$；

(5) $\sum_{n=1}^{\infty} \frac{3^n}{n^2+1} x^n$；　　(6) $\sum_{n=1}^{\infty} (-1)^{n-1} \frac{x^{2n-1}}{2n-1}$；

(7) $\sum_{n=1}^{\infty} \frac{2n-1}{2^n} x^{2n-2}$；　　(8) $\sum_{n=1}^{\infty} \frac{(x-3)^n}{\sqrt{n}}$.

2. 利用逐项求导或逐项积分，求下列级数的和函数

(1) $\sum_{n=1}^{\infty} nx^{n-1}$；　　(2) $\sum_{n=0}^{\infty} \frac{x^{4n+1}}{4n+1}$；

(3) $\sum_{n=1}^{\infty} 2nx^{2n-1}$；　　(4) $\sum_{n=0}^{\infty} \frac{x^{2n+1}}{2n+1}$.

12.4　函数展开成幂级数

12.4.1　泰勒级数

前面我们讨论了幂级数的收敛域及其和函数的性质. 但在许多应用中，我们遇到的却是相反的问题：给定函数 $f(x)$，要考虑它是否能在某个区间内“展开成幂级数”，就是说，是否能够找到这样一个幂级数，它在某区间内收敛，且其和函数恰好就是给定的函数 $f(x)$. 如果能找到这样的幂级数，我们就说，函数 $f(x)$ 在该区间内能展开成幂级数，而这个幂级数在该区间内就表达了函数 $f(x)$.

在 4.3 节泰勒公式中我们已经看到，如果函数 $f(x)$ 在 x_0 的某邻域内具有直到 $(n+1)$ 阶导数，则在该邻域内 $f(x)$ 的 n 阶泰勒公式为

$$f(x)=f(x_0)+f'(x_0)(x-x_0)+\frac{f''(x_0)}{2!}(x-x_0)^2 + \cdots + \frac{f^{(n)}(x_0)}{n!}(x-x_0)^n + R_n(x) \tag{12.4.1}$$

其中，$R_n(x)$ 泰勒公式的余项.
设

$$p_n(x)=f(x_0)+f'(x_0)(x-x_0)+\frac{f''(x_0)}{2!}(x-x_0)^2+\cdots + \frac{f^{(n)}(x_0)}{n!}(x-x_0)^n \tag{12.4.2}$$

则

$$f(x)-p_n(x)=R_n(x)\quad 或\quad f(x)\approx p_n(x)(当\ x\ 接近\ x_0\ 时)$$

即在 x 接近 x_0 时,函数 $f(x)$ 可以用一个 n 次多项式 $p_n(x)$ 来近似表达,并且误差等于余项的绝对值 $|R_n(x)|$. 如果对 x 接近 x_0 不做要求,而是要求 $|R_n(x)|$ 随着 n 的增大而减小,那么我们就可以用增加多项式(12.4.2)的项数的办法来提高精确度.

如果函数在 x_0 的某邻域 $U(x_0)$ 内具有各阶导数 $f'(x),f''(x),\cdots,f^{(n)}(x),\cdots$,这时我们可以设想多项式(12.4.2)的项数趋向于无穷而成为幂级数

$$f(x_0)+f'(x_0)(x-x_0)+\frac{f''(x_0)}{2!}(x-x_0)^2+\cdots+\frac{f^{(n)}(x_0)}{n!}(x-x_0)^n+\cdots \tag{12.4.3}$$

幂级数(12.4.3)称为函数 $f(x)$ 的**泰勒级数**. 显然,当 $x=x_0$ 时,函数 $f(x)$ 的泰勒级数就等于 $f(x_0)$,但是除了点 $x=x_0$ 外,它是否一定收敛?如果它收敛,它是否一定收敛于已知函数 $f(x)$?要回答这些问题,我们有以下定理.

定理 12.4.1 设函数 $f(x)$ 在 x_0 的某一个邻域 $U(x_0)$ 内具有各阶导数,则 $f(x)$ 在该邻域内可以展开成泰勒级数的充分必要条件是 $f(x)$ 的泰勒公式(12.4.1)中的余项 $R_n(x)$,当 $n\to\infty$ 时极限为零,即

$$\lim_{n\to\infty}R_n(x)=0\ (x\in U(x_0))$$

证明:必要性. 设 $f(x)$ 在 $U(x_0)$ 内能展开成泰勒级数(12.4.3),即

$$\begin{aligned}f(x)=f(x_0)+f'(x_0)(x-x_0)+\frac{f''(x_0)}{2!}(x-x_0)^2+\cdots\\+\frac{f^{(n)}(x_0)}{n!}(x-x_0)^n+\cdots\end{aligned} \tag{12.4.4}$$

对一切 $x\in U(x_0)$ 成立. 函数 $f(x)$ 的 n 阶泰勒公式(12.4.1)表示为

$$f(x)=s_{n+1}(x)+R_n(x) \tag{12.4.5}$$

其中,$s_{n+1}(x)$ 表示 $f(x)$ 的泰勒级数(12.4.3)的前 $n+1$ 项之和. 由式(12.4.4),有

$$\lim_{n\to\infty}s_{n+1}(x)=f(x)$$

所以

$$\lim_{n\to\infty}R_n(x)=\lim_{n\to\infty}[f(x)-s_{n+1}(x)]=f(x)-f(x)=0$$

这就证明了条件是必要的.

充分性. 设 $\lim\limits_{n\to\infty}R_n(x)=0$ 对一切 $x\in U(x_0)$ 成立,由 $f(x)$ 的 n 阶泰勒公式(12.4.5),有

$$s_{n+1}(x)=f(x)-R_n(x)$$

令 $n\to\infty$,得

$$\lim_{n\to\infty}s_{n+1}(x)=\lim_{n\to\infty}[f(x)-R_n(x)]=f(x),x\in U(x_0)$$

即 $f(x)$ 的泰勒级数(12.4.3)在 $U(x_0)$ 内收敛,且和函数为 $f(x)$,即

$$\begin{aligned}f(x)=f(x_0)+f'(x_0)(x-x_0)+\frac{f''(x_0)}{2!}(x-x_0)^2\\+\cdots+\frac{f^{(n)}(x_0)}{n!}(x-x_0)^n+\cdots\end{aligned}$$

因此条件是充分的. 定理证毕.

在式(12.4.3)中取 $x_0=0$,得

$$f(0)+f'(0)x+\frac{f''(0)}{2!}x^2+\cdots+\frac{f^{(n)}(0)}{n!}x^n+\cdots \tag{12.4.6}$$

式(12.4.6)称为函数 $f(x)$的**麦克劳林级数**.

函数 $f(x)$的麦克劳林级数是 x 的幂级数.下面我们证明,如果 $f(x)$能展开成 x 的幂级数,那么这种展开式是唯一的,它一定与 $f(x)$的麦克劳林级数一致.

如果 $f(x)$在点 $x_0=0$ 的某邻域$(-R,R)$内能展开成幂级数,即

$$f(x)=a_0+a_1x+a_2x^2+\cdots+a_nx^n+\cdots \tag{12.4.7}$$

对一切的 $x\in(-R,R)$成立.根据幂级数在收敛区间内可以逐项求导,对式(12.4.7)两边求导,得

$$f'(x)=a_1+2a_2x+3a_3x^2\cdots+na_nx^{n-1}+\cdots$$
$$f''(x)=2!\ a_2+2\cdot 3a_3x\cdots+n(n-1)a_nx^{n-2}+\cdots$$
$$f'''(x)=3!\ a_3+\cdots+n(n-1)(n-2)a_nx^{n-3}+\cdots$$
$$\cdots$$
$$f^{(n)}(x)=n!\ a_n+(n+1)\cdot n\cdot(n-1)\cdot\cdots\cdot 2a_{n+1}x+\cdots$$
$$\cdots$$

将 $x=0$ 代入以上各式,得

$$a_0=f(0),a_1=f'(0),a_2=\frac{f''(0)}{2!},\cdots,a_n=\frac{f^{(n)}(0)}{n!},\cdots$$

这就证明了展开式的唯一性.

由函数 $f(x)$的展开式的唯一性可以知道,如果 $f(x)$能够展开成 x 的幂级数,那么这个幂级数就是 $f(x)$的麦克劳林级数.下面将具体讨论把函数 $f(x)$展开成 x 的幂级数的方法.

12.4.2　函数展开成幂级数

将函数 $f(x)$展开成 x 幂级数的一般步骤如下.

(1) 求出 $f(x)$的各阶导数 $f'(x),f''(x),\cdots,f^{(n)}(x),\cdots$,如果在 $x=0$ 处某阶导数不存在,就停止求导,例如:在 $x=0$ 处,$f(x)=x^{\frac{7}{3}}$的三阶导数不存在,它就不能展开成 x 的幂级数;

(2) 求出 $f(x)$及其各阶导数在 $x=0$ 处的值

$$f(0),f'(0),f''(0),\cdots,f^{(n)}(0),\cdots$$

(3) 写出幂级数

$$f(0)+f'(0)x+\frac{f''(0)}{2!}x^2+\cdots+\frac{f^{(n)}(0)}{n!}x^n+\cdots$$

并求出收敛半径 R.

(4) 考查当 $x\in(-R,R)$时,余项 $R_n(x)$的极限(常用拉格朗日余项 $R_n(x)=\frac{f^{(n+1)}(\xi)}{(n+1)!}x^{n+1}$($\xi$介于 0 与 x 之间)讨论 $R_n(x)$的极限)是否为零. 如果$\lim\limits_{n\to\infty}R_n(x)=0$,则函数 $f(x)$在$(-R,R)$内的幂级数展开式为

$$f(x)=f(0)+f'(0)x+\frac{f''(0)}{2!}x^2+\cdots+\frac{f^{(n)}(0)}{n!}x^n+\cdots\ ,\ x\in(-R,R)$$

【例 12.4.1】　将函数 $f(x)=e^x$ 展开成 x 的幂级数.

解:由于 $f^{(n)}(x)=e^x,n=1,2,\cdots$,因此 $f^{(n)}(0)=1,n=0,1,2,\cdots$. 于是得幂级数

$$1+x+\frac{1}{2!}x^2+\cdots+\frac{1}{n!}x^n+\cdots$$

其收敛半径 $R=+\infty$.

对于任何 x、ξ(ξ 介于 0 与 x 之间),余项的绝对值为

$$|R_n(x)|=\left|\frac{e^{\xi}}{(n+1)!}x^{n+1}\right|<e^{|x|}\cdot\frac{|x|^{n+1}}{(n+1)!}$$

由于 $\sum\limits_{n=0}^{\infty}\frac{|x|^{n+1}}{(n+1)!}$ 为收敛级数,而$\frac{|x|^{n+1}}{(n+1)!}$ 为级数 $\sum\limits_{n=0}^{\infty}\frac{|x|^{n+1}}{(n+1)!}$ 的一般项,故$\frac{|x|^{n+1}}{(n+1)!}\to 0$ $(n\to\infty)$,又由于 $e^{|x|}$ 有限,故 $R_n(x)\to 0(n\to\infty)$. 因此

$$e^x=1+x+\frac{1}{2!}x^2+\cdots+\frac{1}{n!}x^n+\cdots\quad(-\infty<x<+\infty)\tag{12.4.8}$$

式(12.4.8)表明,如果在点 $x=0$ 处附近,用级数的部分和(即多项式)来近似代替 e^x,则随着项数的增加,它们就越来越接近 e^x,如图 12.3 所示.

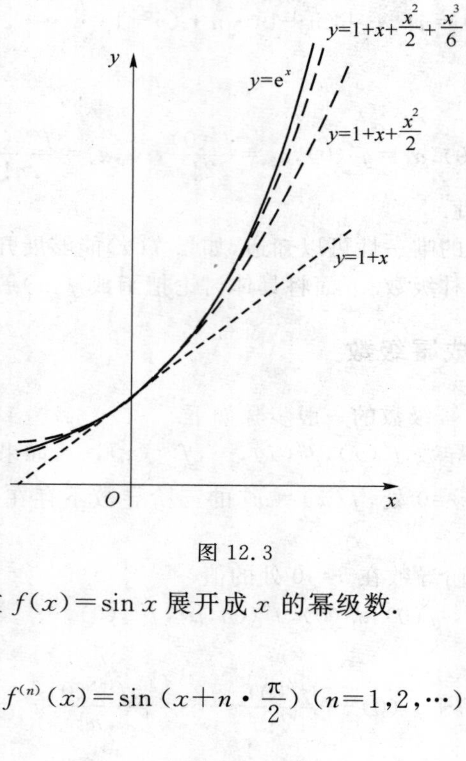

图 12.3

【例 12.4.2】 将函数 $f(x)=\sin x$ 展开成 x 的幂级数.

解:由于

$$f^{(n)}(x)=\sin\left(x+n\cdot\frac{\pi}{2}\right)\ (n=1,2,\cdots)$$

得

$$f(0)=0,f'(0)=1,f''(0)=0,f'''(0)=-1,f^{(4)}(0)=0,\cdots$$

写出幂级数为

$$x-\frac{x^3}{3!}+\frac{x^5}{5!}-\cdots+(-1)^{n-1}\frac{x^{2n-1}}{(2n-1)!}+\cdots$$

可求得收敛半径 $R=+\infty$.

对于任何 x、ξ(ξ 介于 0 与 x 之间),有

$$|R_n(x)|=\left|\frac{\sin\left[\xi+\frac{(n+1)}{2}\pi\right]}{(n+1)!}x^{n+1}\right|\leqslant\frac{|x|^{n+1}}{(n+1)!}\to 0(n\to\infty)$$

因此的展开式

$$\sin x = x - \frac{x^3}{3!} + \frac{x^5}{5!} - \cdots + (-1)^{n-1}\frac{x^{2n-1}}{(2n-1)!} + \cdots \quad (-\infty < x < +\infty) \qquad (12.4.9)$$

从式(12.4.9)同样可以看到，在点 $x=0$ 处附近，用级数的部分和(即多项式)来近似代替 $\sin x$，则随着项数的增加，它们就越来越接近 $\sin x$，如图 12.4 所示.

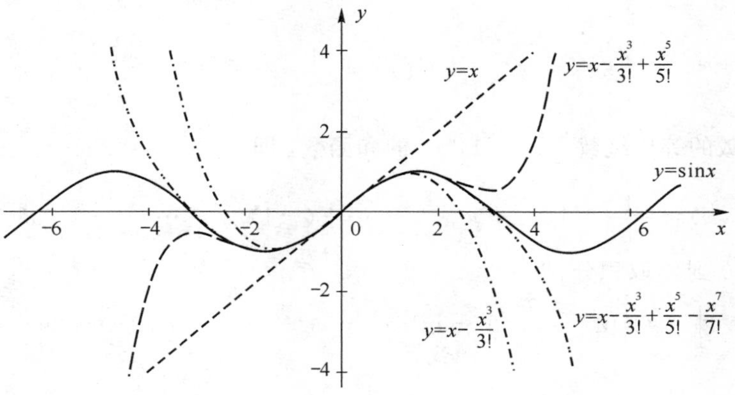

图 12.4

以上将函数展开成幂级数的例子，都是直接用公式 $a_n = \frac{f^{(n)}(0)}{n!}$ 计算幂级数的系数，然后按照公式 $f(0)+f'(0)x+\frac{f''(0)}{2!}x^2+\cdots+\frac{f^{(n)}(0)}{n!}x^n+\cdots$ 形式地写出 $f(x)$ 的幂级数展开，最后考查余项是否趋于零，即：$\lim\limits_{n\to\infty} R_n(x)=0$. 这种直接展开的方法计算量比较大，而且研究余项即使是在初等函数中也并非易事. 下面，我们用间接展开的方法，即利用一些已知的函数展开式、幂级数的运算(如四则运算、逐项求导、逐项积分)以及变量代换等，将所给函数展开成幂级数. 这样做不但计算简单，而且可以避免研究余项.

【例 12.4.3】　将函数 $f(x)=\cos x$ 展开成 x 的幂级数.

解：本题与例 12.3.3 相仿，可以直接展开，但应用间接展开法比较简便. 由于

$$\sin x = x - \frac{x^3}{3!} + \frac{x^5}{5!} - \cdots + (-1)^{n-1}\frac{x^{2n-1}}{(2n-1)!} + \cdots \quad (-\infty < x < +\infty)$$

两边对 x 求导数，得

$$\cos x = 1 - \frac{x^2}{2!} + \frac{x^4}{4!} - \cdots + (-1)^n \frac{x^{2n}}{(2n)!} + \cdots \quad (-\infty < x < +\infty) \qquad (12.4.10)$$

【例 12.4.4】　将函数 $f(x)=\frac{1}{1+x^2}$ 展开成 x 的幂级数.

解：因为

$$\frac{1}{1-x} = 1 + x + x^2 + x^3 + \cdots + x^n + \cdots \quad (-1 < x < 1)$$

把 x 换成 $-x^2$，得

$$\frac{1}{1+x^2} = 1 - x^2 + x^4 - x^6 + \cdots + (-1)^n x^{2n} + \cdots \quad (-1 < x < 1)$$

注意：假定函数 $f(x)$ 在开区间 $(-R,R)$ 内的展开式

$$f(x) = \sum_{n=0}^{\infty} a_n x^n \quad (-R < x < R)$$

已经得到,如果上式的幂级数在该区间的端点 $x=R$(或 $x=-R$)仍收敛,而函数 $f(x)$ 在 $x=R$(或 $x=-R$)处有定义且连续,则根据幂级数的和函数的连续性,该展开式在 $x=R$(或 $x=-R$)处也成立.

【例 12.4.5】 将函数 $f(x)=\ln(1+x)$ 展开成 x 的幂级数.

解:因为

$$f'(x)=\frac{1}{1+x}$$

而 $\frac{1}{1+x}$ 是收敛的等比级数 $\sum\limits_{n=0}^{\infty}(-1)^n x^n$ 的和函数,即

$$f'(x)=\frac{1}{1+x}=1-x+x^2-x^3+\cdots+(-1)^n x^n+\cdots \quad (-1<x<1)$$

将上式两边从 0 到 x 取积分,得

$$\int_0^x f'(x)\mathrm{d}x=\int_0^x[1-x+x^2-x^3+\cdots(-1)^n x^n+\cdots]\mathrm{d}x$$

即

$$f(x)=\ln(1+x)=x-\frac{x^2}{2}+\frac{x^3}{3}-\frac{x^4}{4}+\cdots+(-1)^n\frac{x^{n+1}}{n+1}+\cdots \quad (-1<x<1)$$

由于 $\ln(1+x)$ 在 $x=1$ 处连续,级数

$$x-\frac{x^2}{2}+\frac{x^3}{3}-\frac{x^4}{4}+\frac{x^5}{5}-\frac{x^6}{6}+\cdots+(-1)^n\frac{x^{n+1}}{n+1}+\cdots$$

在 $x=1$ 处收敛,所以有

$$\ln(1+x)=x-\frac{x^2}{2}+\frac{x^3}{3}-\frac{x^4}{4}+\cdots+(-1)^n\frac{x^{n+1}}{n+1}+\cdots \quad (-1<x\leqslant 1) \qquad (12.4.11)$$

【例 12.4.6】 将函数 $f(x)=\arctan x$ 展开成 x 的幂级数.

解:因为

$$f'(x)=(\arctan x)'=\frac{1}{1+x^2}$$

而

$$\frac{1}{1+x^2}=\frac{1}{1-(-x^2)}=\sum_{n=0}^{\infty}(-x^2)^n=\sum_{n=0}^{\infty}(-1)^n x^{2n} \quad (-1<x<1)$$

将上式从 0 到 x 积分,并且注意到 $f(0)=\arctan 0=0$,可得

$$f(x)=\arctan x=\sum_{n=0}^{\infty}\frac{(-1)^n x^{2n+1}}{2n+1} \quad (-1<x<1)$$

当 $x=\pm 1$ 时,上式右端的级数成为 $\pm\sum\limits_{n=0}^{\infty}\frac{(-1)^n}{2n+1}$,它们都是收敛的,而函数 $f(x)=\arctan x$ 在 $x=\pm 1$ 处又是连续的,所以有

$$\begin{aligned} f(x)=\arctan x&=\sum_{n=0}^{\infty}\frac{(-1)^n x^{2n+1}}{2n+1} \\ &=x-\frac{x^3}{3}+\frac{x^5}{5}-\frac{x^7}{7}+\cdots+\frac{(-1)^n x^{2n+1}}{2n+1}+\cdots \quad (-1\leqslant x\leqslant 1) \end{aligned} \qquad (12.4.12)$$

【例 12.4.7】 证明函数 $(1+x)^\alpha$ 展开成 x 的幂级数为

$$(1+x)^{\alpha}=1+\alpha x+\frac{\alpha(\alpha-1)}{2!}x^2+\cdots+\frac{\alpha(\alpha-1)\cdots(\alpha-n+1)}{n!}x^n+\cdots(-1<x<1) \tag{12.4.13}$$

其中，α 为任意实数.

证明：只要证明上式右边级数的和函数为$(1+x)^{\alpha}$ 即可. 首先求出上式右边幂级数的收敛区间.

由于

$$\lim_{n\to\infty}\left|\frac{a_{n+1}}{a_n}\right|=\lim_{n\to\infty}\left|\frac{\frac{\alpha(\alpha-1)\cdots(\alpha-n+1)(\alpha-n+2)}{(n+1)!}}{\frac{\alpha(\alpha-1)\cdots(\alpha-n+1)}{n!}}\right|=\lim_{n\to\infty}\left|\frac{\alpha-n+2}{n+1}\right|=1$$

故其收敛半径 $R=1$，故级数的收敛区间为$(-1,1)$. 在此收敛区间内该级数可逐项求导，令

$$s(x)=1+\alpha x+\frac{\alpha(\alpha-1)}{2!}x^2+\cdots+\frac{\alpha(\alpha-1)\cdots(\alpha-n+1)}{n!}x^n+\cdots\ (-1,1)$$

于是

$$s'(x)=\alpha\left[1+\frac{\alpha-1}{1!}x+\frac{(\alpha-1)(\alpha-2)}{2!}x^2+\cdots+\frac{(\alpha-1)(\alpha-2)\cdots(\alpha-n)}{n!}x^n+\cdots\right]$$

两边乘以 x 得

$$xs'(x)=\alpha\left[x+\frac{\alpha-1}{1!}x^2+\cdots+\frac{(\alpha-1)(\alpha-2)\cdots(\alpha-n+1)}{(n-1)!}x^n+\cdots\right]$$

两式相加得

$$(1+x)s'(x)=\alpha s(x)$$

此为一阶可分离变量的微分方程，不难求得其通解为

$$s(x)=C(1+x)^{\alpha}$$

又因为 $s(0)=1$，故解得 $C=1$，所以 $s(x)=(1+x)^{\alpha}$，即式(12.4.13)成立.

式(12.4.13)的右边级数在端点 $x=\pm1$ 的收敛性通常与 α 有关. 式(12.4.13)**称作二项展开式**. 特别的，当 α 为正整数时，级数为 x 的 α 次多项式，这就是代数学中的二项式定理.

对应于 $\alpha=\frac{1}{2},-\frac{1}{2}$的二项展开式分别为

$$\begin{aligned}\sqrt{1+x}&=(1+x)^{\frac{1}{2}}=1+\frac{1}{2}x+\frac{\frac{1}{2}\left(\frac{1}{2}-1\right)}{2!}x^2+\frac{\frac{1}{2}\left(\frac{1}{2}-1\right)\left(\frac{1}{2}-2\right)}{3!}x^3+\cdots\\&=1+\frac{1}{2}x-\frac{1}{2\cdot4}x^2+\frac{1\cdot3}{2\cdot4\cdot6}x^3-\frac{1\cdot3\cdot5}{2\cdot4\cdot6\cdot8}x^4+\cdots\quad(-1\leqslant x\leqslant1)\end{aligned}$$

$$\begin{aligned}\frac{1}{\sqrt{1+x}}&=(1+x)^{-\frac{1}{2}}=1+\left(-\frac{1}{2}\right)x+\frac{\left(-\frac{1}{2}\right)\left(-\frac{1}{2}-1\right)}{2!}x^2\\&\quad+\frac{\left(-\frac{1}{2}\right)\left(-\frac{1}{2}-1\right)\left(-\frac{1}{2}-2\right)}{3!}x^3+\cdots\\&=1-\frac{1}{2}x+\frac{1\cdot3}{2\cdot4}x^2-\frac{1\cdot3\cdot5}{2\cdot4\cdot6}x^3+\frac{1\cdot3\cdot5\cdot7}{2\cdot4\cdot6\cdot8}x^4+\cdots\quad(-1<x\leqslant1)\end{aligned}$$

下面我们再举两个用间接法将函数展开成$(x-x_0)$的幂级数的例子.

【例 12.4.8】 将函数 $f(x)=\sin x$ 展开成$\left(x-\frac{\pi}{4}\right)$的幂级数.

解:因为

$$\sin x=\sin\left[\frac{\pi}{4}+\left(x-\frac{\pi}{4}\right)\right]=\sin\frac{\pi}{4}\cos\left(x-\frac{\pi}{4}\right)+\cos\frac{\pi}{4}\sin\left(x-\frac{\pi}{4}\right)$$

$$=\frac{1}{\sqrt{2}}\left[\cos\left(x-\frac{\pi}{4}\right)+\sin\left(x-\frac{\pi}{4}\right)\right]$$

又由例 12.4.2 及例 12.4.3,有

$$\cos\left(x-\frac{\pi}{4}\right)=1-\frac{\left(x-\frac{\pi}{4}\right)^2}{2!}+\frac{\left(x-\frac{\pi}{4}\right)^4}{4!}-\frac{\left(x-\frac{\pi}{4}\right)^6}{6!}+\cdots$$

$$(-\infty<x<+\infty)$$

$$\sin\left(x-\frac{\pi}{4}\right)=\left(x-\frac{\pi}{4}\right)-\frac{\left(x-\frac{\pi}{4}\right)^3}{3!}+\frac{\left(x-\frac{\pi}{4}\right)^5}{5!}-\frac{\left(x-\frac{\pi}{4}\right)^7}{7!}+\cdots$$

$$(-\infty<x<+\infty)$$

因此

$$\sin x=\frac{1}{\sqrt{2}}\left[1+\left(x-\frac{\pi}{4}\right)-\frac{\left(x-\frac{\pi}{4}\right)^2}{2!}-\frac{\left(x-\frac{\pi}{4}\right)^3}{3!}+\frac{\left(x-\frac{\pi}{4}\right)^4}{4!}+\frac{\left(x-\frac{\pi}{4}\right)^5}{5!}-\cdots\right]$$

$$(-\infty<x<+\infty)$$

【例 12.4.9】 将函数 $f(x)=\frac{1}{x^2+4x+3}$展开成$(x-1)$的幂级数.

解:由于

$$f(x)=\frac{1}{x^2+4x+3}=\frac{1}{(x+1)(x+3)}=\frac{1}{2}\left(\frac{1}{x+1}-\frac{1}{x+3}\right)$$

$$\frac{1}{x+1}=\frac{1}{x-1+2}=\frac{1}{2}\cdot\frac{1}{1+\frac{x-1}{2}}$$

$$=\frac{1}{2}\left[1-\frac{x-1}{2}+\left(\frac{x-1}{2}\right)^2-\left(\frac{x-1}{2}\right)^3+\cdots\right]$$

$$=\sum_{n=0}^{\infty}\frac{(-1)^n}{2^{n+1}}(x-1)^n\quad(-1<x<3)$$

$$\frac{1}{x+3}=\frac{1}{x-1+4}=\frac{1}{4}\cdot\frac{1}{1+\frac{x-1}{4}}=\frac{1}{4}\left[1-\frac{x-1}{4}+\left(\frac{x-1}{4}\right)^2-\left(\frac{x-1}{4}\right)^3+\cdots\right]$$

$$=\sum_{n=0}^{\infty}\frac{(-1)^n}{4^{n+1}}(x-1)^n,\quad(-3<x<5)$$

合并在一起,得

$$f(x)=\frac{1}{x^2+4x+3}=\frac{1}{2}\left[\sum_{n=0}^{\infty}\frac{(-1)^n}{2^{n+1}}(x-1)^n-\sum_{n=0}^{\infty}\frac{(-1)^n}{4^{n+1}}(x-1)^n\right]$$
$$=\sum_{n=0}^{\infty}\frac{(-1)^n}{2^{n+2}}(x-1)^n-\sum_{n=0}^{\infty}\frac{(-1)^n}{2^{2n+3}}(x-1)^n$$
$$=\sum_{n=0}^{\infty}(-1)^n\left(\frac{1}{2^{n+2}}-\frac{1}{2^{2n+3}}\right)(x-1)^n\quad(-1<x<3)$$

最后，我们列出常见函数的麦克劳林展开式，便于读者掌握和查阅.

(1) $e^x=1+x+\frac{1}{2!}x^2+\cdots+\frac{1}{n!}x^n+\cdots\ (-\infty<x<+\infty)$

(2) $\sin x=x-\frac{x^3}{3!}+\frac{x^5}{5!}-\cdots+(-1)^{n-1}\frac{x^{2n-1}}{(2n-1)!}+\cdots\ (-\infty<x<+\infty)$

(3) $\cos x=1-\frac{x^2}{2!}+\frac{x^4}{4!}-\cdots+(-1)^n\frac{x^{2n}}{(2n)!}+\cdots\quad(-\infty<x<+\infty)$

(4) $\frac{1}{1-x}=1+x+x^2+x^3+\cdots+x^n+\cdots\quad(-1<x<1)$

(5) $\frac{1}{1+x^2}=1-x^2+x^4-x^6+\cdots+(-1)^nx^{2n}+\cdots\quad(-1<x<1)$

(6) $\ln(1+x)=x-\frac{x^2}{2}+\frac{x^3}{3}-\frac{x^4}{4}+\cdots+(-1)^n\frac{x^{n+1}}{n+1}+\cdots\ (-1<x\leqslant 1)$

(7) $(1+x)^\alpha=1+\alpha x+\frac{\alpha(\alpha-1)}{2!}x^2+\cdots+\frac{\alpha(\alpha-1)\cdots(\alpha-n+1)}{n!}x^n+\cdots\ (-1<x<1)$

(8) $\arctan x=x-\frac{x^3}{3}+\frac{x^5}{5}-\frac{x^7}{7}+\cdots+\frac{(-1)^nx^{2n+1}}{2n+1}+\cdots\ (-1\leqslant x\leqslant 1)$

习题 12.4

1. 将下列函数展开成 x 的幂级数，并求展开式成立的区间

(1) $\sin\frac{x}{2}$；　　(2) $shx=\frac{e^x-e^{-x}}{2}$；

(3) a^x；　　(4) $\sin^2 x$；

(5) $(1+x)\ln(1+x)$；　　(6) $\frac{1}{\sqrt{1-x^2}}$.

2. 将下列函数展开成 $(x-1)$ 的幂级数，并求展开式成立的区间

(1) $\sqrt{x^3}$；　　(2) $\lg x$.

3. 将函数 $f(x)=\cos x$ 展开成 $(x+\frac{\pi}{3})$ 的幂级数.

4. 将下列函数展开成 $(x-3)$ 的幂级数：

(1) $f(x)=\frac{1}{x}$；　　(2) $f(x)=\frac{1}{x^2}$.

5. 将函数 $f(x)=\dfrac{1}{x^2+3x+2}$ 展开成 $(x+4)$ 的幂级数.

6. 设 $f(x)=\sum\limits_{n=0}^{\infty}\dfrac{x^n}{n!}(-\infty<x<+\infty)$.

(1) 通过逐项求导的方法证明 $f(x)$ 满足微分方程 $f'(x)=f(x)(-\infty<x<+\infty)$，且 $f(0)=1$；

(2) 证明：$f(x)=\mathrm{e}^x$.

(注：此题提供了将函数 $f(x)=\mathrm{e}^x$ 展开成 x 的幂级数的另一种方法.)

*12.5 函数的幂级数展开式的应用

12.5.1 近似计算

有了函数的幂级数展开式，我们就可以利用它进行近似计算，即在展开式收敛域内，函数值可以近似地利用这个级数按精度要求计算出来. 再利用幂级数逐项积分的性质也可以近似计算定积分的值.

【例 12.5.1】 计算 $\sqrt[5]{240}$ 的近似值，要求误差不超过 0.000 1.

解：因为

$$\begin{aligned}\sqrt[5]{240}&=\sqrt[5]{243-3}\\&=3\left(1-\frac{1}{3^4}\right)^{\frac{1}{5}}\\&=3\left(1-\frac{1}{5}\cdot\frac{1}{3^4}-\frac{1\cdot4}{5^2\cdot2!}\cdot\frac{1}{3^8}-\frac{1\cdot4\cdot9}{5^3\cdot3!}\cdot\frac{1}{3^{12}}-\frac{1\cdot4\cdot9\cdot14}{5^4\cdot4!}\cdot\frac{1}{3^{16}}-\cdots\right)\end{aligned}$$

这个级数收敛很快，取前两项的和作为 $\sqrt[5]{240}$ 的近似值，其误差(也称为截断误差)为

$$\begin{aligned}|r_2|&=3\left(\frac{1\cdot4}{5^2\cdot2!}\cdot\frac{1}{3^8}+\frac{1\cdot4\cdot9}{5^3\cdot3!}\cdot\frac{1}{3^{12}}+\frac{1\cdot4\cdot9\cdot14}{5^4\cdot4!}\cdot\frac{1}{3^{16}}\cdots\right)\\&<3\cdot\frac{1\cdot4}{5^2\cdot2!}\cdot\frac{1}{3^8}\left[1+\frac{1}{81}+\left(\frac{1}{81}\right)^2+\cdots\right]\\&=\frac{6}{25}\cdot\frac{1}{3^8}\cdot\frac{1}{1-\frac{1}{81}}=\frac{1}{25\cdot27\cdot40}<\frac{1}{20\,000}\end{aligned}$$

于是取近似式为

$$\sqrt[5]{240}\approx3\left(1-\frac{1}{5}\cdot\frac{1}{3^4}\right)$$

为了使“四舍五入”引起的误差(称为舍入误差)与截断误差之和不超过 10^{-4}，计算时应取五位小数，然后再四舍五入. 因此最后得

$$\sqrt[5]{240}\approx3\left(1-\frac{1}{5}\cdot\frac{1}{3^4}\right)\approx2.992\,6$$

【例 12.5.2】 利用 $\sin x \approx x - \frac{x^3}{3!}$ 求 $\sin 9^\circ$ 的近似值，并估计误差.

解：首先把角度化成弧度

$$9^\circ = \frac{\pi}{180} \times 9(\text{弧度}) = \frac{\pi}{20}(\text{弧度})$$

从而

$$\sin \frac{\pi}{20} \approx \frac{\pi}{20} - \frac{1}{3!}\left(\frac{\pi}{20}\right)^3$$

其次估计这个近似值的精确度. 我们知道 $\sin x$ 的幂级数展开式为

$$\sin x = x - \frac{x^3}{3!} + \frac{x^5}{5!} - \cdots + (-1)^{n-1}\frac{x^{2n-1}}{(2n-1)!} + \cdots \quad (-\infty < x < +\infty)$$

令 $x = \frac{\pi}{20}$，得

$$\sin \frac{\pi}{20} = \frac{\pi}{20} - \frac{1}{3!}\left(\frac{\pi}{20}\right)^3 + \frac{1}{5!}\left(\frac{\pi}{20}\right)^5 - \frac{1}{7!}\left(\frac{\pi}{20}\right)^7 + \cdots$$

上式右端是一个收敛的交错级数，且各项的绝对值单调减少. 取它的前两项之和作为 $\sin \frac{\pi}{20}$ 的近似值，其误差为

$$|r_2| \leqslant \frac{1}{5!} \cdot \left(\frac{\pi}{20}\right)^5 < \frac{1}{120} \cdot (0.2)^5 < \frac{1}{300\,000}$$

取

$$\frac{\pi}{20} \approx 0.157\,080, \left(\frac{\pi}{20}\right)^3 \approx 0.000\,387\,6$$

于是得

$$\sin 9^\circ = \sin \frac{\pi}{20} \approx \frac{\pi}{20} - \frac{1}{3!}\left(\frac{\pi}{20}\right)^3 \approx 0.156\,43$$

这时误差不超过 10^{-5}.

【例 12.5.3】 计算定积分

$$\frac{2}{\sqrt{\pi}}\int_0^{\frac{1}{2}} e^{-x^2}\,dx$$

的近似值，要求误差不超过 0.000 1（取 $\frac{1}{\sqrt{\pi}} \approx 0.564\,19$）.

解：由于

$$e^x = 1 + x + \frac{1}{2!}x^2 + \cdots + \frac{1}{n!}x^n + \cdots \quad (-\infty < x < +\infty)$$

将上式中的 x 换成 $-x^2$，得

$$\begin{aligned} e^{-x^2} &= 1 + (-x^2) + \frac{(-x^2)^2}{2!} + \frac{(-x^2)^3}{3!} + \cdots \\ &= \sum_{n=0}^{\infty}(-1)^n \frac{x^{2n}}{n!} \quad (-\infty < x < +\infty) \end{aligned}$$

于是，根据幂级数在收敛区间内逐项可积，得

$$\frac{2}{\sqrt{\pi}}\int_0^{\frac{1}{2}} \mathrm{e}^{-x^2}\mathrm{d}x = \frac{2}{\sqrt{\pi}}\int_0^{\frac{1}{2}}\left[\sum_{n=0}^{\infty}(-1)^n\frac{x^{2n}}{n!}\right]\mathrm{d}x$$

$$= \frac{2}{\sqrt{\pi}}\sum_{n=0}^{\infty}\frac{(-1)^n}{n!}\int_0^{\frac{1}{2}}x^{2n}\mathrm{d}x$$

$$= \frac{2}{\sqrt{\pi}}\sum_{n=0}^{\infty}\frac{(-1)^n}{n!}\left[\frac{x^{2n+1}}{2n+1}\right]_0^{\frac{1}{2}}$$

$$= \frac{2}{\sqrt{\pi}}\left(\frac{1}{2}-\frac{1}{2^3\cdot 3}+\frac{1}{2^5\cdot 5\cdot 2!}-\frac{1}{2^7\cdot 7\cdot 3!}+\frac{1}{2^9\cdot 9\cdot 4!}-\cdots\right)$$

取

$$\frac{2}{\sqrt{\pi}}\int_0^{\frac{1}{2}} \mathrm{e}^{-x^2}\mathrm{d}x \approx \frac{2}{\sqrt{\pi}}\left(\frac{1}{2}-\frac{1}{2^3\cdot 3}+\frac{1}{2^5\cdot 5\cdot 2!}-\frac{1}{2^7\cdot 7\cdot 3!}\right)\approx 0.520\,5$$

误差为

$$|r_4| \leqslant \frac{1}{\sqrt{\pi}}\cdot\frac{1}{2^8\cdot 9\cdot 4!} < \frac{1}{900\,00}$$

12.5.2 欧拉公式

设有复数项级数为

$$(u_1+\mathrm{i}v_1)+(u_2+\mathrm{i}v_2)+\cdots+(u_n+\mathrm{i}v_n)+\cdots \tag{12.5.1}$$

其中,$u_n, v_n(n=1,2,3,\cdots)$为实数. 如果实部所成的级数

$$u_1+u_2+\cdots+u_n+\cdots \tag{12.5.2}$$

收敛于和 u,并且虚部所成的级数

$$v_1+v_2+\cdots+v_n+\cdots \tag{12.5.3}$$

收敛于和 v,就称级数(12.5.1)收敛,且其和为 $u+\mathrm{i}v$.

如果级数(12.5.1)的各项的模所构成的级数

$$\sqrt{u_1^2+v_1^2}+\sqrt{u_2^2+v_2^2}+\cdots+\sqrt{u_n^2+v_n^2}+\cdots \tag{12.5.4}$$

收敛,则称级数(12.5.1)绝对收敛. 如果级数(12.5.1)绝对收敛,由于

$$|u_n| \leqslant \sqrt{u_n^2+v_n^2},\ |v_n| \leqslant \sqrt{u_n^2+v_n^2} \quad (n=1,2,3,\cdots)$$

那么级数(12.5.2),级数(12.5.3)绝对收敛,从而级数(12.5.1)收敛.

考查复函数项级数

$$1+z+\frac{1}{2!}z^2+\cdots+\frac{1}{n!}z^n+\cdots \quad (z=x+\mathrm{i}y) \tag{12.5.5}$$

可以证明级数(12.5.5)在整个复平面上是绝对收敛的. 在 x 轴上($z=x$)它表示指数函数 e^x,在整个复平面上我们用它来定义复变量指数函数,记作 e^z. 于是 e^z 定义为

$$\mathrm{e}^z=1+z+\frac{1}{2!}z^2+\cdots+\frac{1}{n!}z^n+\cdots \quad (|z|<\infty) \tag{12.5.6}$$

当 $x=0$ 时,z 为纯虚数 $\mathrm{i}y$,式(12.5.6)成为

$$\begin{aligned} e^{iy} &= 1+iy+\frac{1}{2!}(iy)^2+\frac{1}{3!}(iy)^3+\cdots+\frac{1}{n!}(iy)^n+\cdots \\ &= 1+iy-\frac{1}{2!}y^2-i\,\frac{1}{3!}y^3+\frac{1}{4!}y^4+i\,\frac{1}{5!}y^5-\cdots \\ &= \left(1-\frac{1}{2!}y^2+\frac{1}{4!}y^4-\cdots\right)+i\left(y-\frac{1}{3!}y^3+\frac{1}{5!}y^5-\cdots\right) \\ &= \cos y+i\sin y \end{aligned}$$

把 y 换写成 x，上式变为

$$e^{ix}=\cos x+i\sin x \tag{12.5.7}$$

这就是欧拉(Euler)公式.

值得一提的是，如果在式(12.5.7)中令 $x=\pi$，得到

$$e^{i\pi}=\cos\pi+i\sin\pi$$

即

$$e^{i\pi}+1=0$$

这个式子里集中了数学中最常用的五个常数：0，1，e，π，i，又异常简约，堪称数学中最优美的式子.

应用公式(12.5.7)，复数 z 可以表示为指数形式

$$z=\rho(\cos\theta+i\sin\theta)=\rho e^{i\theta} \tag{12.5.8}$$

其中，$\rho=|z|$ 是 z 的模，$\theta=\arg z$ 是 z 的辐角(图 12.5)

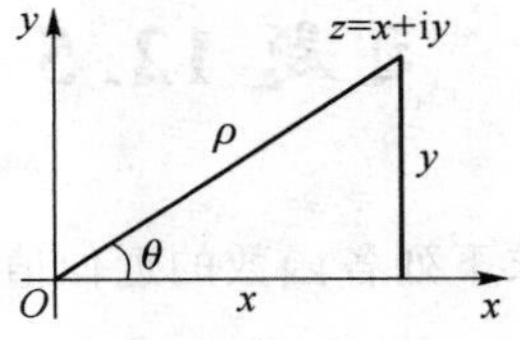

图 12.5

在式(12.5.7)中把 x 换成 $-x$，又有

$$e^{-ix}=\cos x-i\sin x$$

与(12.5.7)相加、相减得

$$\begin{cases} \cos x=\dfrac{e^{ix}+e^{-ix}}{2} \\ \sin x=\dfrac{e^{ix}-e^{-ix}}{2i} \end{cases}$$

这两个式子也称作欧拉公式. 式(12.5.7)或式(12.5.9)揭示了三角函数与复变量指数函数之间的一种关系.

最后，根据定义式(12.5.6)，并利用幂级数的乘法，我们不难验证

$$e^{z_1+z_2}=e^{z_1}\cdot e^{z_2}$$

特别地，取 z_1 为实数 x，z_2 为纯虚数 iy，则有

$$e^{x+iy}=e^x(\cos y+i\sin y) \tag{12.5.9}$$

这就是说,复变量指数函数 e^z 在 $z=x+iy$ 处的值是模为 e^x,辐角为 y 的复数.

由欧拉公式可以得到著名的隶莫弗(De. Moivre)公式

$$(\cos\theta+i\sin\theta)^n=(e^{i\theta})^n=e^{in\theta}=\cos n\theta+i\sin n\theta$$

【例 12.5.4】 将函数 $f(x)=e^x\sin x$ 展为 x 的幂级数.

解:由式(12.5.9)可知 $e^x\sin x$ 为 $e^{(1+i)x}=e^x(\cos x+i\sin x)$ 的虚部.因为

$$\begin{aligned}e^{(1+i)x}&=\sum_{n=0}^{\infty}\frac{(1+i)^n}{n!}x^n=\sum_{n=0}^{\infty}\frac{\left[\sqrt{2}\left(\cos\frac{\pi}{4}+\sin\frac{\pi}{4}\right)\right]^n}{n!}x^n\\&=\sum_{n=0}^{\infty}\frac{(\sqrt{2})^n\left(\cos\frac{n\pi}{4}+i\sin\frac{n\pi}{4}\right)}{n!}x^n\\&=\sum_{n=0}^{\infty}\frac{(\sqrt{2})^n\cos\frac{n\pi}{4}}{n!}x^n+i\sum_{n=0}^{\infty}\frac{(\sqrt{2})^n\sin\frac{n\pi}{4}}{n!}x^n\end{aligned}$$

因此

$$e^x\sin x=\sum_{n=0}^{\infty}\frac{(\sqrt{2})^n\sin\frac{n\pi}{4}}{n!}x^n$$

*习题 12.5

1. 利用函数的幂级数展开式求下列各函数的近似值

(1) ln3(误差不超过 0.000 1);

(2) $\sqrt{e}$(误差不超过 0.001);

(3) $\sqrt[9]{522}$(误差不超过 0.000 01);

(4) $\cos 2^\circ$(误差不超过 0.000 1).

2. 利用被积函数的幂级数展开式求下列定积分的近似值

(1) $\int_0^{\frac{1}{2}}\frac{1}{1+x^4}dx$(误差不超过 0.000 1);

(2) $\int_0^{\frac{1}{2}}\frac{\arctan x}{x}dx$(误差不超过 0.001).

12.6 傅里叶级数

从本节开始,我们讨论由三角函数组成的函数项级数,即所谓的**三角级数**,着重研究如何把函数展开成三角级数.

12.6.1　三角级数

在第 1 章中,我们介绍过周期函数的概念,周期函数反映了客观世界中的周期运动. 正弦函数是一种常见的周期函数. 例如描述简谐振动的函数

$$y=A\sin(\omega t+\varphi)$$

就是一个以$\frac{2\pi}{\omega}$为周期的正弦函数. 其中 y 表示动点的位置,t 表示时间,A 为**振幅**,ω 为**角频率**,φ 为**初相**.

在实际问题中,除了正弦函数外,还会遇到非正弦函数的周期函数,它们反映了比较复杂的周期运动. 例如电子技术中常用的周期 T 为的矩形波(图 12.6)就是一个非正弦周期函数的例子.

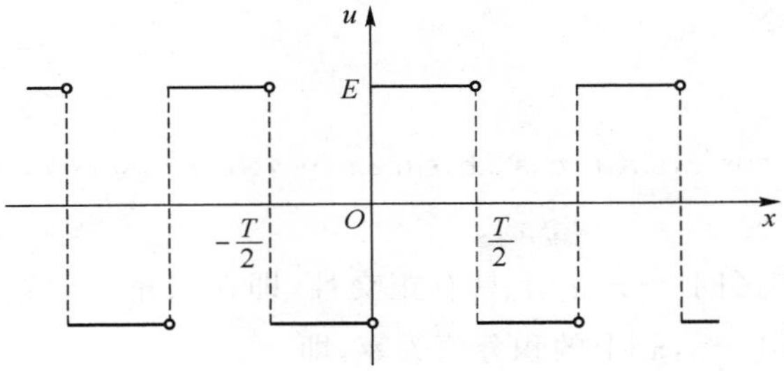

图 12.6

如何深入研究非正弦函数的周期函数呢? 联系到前面介绍过的用函数的幂级数展开式表示和讨论函数,我们也可以将周期函数展开成由简单的周期函数,例如三角函数组成的级数.

具体地说,就是将周期为 $T\left(=\frac{2\pi}{\omega}\right)$的周期函数用一系列以 T 为周期的正弦函数 $A_n\sin(n\omega t+\varphi_n)$ 组成的函数来表示,记为

$$f(t)=A_0+\sum_{n=1}^{\infty}A_n\sin(n\omega t+\varphi_n) \tag{12.6.1}$$

其中,$A_0,A_n,\varphi_n(n=1,2,3,\cdots)$都是常数.

将周期函数按上述方式展开,它的物理意义是很明确的,就是把一个比较复杂的周期运动看成是许多不同频率的简谐振动的叠加. 在电工学上,这种展开称为谐波分析. 其中常数项 A_0 称为 $f(t)$的直流分量;$A_1\sin(\omega t+\varphi_1)$称为一次谐波(又称基波);而 $A_2\sin(2\omega t+\varphi_2)$,$A_3\sin(3\omega t+\varphi_3)$,$\cdots$依次称为二次谐波,三次谐波,等等.

为了以后讨论方便起见,我们将正弦函数 $A_n\sin(n\omega t+\varphi_n)$按三角公式变形,得

$$A_n\sin(n\omega t+\varphi_n)=A_n\sin\varphi_n\cos n\omega t+A_n\cos\varphi_n\sin n\omega t$$

令$\frac{a_0}{2}=A_0$,$a_n=A_n\sin\varphi_n$,$b_n=A_n\cos\varphi_n$,$\omega=\frac{\pi}{l}$(即 $T=2l$),则式(12.6.1)右端的级数可以改写为

$$\frac{a_0}{2}+\sum_{n=1}^{\infty}\left(a_n\cos\frac{n\pi t}{l}+b_n\sin\frac{n\pi t}{l}\right) \tag{12.6.2}$$

形如式(12.6.2)的级数称为三角级数,其中 $a_0,a_n,b_n(n=1,2,3)$都是常数.

令$\frac{\pi t}{l}=x$,式(12.6.2)成为

$$\frac{a_0}{2}+\sum_{n=1}^{\infty}(a_n\cos nx+b_n\sin nx) \tag{12.6.3}$$

这就把以 $2l$ 为周期的三角级数转化为以 2π 为周期的三角级数(12.6.3).

12.6.2 三角函数系及其正交性

如同讨论幂级数时一样,我们必须讨论三角级数(12.6.3)的收敛问题,以及给定周期为 2π 的周期函数如何把它展开成三角级数(12.6.2). 为此,我们首先介绍三角函数系的正交性.

函数的集合

$$1,\cos x,\sin x,\cos 2x,\sin 2x,\cdots,\cos nx,\sin nx,\cdots \tag{12.6.4}$$

称为**三角函数系**.

上述三角函数系在区间$[-\pi,\pi]$上具有正交性,即在三角函数系(12.6.4)中任何两个不同函数的乘积在区间$[-\pi,\pi]$上的积分值为零,即

$$\int_{-\pi}^{\pi}\cos nx\,\mathrm{d}x=0\quad(n=1,2,3,\cdots)$$

$$\int_{-\pi}^{\pi}\sin nx\,\mathrm{d}x=0\quad(n=1,2,3,\cdots)$$

$$\int_{-\pi}^{\pi}\sin kx\cos nx\,\mathrm{d}x=0\quad(k,n=1,2,3,\cdots)$$

$$\int_{-\pi}^{\pi}\cos kx\cos nx\,\mathrm{d}x=0\quad(k,n=1,2,3,\cdots,k\neq n)$$

$$\int_{-\pi}^{\pi}\sin kx\sin nx\,\mathrm{d}x=0\quad(k,n=1,2,3,\cdots,k\neq n)$$

以上等式,都可以通过计算定积分来验证,现将第四式验证如下.

利用三角函数的积化和差公式

$$\cos kx\cos nx=\frac{1}{2}[\cos(k+n)x+\cos(k-n)x]$$

当 $k\neq n$ 时,有

$$\begin{aligned}\int_{-\pi}^{\pi}\cos kx\cos nx\,\mathrm{d}x&=\frac{1}{2}\int_{-\pi}^{\pi}[\cos(k+n)x+\cos(k-n)x]\mathrm{d}x\\&=\frac{1}{2}\left[\frac{\sin(k+n)x}{k+n}+\frac{\sin(k-n)x}{k-n}\right]_{-\pi}^{\pi}\\&=0(n,k=1,2,3,\cdots,k\neq n)\end{aligned}$$

其余式子读者可自行验证.

在三角函数系(12.6.4)中,两个相同函数的乘积在$[-\pi,\pi]$的积分值不为零,即

$$\int_{-\pi}^{\pi} 1^2\,\mathrm{d}x = 2\pi$$

$$\int_{-\pi}^{\pi} \sin^2 nx\ \mathrm{d}x = \pi,\int_{-\pi}^{\pi} \cos^2 nx\ \mathrm{d}x = \pi \quad (n = 1,2,3,\cdots)$$

12.6.3　将周期为 2π 的周期函数展成傅里叶级数

设 $f(x)$是以 2π 为周期的周期函数,并假设 $f(x)$能展开成三角级数

$$f(x) = \frac{a_0}{2} + \sum_{k=1}^{\infty}(a_k\cos kx + b_k\sin kx) \tag{12.6.5}$$

我们自然要问:系数 $a_0,a_1,b_1,a_2,b_2,\cdots$与函数 $f(x)$之间存在着怎样的关系?即:如何利用 $f(x)$把系数 $a_0,a_1,b_1,a_2,b_2,\cdots$表达出来?为此,我们假设式(12.6.5)右端的级数可以逐项积分.

先确定 a_0. 对式(12.6.5)两边从 $-\pi$ 到 π 积分,得

$$\int_{-\pi}^{\pi} f(x)\mathrm{d}x = \int_{-\pi}^{\pi}\frac{a_0}{2}\mathrm{d}x + \sum_{n=1}^{\infty}\int_{-\pi}^{\pi}(a_k\cos kx + b_k\sin kx)\mathrm{d}x$$

$$= \int_{-\pi}^{\pi}\frac{a_0}{2}\mathrm{d}x + \sum_{k=1}^{\infty}\left[a_k\int_{-\pi}^{\pi}\cos kx\,\mathrm{d}x + b_k\int_{-\pi}^{\pi}\sin kx\,\mathrm{d}x\right]$$

根据三角函数系(12.6.4)的正交性,上式右端除第一项外,其余各项均为零,所以

$$\int_{-\pi}^{\pi} f(x)\mathrm{d}x = \frac{a_0}{2}\cdot 2\pi$$

因此

$$a_0 = \frac{1}{\pi}\int_{-\pi}^{\pi} f(x)\mathrm{d}x$$

其次求 a_n. 用 $\cos nx$ 乘式(12.6.5)两端,并在$[-\pi,\pi]$上积分,得

$$\int_{-\pi}^{\pi} f(x)\cos nx\,\mathrm{d}x$$

$$= \frac{a_0}{2}\int_{-\pi}^{\pi}\cos nx\,\mathrm{d}x + \sum_{k=1}^{\infty}\left[a_k\int_{-\pi}^{\pi}\cos nx\cos kx\,\mathrm{d}x + b_k\int_{-\pi}^{\pi}\cos nx\sin kx\,\mathrm{d}x\right]$$

由三角函数系(12.6.4)的正交性,等式右端除了 $k=n$ 的一项外,其余各项均为零,所以

$$\int_{-\pi}^{\pi} f(x)\cos nx\,\mathrm{d}x = a_n\int_{-\pi}^{\pi}\cos^2 nx\,\mathrm{d}x = a_n\cdot\pi$$

即

$$a_n = \frac{1}{\pi}\int_{-\pi}^{\pi} f(x)\cos nx\,\mathrm{d}x \quad (n = 1,2,3,\cdots)$$

类似地,用 $\sin nx$ 乘式(12.6.5)两端,并在$[-\pi,\pi]$上积分,得

$$b_n = \frac{1}{\pi}\int_{-\pi}^{\pi} f(x)\sin nx\,\mathrm{d}x \quad (n = 1,2,3,\cdots)$$

因为 a_0 正好由 a_n 当 $n=0$ 时的表达式给出,所以结果可综合得

$$\begin{cases} a_n = \dfrac{1}{\pi}\displaystyle\int_{-\pi}^{\pi} f(x)\cos nx\,\mathrm{d}x & (n = 0,1,2,3,\cdots) \\ b_n = \dfrac{1}{\pi}\displaystyle\int_{-\pi}^{\pi} f(x)\sin nx\,\mathrm{d}x & (n = 1,2,3,\cdots) \end{cases} \tag{12.6.6}$$

如果式(12.6.6)中的积分都存在,这时由式(12.6.6)确定的系数 $a_0, a_1, b_1, a_2, b_2, \cdots$ 称为函数 $f(x)$ 的傅里叶(Fourier)系数,由傅里叶系数 a_n 与 b_n 构成的三角级数

$$\frac{a_0}{2} + \sum_{n=1}^{\infty}(a_n\cos nx + b_n\sin nx) \tag{12.6.7}$$

称为函数 $f(x)$ 的**傅里叶级数**.

以上是假定函数 $f(x)$ 可以展成三角级数(12.6.5),然后两边积分,再利用逐项积分和三角函数系的正交性得到傅里叶系数(12.6.6),进而写出了 $f(x)$ 的傅里叶级数.然而,函数 $f(x)$ 的傅里叶级数是否一定收敛?若收敛,是否一定收敛于 $f(x)$?这是我们要考虑的一个基本问题.

下面的收敛定理给出上述问题的一个重要结论.

定理 12.6.1(收敛定理,狄利克雷(Dirichlet)充分条件)　设 $f(x)$ 是以 2π 为周期的周期函数,如果它满足:

(1) 在一个周期内连续或只有有限个第一类间断点,

(2) 在一个周期内至多只有有限个极值点.

则 $f(x)$ 的傅里叶级数收敛,并且

当 x 是 $f(x)$ 的连续点时,级数收敛于 $f(x)$;

当 x 是 $f(x)$ 的间断点时,级数收敛于 $\dfrac{1}{2}[f(x-0)+f(x+0)]$.

(证明略)

这个收敛定理告诉我们:只要函数在 $[-\pi,\pi]$ 上至多只有有限个第一类间断点,并且不作无限次振荡,函数的傅里叶级数在连续点处就收敛于该点的函数值,在间断点处收敛于该点的左极限和右极限的算术平均值.

【例 12.6.1】　设 $f(x)$ 是以 2π 为周期的周期函数,它在 $[-\pi,\pi)$ 上的表达式为

$$f(x)=\begin{cases} x, & -\pi\leqslant x<0 \\ 0, & 0\leqslant x<\pi \end{cases}$$

将 $f(x)$ 展开成傅里叶级数.

解:所给的函数满足收敛定理的条件,它在点 $x=(2k+1)\pi(k=0,\pm1,\pm2,\cdots)$ 处不连续,在其他点处连续,由收敛定理知道 $f(x)$ 的傅里叶级数收敛,并且当 $x=(2k+1)\pi$ 时,级数收敛于

$$\frac{f(\pi-0)+f(-\pi+0)}{2}=\frac{0-\pi}{2}=-\frac{\pi}{2}$$

当 $x\neq(2k+1)\pi$ 时,级数收敛于 $f(x)$. 和函数的图形如图 12.7 所示.

计算傅里叶系数如下

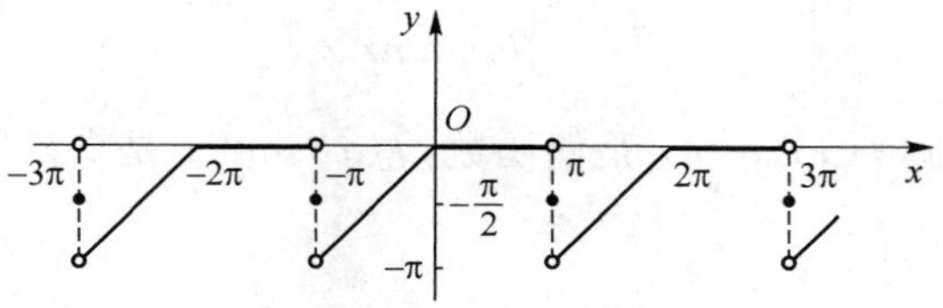

图 12.7

$$
\begin{aligned}
a_n &= \frac{1}{\pi}\int_{-\pi}^{\pi} f(x)\cos nx\,\mathrm{d}x = \frac{1}{\pi}\int_{-\pi}^{0} x\cos nx\,\mathrm{d}x \\
&= \frac{1}{\pi}\left[\frac{x\sin nx}{n} + \frac{\cos nx}{n^2}\right]_{-\pi}^{0} \\
&= \frac{1}{n^2\pi}(1-\cos n\pi) \\
&= \begin{cases} \dfrac{2}{n^2\pi} \quad (n = 1,3,5,\cdots) \\ 0(n = 2,4,6,\cdots) \end{cases}
\end{aligned}
$$

$$
a_0 = \frac{1}{\pi}\int_{-\pi}^{\pi} f(x)\mathrm{d}x = \frac{1}{\pi}\int_{-\pi}^{0} x\mathrm{d}x = \frac{1}{\pi}\left[\frac{x^2}{2}\right]_{-\pi}^{0} = -\frac{\pi}{2}
$$

$$
\begin{aligned}
b_n &= \frac{1}{\pi}\int_{-\pi}^{\pi} f(x)\sin nx\,\mathrm{d}x = \frac{1}{\pi}\int_{-\pi}^{0} x\sin nx\,\mathrm{d}x \\
&= \frac{1}{\pi}\left[-\frac{x\cos nx}{n} + \frac{\sin nx}{n^2}\right]_{-\pi}^{0} \\
&= -\frac{\cos n\pi}{\pi} = \frac{(-1)^{n+1}}{n}
\end{aligned}
$$

因此，得 $f(x)$ 的傅里叶级数为

$$
\begin{aligned}
f(x) &= -\frac{\pi}{4} + \left(\frac{2}{\pi}\cos x + \sin x\right) - \frac{1}{2}\sin 2x + \left(\frac{2}{3^2\pi}\cos 3x + \frac{1}{3}\sin 3x\right) \\
&\quad - \frac{1}{4}\sin 4x + \left(\frac{2}{5^2\pi}\cos 3x + \frac{1}{5}\sin 5x\right) - \cdots \\
&= -\frac{\pi}{4} + \frac{2}{\pi}\sum_{k=1}^{\infty}\frac{1}{(2k-1)^2}\cos(2k-1)x + \sum_{n=1}^{\infty}\frac{(-1)^{n-1}}{n}\sin nx \\
&\quad (-\infty < x < +\infty; x \neq \pm\pi, \pm 3\pi, \pm 5\pi, \cdots)
\end{aligned}
$$

当 $f(x)$ 是奇、偶周期函数时，利用奇、偶函数在对称区间 $[-\pi,\pi]$ 上定积分的性质可简化傅里叶系数的计算. 当 $f(x)$ 为奇函数时，$f(x)\cos nx$ 是奇函数，$f(x)\sin nx$ 是偶函数，故 $f(x)$ 的傅里叶系数为

$$
\left.\begin{aligned}
a_n &= \frac{1}{\pi}\int_{-\pi}^{\pi} f(x)\cos nx\,\mathrm{d}x = 0 \quad (n = 0,1,2,3,\cdots) \\
b_n &= \frac{1}{\pi}\int_{-\pi}^{\pi} f(x)\sin nx\,\mathrm{d}x = \frac{2}{\pi}\int_{0}^{\pi} f(x)\sin nx\,\mathrm{d}x (n = 1,2,3,\cdots)
\end{aligned}\right\} \tag{12.6.8}
$$

即奇函数的傅里叶级数为只含有正弦项的**正弦级数**

$$\sum_{n=1}^{\infty} b_n \sin nx \tag{12.6.9}$$

当 $f(x)$为偶函数时,$f(x)\cos nx$ 是偶函数,$f(x)\sin nx$ 是奇函数,故 $f(x)$的傅里叶系数为

$$\left.\begin{aligned} a_n &= \frac{1}{\pi}\int_{-\pi}^{\pi} f(x)\cos nx\,dx = \frac{2}{\pi}\int_0^{\pi} f(x)\cos nx\,dx \quad (n=0,1,2,3,\cdots) \\ b_n &= \frac{1}{\pi}\int_{-\pi}^{\pi} f(x)\sin nx\,dx = 0 \quad (n=1,2,3,\cdots) \end{aligned}\right\} \tag{12.6.10}$$

即偶函数的傅里叶级数为只含有常数项和余弦项的**余弦级数**

$$\frac{a_0}{2} + \sum_{n=1}^{\infty} a_n \cos nx \tag{12.6.11}$$

【例 12.6.2】 设 $f(x)$是以 2π 为周期的周期函数,它在$[-\pi,\pi]$上的表达式为

$$f(x) = \begin{cases} -1, & -\pi \leqslant x < 0 \\ 1, & 0 \leqslant x < \pi \end{cases}$$

将 $f(x)$展开成傅里叶级数.

解:所给的函数满足收敛定理的条件,它在点 $x=k\pi(k=0,\pm1,\pm2,\cdots)$处不连续,在其他点处连续,由收敛定理知道 $f(x)$的傅里叶级数收敛,并且当 $x=k\pi$ 时,级数收敛于

$$\frac{-1+1}{2} = \frac{1+(-1)}{2} = 0$$

当 $x \neq k\pi$ 时,级数收敛于 $f(x)$. 和函数的图形如图 12.8 所示.

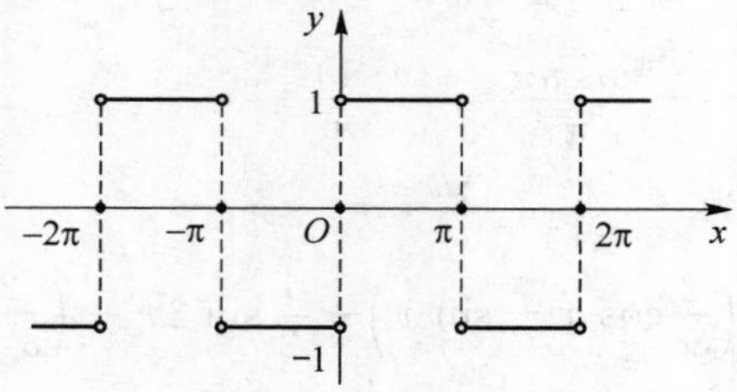

图 12.8

由于 $f(x)$为奇函数,故

$$a_n = 0 \quad (n=0,1,2,\cdots)$$

$$\begin{aligned} b_n &= \frac{2}{\pi}\int_0^{\pi} f(x)\sin nx\,dx \\ &= \frac{2}{\pi}\int_0^{\pi} 1\cdot\sin nx\,dx = \frac{2}{\pi}\left[-\frac{\cos nx}{n}\right]_0^{\pi} \\ &= \frac{2}{n\pi}[1-\cos n\pi] = \frac{2}{n\pi}[1-(-1)^n] \\ &= \begin{cases} \dfrac{4}{n\pi}(n=1,3,5,\cdots) \\ 0(n=2,4,6,\cdots) \end{cases} \end{aligned}$$

将系数代入式(12.6.9),得到函数 $f(x)$ 的傅里叶级数(正弦级数)为

$$\frac{4}{\pi}\left[\sin x+\frac{1}{3}\sin 3x+\frac{1}{5}\sin 5x+\cdots+\frac{1}{2k-1}\sin(2k-1)x+\cdots\right]$$

由于 $f(x)$ 在 $x=k\pi, k=0,\pm 1,\pm 2,\cdots$ 处不连续,故

$$f(x)=\frac{4}{\pi}\left[\sin x+\frac{1}{3}\sin 3x+\frac{1}{5}\sin 5x+\cdots+\frac{1}{2k-1}\sin(2k-1)x+\cdots\right]$$

$$=\frac{4}{\pi}\sum_{k=1}^{\infty}\frac{1}{2k-1}\sin(2k-1)x$$

$$(-\infty<x<+\infty, x\neq 0,\pm\pi,\pm 2\pi,\cdots)$$

如果把例 12.6.2 中的函数理解为矩形波的波形函数(周期 $T=2\pi$,振幅 $E=1$,自变量 x 表示时间),那么上面得到的展开式表明:矩形波是由一系列不同频率的正弦波叠加而成的.

【例 12.6.3】 将周期函数

$$u(t)=E\left|\sin\frac{t}{2}\right|\quad(-\infty<t<+\infty)$$

展开成傅里叶级数,其中 E 为正的常数.

解:所给函数满足收敛定理的条件,它在整个数轴上连续(图 12.9),因此 $u(t)$ 的傅里叶级数处处收敛于 $u(t)$.

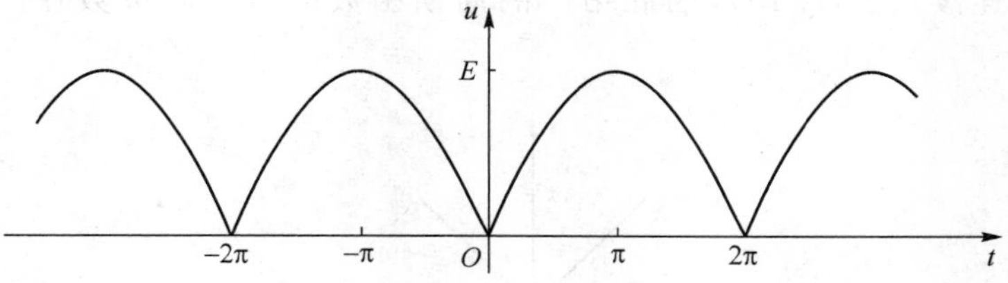

图 12.9

$u(t)$ 是周期为 2π 的偶函数. 显然,此时式(12.6.10)成立,故 $b_n=0\ (n=1,2,3,\cdots)$,而

$$a_n=\frac{2}{\pi}\int_0^{\pi}u(t)\cos nt\,dt=\frac{2}{\pi}\int_0^{\pi}E\sin\frac{t}{2}\cos nt\,dt$$

$$=\frac{E}{\pi}\int_0^{\pi}\left[\sin\left(n+\frac{1}{2}\right)t-\sin\left(n-\frac{1}{2}\right)t\right]dt$$

$$=\frac{E}{\pi}\left[-\frac{\cos\left(n+\frac{1}{2}\right)t}{n+\frac{1}{2}}+\frac{\cos\left(n-\frac{1}{2}\right)t}{n-\frac{1}{2}}\right]_0^{\pi}$$

$$=\frac{E}{\pi}\left[\frac{1}{n+\frac{1}{2}}-\frac{1}{n-\frac{1}{2}}\right]$$

$$=-\frac{4E}{(4n^2-1)\pi}\ (n=0,1,2,3,\cdots)$$

因此,$u(t)$ 的傅里叶级数为

$$u(t)=\frac{4E}{\pi}\left(\frac{1}{2}-\sum_{n=1}^{\infty}\frac{1}{4n^2-1}\cos nt\right)\quad(-\infty<t<+\infty)$$

*12.6.4 将定义在$[-\pi,\pi]$上及定义在$[0,\pi]$上的函数展成傅里叶级数

1. 将定义在$[-\pi,\pi]$上的函数展成傅里叶级数

如果函数 $f(x)$只在$[-\pi,\pi]$上有定义,并且满足收敛定理的条件,那么 $f(x)$也可以展开成傅里叶级数. 事实上,我们可以在$[-\pi,\pi)$或$(-\pi,\pi]$外补充函数的定义,将它拓广成周期为 2π 的周期函数 $F(x)$. 按照这样的方式拓广函数的定义域的过程称为周期延拓. 再将 $F(x)$展开成傅里叶级数. 最后限制在$(-\pi,\pi)$内,此时 $F(x)\equiv f(x)$,这样便得到函数 $f(x)$的傅里叶级数展开式. 根据收敛定理,此级数在区间端点 $x=\pm\pi$ 处收敛于$\dfrac{f(\pi-0)+f(-\pi+0)}{2}$.

【例 12.6.4】 将函数

$$f(x)=\begin{cases}-x & (-\pi\leqslant x<0)\\ x & (0\leqslant x\leqslant\pi)\end{cases}$$

展开成傅里叶级数.

解:所给的函数在区间$[-\pi,\pi]$上满足收敛定理的条件,并且拓广为周期函数时,它在每一点 x 处都连续(图 12.10),因此拓广的周期函数的傅里叶级数在$[-\pi,\pi]$上收敛于$f(x)$.

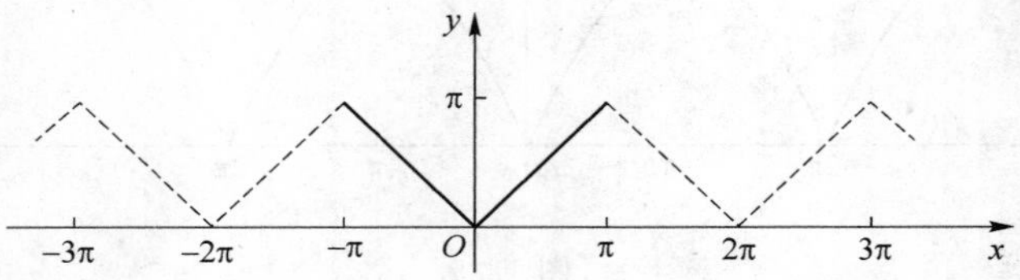

图 12.10

由于 $f(x)$为偶函数,故

$$a_n=\frac{2}{\pi}\int_0^{\pi}f(x)\cos nx\,dx=\frac{2}{\pi}\int_0^{\pi}x\cos nx\,dx$$

$$=\frac{2}{\pi}\left[\frac{x\sin nx}{n}+\frac{\cos nx}{n^2}\right]_0^{\pi}=\frac{2}{n^2\pi}(\cos n\pi-1)$$

$$=\begin{cases}-\dfrac{4}{n^2\pi}, & n=1,3,5,\cdots\\ 0, & n=2,4,6,\cdots\end{cases}$$

$$a_0=\frac{2}{\pi}\int_0^{\pi}f(x)\,dx=\frac{2}{\pi}\int_0^{\pi}x\,dx=\frac{2}{\pi}\left[\frac{x^2}{2}\right]_0^{\pi}=\pi$$

$$b_n=0\quad(n=1,2,3,\cdots)$$

因此,得 $f(x)$的傅里叶级数(余弦级数)为

$$f(x) = \frac{\pi}{2} - \frac{4}{\pi}\left(\cos x + \frac{1}{3^2}\cos 3x + \frac{1}{5^2}\cos 5x + \cdots\right)$$

$$= \frac{\pi}{2} - \sum_{k=1}^{\infty} \frac{1}{(2k-1)^2}\cos(2k-1)x \quad (-\pi \leqslant x \leqslant \pi)$$

2. 定义在 $[0,\pi]$ 上的函数展成傅里叶级数

在实际应用(如研究某种波动问题,热的传导、扩散问题)中,有时还需要把定义在区间 $[0,\pi]$ 上的函数 $f(x)$ 展开成正弦级数或余弦级数.

设函数 $f(x)$ 定义在区间 $[0,\pi]$ 上并且满足收敛定理的条件. 根据前面的讨论,这类展开问题可以按如下的步骤解决.

第一步:在开区间 $(-\pi,0)$ 内补充定义函数 $f(x)$,得到定义在 $(-\pi,\pi]$ 上的函数 $F(x)$,使它在 $(-\pi,\pi)$ 成为奇函数(偶函数). 按照这种方式拓广函数定义域的过程称为**奇延拓**(**偶延拓**);

第二步:将奇延拓(偶延拓)后的函数进一步进行周期延拓,使其延拓为定义在 $(-\infty,+\infty)$ 上、周期为 2π 的周期函数;

第三步:按照前面的公式(12.6.8)或式(12.6.10),将上一步中得到的周期函数展开成傅里叶级数,这个级数必定是正弦级数或余弦级数;

第四步:限制 x 在 $[0,\pi]$ 上,此时 $F(x) \equiv f(x)$,这样便得到函数 $f(x)$ 的正弦级数(余弦级数)展开式.(注意:用上述奇延拓方法所得到 $f(x)$ 的正弦级数,在 $x=0$ 和 $x=\pi$ 处应分别收敛于 $\dfrac{f(0+0)+f(0-0)}{2}$ 和 $\dfrac{f(\pi+0)+f(\pi-0)}{2}$)

【例 12.6.5】 将函数 $f(x)=x+1 (0\leqslant x\leqslant \pi)$ 分别展开成正弦级数和余弦级数.

解:首先,对 $f(x)$ 进行奇延拓,使其成为在 $[-\pi,\pi]$ 上的奇函数,并进行周期延拓,如图 12.11 所示.

其次,计算傅里叶系数如下

$$a_n = 0 \ (n = 0,1,2,3,\cdots)$$

$$b_n = \frac{2}{\pi}\int_0^{\pi} f(x)\sin nx\,\mathrm{d}x = \frac{2}{\pi}\int_0^{\pi}(x+1)\sin nx\,\mathrm{d}x$$

$$= \frac{2}{\pi}\left[-\frac{(x+1)\cos nx}{n} + \frac{\sin nx}{n^2}\right]_0^{\pi}$$

$$= \frac{2}{n\pi}[1-(\pi+1)\cos n\pi]$$

$$= \begin{cases} \dfrac{2}{\pi}\cdot\dfrac{\pi+2}{n}, & n = 1,3,5,\cdots \\ -\dfrac{2}{n}, & n = 2,4,6,\cdots \end{cases}$$

由收敛定理,得

$$x+1=\frac{2}{\pi}\left[(\pi+2)\sin x-\frac{\pi}{2}\sin 2x+\frac{1}{3}(\pi+2)\sin 3x-\frac{\pi}{4}\sin 4x+\cdots\right]$$

$$(0<x<\pi)$$

显然,在端点 $x=0$ 和 $x=\pi$ 处,上述级数为零,它不等于函数 $f(x)=x+1$ 在这两个端点处的值.

再对 $f(x)$进行偶延拓,使其成为在$[-\pi,\pi]$上的偶函数,并进行周期延拓,如图 12.12 所示.

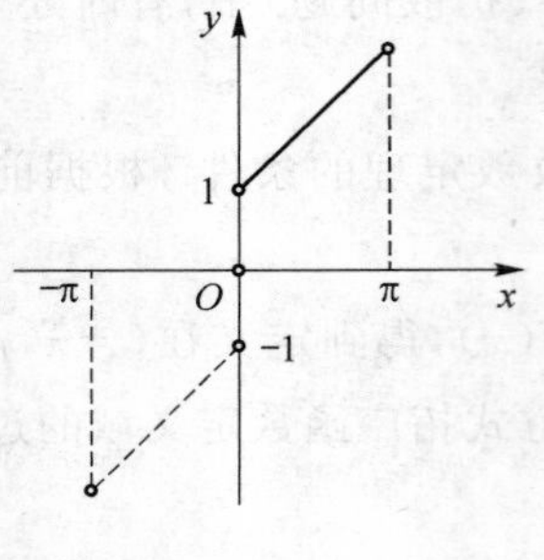

图 12.11

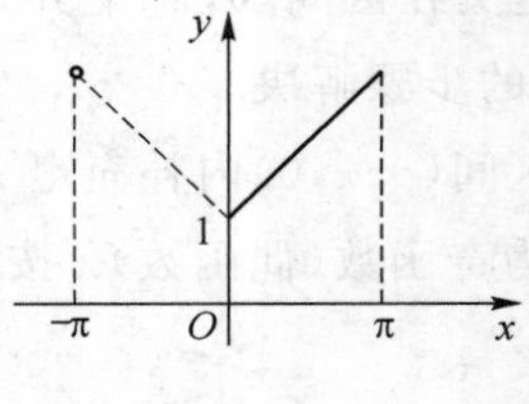

图 12.12

$$b_n=0\ (n=1,2,3,\cdots)$$

$$a_n=\frac{2}{\pi}\int_0^\pi f(x)\cos nx\,\mathrm{d}x=\frac{2}{\pi}\int_0^\pi (x+1)\cos nx\,\mathrm{d}x$$

$$=\frac{2}{\pi}\left[\frac{(x+1)\sin nx}{n}+\frac{\cos nx}{n^2}\right]_0^\pi=\frac{2}{n^2\pi}(\cos n\pi-1)$$

$$=\begin{cases}-\dfrac{4}{n^2\pi}, & n=1,3,5,\cdots\\ 0, & n=2,4,6,\cdots\end{cases}$$

$$a_0=\frac{2}{\pi}\int_0^\pi f(x)\,\mathrm{d}x=\frac{2}{\pi}\int_0^\pi (x+1)\,\mathrm{d}x=\frac{2}{\pi}\left[\frac{x^2}{2}+x\right]_0^\pi=\pi+2$$

由收敛定理,得

$$x+1=\frac{\pi}{2}+1-\frac{4}{\pi}\left(\cos x+\frac{1}{3^2}\cos 3x+\frac{1}{5^2}\cos 5x+\frac{1}{7^2}\cos 7x+\cdots\right)\quad(0\leqslant x\leqslant\pi)$$

*12.6.5 将一般周期函数展成傅里叶级数

前面我们讨论的周期函数都是以 2π 为周期的,但是实际问题中所遇到的周期函数,它的周期不一定是 2π. 例如前面我们曾经指出的矩形波,它的周期是 $T=\frac{2\pi}{\omega}$. 所以,我们下面有必要讨论周期为 $2l$ 的周期函数的傅里叶级数. 根据前面讨论的结果,经过自变量的变量代换,可以得到下面的定理.

定理 12.6.2 设 $f(x)$是以 $2l$ 为周期的周期函数,它满足收敛定理 12.6.1 的条件,则 $f(x)$在其连续点处的傅里叶级数展开式为

$$f(x)=\frac{a_0}{2}+\sum_{n=1}^{\infty}\left(a_n\cos\frac{n\pi x}{l}+b_n\sin\frac{n\pi x}{l}\right)\tag{12.6.12}$$

其中

$$\left.\begin{aligned} a_n &= \frac{1}{l}\int_{-l}^{l} f(x)\cos\frac{n\pi x}{l}\mathrm{d}x \quad (n=0,1,2,3,\cdots) \\ b_n &= \frac{1}{l}\int_{-l}^{l} f(x)\sin\frac{n\pi x}{l}\mathrm{d}x \quad (n=1,2,3,\cdots) \end{aligned}\right\} \tag{12.6.13}$$

且当 $f(x)$ 为奇函数时

$$f(x) = \sum_{n=1}^{\infty} b_n \sin\frac{n\pi x}{l} \tag{12.6.14}$$

其中

$$b_n = \frac{2}{l}\int_{0}^{l} f(x)\sin\frac{n\pi x}{l}\mathrm{d}x \quad (n=1,2,3,\cdots) \tag{12.6.15}$$

当 $f(x)$ 为偶函数时

$$f(x) = \frac{a_0}{2} + \sum_{n=1}^{\infty} a_n \cos\frac{n\pi x}{l} \tag{12.6.16}$$

其中

$$a_n = \frac{2}{l}\int_{0}^{l} f(x)\cos\frac{n\pi x}{l}\mathrm{d}x \quad (n=0,1,2,3,\cdots) \tag{12.6.17}$$

证明：仅证式(12.6.12)，式(12.6.13)，其他类似可证.

作变量代换 $z=\frac{\pi x}{l}$，于是区间 $-l\leqslant x\leqslant l$ 就变换成 $-\pi\leqslant z\leqslant \pi$. 则函数 $f(x)=f\left(\frac{lz}{\pi}\right)\overset{\text{记为}}{=}F(z)$，从而 $F(z)$ 是以 2π 为周期的周期函数，并且它满足收敛定理的条件，将函数 $F(z)$ 展开成傅里叶级数

$$F(z) = \frac{a_0}{2} + \sum_{n=1}^{\infty}(a_n\cos nz + b_n \sin nz) \tag{12.6.18}$$

其中

$$\begin{aligned} a_n &= \frac{1}{\pi}\int_{-\pi}^{\pi} F(z)\cos nz\,\mathrm{d}z \quad (n=0,1,2,3,\cdots) \\ b_n &= \frac{1}{\pi}\int_{-\pi}^{\pi} F(z)\sin nz\,\mathrm{d}z \quad (n=1,2,3,\cdots) \end{aligned} \tag{12.6.19}$$

令 $z=\frac{\pi x}{l}$，由于 $F(z)=f(x)$，式(12.6.18)化为

$$f(x) = \frac{a_0}{2} + \sum_{n=1}^{\infty}\left(a_n\cos\frac{n\pi x}{l} + b_n\sin\frac{n\pi x}{l}\right)$$

而且

$$a_n = \frac{1}{\pi}\int_{-\pi}^{\pi} F(z)\cos nz\,\mathrm{d}z = \frac{1}{l}\int_{-l}^{l} f(x)\cos\frac{n\pi x}{l}\mathrm{d}x \quad (n=0,1,2,3,\cdots)$$

$$b_n = \frac{1}{\pi}\int_{-\pi}^{\pi} F(z)\sin nz\,\mathrm{d}z = \frac{1}{l}\int_{-l}^{l} f(x)\sin\frac{n\pi x}{l}\mathrm{d}x \quad (n=1,2,3,\cdots)$$

【例 12.6.6】 设 $f(x)$ 是以 4 为周期的周期函数，它在 $[-2,2)$ 上的表达式为

$$f(x)=\begin{cases} 0, & -2\leqslant x<0 \\ k, & 0\leqslant x<2 \end{cases} \quad (\text{常数 } k\neq 0)$$

将 $f(x)$ 展开成傅里叶级数.

解:这时 $l=2$,按照式(12.6.13),计算傅里叶系数如下

$$a_n=\frac{1}{2}\int_{-2}^{2}f(x)\cos\frac{n\pi x}{2}\mathrm{d}x$$
$$=\frac{1}{2}\int_{0}^{2}k\cos\frac{n\pi x}{2}\mathrm{d}x=\left[\frac{k}{n\pi}\sin\frac{n\pi x}{2}\right]_0^2=0\quad(n\neq 0)$$
$$a_0=\frac{1}{2}\int_{-2}^{2}f(x)\mathrm{d}x=\frac{1}{2}\int_{-2}^{0}0\mathrm{d}x+\frac{1}{2}\int_{0}^{2}k\mathrm{d}x=k$$
$$b_n=\frac{1}{2}\int_{-2}^{2}f(x)\sin\frac{n\pi x}{2}\mathrm{d}x$$
$$=\frac{1}{2}\int_{0}^{2}k\sin\frac{n\pi x}{2}\mathrm{d}x=\left[-\frac{k}{n\pi}\cos\frac{n\pi x}{2}\right]_0^2$$
$$=\frac{k}{n\pi}(1-\cos n\pi)=\begin{cases}\dfrac{2k}{n\pi}, & n=1,3,5,\cdots\\ 0, & n=2,4,6,\cdots\end{cases}$$

利用收敛定理,得 $f(x)$ 的傅里叶级数为

$$f(x)=\frac{k}{2}+\frac{2k}{\pi}\left(\sin\frac{\pi x}{2}+\frac{1}{3}\sin\frac{3\pi x}{2}+\frac{1}{5}\sin\frac{5\pi x}{2}+\cdots\right)$$
$$(-\infty<x<+\infty;\quad x\neq 0,\pm 2,\pm 4,\cdots)$$

$f(x)$ 的傅里叶级数的和函数的图形如图 12.13 所示.

下面的两个例子给出了傅里叶级数的一个简单的应用.

【例 12.6.7】 将半波整流后的以 T 为周期的周期信号(图 12.14)

$$u(t)=\begin{cases}0, & -\dfrac{T}{2}\leqslant t<0\\ E\sin\omega_1 t, & 0\leqslant t\leqslant\dfrac{T}{2}\end{cases}\quad\left(\omega_1=\frac{2\pi}{T}\right)$$

展为傅里叶级数.

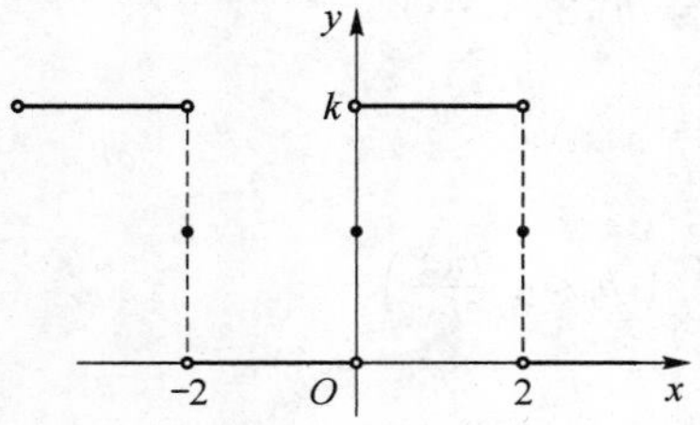

图 12.13

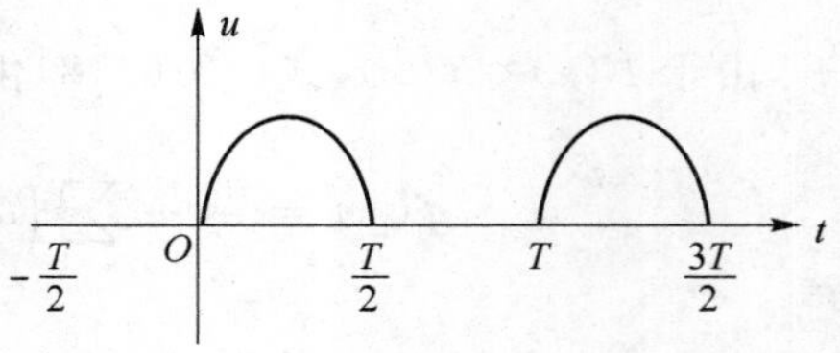

图 12.14

解:由于 $u(t)$ 在整个数轴上连读,故其傅里叶级数在整个数轴上收敛于 $u(t)$.

下面计算傅里叶系数(注意:这里 $l=\dfrac{T}{2},\dfrac{n\pi}{l}=\dfrac{2n\pi}{T}=n\omega_1$)

$$
\begin{aligned}
a_n &= \frac{2}{T}\int_{-\frac{T}{2}}^{\frac{T}{2}} u(t)\cos n\omega_1 t\mathrm{d}t = \frac{2}{T}\int_0^{\frac{T}{2}} E\sin\omega_1 t\cos n\omega_1 t\mathrm{d}t \\
&= \frac{2E}{T}\int_0^{\frac{T}{2}} \frac{\sin(1+n)\omega_1 t + \sin(1-n)\omega_1 t}{2}\mathrm{d}t \\
&= \frac{E}{T}\left[-\frac{\cos(1+n)\omega_1 t}{(1+n)\omega_1} - \frac{\cos(1-n)\omega_1 t}{(1-n)\omega_1}\right]_0^{\frac{T}{2}} \quad (n \neq 1) \\
&= \frac{E}{T\omega_1}\left[\frac{-\cos(1+n)\frac{\omega_1 T}{2} + \cos 0}{1+n} + \frac{-\cos(1-n)\frac{\omega_1 T}{2} + \cos 0}{1-n}\right] \\
&= \frac{E}{2\pi}\left[\frac{1-\cos(n+1)\pi}{1+n} + \frac{1-\cos(n-1)\pi}{1-n}\right] \\
&= \frac{E}{2\pi}\left[\frac{1-(-1)^{n+1}}{1+n} + \frac{1-(-1)^{n-1}}{1-n}\right] \\
&= \frac{E}{2\pi}\left[\frac{1+(-1)^n}{1+n} + \frac{1+(-1)^n}{1-n}\right] \\
&= \frac{E}{2\pi}[1+(-1)^n]\frac{2}{1-n^2} = -\frac{E}{(n^2-1)\pi}[1+(-1)^n] \\
&= \begin{cases} 0, & n = 3,5,7,\cdots \\ -\dfrac{2E}{(n^2-1)}, & n = 2,4.6,\cdots \end{cases}
\end{aligned}
$$

而

$$
\begin{aligned}
a_1 &= \frac{2}{T}\int_{-\frac{T}{2}}^{\frac{T}{2}} u(t)\cos\omega_1 t\mathrm{d}t = \frac{2E}{T}\int_0^{\frac{T}{2}} \sin\omega_1 t\cos\omega_1 t\mathrm{d}t \\
&= \frac{E}{T}\int_0^{\frac{T}{2}} \sin 2\omega_1 t\mathrm{d}t = \frac{E}{T}\left[\frac{-\cos 2\omega_1 t}{2\omega_1}\right]_0^{\frac{T}{2}} = 0
\end{aligned}
$$

同样可算得　　$b_n = 0(n \neq 1)$，　$b_1 = \dfrac{E}{2}$

于是

$$
\begin{aligned}
u(t) &= \frac{a_0}{2} + \sum_{n=1}^{\infty}(a_n\cos n\omega_1 t + b_n\sin n\omega_1 t) \\
&= \frac{E}{\pi} + \frac{E}{2}\sin\omega_1 t - \frac{2E}{\pi}\sum_{k=1}^{\infty}\frac{\cos 2k\omega_1 t}{(2k)^2-1} \\
&= \frac{E}{2} + \frac{E}{2}\sin\omega_1 t - \frac{2E}{3\pi}\cos 2\omega_1 t - \frac{2E}{15\pi}\cos 4\omega_1 t - \cdots \quad (-\infty < t < \infty)
\end{aligned}
$$

【例 12.6.8】 将全波整流后的以 T 为周期的周期信号(图 12.15)

$$u(t) = E|\sin\omega_1 t| \quad \left(\omega_1 = \frac{2\pi}{T}\right)$$

展成傅里叶级数.

解：由于 $u(t)$ 为偶函数，故 $b_n = 0(n = 1,2,3,\cdots)$，且不难算得

$$a_n = \frac{4}{T}\int_0^{\frac{T}{2}} E\sin\omega_1 t\cos n\omega_1 t\mathrm{d}t = \begin{cases} -\dfrac{4E}{(n^2-1)\pi}, & n = 0,2,4,\cdots \\ 0, & n = 1,3,5,\cdots \end{cases}$$

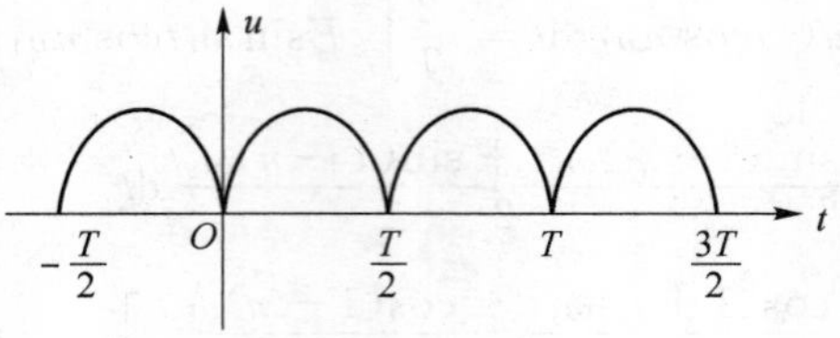

图 12.15

所以

$$u(t)=\frac{a_0}{2}+\sum_{n=1}^{\infty}a_n\cos n\omega_1 t=\frac{2E}{\pi}-\frac{4E}{\pi}\sum_{k=1}^{\infty}\frac{\cos 2k\omega_1 t}{(2k)^2-1}$$
$$=\frac{2E}{\pi}-\frac{4E}{3\pi}\cos 2\omega_1 t-\frac{4E}{15\pi}\cos 4\omega_1 t-\cdots\quad(-\infty<t<\infty)$$

整流的目的是变交流为直流，自然希望整流后信号的直流分量越大越好，且越平稳越好. 现在我们可利用傅里叶级数对半波整流与全波整流两种电路的整流效果进行数量上的分析与比较.

从上面的例子可看到：半波整流后信号的直流分量为$\frac{E}{\pi}$，而全波整流后信号的直流分量为$\frac{2E}{\pi}$，后者是前者的两倍.

另一方面，平稳性通常是用傅里叶展开式中的非零的最低次谐波振幅与其直流分量之比来衡量，这个比值称为脉动系数. 脉动系数越小整流后的波形越平稳. 从上面例子可见.

半波整流后信号的脉动系数为$\frac{\frac{E}{2}}{\frac{E}{\pi}}=\frac{\pi}{2}\approx 1.57$，而全波整流后信号的脉动系数为$\frac{\frac{4E}{3\pi}}{\frac{2E}{\pi}}=\frac{2}{3}\approx 0.67$. 显然，后者的脉动系数远小于前者.

由此可见，全波整流的效果要明显地优于半波整流的效果.

习题 12.6

1. 下列周期函数 $f(x)$ 的周期为 2π，试画出其傅里叶级数和函数的图形并将它展开成傅里叶级数

(1) $f(x)=3x^2+1\quad(-\pi\leqslant x<\pi)$.

(2) $f(x)=e^{2x}\quad(-\pi\leqslant x<\pi)$.

2. 将下列函数 $f(x)$ 展开成傅里叶级数

(1) $f(x)=2\sin\frac{x}{3}\quad(-\pi\leqslant x\leqslant\pi)$

(2) $f(x)=\begin{cases}e^x, & -\pi\leqslant x<0\\ 1, & 0\leqslant x\leqslant\pi\end{cases}$.

3. 设周期函数 $f(x)$的周期为 2π,证明:$f(x)$的傅里叶系数为

$$a_n = \frac{1}{\pi}\int_0^{2\pi} f(x)\cos nx\,\mathrm{d}x \quad (n = 0,1,2,3,\cdots)$$

$$b_n = \frac{1}{\pi}\int_0^{2\pi} f(x)\sin nx\,\mathrm{d}x \quad (n = 1,2,3,\cdots)$$

4. 将函数 $f(x)=\cos\frac{x}{2}(-\pi\leqslant x\leqslant\pi)$展开成傅里叶级数.

5. 设 $f(x)$是周期为 2π 的周期函数,它在$[-\pi,\pi)$上的表达式为

$$f(x)=\begin{cases} -\frac{\pi}{2}, & -\pi\leqslant x<-\frac{\pi}{2} \\ x, & -\frac{\pi}{2}\leqslant x<\frac{\pi}{2} \\ \frac{\pi}{2}, & \frac{\pi}{2}\leqslant x<\pi \end{cases}$$

试将 $f(x)$展开成傅里叶级数.

*6. 将函数 $f(x)=\frac{\pi-x}{2}(0\leqslant x\leqslant\pi)$展开成正弦级数.

*7. 将函数 $f(x)=2x(0\leqslant x\leqslant\pi)$分别展开成正弦级数和余弦级数.

*8. 将下列各周期函数展开成傅里叶级数(下面给出函数在一个周期内的表达式)

(1) $f(x)=1-x^2\left(-\frac{1}{2}\leqslant x<\frac{1}{2}\right)$.

(2) $f(x)=\begin{cases} 2x+1, & -3\leqslant x<0 \\ 1, & 0\leqslant x<3 \end{cases}$.

(3) $f(x)=\begin{cases} x, & -1\leqslant x<0 \\ 1, & 0\leqslant x<\frac{1}{2} \\ -1, & \frac{1}{2}\leqslant x\leqslant 1 \end{cases}$.

*9. 将下列函数分别展开成正弦级数和余弦级数

(1) $f(x)=\begin{cases} x, & 0\leqslant x<1 \\ 2-x, & 1\leqslant x\leqslant 2 \end{cases}$.

(2) $f(x)=x^2 \quad (0\leqslant x\leqslant 2)$.

12.7　本 章 小 结

12.7.1　内容提要

1. 常数项级数

(1) 定义

① 无穷级数:$\sum_{n=1}^{\infty} u_n = u_1 + u_2 + u_3 + \cdots + u_n + \cdots$

部分和：$S_n = \sum_{k=1}^{n} u_k = u_1 + u_2 + u_3 + \cdots + u_n$

正项级数：$\sum_{n=1}^{\infty} u_n, u_n \geqslant 0$

交错级数：$\sum_{n=1}^{\infty} (-1)^n u_n, u_n \geqslant 0$

② 级数收敛与发散：若$\lim_{n\to\infty} S_n = S$存在，则称级数$\sum_{n=1}^{\infty} u_n$收敛，否则称级数$\sum_{n=1}^{\infty} u_n$发散.

③ 条件收敛：$\sum_{n=1}^{\infty} u_n$收敛，而$\sum_{n=1}^{\infty} |u_n|$发散；

绝对收敛：$\sum_{n=1}^{\infty} |u_n|$收敛.（注意：此时$\sum_{n=1}^{\infty} u_n$一定收敛）

(2) 性质

① 设k为常数，若级数$\sum_{n=1}^{\infty} u_n$收敛于和s，则级数$\sum_{n=1}^{\infty} ku_n$也收敛，且其和为ks；

② 级数$\sum_{n=1}^{\infty} a_n, \sum_{n=1}^{\infty} b_n$收敛，则$\sum_{n=1}^{\infty} (a_n \pm b_n)$收敛；

③ 改变有限项不影响级数的收敛性；

④ 级数$\sum_{n=1}^{\infty} a_n$收敛，则任意加括号后仍然收敛；(注意：逆命题不成立!)

⑤ 必要条件：级数$\sum_{n=1}^{\infty} u_n$收敛$\Rightarrow \lim_{n\to\infty} u_n = 0$.（注意：不是充分条件!)

(3) 常用审敛法

正项级数：$\sum_{n=1}^{\infty} u_n, u_n \geqslant 0$.

① 比较审敛法：$\sum_{n=1}^{\infty} u_n, \sum_{n=1}^{\infty} v_n$为正项级数，且$u_n \leqslant v_n (n = 1,2,3,\cdots)$

若$\sum_{n=1}^{\infty} v_n$收敛，则$\sum_{n=1}^{\infty} u_n$收敛；若$\sum_{n=1}^{\infty} u_n$发散，则$\sum_{n=1}^{\infty} v_n$发散.

② 比较审敛法的推论：$\sum_{n=1}^{\infty} u_n, \sum_{n=1}^{\infty} v_n$为正项级数，若存在正整数$N$，当$n > N$时，$u_n \leqslant kv_n (k > 0)$，而$\sum_{n=1}^{\infty} v_n$收敛，则$\sum_{n=1}^{\infty} u_n$收敛；若存在正整数$N$，当$n > N$时，$u_n \geqslant kv_n (k > 0)$，而$\sum_{n=1}^{\infty} v_n$发散，则$\sum_{n=1}^{\infty} u_n$发散.

③ 比较审敛法的极限形式：$\sum_{n=1}^{\infty} u_n, \sum_{n=1}^{\infty} v_n$为正项级数，若$\lim_{n\to\infty} \frac{u_n}{v_n} = l$，当$0 < l < +\infty$时，则$\sum_{n=1}^{\infty} u_n$与$\sum_{n=1}^{\infty} v_n$同时收敛或同时发散；当$l = 0$且$\sum_{n=1}^{\infty} v_n$收敛时，则$\sum_{n=1}^{\infty} u_n$也收敛；当$l = +\infty$且$\sum_{n=1}^{\infty} v_n$发散时，则$\sum_{n=1}^{\infty} u_n$也发散.

④ 比值审敛法：设$\lim_{n\to\infty} \frac{u_{n+1}}{u_n} = l$，当$l < 1$时，则级数$\sum_{n=1}^{\infty} u_n$收敛；当$l > 1$时，则级数$\sum_{n=1}^{\infty} u_n$

发散；当 $l=1$ 时，则级数 $\sum\limits_{n=1}^{\infty}u_n$ 可能收敛也可能发散.

⑤ 根值审敛法：设 $\lim\limits_{n\to\infty}\sqrt[n]{u_n}=l$，当 $l<1$ 时，则级数 $\sum\limits_{n=1}^{\infty}u_n$ 收敛；当 $l>1$ 时，则级数 $\sum\limits_{n=1}^{\infty}u_n$ 发散；当 $l=1$ 时，则级数 $\sum\limits_{n=1}^{\infty}u_n$ 可能收敛也可能发散.

⑥ 极限审敛法：若 $\lim\limits_{n\to\infty}n\cdot u_n>0$ 或 $\lim\limits_{n\to\infty}n\cdot u_n=+\infty$，则级数 $\sum\limits_{n=1}^{\infty}u_n$ 发散；若存在 $p>1$，使得 $\lim\limits_{n\to\infty}n^p\cdot u_n=l\ (0\leqslant l<+\infty)$，则级数 $\sum\limits_{n=1}^{\infty}u_n$ 收敛.

交错级数：$\sum\limits_{n=1}^{\infty}(-1)^n u_n, u_n\geqslant 0$

莱布尼茨审敛法：若满足：$u_{n+1}\leqslant u_n(n=1,2,3,\cdots)$，且 $\lim\limits_{n\to\infty}u_n=0$，则级数 $\sum\limits_{n=1}^{\infty}(-1)^n u_n$ 收敛.

任意项级数：

$\sum\limits_{n=1}^{\infty}u_n$ 绝对收敛，则 $\sum\limits_{n=1}^{\infty}u_n$ 收敛.

2. 函数项级数

(1) 定义：函数项级数 $\sum\limits_{n=1}^{\infty}u_n(x)$

- 收敛域：使得级数 $\sum\limits_{n=1}^{\infty}u_n(x)$ 收敛的点的全体；
- 和函数：对于函数项级数 $\sum\limits_{n=1}^{\infty}u_n(x)$ 的收敛域内的任意点 x，$\sum\limits_{n=1}^{\infty}u_n(x)$ 的和 s 存在，它是定义在函数项级数的收敛域上的函数 $s(x)$，通常称为函数项级数 $\sum\limits_{n=1}^{\infty}u_n(x)$ 的和函数.

(2) 幂级数：形如 $\sum\limits_{n=0}^{\infty}a_n x^n$ 的级数.

收敛半径的求法：设 $\lim\limits_{n\to\infty}\left|\dfrac{a_{n+1}}{a_n}\right|=\rho$，则收敛半径 $R=\begin{cases}\dfrac{1}{\rho}, & 0<\rho<+\infty\\ 0, & \rho=+\infty\\ +\infty, & \rho=0\end{cases}$

(3) 泰勒级数

$$f(x)=\sum_{n=0}^{\infty}\frac{f^{(n)}(x_0)}{n!}(x-x_0)^n \Leftrightarrow \lim_{n\to\infty}R_n(x)=\lim_{n\to\infty}\frac{f^{(n+1)}(\xi)}{(n+1)!}(x-x_0)^{n+1}=0$$

1) 直接展开法

① 求出 $f^{(n)}(x), n=1,2,3,\cdots$；

② 求出 $f^{(n)}(x_0), n=0,1,2,\cdots$；

③ 写出 $\sum\limits_{n=0}^{\infty}\dfrac{f^{(n)}(x_0)}{n!}(x-x_0)^n$；

④ 验证$\lim\limits_{n\to\infty}R_n(x)=\lim\limits_{n\to\infty}\dfrac{f^{(n+1)}(\xi)}{(n+1)!}(x-x_0)^{n+1}=0$是否成立.

2) 间接展开法:利用下列常用函数展开

① $e^x=1+x+\dfrac{1}{2!}x^2+\cdots+\dfrac{1}{n!}x^n+\cdots\ (-\infty<x<+\infty)$

② $\sin x=x-\dfrac{x^3}{3!}+\dfrac{x^5}{5!}-\cdots+(-1)^{n-1}\dfrac{x^{2n-1}}{(2n-1)!}+\cdots\ (-\infty<x<+\infty)$

③ $\cos x=1-\dfrac{x^2}{2!}+\dfrac{x^4}{4!}-\cdots+(-1)^n\dfrac{x^{2n}}{(2n)!}+\cdots\quad(-\infty<x<+\infty)$

④ $\dfrac{1}{1-x}=1+x+x^2+x^3+\cdots+x^n+\cdots\quad(-1<x<1)$

⑤ $\dfrac{1}{1+x^2}=1-x^2+x^4-x^6+\cdots+(-1)^nx^{2n}+\cdots\quad(-1<x<1)$

⑥ $\ln(1+x)=x-\dfrac{x^2}{2}+\dfrac{x^3}{3}-\dfrac{x^4}{4}+\cdots+(-1)^n\dfrac{x^{n+1}}{n+1}+\cdots\ (-1<x\leqslant 1)$

⑦ $(1+x)^\alpha=1+\alpha x+\dfrac{\alpha(\alpha-1)}{2!}x^2+\cdots+\dfrac{\alpha(\alpha-1)\cdots(\alpha-n+1)}{n!}x^n+\cdots\ (-1<x<1)$

⑧ $\arctan x=x-\dfrac{x^3}{3}+\dfrac{x^5}{5}-\dfrac{x^7}{7}+\cdots+\dfrac{(-1)^nx^{2n+1}}{2n+1}+\cdots\ (-1\leqslant x\leqslant 1)$

(4) 傅里叶级数

1) 定义

正交系:$1,\sin x,\cos x,\sin 2x,\cos 2x,\cdots,\sin nx,\cos nx,\cdots$函数系中任何不同的两个函数的乘积在区间$[-\pi,\pi]$上积分为零.

傅里叶级数:$f(x)=\dfrac{a_0}{2}+\sum\limits_{n=1}^{\infty}(a_n\cos nx+b_n\sin nx)$

系数:$\begin{cases}a_n=\dfrac{1}{\pi}\displaystyle\int_{-\pi}^{\pi}f(x)\cos nx\,dx\quad(n=0,1,2,\cdots)\\ b_n=\dfrac{1}{\pi}\displaystyle\int_{-\pi}^{\pi}f(x)\sin nx\,dx\quad(n=1,2,3,\cdots)\end{cases}$

2) 收敛定理(展开定理)

设$f(x)$是周期为2π的周期函数,并满足狄利克雷(Dirichlet)条件:

① 在一个周期内连续或只有有限个第一类间断点;

② 在一个周期内只有有限个极值点,则$f(x)$的傅里叶级数收敛,且有

$$\frac{a_0}{2}+\sum_{n=1}^{\infty}(a_n\cos nx+b_n\sin nx)=\begin{cases}f(x), & x\text{ 为连续点}\\ \dfrac{f(x^+)+f(x^-)}{2}, & x\text{ 为间断点}\end{cases}$$

③ 将定义$[-\pi,\pi]$在上的函数展为傅里叶级数的步骤

• 求出系数:$\begin{cases}a_n=\dfrac{1}{\pi}\displaystyle\int_{-\pi}^{\pi}f(x)\cos nx\,dx\quad(n=0,1,2,\cdots)\\ b_n=\dfrac{1}{\pi}\displaystyle\int_{-\pi}^{\pi}f(x)\sin nx\,dx\quad(n=1,2,3,\cdots)\end{cases}$;

• 写出傅里叶级数 $f(x)=\dfrac{a_0}{2}+\sum\limits_{n=1}^{\infty}(a_n\cos nx+b_n\sin nx)$;

• 根据收敛定理判定收敛性.

*④ 将定义$[-l,l]$在上的函数展为傅里叶级数的步骤

• 求出系数：$\begin{cases} a_n = \dfrac{1}{l}\displaystyle\int_{-l}^{l} f(x)\cos\dfrac{n\pi x}{l}\mathrm{d}x & (n=0,1,2,\cdots) \\ b_n = \dfrac{1}{l}\displaystyle\int_{-l}^{l} f(x)\sin\dfrac{n\pi x}{l}\mathrm{d}x & (n=1,2,3,\cdots) \end{cases}$；

• 写出傅里叶级数 $f(x)=\dfrac{a_0}{2}+\sum\limits_{n=1}^{\infty}\left(a_n\cos\dfrac{n\pi x}{l}+b_n\sin\dfrac{n\pi x}{l}\right)$；

• 根据收敛定理判定收敛性.

*⑤ 将函数展开为正(余)弦级数.

12.7.2　基本要求

(1) 理解常数项级数收敛、发散以及收敛级数的和的概念，掌握级数的基本性质及收敛的必要条件；

(2) 掌握几何级数与 p 级数的收敛与发散的条件；

(3) 掌握正项级数收敛性的比较判别法与比值判别法、会用根值判别法；

(4) 掌握交错级数的莱布尼茨判别法；

(5) 了解任意项级数绝对收敛与条件收敛的概念，以及绝对收敛与收敛的关系；

(6) 了解函数项级数的收敛域及和函数的概念；

(7) 理解幂级数收敛半径的概念，并掌握幂级数收敛半径、收敛区间和收敛域的求法；

(8) 了解幂级数在其收敛区间内的一些基本性质(和函数的连续性、逐项微分与逐项积分)，会求一些幂级数在收敛区间内的和函数，并会由此求出某些函数项级数的和；

(9) 了解函数展为泰勒级数的充分必要条件；

(10) 掌握 e^x、$\sin x$、$\cos x$、$\ln(1+x)$、$(1+x)^{\alpha}$ 的麦克劳林展开式，会用它们将一些简单函数间接展成幂级数；

(11) 了解傅里叶级数的概念和狄利克雷收敛定理.

综合练习题

1. 单项选择题

1. 级数 $\sum\limits_{n=1}^{\infty} u_n$ 的部分和数列 $\{s_n\}$ 有界是该级数收敛的(　　).

(A) 充分非必要条件　　(B) 必要非充分条件

(C) 充分必要条件　　(D) 非充分非必要条件

2. 若级数 $\sum\limits_{n=1}^{\infty} u_n$ 发散，则(　　).

(A) $\lim\limits_{n\to\infty} u_n \neq 0$　　(B) $\lim\limits_{n\to\infty} S_n = \infty$

(C) $\sum\limits_{n=1}^{\infty} u_n$ 任意加括号后得到的级数可能收敛

(D) $\sum\limits_{n=1}^{\infty} u_n$ 任意加括号后得到的级数一定收敛

3. 若级数 $\sum_{n=1}^{\infty} u_n$ 收敛,则下列级数中发散的是(　　).

(A) $\sum_{n=1}^{\infty} 10u_n$　　(B) $\sum_{n=1}^{\infty} u_{n+10}$

(C) $10+\sum_{n=1}^{\infty} u_n$　　(D) $\sum_{n=1}^{\infty}(10+u_n)$

4. 级数 $\sum_{n=1}^{\infty} \frac{1}{q^n}$ 收敛的充分条件是(　　).

(A) $|q|>1$　　(B) $|q|<1$

(C) $|q|=1$　　(D) $q<1$

5. 下列级数中发散的是(　　).

(A) $\sum_{n=1}^{\infty}\left(1-\cos\frac{1}{n}\right)$　　(B) $\sum_{n=1}^{\infty} 2^n \sin\frac{1}{3^n}$

(C) $\sum_{n=1}^{\infty} \frac{(n!)^2}{(2n)!}$　　(D) $\sum_{n=1}^{\infty} \frac{\left(\frac{n+1}{n}\right)^{n^2}}{2^n}$

6. 设 $0 \leqslant u_n \leqslant \frac{1}{n}$　$(n=1,2,\cdots)$,则下列级数中必定收敛的是(　　).

(A) $\sum_{n=1}^{\infty} u_n$　　(B) $\sum_{n=1}^{\infty} \sqrt{u_n}$

(C) $\sum_{n=1}^{\infty} (-1)^n u_n^2$　　(D) $\sum_{n=1}^{\infty} (-1)^n u_n$

7. 幂级数 $\sum_{n=1}^{\infty} \frac{x^n}{n}$ 的收敛域为(　　).

(A) $(-1,1)$　　(B) $[-1,1)$　　(C) $(-1,1]$　　(D) $[-1,1]$

8. 设级数 $\sum_{n=1}^{\infty} (-1)^{n-1} \frac{(x-a)^n}{n}$ 在 $x>0$ 时发散,而在 $x=0$ 处收敛,则常数 $a=$(　　).

(A) -1　　(B) -2　　(C) 1　　(D) 2

二、填空题

1. 已知级数 $\sum_{n=1}^{\infty} u_n = a$,则级数 $\sum_{n=1}^{\infty}(u_n - u_{n+1})$ 的部分和 $S_n=$ ________,此级数的和 $S=$ ________.

2. $\sum_{n=1}^{\infty} u_n$ 收敛,则 $\lim\limits_{n\to\infty}(u_n{}^2-u_n+3)=$ ________.

3. 级数 $\sum_{n=1}^{\infty}\left(\frac{1}{n(n+1)}-\frac{1}{3^n}\right)$ 的和为 ________.

4. 若级数 $\sum_{n=1}^{\infty} u_n$ 绝对收敛,则级数 $\sum_{n=1}^{\infty} u_n$ 必定________;若级数收敛,$\sum_{n=1}^{\infty} u_n$ 条件收敛,则级数 $\sum_{n=1}^{\infty} |u_n|$ 必定________.

5. 级数 $\sum\limits_{n=1}^{\infty} a_n x^n$ 在 $x=-3$ 时收敛，则 $\sum\limits_{n=1}^{\infty} a_n x^n$ 在 $|x|<3$ 时________.

6. 幂级数 $\sum\limits_{n=0}^{\infty} \dfrac{x^n}{n^p}(0<p\leqslant 1)$ 的收敛域为 ________.

7. 幂级数 $\sum\limits_{n=0}^{\infty} \dfrac{(-1)^n x^{3n-1}}{n\cdot 8^n}$ 的收敛半径为 $R=$ ________.

8. $\int_0^x \cos t^2 \mathrm{d}t$ 的麦克劳林级数为.

9. 函数 $f(x)=\begin{cases}-1(-\pi\leqslant x\leqslant 0)\\ 1+x^2(0<x\leqslant\pi)\end{cases}$，则 $f(x)$ 以 2π 为周期的傅里叶级数在点 $x=\pi$ 处收敛于________.

10. 函数 $f(x)=\pi x+x^2(-\pi<x<\pi)$ 的傅里叶级数展开式中的系数 $b_3=$ ________.

三、计算题与证明题

1. 用定义证明级数 $\sum\limits_{n=1}^{\infty} \dfrac{1}{n(n+1)(n+2)}$ 收敛并求其和 S.

2. 判定下列级数的收敛性

(1) $\sum\limits_{n=1}^{\infty} \dfrac{1}{n\sqrt[n]{n}}$；　　(2) $\sum\limits_{n=1}^{\infty} \dfrac{(n!)^2}{2n^2}$；

(3) $\sum\limits_{n=1}^{\infty} \dfrac{n\cos^2\dfrac{n\pi}{3}}{2^n}$；　　(4) $\sum\limits_{n=2}^{\infty} \dfrac{1}{\ln^{10} n}$；

(5) $\sum\limits_{n=1}^{\infty} \dfrac{n^2\sin n}{3n^2-1}$；　　(6) $\sum\limits_{n=1}^{\infty} \int_0^{\frac{1}{n}} \dfrac{x}{1+x^2}\mathrm{d}x$.

3. 设正项级数 $\sum\limits_{n=1}^{\infty} u_n$ 和 $\sum\limits_{n=1}^{\infty} v_n$ 都收敛，证明级数 $\sum\limits_{n=1}^{\infty} (u_n+v_n)^2$ 也收敛.

4. 已知级数 $\sum\limits_{n=1}^{\infty} u_n^2$ 收敛，证明：$\sum\limits_{n=1}^{\infty} \dfrac{u_n}{n}$ 必绝对收敛.

5. 设级数 $\sum\limits_{n=1}^{\infty} u_n$ 收敛，且 $\lim\limits_{n\to\infty}\dfrac{v_n}{u_n}=1$. 问级数 $\sum\limits_{n=1}^{\infty} v_n$ 是否也收敛?试说明理由.

6. 讨论下列级数的绝对收敛性和条件收敛性

(1) $\sum\limits_{n=1}^{\infty} (-1)^n \dfrac{1}{n^p}$；　　(2) $\sum\limits_{n=1}^{\infty} (-1)^{n-1} \dfrac{\sin n}{\pi^n}$；

(3) $\sum\limits_{n=1}^{\infty} \dfrac{\cos n\pi}{\sqrt{n^3+n}}$；　　(4) $\sum\limits_{n=1}^{\infty} \dfrac{(-1)^n}{\sqrt{n}-\ln n}$；

(5) $\sum\limits_{n=1}^{\infty} (-1)^n(\sqrt[n]{n}-1)$；　　(6) $\sum\limits_{n=1}^{\infty} (-1)^{n-1} \dfrac{\mathrm{e}^n\cdot n!}{n^n}$.

7. 设 $u_{n+1}=\dfrac{1}{2}u_n(u_n^2-1)(n=0,1,2,\cdots)$，$u_0=\dfrac{1}{2}$，试证明级数 $\sum\limits_{n=0}^{\infty} u_n$ 绝对收敛.

8. 设数列 $\{na_n\}$ 收敛，级数 $\sum\limits_{n=1}^{\infty} n(a_n-a_{n+1})$ 也收敛，试证明级数 $\sum\limits_{n=1}^{\infty} a_n$ 收敛.

9. 设 $u_1 > -12, u_{n+1} = \sqrt{u_n + 12}, n = 1,2,\cdots$，讨论级数 $\sum\limits_{n=1}^{\infty} \dfrac{1}{u_n^n}$ 的敛散性.

10. 求下列极限

(1) $\lim\limits_{n\to\infty} \dfrac{1}{n} \sum\limits_{k=1}^{n} \dfrac{1}{3^k} \left(1 + \dfrac{1}{k}\right)^{k^2}$；　　(2) $\lim\limits_{n\to\infty} [2^{\frac{1}{3}} \cdot 4^{\frac{1}{9}} \cdot 8^{\frac{1}{27}} \cdot \cdots \cdot (2^n)^{\frac{1}{3^n}}]$.

11. 求下列幂级数的收敛区间

(1) $\sum\limits_{n=1}^{\infty} \dfrac{3^n + 5^n}{2n} x^n$；　　(2) $\sum\limits_{n=1}^{\infty} \left(1 + \dfrac{1}{n}\right)^{n^2} x^n$；

(3) $\sum\limits_{n=1}^{\infty} n (x+2)^n$；　　(4) $\sum\limits_{n=1}^{\infty} \dfrac{n}{2^n} x^{2n}$；

(5) $\sum\limits_{n=1}^{\infty} \dfrac{n-1}{n^2} (x+1)^n$；

(6) $\sum\limits_{n=1}^{\infty} (-1)^n \left[1 + \dfrac{1}{2} + \dfrac{1}{3} + \cdots + \dfrac{1}{n}\right] x^n$.

12. 求下列幂级数的和函数

(1) $\sum\limits_{n=1}^{\infty} n (x-1)^n$；　　(2) $\sum\limits_{n=1}^{\infty} \dfrac{n(n+1)}{2^{n-1}} x^{n-1}$.

13. 求下列级数的和

(1) $\sum\limits_{n=1}^{\infty} \dfrac{n^2}{n!}$；　　(2) $\sum\limits_{n=0}^{\infty} (-1)^n \dfrac{n+1}{(2n+1)!}$.

14. 求级数 $\sum\limits_{n=2}^{\infty} \dfrac{1}{n^2 - 1} x^n (|x| < 1)$ 在收敛区间内的和函数，并求 $\sum\limits_{n=2}^{\infty} \dfrac{1}{(n^2-1) \cdot 2^n}$ 的和.

15. 将下列级数展开成 x 的幂级数

(1) $f(x) = \dfrac{x}{x^2 - 3x + 2}$；　　(2) $f(x) = \dfrac{x+1}{x-1}$；

(3) $f(x) = \ln \sqrt{1 + x^2}$.

16. 利用幂级数求 $\lim\limits_{x\to 0} \dfrac{\sin x - \arctan x}{x^3}$.

17. 利用欧拉公式将函数 $e^x \cos x$ 展开成 x 的幂级数.

18. 设函数 $f(x)$ 是以 2π 为周期的周期函数，且 $f(x) = \begin{cases} x & (-\pi \leqslant x < 0) \\ x+1 & (0 \leqslant x \leqslant \pi) \end{cases}$，试将 $f(x)$ 展开成傅里叶级数(并画出傅里叶级数和函数 $s(x)$ 的图形).

19. 将函数 $f(x) = x^2$ 在 $[-\pi, \pi]$ 上展成以 2π 为周期的傅里叶级数，并求 $\sum\limits_{n=1}^{\infty} \dfrac{1}{(2n-1)^2}$ 的和.

*20. 将函数 $f(x) = \begin{cases} 1 & (0 \leqslant x \leqslant 2) \\ 0 & (2 < x \leqslant \pi) \end{cases}$，分别展开成正弦级数和余弦级数.

部分习题参考答案

第 8 章

习题 8.1

1. $5\boldsymbol{a}-11\boldsymbol{b}+7\boldsymbol{c}$.

2. $\boldsymbol{D}_1\boldsymbol{A}=-\left(c+\frac{1}{5}\boldsymbol{a}\right)$；$\boldsymbol{D}_2\boldsymbol{A}=-\left(c+\frac{2}{5}\boldsymbol{a}\right)$；

   $\boldsymbol{D}_3\boldsymbol{A}=-\left(c+\frac{3}{5}\boldsymbol{a}\right)$；$\boldsymbol{D}_4\boldsymbol{A}=-(c+\frac{4}{5}\boldsymbol{a})$.

3. 略.

习题 8.2

1. A 在第Ⅰ卦限；B 在第Ⅴ卦限；C 在第Ⅱ卦限；D 在第Ⅷ卦限；
   E 在 x 轴上；F 在 y 轴上；G 在 yOz 面上；H 在 zOx 面上.

2. (1) $(a,-b,-c)$，$(-a,b,-c)$，$(-a,-b,c)$；
   (2) $(a,b,-c)$，$(-a,b,c)$，$(a,-b,c)$；
   (3) $(-a,-b,-c)$.

3. 原点：$5\sqrt{2}$；　　x 轴：$\sqrt{34}$；　　y 轴：$\sqrt{41}$；　　z 轴：5.

4. $|AB|=3$，$|BC|=\sqrt{21}$，$|CA|=\sqrt{14}$.

5. $(-2,0,0)$.

6. $(0,2,-1)$，$\left(\frac{1}{3},\frac{4}{3},-\frac{5}{3}\right)$，$(-3,8,5)$.

7. $\{1,-2,-2\}$，$\{-2,4,4\}$.

8. $|\boldsymbol{a}|=|\boldsymbol{b}|=\sqrt{14}$，$|\boldsymbol{a}-\boldsymbol{b}|=3\sqrt{6}$，$\boldsymbol{e}_a=\frac{2}{\sqrt{14}}\boldsymbol{i}-\frac{3}{\sqrt{14}}\boldsymbol{j}+\frac{1}{\sqrt{14}}\boldsymbol{k}$，

   $\boldsymbol{e}_b=-\frac{3}{\sqrt{14}}\boldsymbol{i}+\frac{2}{\sqrt{14}}\boldsymbol{j}-\frac{1}{\sqrt{14}}\boldsymbol{k}$，$\boldsymbol{e}_{a-b}=\frac{5}{3\sqrt{6}}\boldsymbol{i}-\frac{5}{3\sqrt{6}}\boldsymbol{j}+\frac{2}{3\sqrt{6}}\boldsymbol{k}$.

9. $|\boldsymbol{M}_1\boldsymbol{M}_2|=2$，$\cos\alpha=-\frac{1}{2}$，$\cos\beta=\frac{1}{2}$，$\cos\gamma=-\frac{\sqrt{2}}{2}$

$$\alpha=\frac{2\pi}{3},\beta=\frac{\pi}{3},\gamma=\frac{3\pi}{4}.$$

10. $\gamma=\frac{\pi}{3}$ 或 $\gamma=\frac{2\pi}{3}$.

11. $B(18,17,-17)$.

12. $A(-2,3,0)$.

习题 8.3

1. (1) -1;　　(2) -15;　　(3) $3,2,-1$.

2. (1) $\frac{\pi}{3}$;　(2) $-\frac{\sqrt{6}}{2}$.

3. $\angle B=\frac{\pi}{4}$.

4. 证明略.

5. (1) $3\boldsymbol{i}-7\boldsymbol{j}-5\boldsymbol{k}$;　　(2) $42\boldsymbol{i}-98\boldsymbol{j}-70\boldsymbol{k},-42\boldsymbol{i}+98\boldsymbol{j}+70\boldsymbol{k}$;
   (3) $-\boldsymbol{j}-2\boldsymbol{k},\boldsymbol{j}+2\boldsymbol{k}$.

6. $\pm\frac{1}{3}(\boldsymbol{i}-2\boldsymbol{j}+2\boldsymbol{k})$

7. (1) $3\sqrt{21}$;　　(2) $3\sqrt{6}$.

8. (1) $-8\boldsymbol{j}-24\boldsymbol{k}$;　　(2) $-\boldsymbol{j}-\boldsymbol{k}$;　　(3) 2;　　(4) $2\boldsymbol{i}+\boldsymbol{j}+21\boldsymbol{k}$.

习题 8.4

1. $2x+8y-12z+41=0$.

2. $x^2+y^2+z^2-6x+4z-3=0$(球面).

3. (1) 中心$(0,0,3)$,半径 $R=4$;
   (2) 中心$(6,-2,3)$,半径 $R=7$;
   (3) 中心$(1,-2,2)$,半径 $R=4$.

4. $y^2+z^2=5x$.　　5. $x^2+y^2+z^2=9$.

6. 绕 x 轴:$4x^2-9(y^2+z^2)=36$;　　绕 y 轴:$4(x^2+z^2)-9y^2=36$.

7. (1) 球面;(2) 圆柱面;(3) 两平行平面;(4) 两相交平面;(5) 一点$(0,0,0)$;
   (6) z 轴;(7) 旋转椭球面;(8) 抛物柱面;(9) 旋转抛物面;(10) 锥面.

习题 8.5

1. (1) 圆、椭圆、椭圆;　　(2) 点、抛物线、抛物线;
   (3) 点、两相交直线、两相交直线.

2. (1) 圆;　　(2) 圆;　　(3) 圆;　　(4) 圆.

3. 母线平行于 x 轴的柱面方程:$3y^2-z^2=16$;
   母线平行于 y 轴的柱面方程:$3x^2+2z^2=16$.

4. $\begin{cases}x^2+y^2=1\\z=0\end{cases}$.

5. xOy 面上的圆域 $x^2+y^2\leqslant 4$.

习题 8.6

1. $3x-7y+5z-4=0$.
2. $3x+2y+6z-12=0$.
3. $x+y-1=0$.
4. $x+3y=0$.
5. (1) $a=-6,b=4,c=12$; (2) $a=3,b=15,c=-5$; (3) $a=1,b=-1,c=1$.
6. $x+2y+2z-2=0$.
7. $\frac{1}{3},\frac{2}{3},\frac{2}{3}$.
8. $\frac{\pi}{3}$.
9. 1.
10. $\left(0,\frac{73}{12},0\right)$或$\left(0,-\frac{73}{282},0\right)$.

习题 8.7

1. $x-3=\frac{y-4}{\sqrt{2}}=\frac{z+4}{-1}$.
2. $\frac{x}{-1}=\frac{y+3}{3}=\frac{z-2}{1}$.
3. $\begin{cases}x-1=0\\y-2=0\end{cases}$.
4. $\frac{x-2}{3}=\frac{y+3}{-1}=\frac{z-4}{2}$.
5. $\frac{x-2}{-7}=\frac{y}{-2}=\frac{z+1}{8}$.
6. $13x-23y-2z-1=0$.
7. $\frac{x-1}{-2}=\frac{y-1}{1}=\frac{z-1}{3}$, $\begin{cases}x=1-2t\\y=1+t\\z=1+3t\end{cases}$.
8. $(1,0,-1)$.
9. $\left(-\frac{5}{3},\frac{2}{3},\frac{2}{3}\right)$.
10. (1) 平行; (2) 垂直; (3) 直线在平面上.
11. $\varphi=\frac{2\pi}{3}$.
12. $\varphi=0$.
13. $\begin{cases}17x+31y-37z-117=0\\4x-y+z-1=0\end{cases}$.

综合练习题

一、单项选择题

1. (A)
2. (C)
3. (C)
4. (C)
5. (C)
6. (A)
7. (C)

二、填空题

1. 1.
2. $\pm\dfrac{1}{\sqrt{17}}(3,-2,-2)$.
3. $\dfrac{1}{3}(17,-2,5)$.
4. $x-3y-z+4=0$.
5. $x-y+z=0$.
6. $2x+2y-3z=0$.
7. $\sqrt{2}$.
8. $(1,2,3)$和$(2,-1,-4)$.
9. $\begin{cases}5x^2-3y^2=1\\ z=0\end{cases}$.

三、计算题

1. $x-3y+z+2=0$.
2. $L_0:\begin{cases}x-y+2z-1=0\\ x-3y-2z+1=0\end{cases}$或$\begin{cases}x=2y\\ z=-\dfrac{1}{2}(y-1)\end{cases}$;旋转曲面 $4x^2-17y^2+4z^2+2y-1=0$.
3. $8x-9y-22z-59=0$.
4. $y+\sqrt{3}z=0$ 和 $y-\sqrt{3}z=0$.
5. 交点$(-28,-11,-18)$,$2y-z+4=0$.
6. $(-5,2,4)$.
7. $\begin{cases}3x-y+2z-5=0\\ 5x+y+4z-17=0\end{cases}$.
8. $x-z+4=0$ 和 $x+20y+7z-12=0$.
9. $\dfrac{x-2}{-11}=\dfrac{y+1}{1}=\dfrac{z-3}{35}$.
10. $x+2y+1=0$.

第 9 章

习题 9.1

1. (1) $\{(x,y) \mid y^2-2x+1>0\}$;

   (2) $\{(x,y) \mid y-x>0, y\geqslant 0, x^2+y^2\leqslant 2\}$;

   (3) $\{(x,y,z) \mid 1<x^2+y^2+z^2\leqslant 4\}$;

   (4) $\{(x,y,z) \mid x^2+y^2-z^2\geqslant 0,\ x^2+y^2\neq 0\}$.

2. (1) $t^2 f(x,y)$;　　(2) $(x+y)^{xy}+(xy)^{2x}$;　　(3) u^2-uv+v^2.

3. (1) 有界开区域(区域);　　(2)无界开区域;

   (3) 有界闭区域;　　(4) 有界点集(既非开、又非闭).

4. (1) x;　(2) $-\dfrac{1}{4}$;　(3) $+\infty$;　(4) 0.

5. 证明略.

6. 证明略.

7. (1) 1;　　(2) $\dfrac{\pi}{3}$.

8. (1) 在曲线 $y^2=2x$ 上间断;　　(2) 证明略.

习题 9.2

1. (1) $\dfrac{\partial z}{\partial x}=3x^2y-y^3, \dfrac{\partial z}{\partial y}=x^3-3xy^2$;

   (2) $\dfrac{\partial z}{\partial x}=\sqrt{y}-\dfrac{y}{3\sqrt[3]{x^2}}, \dfrac{\partial z}{\partial y}=\dfrac{x}{2\sqrt{y}}+\dfrac{1}{\sqrt[3]{x}}$;

   (3) $\dfrac{\partial z}{\partial x}=y^2(x^2+y^2)^{-\frac{3}{2}}, \dfrac{\partial z}{\partial y}=xy(x^2+y^2)^{-\frac{3}{2}}$;

   (4) $\dfrac{\partial z}{\partial x}=y[\cos(xy)-\sin(2xy)],\ \dfrac{\partial z}{\partial y}=x[\cos(xy)-\sin(2xy)]$;

   (5) $\dfrac{\partial z}{\partial x}=\dfrac{2}{y}\csc\dfrac{2x}{y}, \dfrac{\partial z}{\partial y}=-\dfrac{2x}{y^2}\csc\dfrac{2x}{y}$;

   (6) $\dfrac{\partial z}{\partial x}=\dfrac{y}{x^2+y^2}, \dfrac{\partial z}{\partial y}=\dfrac{-x}{x^2+y^2}+\dfrac{1}{\sqrt{1-y^2}}$;

   (7) $\dfrac{\partial z}{\partial x}=x^y\cdot y^x\left(\dfrac{y}{x}+\ln y\right), \dfrac{\partial z}{\partial y}=x^y\cdot y^x\left(\dfrac{x}{y}+\ln x\right)$;

   (8) $\dfrac{\partial z}{\partial x}=y^2(1+xy)^{y-1},\ \dfrac{\partial z}{\partial y}=(1+xy)^y\left[\ln(1+xy)+\dfrac{xy}{1+xy}\right]$.

2. (1) $\dfrac{\partial u}{\partial x}=\dfrac{y}{z}x^{\frac{y}{z}-1},\ \dfrac{\partial u}{\partial y}=x^{\frac{y}{z}}\cdot\dfrac{1}{z}\ln x,\ \dfrac{\partial u}{\partial z}=-x^{\frac{y}{z}}\cdot\dfrac{y}{z^2}\ln x$;

   (2) $\dfrac{\partial u}{\partial x}=\dfrac{z(x-y)^{z-1}}{1+(x-y)^{2z}},\ \dfrac{\partial u}{\partial y}=-\dfrac{z(x-y)^{z-1}}{1+(x-y)^{2z}},\ \dfrac{\partial u}{\partial z}=\dfrac{(x-y)^z\ln(x-y)}{1+(x-y)^{2z}}$.

3. (1) $\left.\dfrac{\partial z}{\partial x}\right|_{(1,\frac{\pi}{4})}=\dfrac{\pi^3}{16}+\dfrac{\pi\sqrt{2}}{8}$, $\left.\dfrac{\partial z}{\partial y}\right|_{(1,\frac{\pi}{4})}=\dfrac{3}{4}\pi^2+\dfrac{\sqrt{2}}{2}$; (2) $f'_x(0,1)=1$.

4. 证明略.

5. $\alpha=\dfrac{\pi}{4}$.

6. 斜率为$\dfrac{1}{6}$.

7. (1) $\dfrac{\partial^2 z}{\partial x^2}=12x^2-8y^2$, $\dfrac{\partial^2 z}{\partial y^2}=12y^2-8x^2$, $\dfrac{\partial^2 z}{\partial x\partial y}=\dfrac{\partial^2 z}{\partial y\partial x}=-16xy$;

(2) $\dfrac{\partial^2 z}{\partial x^2}=2a^2\cos 2(ax+by)$, $\dfrac{\partial^2 z}{\partial x\partial y}=2ab\cos 2(ax+by)$;

(3) $\dfrac{\partial^2 z}{\partial x^2}=\dfrac{2xy}{(x^2+y^2)^2}$, $\dfrac{\partial^2 z}{\partial x\partial y}=\dfrac{y^2-x^2}{(x^2+y^2)^2}$.

8. $f''_{xx}(0,0,1)=2$, $f''_{yz}(0,-1,0)=0$, $f'''_{zzx}(2,0,1)=0$.

9. 证明略.

习题 9.3

1. (1) $\dfrac{\partial z}{\partial x}=3x^2\sin y\cdot\cos y(\cos y-\sin y)$,

$\dfrac{\partial z}{\partial y}=-2x^3\sin y\cdot\cos y(\sin y+\cos y)+x^3(\sin^3 y+\cos^3 y)$;

(2) $\dfrac{\partial z}{\partial y}=-\dfrac{2x^2}{y^3}\ln(3x-2y)-\dfrac{2x^2}{(3x-2y)y^2}$;

(3) $\dfrac{\partial z}{\partial x}=\dfrac{y^2}{(x+y)^2}\arctan(x+y+xy)+\dfrac{xy(1+y)}{(x+y)[1+(x+y+xy)^2]}$;

(4) $\dfrac{\partial z}{\partial y}=\sqrt{x^2+y^2}\left[\dfrac{y\cos(x-2y)}{x^2+y^2}+\ln(x^2+y^2)\sin(x-2y)\right]$.

2. (1) $u=x^2-y^2$, $v=e^{xy}$

$\dfrac{\partial z}{\partial x}=2x\dfrac{\partial f}{\partial u}+ye^{xy}\dfrac{\partial f}{\partial v}$, $\dfrac{\partial z}{\partial y}=-2y\dfrac{\partial f}{\partial u}+xe^{xy}\dfrac{\partial f}{\partial v}$;

(2) $\dfrac{\partial u}{\partial x}=\dfrac{1}{y}f'_1$, $\dfrac{\partial u}{\partial y}=-\dfrac{x}{y^2}f'_1+\dfrac{1}{z}f'_2$, $\dfrac{\partial u}{\partial z}=-\dfrac{y}{z^2}f'_2$;

(3) $\dfrac{\partial u}{\partial x}=f'_1+yf'_2+yzf'_3$, $\dfrac{\partial u}{\partial y}=xf'_2+xzf'_3$, $\dfrac{\partial u}{\partial z}=xyf'_3$.

3. (1) $\dfrac{\partial^2 z}{\partial y^2}=\dfrac{2x}{y^3}f'_2+\dfrac{x^2}{y^4}f''_{22}$, $\dfrac{\partial^2 z}{\partial x\partial y}=-\dfrac{x}{y^2}\left(f''_{12}+\dfrac{1}{y}f''_{22}\right)-\dfrac{1}{y^2}f'_2$;

(2) $\dfrac{\partial^2 u}{\partial x\partial y}=e^{x+y}f'_3-\dfrac{1}{2}\sin 2xf''_{12}+e^{x+y}\cos xf''_{13}-e^{x+y}\sin yf''_{32}+e^{2(x+y)}f''_{33}$;

(3) $\left.\dfrac{\partial^2 z}{\partial x\partial y}\right|_{(1,1)}=2f''_{11}(1,1)+f''_{12}(1,1)-f''_{22}(1,1)+2f'_1(1,1)-f'_2(1,1)$.

4. $\dfrac{\partial u}{\partial x}=-f'_1-f'_2+g'\cdot(1+y+yz)$, $\dfrac{\partial u}{\partial y}=f'_1+g'\cdot(x+xz)$, $\dfrac{\partial u}{\partial z}=f'_2+g'\cdot xy$.

5. (1) $\dfrac{dz}{dx}=\dfrac{e^x(1+x)}{1+x^2e^{2x}}$, (2) $\dfrac{dz}{dx}=f'_1+e^xf'_2+\sec x\cdot\tan xf'_3$;

(3) $\frac{\mathrm{d}w}{\mathrm{d}t}=f(t)^{g(t)}\cdot\left[\frac{g(t)}{f(t)}f'(t)+g'(t)\ln f(t)\right]$.

6. 证明略.

习题 9.4

1. (1) $\left(y+\frac{1}{y}\right)\mathrm{d}x+x\left(1-\frac{1}{y^2}\right)\mathrm{d}y$；(2) $-\frac{x}{(x^2+y^2)^{\frac{3}{2}}}(y\mathrm{d}x-x\mathrm{d}y)$；

(3) $\mathrm{d}z=\left[y\mathrm{e}^{xy}\cdot\sin(x+y)+\mathrm{e}^{xy}\cdot\cos(x+y)\right]\mathrm{d}x$

$+\left[x\mathrm{e}^{xy}\cdot\sin(x+y)+\mathrm{e}^{xy}\cdot\cos(x+y)\right]\mathrm{d}y$.

2. $\frac{1}{3}\mathrm{d}x+\frac{2}{3}\mathrm{d}y$.

3. $\Delta z=-0.119$，$\mathrm{d}z=-0.125$.

4. (1) $\mathrm{d}u=yzx^{yz-1}\mathrm{d}x+zx^{yz}\ln x\mathrm{d}y+yx^{yz}\ln x\mathrm{d}z$；(2) $\mathrm{d}u=\frac{3\mathrm{d}x-2\mathrm{d}y+\mathrm{d}z}{3x-2y+z}$.

5. (1) $\mathrm{d}u=\left[f_1'+\cos(x+y)\cdot f_2'\right]\mathrm{d}x+\cos(x+y)\cdot f_2'\mathrm{d}y$；

(2) $\mathrm{d}u=\frac{1}{y}f_1'\mathrm{d}x+\left(\frac{1}{z}f_2'-\frac{x}{y^2}f_1'\right)\mathrm{d}y-\frac{y}{z^2}f_2'\mathrm{d}z$.

习题 9.5

1. (1) $\frac{\mathrm{d}y}{\mathrm{d}x}=\frac{y^2-\mathrm{e}^x}{\cos y-2xy}$；(2) $\frac{\mathrm{d}y}{\mathrm{d}x}=\frac{x+y}{x-y}$.

2. (1) $\frac{\partial z}{\partial x}=\frac{z}{x+z}$，$\frac{\partial z}{\partial y}=\frac{z^2}{y(x+z)}$；

(2) $\frac{\partial z}{\partial x}=\frac{yz}{\mathrm{e}^z-xy}$，$\frac{\partial z}{\partial y}=\frac{xz}{\mathrm{e}^z-xy}$，$\frac{\partial x}{\partial y}=-\frac{x}{y}$；

(3) $\frac{\partial z}{\partial x}=-\frac{f_1'+f_3'}{f_2'+f_3'}$，$\frac{\partial z}{\partial y}=-\frac{f_1'+f_2'}{f_2'+f_3'}$.

3. 证明略.

4. 证明略.

5. (1) $\frac{\partial^2 z}{\partial x^2}=\frac{2y^2z\mathrm{e}^z-2xy^3z-y^2z^2\mathrm{e}^z}{(\mathrm{e}^z-xy)^3}$；

(2) $\frac{\partial^2 z}{\partial x\partial y}=\frac{2z}{(x+y)^2}$；

(3) $\frac{\partial^2 z}{\partial y^2}=\frac{1}{2ay^2}(1+\cos 2az)\sin 2az$.

6. $\mathrm{d}z=-\frac{1}{\sin 2z}(\sin 2x\mathrm{d}x+\sin 2y\mathrm{d}y)$.

7. (1) $\frac{\mathrm{d}y}{\mathrm{d}x}=-\frac{x(6z+1)}{2y(3z+1)}$，$\frac{\mathrm{d}z}{\mathrm{d}x}=\frac{x}{3z+1}$；(2)* $\frac{\partial u}{\partial x}=-\frac{xu+yv}{x^2+y^2}$，$\frac{\partial u}{\partial y}=\frac{xv-yu}{x^2+y^2}$.

习题 9.6

1. (1) 切线方程：$\dfrac{x-\frac{1}{2}}{1}=\dfrac{y-2}{-4}=\dfrac{z-1}{8}$，法平面方程：$2x-8y+16z-1=0$；

(2) 切线方程：$\dfrac{x-\frac{3}{\sqrt{2}}}{\frac{-3}{\sqrt{2}}}=\dfrac{y-\frac{3}{\sqrt{2}}}{\frac{3}{\sqrt{2}}}=\dfrac{z-\pi}{4}$，法平面方程：$-\sqrt{2}x+\sqrt{2}y+\dfrac{8}{3}z-\dfrac{8}{3}\pi=0$.

2. 切点为：$(-1,1,-1)$或$\left(-\dfrac{1}{3},\dfrac{1}{9},-\dfrac{1}{27}\right)$.

3. 切线方程：$\dfrac{x-1}{16}=\dfrac{y-1}{9}=\dfrac{z-1}{-1}$，法平面方程：$16x+9y-z-24=0$.

4. (1) 切平面方程：$3x+4y-5z=0$，法线方程：$\dfrac{x-3}{3}=\dfrac{y-4}{4}=\dfrac{z-5}{-5}$；

(2) 切平面方程：$x+2y-4=0$，法线方程：$\begin{cases}\dfrac{x-2}{1}=\dfrac{y-1}{2}\\ z=0\end{cases}$.

5. $x-y+2z=\pm\sqrt{\dfrac{11}{2}}$.

6. 点为$(-3,-1,3)$，法线方程为$\dfrac{x+3}{1}=\dfrac{y+1}{3}=\dfrac{z-3}{1}$.

7. 证明略.

8. 证明略.

习题 9.7

1. 是的，$z=f(x,y_0)$及$z=f(x_0,y)$也取得极值；反之不成立，有反例$f(x,y)=x^2+y^2-3xy$，因为$f(x,0)=x^2$在$x=0$达到极小，$f(0,y)=y^2$在$y=0$也达到极小；但$f(x,y)$在$(0,0)$不达到极值，因为$f(0,0)=0$，当$y=x$时，有$f(x,x)=-x^2<0$；当$y=-x$时，$f(x,-x)=5x^2>0$(当$x\neq0$).

2. 因为$\sqrt{x^2+y^2}\geqslant0$，故$z=1-\sqrt{x^2+y^2}\leqslant1$，因而函数有极大值 1，$z=1-\sqrt{x^2+y^2}$，在$(0,0)$处偏导不存在可用定义易证.

3. (1) 极大值$f(2,-2)=8$；(2) 极大值$f(3,2)=36$.

4. (1) 最大值为 4，最小值为 0； (2) 最大值为-2，最小值为-5；

5. 求得极大值为：$z\left(\dfrac{1}{2},\dfrac{1}{2}\right)=\dfrac{1}{4}$.

6. (1) 当长、宽、高都是$\sqrt[3]{2}$时，所用材料最省；

(2) 当长、宽都是$\sqrt{\dfrac{m}{3}}$，而高为$\dfrac{1}{2}\sqrt{\dfrac{m}{3}}$时，盒子的容积最大.

7. (1) 最短距离为 $d=\frac{|Aa+Bb+Cc+D|}{\sqrt{A^2+B^2+C^2}}$；

(2) 极值点有两个：$M_1\left(\frac{1}{3},-\frac{2}{3},\frac{2}{3}\right)$，$M_2\left(-\frac{1}{3},\frac{2}{3},-\frac{2}{3}\right)$；

(3) 当矩形的边长各为$\frac{2k}{3}$及$\frac{k}{3}$时，绕短边旋转所得圆柱体的体积最大；

(4) 当长、宽、高都是$\frac{2a}{\sqrt{3}}$时可得最大的体积.

习题 9.8

1. $\frac{\partial z}{\partial l}$在 $\alpha=0$ 时为 $f'_x(x_0,y_0)$，在 $\alpha=\frac{\pi}{2}$时为 $f'_y(x_0,y_0)$，在 $\alpha=\pi$ 时为 $-f'_x(x_0,y_0)$，在 $\alpha=\frac{3\pi}{2}$时为 $-f'_y(x_0,y_0)$.

2. $\frac{\partial u}{\partial l}=\cos\alpha+\sin\alpha=\sqrt{2}\cos\left(\alpha-\frac{\pi}{4}\right)$. (1) 当 $\alpha=\frac{\pi}{4}$时，$\frac{\partial u}{\partial l}$有最大值为$\sqrt{2}$；(2) 当 $\alpha=\frac{5\pi}{4}$时，$\frac{\partial u}{\partial l}$有最小值为$-\sqrt{2}$；(3) 当 $\alpha=\frac{3\pi}{4}$时，$\frac{\partial u}{\partial l}$为零.

3. 方向导数为 $1+2\sqrt{3}$.

4. 方向导数为$\frac{98}{13}$.

5. (1) $\mathbf{grad}u\Big|_{(0,0,0)}=3\boldsymbol{i}-2\boldsymbol{j}-6\boldsymbol{k}$；

(2) $\frac{\partial u}{\partial l}\Big|_{(1,1,1)}$的最大值为$|\mathbf{grad}u|_{(1,1,1)}=|6\boldsymbol{i}+7\boldsymbol{j}|=\sqrt{85}$

6. (1) $\mathbf{grad}r=\frac{\boldsymbol{r}}{r}$；(2) 提示：$\mathbf{grad}f(r)=\left\{\frac{\partial}{\partial x}f(r),\frac{\partial}{\partial y}f(r),\frac{\partial}{\partial z}f(r)\right\}$各分量求导后得证；

(3) $\frac{-2}{r^4}\boldsymbol{r}$.

7. (1) $\mathbf{grad}u=\left\{\frac{x}{x^2+y^2},\frac{y}{x^2+y^2}\right\}$；

(2) 方向导数为$\frac{\partial u}{\partial l}\Big|_{P_0}=(\mathbf{grad}u)_{P_0}\cdot l^0=\left\{\frac{1}{10},\frac{2}{10}\right\}\cdot\left\{\frac{\sqrt{3}}{2},\frac{1}{2}\right\}=\frac{\sqrt{3}+2}{20}$；

(3) 在 P_0 处方向导数的最大值为$\left|\left\{\frac{1}{10},\frac{2}{10}\right\}\right|=\frac{\sqrt{5}}{10}$.

综合练习题

一、1. (D) 2. (B) 3. (B) 4. (D) 5. (C) 6. (C) 7. (D) 8. (A) 9. (A) 10. (C)

二、1. (1) 充分，必要； (2) 必要，充分； (3) 充分； (4) 充分.

2. 负，负，负.

3. 定义域为：$0\leqslant x^2+y^2\leqslant 3$.

4. $\frac{\partial z}{\partial y}=(1+xy)^y[\ln(1+xy)+\frac{xy}{1+xy}]$.

5. $x\frac{\partial z}{\partial x}+y\frac{\partial z}{\partial y}=0$.

6. $dz=\frac{1}{1+x^2}dx+\frac{1}{1+y^2}dy$.

7. $\frac{\partial^2 w}{\partial y\partial z}=x^2yf''_{23}+x^2yzf''_{33}+xf'_3$.

8. $a\frac{\partial z}{\partial x}+b\frac{\partial z}{\partial y}=-1$.

9. 最大值为 4,最小值为−2.

10. $x+4y+6z=\pm21$.

三、解答题

1. 定义域为$\{(x,y)|0<x^2+y^2<1,y^2\leqslant4x\}$,极限为$\frac{\sqrt{2}}{\ln3-\ln4}$.

2. $f'_x(x,y)=\begin{cases}\frac{2xy^3}{(x^2+y^2)^2}, & x^2+y^2\neq0\\ 0, & x^2+y^2=0\end{cases}$;$f'_y(x,y)=\begin{cases}\frac{x^2(x^2-y^2)}{(x^2+y^2)^2}, & x^2+y^2\neq0\\ 0, & x^2+y^2=0\end{cases}$.

3. $\frac{\partial u}{\partial x}+\frac{\partial u}{\partial y}+\frac{\partial u}{\partial z}=0$.

4. $\frac{\partial f}{\partial x}=\frac{1}{2}\sqrt{\frac{y}{x}}e^{-xy}$.

5. $\frac{\partial z}{\partial y}=x\varphi'(y)f'_1-f'_2$.

$$\frac{\partial^2 z}{\partial y\partial x}=\varphi'(y)f'_1+x\varphi'(y)[\varphi(y)f''_{11}+f''_{12}]-f''_{21}\varphi(y)-f''_{22}$$
$$=\varphi'(y)f'_1-f''_{22}+x\varphi(y)\varphi'(y)f''_{11}+[x\varphi'(y)-\varphi(y)]f''_{12}.$$

6. 提示:先求出

$F'(t)=e^tf(t,f(t,t))+e^tf'_1(t,f(t,t))+e^tf'_2(t,f(t,t))\cdot[f'_1(t,t)+f'_2(t,t)]$

将 $t=0$ 代入可算得:$F'(0)=f(0,0)+f'_1(0,0)+f'_2(0,0)(a+b)=a+b(a+b)$.

7. 提示:先将已知等式两端对 x 求偏导,可求出$\frac{\partial z}{\partial x}=\frac{y-f(z)}{xf'(z)+yg'(z)}$,同法可求得$\frac{\partial z}{\partial y}=\frac{x-g(z)}{xf'(z)+yg'(z)}$,变形即可得证.

8. 提示:由所设方程先求得 $z'_x=\frac{\varphi'_u}{a\varphi'_u+b\varphi'_v}$,$z'_y=\frac{\varphi'_v}{a\varphi'_u+b\varphi'_v}$,再求出已知曲面在点 $M(x,y,z)$处的法向量为 $\boldsymbol{n}=\{\varphi'_x,\varphi'_y,\varphi'_z\}=\{\varphi'_u,\varphi'_v,-a\varphi'_u-b\varphi'_v\}$,同时求得直线方向向量 $\boldsymbol{s}=\{a,b,1\}$,考查 $\boldsymbol{n}$ 与 $\boldsymbol{s}$ 是否垂直,即 $\boldsymbol{n}\cdot\boldsymbol{s}$ 是否为零即可证出.

9. 提示:先求出曲面上点 $M(x,y,z)$处的切平面方程为:$\frac{1}{\sqrt{x}}(X-x)+\frac{1}{\sqrt{y}}(Y-y)+\frac{1}{\sqrt{z}}(Z-z)=0$,点$(X,Y,Z)$是切平面上的动点. 由曲面方程,切平面变为截距式

$$\frac{X}{\sqrt{x}}+\frac{Y}{\sqrt{y}}+\frac{Z}{\sqrt{z}}=1$$

于是目标函数为三个截距之积：$u=\sqrt{xyz}$，求它在条件$\sqrt{x}+\sqrt{y}+\sqrt{z}=1$下的最大值. 当然也是 xyz 的最大值(x,y,z 为正).

作辅助函数 $F=xyz+\lambda(\sqrt{x}+\sqrt{y}+\sqrt{z}-1)$，驻点满足 $F'_x=0, F'_y=0, F'_z=0$ 及条件方程，可解出唯一驻点为 $x=y=z=\frac{1}{9}$，由该问题最大值存在，故曲面在点$\left(\frac{1}{9},\frac{1}{9},\frac{1}{9}\right)$处的切平面即：$x+y+z=\frac{1}{3}$为所求.

第 10 章

习题 10.1

1. 电量 $Q=\iint\limits_D \rho(x,y)\mathrm{d}\sigma$.

2. $I_2=2I_1$.

3. (1) $\iint\limits_D (x^2+y^2)\mathrm{d}\sigma > \iint\limits_D (x^3+y^3)\mathrm{d}\sigma$； (2) $\iint\limits_D \sqrt{x^2+y^2}\,\mathrm{d}\sigma > \iint\limits_D (x^2+y^2)\mathrm{d}\sigma$；

(3) $\iint\limits_D \frac{\mathrm{d}\sigma}{1+(x+y)^2} > \iint\limits_D \frac{\mathrm{d}\sigma}{1+(x+y)^3}$； (4) $\iint\limits_D \mathrm{e}^{x+y}\mathrm{d}\sigma > \iint\limits_D \mathrm{e}^{x^2+y^2}\mathrm{d}\sigma$.

4. (1) $10 \leqslant I \leqslant 20$； (2) $0 \leqslant I \leqslant \pi^2$； (3) $0 \leqslant I \leqslant \frac{1}{4}$； (4) $\pi\ln 2 \leqslant I \leqslant \pi\ln 3$

习题 10.2

1. (1) 9； (2) $\ln\frac{16}{15}$； (3) 2； (4) $\ln 2-\frac{1}{2}$； (5) $-2+e$； (6) π.

2. (1) $I=\int_0^1\mathrm{d}x\int_{2(x-1)}^{2(1-x)}f(x,y)\mathrm{d}y=\int_{-2}^0\mathrm{d}y\int_0^{1+\frac{y}{2}}f(x,y)\mathrm{d}x+\int_0^2\mathrm{d}y\int_0^{1-\frac{y}{2}}f(x,y)\mathrm{d}x$；

(2) $I=\int_1^2\mathrm{d}x\int_x^{2x}f(x,y)\mathrm{d}y=\int_1^2\mathrm{d}y\int_1^{y}f(x,y)\mathrm{d}x+\int_2^4\mathrm{d}y\int_{\frac{y}{2}}^{2}f(x,y)\mathrm{d}x$；

(3) $I=\int_{-1}^1\mathrm{d}x\int_{x^2}^{2-x^2}f(x,y)\mathrm{d}y=\int_0^1\mathrm{d}y\int_{-\sqrt{y}}^{\sqrt{y}}f(x,y)\mathrm{d}x+\int_1^2\mathrm{d}y\int_{-\sqrt{2-y}}^{\sqrt{2-y}}f(x,y)\mathrm{d}x$；

(4) $I=\int_{-1}^3\mathrm{d}x\int_{2-\sqrt{4-(x-1)^2}}^{2+\sqrt{4-(x-1)^2}}f(x,y)\mathrm{d}y=\int_0^4\mathrm{d}y\int_{1-\sqrt{4-(y-2)^2}}^{1+\sqrt{4-(y-2)^2}}f(x,y)\mathrm{d}x$.

3. (1) $I=\int_0^1\mathrm{d}y\int_y^{\sqrt{y}}f(x,y)\mathrm{d}x$； (2) $I=\int_0^2\mathrm{d}y\int_{-\sqrt{4-y^2}}^{\sqrt{4-y^2}}f(x,y)\mathrm{d}x$；

(3) $I=\int_{-2}^1\mathrm{d}x\int_x^{2-x^2}f(x,y)\mathrm{d}y$； (4) $I=\int_{-1}^1\mathrm{d}x\int_{-\sqrt{1-x^2}}^{1-x^2}f(x,y)\mathrm{d}y$.

4. (1) $\frac{4}{3}$； (2) $\frac{9}{8}$； (3) $\frac{52}{5}$； (4) $\frac{4}{135}$；

(5) $\frac{5}{3}-\frac{\pi}{2}$； (6) -2； (7) $\frac{1}{2}\ln 3$； (8) $\frac{63}{640}$.

5. (1) $\pi(e-1)$； (2) $\frac{1}{8}$； (3) $\frac{3}{64}\pi^2$； (4) $\frac{\pi}{8}\ln 2$；

(5) $\frac{1}{3}\pi-\frac{4}{9}$； (6) π； (7) $\frac{1}{24}(8-5\sqrt{2})$； (8) $\frac{4}{9}$.

6. (1) $\frac{5}{3}$； (2) $\frac{1}{6}$； (3) $\frac{40}{3}$； (4) $\frac{16}{3}R^3$.

7. (1) $\frac{7}{2}$； (2) $\frac{\pi}{2}$； (3) $\sqrt{2}\pi$； (4) $\frac{13}{3}\pi$.

习题 10.3

1. (1) $\frac{9}{2}$； (2) $\frac{7}{2}\ln 2-\frac{3}{2}\ln 5$； (3) $\frac{1}{2}\left(\ln 2-\frac{5}{8}\right)$； (4) $\frac{1}{96}$；

(5) $\frac{1}{45}$； (6) $\frac{7}{120}$.

2. (1) $\frac{4}{3}$； (2) $\frac{\pi}{2}$； (3) $\pi\left(\ln 2-2+\frac{\pi}{2}\right)$；

(4) $\frac{5}{4}\pi$； *(5) $\frac{1}{48}$； *(6) $\frac{124}{15}\pi$.

综合练习题

一、单项选择题

1. (B) 2. (C) 3. (A) 4. (D) 5. (C)

二、填空题

1. $\int_0^1 dx\int_0^{x^2} f(x,y)dy+\int_1^{\sqrt{2}} dx\int_0^{\sqrt{2-x^2}} f(x,y)dy$.

2. $\frac{1}{2}(1-e^{-4})$.

3. 2π.

4. 0.

5. $\frac{1}{3}\pi$.

三、计算题与证明题

1. $\frac{ab^2}{30}$. 2. $\frac{1}{2}A^2$. 3. $\frac{a^4}{2}$. 4. 80π.

5. $-\frac{2}{5}$. 6. $\frac{256}{3}\pi$. 7. $\frac{59}{480}\pi R^5$. 8. $\frac{8}{9}a^2$.

9. $\frac{\pi}{2}R^4$. 10. $4\pi t^2 f(t^2)$.

第 11 章

习题 11.1

1. $2\pi^2(1+2\pi^2)$.　　2. $\frac{256}{15}$.　　3. $a^{\frac{7}{3}}$.　　4. $\frac{2}{3}(5\sqrt{5}-1)$.

5. $\frac{1}{3}(2\sqrt{2}-1)$.　　6. $\frac{\pi}{4}e+2(e-1)$.　　7. 2.　　8. $\frac{1}{3}(3\sqrt{3}-2\sqrt{2})$.

9. $3\sqrt{14}$.

习题 11.2

1. $-\frac{58}{15}$.　　2. $\frac{3}{4}$.　　3. $\frac{\pi^2}{2}$.　　4. $\frac{14}{3}$.　　5. 4π.

6. π.　　7. 0.　　8. $\frac{8b^3\pi^3}{3}$.　　9. $\frac{23}{2}$.

10. (1) 0;　　(2) 0;　　(3) 0;　　(4) 0;　　(5) 0.

习题 11.3

1. (1) $\frac{4}{15}$;　　(2) $\frac{21}{4}$;　　(3) $\frac{\pi a^4}{2}$;　　(4) $\frac{3\pi}{32}$.

2. $\frac{\pi}{2}+\mathrm{e}^{-1}-e$.

3. (1) 4;　　(2) 34;　　(3) -1;　　(4) $\frac{3}{2}\ln 2+\frac{\pi}{12}$.

4. (1) $x^4-3x^3y+3xy^3-y^4$;　　(2) $y^2\cos x+x^2\sin y$.

5. $\frac{3}{8}\pi a^2$.

习题 11.4

1. 7.　　2. $\frac{2\pi}{15}$.　　3. $\frac{\pi}{2}(1+\sqrt{2})$.　　4. $\frac{\pi^2}{2}$.

5. $\frac{\sqrt{2}\pi}{8}+\frac{4\sqrt{2}}{9}$.

习题 11.5

1. $\ln 2-\frac{1}{2}$.　　2. $-\pi$.　　3. π.　　4. 0.

5. 3. 6. $\frac{\pi}{2}$. 7. $\frac{2}{3}+\frac{\pi}{8}$. 8. $\frac{\pi}{8}$.

习题 11.6

1. (1) 8π; (2) $-\frac{9}{2}\pi$; (3) $\frac{12\pi a^5}{5}$.

2. (1) $\frac{1}{8}$; (2) $-\frac{\pi}{4}$.

3. $\frac{1}{8}$.

4. 0.

5. $x^2+y^2+z^2$.

习题 11.7

1. (1) $2\pi R^2$; (2) $2\pi R^2$.

2. (1) 4π; (2) π.

3. (1) 0; (2) $(x^2-x)\boldsymbol{i}+(y^2-2xy)\boldsymbol{j}+(z-2yz)\boldsymbol{k}$.

综合练习题

一、单项选择题

1. (C) 2. (B) 3. (A) 4. (C)

5. (D) 6. (B) 7. (D) 8. (A)

9. (B) 10. (C) 11. (D)

二、填空题

1. $\frac{\pi^2}{16}-\frac{1}{2}\ln 2+\frac{3}{4}\pi$.

2. $\frac{8\sqrt{2}a\pi^3}{3}$.

3. 2π.

4. $3\sqrt{3}$.

5. $\frac{128}{3}\pi$.

6. 0.

7. $\frac{\pi}{4}(e^{16}-1)$.

8. $\frac{\pi^2 R}{2}$.

9. 36π.

10. x^2.

11. $\dfrac{1}{x^2+y^2+z^2}$.

三、计算题和证明题

1. $y=\sin x(0\leqslant x\leqslant\pi)$.
2. x^2+2y-1.
3. $2\pi a^2$.
4. 34π.
5. 0.
6. $\dfrac{32}{3}\pi$.
7. -4.
8. $\xi=\dfrac{a}{\sqrt{3}},\eta=\dfrac{b}{\sqrt{3}},\zeta=\dfrac{c}{\sqrt{3}},W_{\max}=\dfrac{\sqrt{3}}{9}abc$.
9. (1) $f_1(x)-f_2(x)=\dfrac{C_1}{x}$($C_1$ 为任意常数);

   (2) $\varphi(xy)-C_1\ln|y|+C_2$($C_1,C_2$ 均为任意常数).
10. $-\dfrac{R^2\pi}{2\sqrt{2}}$.

第 12 章

习题 12.1

1. (1) $\dfrac{1\cdot2}{1+2^2}+\dfrac{1\cdot2\cdot3}{1+3^2}+\dfrac{1\cdot2\cdot3\cdot4}{1+4^2}+\dfrac{1\cdot2\cdot3\cdot4\cdot5}{1+5^2}+\dfrac{1\cdot2\cdot3\cdot4\cdot5\cdot6}{1+6^2}+\cdots$;

   (2) $\dfrac{1}{2}+\dfrac{1\cdot3}{2\cdot4}+\dfrac{1\cdot3\cdot5}{2\cdot4\cdot6}+\dfrac{1\cdot3\cdot5\cdot7}{2\cdot4\cdot6\cdot8}+\dfrac{1\cdot3\cdot5\cdot7\cdot9}{2\cdot4\cdot6\cdot8\cdot10}+\cdots$;

   (3) $\dfrac{1}{3}-\dfrac{1}{3^2}+\dfrac{1}{3^3}-\dfrac{1}{3^4}+\dfrac{1}{3^5}-\cdots$;

   (4) $1+\dfrac{x}{3}+\dfrac{x^2}{5}+\dfrac{x^3}{7}+\dfrac{x^4}{9}+\cdots$.
2. (1) $\dfrac{1}{3n}$;　(2) $\dfrac{(-1)^n}{2n}$;　(3) $\dfrac{x^{\frac{n}{2}}}{(2n-1)(2n+1)}$;　(4) $(-1)^{n-1}\dfrac{a^n}{2n-1}$.
3. (1) 发散;　(2) 收敛;　(3) 发散.
4. (1) 收敛;　(2) 收敛;　(3) 发散;

   (4) 发散;　(5) 收敛;　(6) 发散.
5. $0.535\,353\,53\cdots=\sum\limits_{n=1}^{\infty}53\cdot\left(\dfrac{1}{100}\right)^n=\dfrac{53}{99}$.

习题 12.2

1. (1) 发散；　(2) 收敛；　(3) 发散；　(4) 收敛；
   (5) 发散；　(6) 收敛；　(7) 收敛；　(8) 收敛；
   (9) 收敛；　(10) $a>1$ 时收敛，$a\leqslant 1$ 时发散.
2. (1) 发散；　(2) 收敛；　(3) 发散；　(4) 收敛；
   (5) 收敛；　(6) 收敛.
3. (1) 收敛；　(2) 收敛；　(3) 收敛；　(4) 收敛.
4. (1) 收敛；　(2) 收敛；　(3) 发散；　(4) 收敛；
   (5) 收敛.
5. 证明略.
6. 证明略.
7. (1) 收敛；　(2) 收敛；　(3) 发散；　(4) 收敛.
8. (1) 绝对收敛；　(2) 绝对收敛；　(3) 条件收敛；
   (4) 绝对收敛；　(5) 发散.

习题 12.3

1. (1) $(-1,1)$；　(2) $(-\infty,+\infty)$；　(3) $(-1,1)$；　(4) $(-2,2)$；
   (5) $\left(-\dfrac{1}{3},\dfrac{1}{3}\right)$；　(6) $(-1,1)$；　(7) $(-\sqrt{2},\sqrt{2})$；　(8) $(2,4)$.
2. (1) $\dfrac{1}{(1-x)^2}(-1<x<1)$；　(2) $\dfrac{1}{4}\ln\dfrac{1+x}{1-x}+\dfrac{1}{2}\arctan x(-1<x<1)$；
   (3) $\dfrac{2x}{(1-x^2)^2}(-1<x<1)$；　(4) $\dfrac{1}{2}\ln\dfrac{1+x}{1-x}(-1<x<1)$.

习题 12.4

1. (1) $\sin\dfrac{x}{2}=\sum\limits_{n=1}^{\infty}(-1)^{n-1}\dfrac{x^{2n-1}}{2^{2n-1}\cdot(2n-1)!}\quad(-\infty,+\infty)$；

   (2) $shx=\dfrac{e^x-e^{-x}}{2}=\sum\limits_{n=1}^{\infty}\dfrac{x^{2n-1}}{(2n-1)!}\quad(-\infty,+\infty)$；

   (3) $a^x=\sum\limits_{n=0}^{\infty}\dfrac{\ln^n a}{n!}x^n(-\infty,+\infty)$；

   (4) $\sin^2 x=\sum\limits_{n=1}^{\infty}(-1)^{n-1}\dfrac{2^{2n-1}x^{2n}}{(2n)!}\quad(-\infty,+\infty)$；

   (5) $(1+x)\ln(1+x)=x+\sum\limits_{n=2}^{\infty}(-1)^n\dfrac{x^n}{n(n-1)}\quad(-1,1]$；

   (6) $\dfrac{1}{\sqrt{1-x^2}}=1+\sum\limits_{n=1}^{\infty}\dfrac{(2n)!}{2^{2n}\cdot(n!)^2}x^{2n}\quad(-1,1)$.

2. (1) $\sqrt{x^3}=1+\frac{3}{2}(x-1)+\sum_{n=0}^{\infty}(-1)^n\frac{(2n)!}{(n!)^2}\frac{3}{(n+1)(n+2)2^n}\left(\frac{x-1}{2}\right)^{n+2}[0,2]$;

(2) $\lg x=\frac{1}{\ln 10}\sum_{n=1}^{\infty}(-1)^{n-1}\frac{(x-1)^n}{n}(0,2]$.

3. $\cos x=\frac{1}{2}\sum_{n=0}^{\infty}(-1)^n\left[\frac{\left(x+\frac{\pi}{3}\right)^{2n}}{(2n)!}+\sqrt{3}\frac{\left(x+\frac{\pi}{3}\right)^{2n+1}}{(2n+1)!}\right](-\infty,+\infty)$.

4. (1) $\frac{1}{x}=\frac{1}{3}\sum_{n=0}^{\infty}(-1)^n\frac{(x-3)^n}{3^n}(0,6)$;

(2) $\frac{1}{x^2}=\frac{1}{3}\sum_{n=0}^{\infty}(-1)^n\frac{(n+1)(x-3)^n}{3^{n+1}}(0,6)$.

5. $\frac{1}{x^2+3x+2}=\sum_{n=0}^{\infty}\left(\frac{1}{2^{n+1}}-\frac{1}{3^{n+1}}\right)(x+4)^n,(-6,-2)$.

6. 证明略.

* 习题 12.5

1. (1) 1.098 6;　(2) 1.648;　(3) 2.004 30;　(4) 0.999 4.

2. (1) 0.494 0;　(2) 0.487.

习题 12.6

1. (1) $f(x)=\pi^2+1+12\sum_{n=1}^{\infty}\frac{(-1)^n}{n^2}\cos nx\quad(-\infty,+\infty)$;

(2) $f(x)=\frac{e^{2\pi}-e^{-2\pi}}{\pi}\left[\frac{1}{4}+\sum_{n=1}^{\infty}\frac{(-1)^n}{n^2+4}(2\cos nx-n\sin nx)\right]$

$(x\neq(2n+1)\pi,\quad n=0,\pm1,\pm2,\cdots)$.

2. (1) $2\sin\frac{x}{3}=\frac{18\sqrt{3}}{\pi}\sum_{n=1}^{\infty}(-1)^{n-1}\frac{n\sin nx}{9n^2-1}\quad(-\pi,\pi)$;

(2) $f(x)=\frac{1+\pi-e^{-\pi}}{2\pi}+\frac{1}{\pi}\sum_{n=1}^{\infty}\left\{\frac{1-(-1)^n e^{-\pi}}{n^2+1}\cos nx+\right.$

$\left.\left[\frac{-n+(-1)^n n e^{-\pi}}{n^2+1}+\frac{1}{n}(1-(-1)^n)\right]\sin nx\right\}\quad(-\pi,\pi)$.

3. 略.

4. $\cos\frac{x}{2}=\frac{2}{\pi}+\frac{4}{\pi}\sum_{n=1}^{\infty}\frac{(-1)^{n-1}}{4n^2-1}\cos nx[-\pi,\pi]$.

5. $f(x)=\frac{2}{\pi}\sum_{n=1}^{\infty}\left[\frac{1}{n^2}\sin\frac{n\pi}{2}+(-1)^{n+1}\frac{\pi}{2n}\right]\sin nx\quad(x\neq(2n+1)\pi,\quad n=0,\pm1,\pm2,\cdots)$.

6. $\frac{\pi-x}{2}=\sum_{n=1}^{\infty}\frac{1}{n}\sin nx\quad(0,\pi]$.

7. $2x=4\sum_{n=1}^{\infty}\frac{(-1)^{n+1}}{n}\sin nx\quad[0,\pi)$;

$$2x=\pi-\frac{8}{\pi}\sum_{n=1}^{\infty}\frac{1}{(2n-1)^2}\cos(2n-1)x,[0,\pi].$$

8. (1) $f(x)=\frac{11}{12}+\frac{1}{\pi^2}\sum_{n=1}^{\infty}\frac{(-1)^{n+1}}{n^2}\cos 2n\pi x\quad(-\infty,+\infty)$;

(2) $f(x)=-\frac{1}{2}+\sum_{n=1}^{\infty}\left\{\frac{6}{n^2\pi^2}[1-(-1)^n]\cos\frac{n\pi x}{3}+(-1)^{n+1}\frac{6}{n\pi}\sin\frac{n\pi x}{3}\right\}$

$(x\neq 3(2k+1),\quad k=0,\pm1,\pm2,\cdots)$;

(3) $f(x)=-\frac{1}{4}+\sum_{n=1}^{\infty}\left\{\left[\frac{1-(-1)^n}{n^2\pi^2}+\frac{2\sin\frac{n\pi}{2}}{n\pi}\right]\cos n\pi x+\frac{1-2\cos\frac{n\pi}{2}}{n\pi}\sin n\pi x\right\}$

$(x\neq 2k,2k+\frac{1}{2},\quad k=0,\pm1,\pm2,\cdots)$.

9. (1) $f(x)=\frac{8}{\pi^2}\sum_{n=1}^{\infty}\frac{(-1)^{n-1}}{(2n-1)^2}\sin\frac{(2n-1)\pi x}{2}\quad[0,2]$;

$f(x)=\frac{1}{2}-\frac{4}{\pi^2}\sum_{n=1}^{\infty}\frac{1}{(2n-1)^2}\cos\frac{2(2n-1)\pi x}{2}\quad[0,2]$;

(2) $f(x)=\frac{8}{\pi}\sum_{n=1}^{\infty}\left\{\frac{(-1)^{n+1}}{n}+\frac{2}{n^3\pi^2}[(-1)^n-1]\right\}\sin\frac{n\pi x}{2}\quad[0,2)$;

$f(x)=\frac{4}{3}+\frac{16}{\pi^2}\sum_{n=1}^{\infty}\frac{(-1)^n}{n^2}\cos\frac{n\pi x}{2}\quad[0,2]$.

综合练习题

一、单项选择题

1. (B)　2. (C)　3. (D)　4. (A)
5. (D)　6. (C)　7. (B)　8. (A)

二、填空题

1. u_1-u_{n+1},u_1.
2. 3 .
3. $\frac{1}{2}$.
4. 收敛;发散.
5. 收敛.
6. $[-1,1)$.
7. 2.
8. $x+\sum_{n=1}^{\infty}(-1)^n\frac{x^{4n+1}}{(4n+1)\cdot(2n)!}$.
9. $\frac{\pi^2}{2}$.
10. $\frac{2\pi}{3}$.

三、计算题与证明题

1. $S=\frac{1}{4}$.

2. (1) 发散；　(2) 发散；　(3) 收敛；
   (4) 发散；　(5) 发散；　(6) 收敛.

3. 略.

4. 略.

5. 不一定. 考虑级数 $\sum_{n=1}^{\infty}\frac{(-1)^n}{\sqrt{n}}$ 与 $\sum_{n=1}^{\infty}\left(\frac{(-1)^n}{\sqrt{n}}+\frac{1}{n}\right)$.

6. (1) $p>1$ 时绝对收敛，$0<p\leqslant 1$ 时条件收敛，$p\leqslant 0$ 时发散；
   (2) 绝对收敛；　(3) 绝对收敛；　(4) 条件收敛；
   (5) 条件收敛；　(6) 发散.

7. 提示：可证：设 $|u_n|<\frac{1}{2^n}|u_0|$.

8. 提示：找出级数 $\sum_{n=1}^{\infty}a_n$ 的部分和与级数 $\sum_{n=1}^{\infty}n(a_n-a_{n+1})$ 的部分和之间的关系.

9. 收敛. 提示：利用根值审敛法.

10. (1) 0；　(2) $\sqrt[4]{8}$. 提示：化为：$2^{\frac{1}{3}+\frac{2}{3^2}+\cdots+\frac{n}{3^n}+\cdots}$.

11. (1) $\left(-\frac{1}{5},\frac{1}{5}\right)$；　(2) $\left(-\frac{1}{e},\frac{1}{e}\right)$；
    (3) $(-3,-1)$；　(4) $(-\sqrt{2},\sqrt{2})$；
    (5) $(-2,0)$；　(6) $(-1,1)$.

12. (1) $s(x)=\frac{x-1}{(2-x)^2}\quad x\in(0,2)$；　(2) $s(x)=\frac{16}{(2-x)^3}\quad x\in[-2,2)$.

13. (1) $2e$；　(2) $\frac{1}{2}(\cos 1+\sin 1)$. 提示：利用 $\cos 1$ 和 $\sin 1$ 的展开式.

14. $\frac{2x+x^2+2\ln(1-x)-2x^2\ln(1-x)}{4x}$；$\frac{5}{8}-\frac{3}{4}\ln 2$.

15. (1) $\frac{x}{x^2-3x+2}=\sum_{n=1}^{\infty}\frac{2^n-1}{2^n}x^n, x\in(-1,1)$；

    (2) $\frac{x+1}{x-1}=1-2\sum_{n=0}^{\infty}x^n, x\in(-1,1)$；

    (3) $\ln\sqrt{1+x^2}=\sum_{n=0}^{\infty}\frac{(-1)^{n-1}x^{2n}}{2n}, x\in(-1,1)$.

16. $\frac{1}{6}$.

17. $e^x\cos x=\sum_{n=0}^{\infty}2^{\frac{n}{2}}\cos\frac{n\pi}{4}\cdot\frac{x^n}{n!}, x\in(-\infty,+\infty)$.

    提示：$e^x\cos x=\mathrm{Re}\,e^{(1+i)x}=\mathrm{Re}\,e^{\sqrt{2}(\cos\frac{\pi}{4}+i\sin\frac{\pi}{4})x}$.

18. $f(x)=\frac{1}{2}+\frac{2}{\pi}\left[(\pi+1)\sin x-\frac{\pi}{2}\sin 2x+\frac{1}{3}(\pi+1)\sin 3x-\frac{\pi}{4}\sin 4x+\cdots\right]$

$=\frac{1}{2}+\frac{2}{\pi}\sum_{n=1}^{\infty}\left[\frac{1-(-1)^n}{2}-\frac{(-1)^n}{n}\pi\right]\sin nx \qquad (x\in(-\pi,0)\cup(0,\pi)).$

19. $x^2=\frac{\pi^2}{3}+4\sum_{n=1}^{\infty}\frac{(-1)^n}{n^2}\cos nx,\quad x\in[-\pi,\pi],\sum_{n=1}^{\infty}\frac{1}{(2n-1)^2}=\frac{\pi^2}{8}.$

*20. $f(x)=\frac{2}{\pi}\sum_{n=1}^{\infty}\frac{1-\cos 2n}{n}\sin nx,x\in(0,2)\cup(2,\pi);$

$f(x)=\frac{2}{\pi}+\frac{2}{\pi}\sum_{n=1}^{\infty}\frac{\sin 2n}{n}\cos nx,x\in[0,2)\cup(2,\pi].$